HELMUT CARL

DIE DEUTSCHEN PFLANZEN- UND TIERNAMEN

HELMUT CARL

DIE DEUTSCHEN PFLANZEN- UND TIERNAMEN

DEUTUNG UND SPRACHLICHE ORDNUNG

KLASSIKER DER BOTANIK
EIN QUELLE & MEYER REPRINT

Die Deutsche Bibliothek - CIP-Einheitsaufnahme

Carl, Helmut:
Die deutschen Pflanzen- und Tiernamen : Deutung und sprachliche Ordnung / Helmut Carl. - Reprint der 1. Aufl. von 1957. - Heidelberg ; Wiesbaden : Quelle & Meyer, 1995
(Klassiker der Botanik)
ISBN 3-494-01230-X

Reprint der 1. Auflage 1957

Umschlaggestaltung: Klaus Neumann, Wiesbaden
Druck und Verabeitung: Druckhaus Thomas Müntzer, Bad Langensalza
Gedruckt auf chlorfrei gebleichtem Recyclingpapier
Printed in Germany/Imprimé en Allemagne
ISBN 3-494-01230-X

Vorwort

Eine Untersuchung der deutschen Pflanzen- und Tiernamen führt in das vernachlässigte Grenzgebiet von Biologie und Sprachwissenschaft, zu dem das vorliegende Buch eines Biologen einen Beitrag liefern will. Unter „deutschen Pflanzen- und Tiernamen“ werden hier nicht die Namen der Lebewesen verstanden, die in Deutschland vorkommen, sondern die Namen, mit denen wir in unserer Sprache Pflanzen und Tiere aller Länder und Erdteile bezeichnen. So werden auch die Namen anderer Sprachen, soweit sie bei uns verständlich und gebräuchlich sind, mit eingeschlossen.

Das Buch wendet sich zunächst an alle Naturfreunde, die über unsere Pflanzen- und Tiernamen etwas Näheres wissen wollen. Aber auch dem Unterricht soll es dienen; vielleicht kann es dem Biologielehrer Nutzen bringen. Ich würde mich freuen, wenn endlich auch Fachbiologen und Sprachwissenschaftler, Germanisten und Volkskundler es mit Gewinn verwenden könnten.

In den biologischen Wörterbüchern werden Tausende von Pflanzen- und Tiernamen gesammelt. Alle diese Namensammlungen sind alphabetisch geordnet. Dabei führt der Zufall Namen in unmittelbare Nachbarschaft zusammen, die meist einander völlig inhaltsfremd sind. Kaninchen und Kanker stehen benachbart, und auf Linde folgt Linse. Anders, wenn nach wortverwandten Namen geordnet würde. Vergißmeinnicht und Rührmichnichtan sind „Satzwörter“, in die Form eines Imperativs gekleidet; die Vogelnamen Pieper, Würger und Schmätzer lassen sich aus Verben herleiten; Ananas, Tapir und Jaguar sind Tupiwörter aus Brasilien usw.

Die deutschen Namen der Lebewesen sollen also sprachlich geordnet werden. Die Sprachwissenschaft zeigt dabei Methoden auf, die auch für den Biologen zu neuen Erkenntnissen führen können. Das ergibt vor allem eine Prüfung und Ordnung der Namen nach ihren Wortinhalten. Eine Gliederung der Namen nach der sprachlichen Form vermag die sprachschöpferische Leistung und Aufgabe der Biologen aufzudecken. Sprachgeschichtliche Untersuchungen erklären schließlich die Herkunft unserer Namen und ihre Verknüpfung mit den großen Sprachen der Welt.

Namensverwandtschaften geben oft Auskunft über Sinn und wörtliche Bedeutung der Namen. So will das vorliegende Buch nicht nur 4000 Pflanzen- und Tiernamen nach sprachlichen Gesichtspunkten ordnen, sondern, soweit es gelingt, auch erklären. — Neben dem deutschen wurde stets auch der lateinische Fachname des Lebewesens angegeben; auf diese Weise konnte jeder Name eindeutig zugeordnet werden.

Bei den sprachgeschichtlichen und -vergleichenden Betrachtungen bestehen für den Biologen insofern Schwierigkeiten, als er nicht in der Lage ist, durch eigene sprachliche Untersuchungen und Kenntnisse die Genauigkeit aller Quellen zu überprüfen; denn die meisten gehen auf die Arbeiten von Sprachwissenschaftlern zurück, die aber ihrerseits keine Biologen sind. So wurden, wenn irgend möglich, nur mehrfach belegte sprachwissenschaftliche Erkenntnisse übernommen; daß hier noch weitere Untersuchungen nötig sind, ist mir freilich klar.

Ich konnte mich der freundlichen Unterstützung einiger Fachleute der Universität Bonn erfreuen, denen ich herzlich danke. Besonders seien genannt Herr Dr. H. Paul, Dozent am botanischen Institut, Herr Dr. G. Kandler, Assistent am sprachwissenschaftlichen Institut, und Herr Dr. G. Buchloh, Oberassistent am Institut für Obstbau, der mir außerdem bei der Anfertigung der Zeichnungen behilflich war. Vor allem aber habe ich Herrn Professor Dr. L. Mackensen (Bremen) bestens zu danken; er nimmt schon seit Jahren an meinen Arbeiten über die biologische Fachsprache regen Anteil und leiht mir seine Hilfe.

Mein Dank gilt endlich dem Verlag Quelle & Meyer, Heidelberg, der auf meine Wünsche bereitwillig einging und dem Buch die ansprechende äußere Gestalt gab. Möchte es auch im Sinne von Otto Schmeil mithelfen, die Kenntnis der belebten Natur, des großen Wunders der Schöpfung, in breitere Kreise zu tragen. Die Namen unserer Pflanzen und Tiere sind uns hierzu unerläßliche Hilfsmittel.

Bonn, den 1. Februar 1957

Helmut Carl

Inhalt

ERSTER ABSCHNITT

Ordnungsprinzipien für Pflanzen und Tiere und ihre Namen

ZWEITER ABSCHNITT

Sprachliche Ordnung der Pflanzen- und Tiernamen

ERSTER ABSCHNITT

Ordnungsprinzipien für Pflanzen und Tiere und ihre Namen

Mehr als eine Million Lebewesen, Pflanzen und Tiere, dieser Erde sind bekannt; noch nicht ein Zehntel von ihnen gehören dem mitteleuropäischen Raum an. Sie sind mit einer Diagnose erklärt und tragen ihren lateinischen Namen. Sie sind einbezogen in ein System, das ihrer Verwandtschaft entspricht und auf ihren Merkmalen fußt. Vergleichsweise nur sehr wenige dieser Lebewesen tragen einen zweiten Namen, den deutschen.

Beide Namen sind sehr verschiedener Herkunft. Der **lateinische**, nur für manche Blütenpflanzen und Wirbeltiere historisch entstanden, verdankt sein Leben meist einem wissenschaftlichen Schöpfungsakt. Forscher, Spezialisten aller Welt haben ihn nach LINNÉs Muster geschaffen; erst seit 200 Jahren hat ihr engmaschiges Netz, das sich ständig weiter verengt, die Vielfalt der Lebewesen eingefangen. Diese Namengebung ist Sache einer Übereinkunft. Kommissionen können verbessern und ändern.

Der **deutsche** Name dagegen ist das Produkt einer langen Entwicklung, nicht nüchtern, starr und aufgeprägt, nach bewährten „Spielregeln" in binärer Nomenklatur erzeugt, sondern ein Bestandteil eines selbst lebenden Wesens, der stets sich wandelnden deutschen Sprache. Viele Einflüsse haben an diesen Namen geformt und gefeilt. Gaue und Länder hinterließen die Spuren ihrer Mundart. Die geographische Herkunft schimmert durch. Aberglauben, Unwissenheit, Überlieferung und manche andere Einflüsse haben eingewirkt. Historie und Kirche haben Tribut gezollt. Sprachbestandteile anderer Völker, nicht nur aus dem indoeuropäischen Sprachraum und daher oft schwerer erklärbar, sind eingesickert. Sprache und Wortschatz wandeln sich: Altes, Bewährtes versinkt in der Vergessenheit, Neues taucht auf.

Der fragende und forschende Mensch muß die Summe der Lebewesen in ihrer Mannigfaltigkeit überschauen können. Er will sie vergleichen und zueinander in Beziehung setzen. Er muß sie daher o r d n e n. Diesem Ordnungsstreben entsprang der lateinische Kunstname LINNÉs.

Aber die deutsche Sprache ging andere Wege. Denn der Mann des Volkes ist kein Botaniker oder Zoologe. Der sprachschöpferische „Biologe" — dort ein Forscher und Spezialist — ist hier ein einfacher Mensch, unbelastet von Fachwissen und -streben, der Jäger, Gärtner, Bauer, Hirte oder Fischer.

Der Sprachforscher und Germanist hat die deutschen Namen zu ordnen und zu gliedern. Wenigstens ist es sein Ziel. Es ist gleichzeitig das des Biologen, der daneben auch die lateinischen Fachnamen ordnen will. Welche Ordnungsprinzipien bieten sich nun für eine solche Gliederung der Pflanzen- und Tiernamen an?

Wir können drei Ordnungsprinzipien unterscheiden: das schematische sammelt in äußerlicher Ordnung die Vielfalt der Namen; das biologische ordnet sie nach biologisch-wissenschaftlichen, d. h. systematischen Gesichtspunkten; das sprachliche trachtet danach, sie zu sprachverwandten Gruppen, Feldern, „Familien“ zu vereinigen, wobei die Germanistik mit der angewandten und vergleichenden Sprachwissenschaft auch Grenzgebiete der Geographie, Geschichte und Volkskunde streift. Die Ordnung der Lebewesen dieser Erde erweist sich also als eine Aufgabe, die durchaus nicht nur dem Biologen gestellt ist.

I. Schematische Ordnung

Die einfachste Ordnung bietet das Alphabet. Wir setzen eine Reihenfolge der Buchstaben willkürlich fest und ordnen alle Wörter, indem wir bestimmen, daß zunächst nach dem ersten Buchstaben des Wortes und, wenn dieses zur Trennung nicht ausreicht, nach seinem zweiten usf. zu ordnen sei.

Diese schematische Ordnung gestattet sofort, fast ohne Überlegung einem Namen den richtigen Platz zuzuweisen. Umgekehrt wird der einzelne Name genauso leicht aufgefunden. Aber es sind auch große Nachteile damit verbunden. Über jedwede innere Verwandtschaft der Namen wird nämlich nichts ausgesagt. Es wird nach dem Gesetz des Zufalls nur registriert, fast mit Sicherheit wird Zusammengehöriges zerrissen, das nur mit Mühe oder gar nicht wieder als zusammengehörig erkannt werden kann.

Wir besitzen eine große Zahl derartiger Wortsammlungen und Wörterbücher. Uns fehlen aber bis heute die ausführlichen alphabetischen Wortsammlungen für die Namen der Lebewesen. Wir erkennen, daß hier die Vorarbeiten auf dem Gebiet der Botanik weiter gediehen sind. Es gibt für die Blütenpflanzen drei botanische Fachwörterbücher (BOERNER, WEHRHAHN-STÖTZEL und ZANDER). Ein sehr ausführliches Wörterbuch für alle deutschen Pflanzennamen (MARZELL) ist im Erscheinen begriffen. Es wird mehrere starke Bände mit vielen Tausenden von Namen umfassen und liegt bis zur Mitte des Alphabets fertig vor. Entsprechende zoologische Wörterbücher aber fehlen. Die Werke von KNOTTNERUS-MEYER und ZIEGLER-BRESSLAU sind vor etwa 30 Jahren erschienen und nur noch eingeschränkt zu verwenden. Eine gute Vorarbeit für alle Wünsche wurde aber mit dem zweibändigen Kosmoslexikon (FRANCKH) geleistet, das sich auch an den Fachbiologen wendet und einen umfassenden Überblick über die inzwischen stark erweiterten Wissensgebiete der Zoologie und Botanik gibt.

Alle biologischen Lexika und Wörterbücher haben sich mit der lateinisch-deutschen Zweisprachigkeit auseinanderzusetzen. So werden Art-, Gattungs- und Familiennamen (leider nur) der höheren Pflanzen mit ihren deutschen und lateinischen Bezeichnungen gesammelt. Mitunter werden beide Sprachen getrennt, mitunter werden auch die Namen paarweise einander zugeordnet.

II. Biologische Ordnung

Der Biologe gliedert Pflanze und Tier nach ihrer **natürlichen Verwandtschaft** und weist dadurch allen Lebewesen einen bestimmten Platz in seinem System zu, den er mühelos findet.

Eine biologische Ordnung kann nur die eindeutigen *lateinischen* Namen umfassen. Der deutsche Name oder die Listen der deutschen Synonyme sind nur beizuordnen. Dafür hat aber die biologische Ordnung dank der Untersuchungen der letzten zwei Jahrhunderte einen gewissen Abschluß erreicht. Für die Botanik kamen fruchtbare Entwicklungsimpulse durch DE CANDOLLE, DE JUSSIEU, A. BRAUN, A. EICHLER, A. ENGLER u. a.; für die Zoologie durch GEOFFROY ST. HILAIRE, G. CUVIER, E. HAECKEL; für beide Teilgebiete durch K. v. LINNÉ, J. LAMARCK und C. DARWIN.

Das natürliche System, das nach dem Grad der Ähnlichkeit die Lebewesen verknüpft, gilt im Prinzip als erkannt. Es kann gleichzeitig die phylogenetischen Zusammenhänge, wenn nicht erklären, so doch wahrscheinlich machen und erlaubt auch, alle Fossilien einzuordnen. Es hat dafür nicht nur der Anstrengungen der Anatomen und Morphologen bedurft, sondern auch die Tier- und Pflanzengeographen (Verbreitungsgesetze), die Chemiker und Physiologen (die umstrittene Serodiagnostik), die Ökologen und andere haben sich für diese Aufgabe bemüht. Jedes neu entdeckte Lebewesen kann nahezu mühelos seinen Platz in diesem System zugewiesen bekommen.

Es hat einer eingehenden Forschung bedurft, bis wir uns zu einer „Umwertung" bequemten und die Pflanzen und Tiere unseres täglichen Umgangs, ihrer systematischen Bedeutung entsprechend, ihren Wert verlieren sahen. Die Zweiteilung in **wirbellose Tiere** und **Wirbeltiere** (fast nur diese sind die Lebewesen, die wir nutzen) hob die Vertebraten über Gebühr heraus. Ähnlich war es bei den Pflanzen, denn die **Samenpflanzen** sind weit besser bekannt als die **Sporenpflanzen**. Wir lernten also, die Lebewesen nicht — wie früher üblich — nach ihrer Bedeutung für den Menschen, sondern losgelöst von menschlichen Relationen als Glieder des Naturganzen zu sehen. Das Resultat war in grober Annäherung die Ordnung nach Stämmen.

Für die Zoologie:

1. *Protozoa* (Einzeller)
2. *Spongia* (Schwämme)
3. *Coelenterata* (Hohltiere)
4. *Vermes* (Würmer)
5. *Arthropoda* (Gliederfüßler)
6. *Mollusca* (Weichtiere)
7. *Echinodermata* (Stachelhäuter)
8. *Chordata* (Chordatiere) mit den Manteltieren, Schädellosen und Wirbeltieren

Für die Botanik:

1. *Schizophyta* (Spaltpflanzen)
2. *Thallophyta* (Thalluspflanzen)
3. *Bryophyta* (Moospflanzen)
4. *Pteridophyta* (Farnpflanzen)
5. *Spermatophyta* (Samenpflanzen) mit Gymnospermen und Angiospermen

III. Sprachliche Ordnung

Bei den sprachlichen Ordnungsprinzipien werden die deutschen und lateinischen Namen getrennt untersucht. Ihr Verhältnis zueinander ist von untergeordneter Bedeutung, denn nur für die eindeutige Zuordnung und zur genauen Kennzeichnung eines Lebewesens ist die Zweisprachigkeit nötig.

Die Namenserfassung nach den sprachlichen Ordnungen steckt noch in den Anfängen ihrer Verwirklichung. Von den Wörterbüchern und Wortsammlungen her ist schon manch glücklicher Vorstoß unternommen worden. Zu erinnern wäre wieder an das Werk von Marzell, aber auch an das etymologische Wörterbuch von Kluge-Götze oder an allgemeine Erörterungen mit biologischen Fragestellungen, etwa an die Untersuchungen von Weisgerber über biologische Begriffe usw. Aber das ist erst die Voraussetzung für eine Ordnung, die über das rein Schematische des Alphabets vorstoßen will.

Da wir Pflanzen und Tiere mit den Namen aus zwei Sprachen bestimmen können, lassen sich auch Ordnungsprinzipien für die deutschen Namen von solchen der lateinischen Kunstsprache trennen. Obwohl die lateinischen Namen hier nicht näher untersucht werden, muß an vielen Stellen auf die gegenseitige Verknüpfung der Bezeichnungsweisen verwiesen werden. Eine völlige Trennung wäre nicht durchzuführen.

Die deutschen Namen können unter sehr verschiedenen Fragestellungen betrachtet und geordnet werden. Wir wollen fünf verschiedene Gesichtspunkte herausgreifen und näher erläutern. Überschneidungen sind vorhanden.

1. „Wortfamilien" in der Biologie (nach Liebich)

Dem vor mehr als 50 Jahren erschienenen Werk von Liebich, der das allgemeine deutsche Sprachgut in Wortfamilien sammelt, ist bis heute keine Sichtung der deutschen Pflanzen- und Tiernamen nach seinem Vorbild gefolgt. Leider sind die Glieder seiner „Wortfamilien", soweit sie zu den eingestreuten biologischen Namen gehören, nur in deutscher Sprache angegeben, ohne daß der zugehörige lateinische Name in Klammern gesetzt wurde (wie z. B. bei Kluge-Götze), daher nicht immer eindeutig gekennzeichnet. Daß die Angaben obendrein sehr lückenhaft sind, ist nicht verwunderlich; sie fallen nach der ganzen Anlage des Buches nur nebenbei mit ab.

Besonders fällt auf, daß die Sammlung des deutschen Wortguts, nach Wortstämmen geordnet, für das Gebiet der Pflanzen- und Tiernamen zwei grundsätzlich verschiedene Dinge nicht trennt. Nur ein Teil seiner biologischen Wortfamilien ist nämlich auf das System bezogen, wie z. B. Rötel-, Wald-, Wühl- und Feldmaus (sie gehören zu den Nagetieren, *Rodentia*) oder Tannen-, Weiden-, Beutel- und Schwanzmeise (sie gehören zu den Meisen, *Paridae*). Andere Wortfamilien dagegen haben zum wissenschaftlichen System keine Beziehung; sie sind zufällig oder aus historischen Gründen nur wortverwandt, z. B. Fleder-, Spitz- und Hausmaus oder Blatt-, Filz- und Pelzlaus.

Die systematisch bezogenen Wortfamilien aber sind für den Germanisten und für die sprachliche Ordnung ohne große Bedeutung. Sie sind vielmehr vor allem Sache des Biologen und gehören damit in das oben genannte biologische Ordnungsprinzip. Die systemlosen Wortfamilien dagegen sind Gegenstand unserer Untersuchung. Eine Inhaltsanalyse soll den Wortinhalt der Grund- und Bestimmungswörter der Komposita zu erfassen versuchen.

Die Zahl der sammelnden biologischen Fachwörter ist erheblich größer, als gewöhnlich angenommen wird. Neben den allgemein verwendeten Wörtern, wie

„Obst", „Gemüse", „Kraut", „Frucht", ließen sich unter anderem die Geltungsbereiche und Wortinhalte bei den Lebewesen prüfen, deren Namen mit „Apfel", „Kirsche", „Pferd", „Floh", „Laus", „Beere", „Maus", „Schwalbe", „Stern" usw. Komposita bilden.

2. „Sachgruppen" in der Biologie (nach Dornseiff)

Dornseiff unterscheidet in seinem „Deutschen Wortschatz nach Sachgruppen" auch die Gruppen „Pflanzenarten" und „Tierarten". Jedoch führen diese nicht über das schematische bzw. biologische Ordnungsprinzip (s. oben) hinaus. Sie enthalten nur, nach dem Vorschlag von Engler-Diels (Syllabus der Pflanzenfamilien, 1936) und Claus-Grobben (Lehrbuch der Zoologie, 1932) systematisch geordnet, die Listen von gebräuchlicheren deutschen Synonymen. Dabei entsprechen Dornseiffs sog. „Arten" durchaus nicht immer den Arten des Systems im Sinne der Taxonomie.

Es gibt natürlich auch biologische „Sachgruppen", die nicht nur Namen von Lebewesen enthalten. Dafür einige Beispiele: Zum ‚Fortbewegen eines Tieres" dienen Flügel, Beine, Füße, Flossen, Pranken, Tatzen, Pfoten, Läufe und anderes mehr; die „Überreste der tierischen Verdauungstätigkeit" sind Kot, Losung, Exkremente, Faeces, Mist, Dung, Dünger usf.; die „Oberfläche eines Säugetieres" trägt den Namen Fell, Pelz, Decke, Haarkleid, Haare, Borsten, Stacheln, Schwarte, Vließ, Balg usw.

Der Biologe will aber noch mehr wissen, was schon über diesen Begriff der Sachgruppe hinausgeht. Ihm genügt z. B. nicht „Würmer, Vermes", sondern der Begriff „Wurm" erweckt in ihm sogleich Gedankenverbindungen zu „ringeln, kriechen, winden, beinlos, weich, feucht, schlangenartig" usw. Er hat z. B. den Wurm gegen die Schleiche, die Schlange und den Aal abzugrenzen, Tiere, die alle etwas „wurmähnliches" verbindet. — Es genügt auch nicht festzustellen, daß Beere, Zapfen, Schote und Hülse „irgendwie" verbunden sind (wobei das „irgendwie" durch das Wort „Frucht" bezeichnet wird), sondern es gilt, die Wortinhalte der einzelnen „Früchte" abzugrenzen und auch biologisch zu deuten. Dabei ergeben sich aber oft überraschende Tatsachen.

Es gibt im Deutschen eine eigene Vogel„sprache", die ihren engen Anwendungsbereich verläßt, wie uns etwa die vielen Pflanzennamen verraten, die ein „Vogelmerkmal" auszeichnet. Erinnern wir etwa an Hahnenfuß, Storchschnabel, Lerchensporn, Hühnerdarm. Das „Säugetier" mit seinen Eigenschaften kehrt entsprechend in den Pflanzennamen Löwenzahn, Hasenohr, Rindsauge, Ziegenlippe, Wassernabel und vielen anderen wieder. Mannigfache biologische Wortverwandtschaften kann man aufdecken, die teils durch ähnliche Formen, teils sich entsprechende Funktionen verknüpft werden. Man kann aber fragen, warum die Sprache solche Vergleiche wählte.

3. Gliederung nach dem Wortinhalt

Eine „inhaltsbezogene Sprachbetrachtung", wie sie mit Recht Weisgerber verlangt, erfordert auch für die Tier- und Pflanzennamen eine besondere Betrachtungsweise. Wir müssen über die formale Ordnung — aber auch über eine

Namensammlung im Sinne von Liebich oder Dornseiff — hinaus, um den wahren geistigen Gehalt der Sprache zu erfassen. Sie birgt in der Tat viel mehr als eine Liste von vielen tausend Pflanzen- und Tiernamen. Denn die Namen sind entstanden, nicht von ungefähr, sondern aus Zusammenhängen zwangsläufig geboren, denen wir nachspüren können. Dabei merken wir, daß auch die biologischen Namen und sogar diese mehr und nachhaltiger als andere Bestandteile unserer Sprache, sehr getreu und mannigfach die Einflüsse erkennen lassen, denen sie ihre Entstehung verdanken.

Die Namen werden so zu einem Kulturspiegel unseres Volkes und unseres Lebensraumes. Die Historie hat bis heute ihre Spuren hinterlassen; die Kirche hat an der Sprache geformt; die Technik hat sich mit ihr auseinandergesetzt; aber auch Aberglaube und Zauber wirken in den Namen bis heute nach; die geographische Herkunft ist aus den Namen zu erkennen usf.

So bieten sich uns auch hier mancherlei Gesichtspunkte an, deren Gliederung kaum gelingt, weil sie recht verschiedenen Bereichen entstammen. Ein Teil der Fragen berührt sogar psychologische Probleme, ein anderer philosophische Gebiete. Es ist z. B. nicht zufällig, daß die Zahl in den Namen Bedeutung gewann, indem sie heute als Bestimmungswort in vielen Komposita erscheint (Siebenstern). Die Farbe spielt eine noch größere Rolle: Namen werden mit Adjektiven (Grünalge) oder Farbträgern (Goldstern) zusammengefügt. Dem Zeitbegriff gilt es nachzuspüren, der sich verschieden offenbart, in den Zeitstufen des Tages (Tagfalter), des Monats (Maikäfer), der Jahreszeiten (Herbstaster) und in den Jahresfesten (Pfingstrose).

Auch der Mensch tritt in direkte Beziehung zu seinen von ihm geschaffenen Namenskindern in vielen aus Eigennamen gebildeten Appellativen (Fuchsie), aber auch in den Namen seiner Götter, die der griechischen (Apollofalter), römischen (Venuskamm) und germanischen (Donnerkeil) Götterwelt angehören.

Man wird meistens nach dem gegenwärtigen Wortinhalt fragen. Aber auch die Genese und Geschichte eines Wortes liefern manche Aufschlüsse.

Eine besondere Untersuchung verlangt hierbei der Bedeutungswandel. Der Inhalt eines Wortes ändert sich oft mit der Zeit. Wir können dabei mehrere Fälle unterscheiden. Die Bedeutung eines Wortes kann sich verschlechtern: unser „hanebüchen" war ursprünglich nur „aus Hainbuchenholz gefertigt"; sie kann sich erweitern: unsere „Feder" war ursprünglich nur die Vogelfeder; sie kann sich verengen: unser „Getreide" war ursprünglich „alles Getragene" schlechthin; sie kann sich völlig wandeln: unsere „Runkel" war ursprünglich ein großes Stück (Runken) Brot.

4. Gliederung nach sprachgeschichtlichen Gesichtspunkten und nach der sprachlichen Form

Die Namen können formal nach mancherlei Gesichtspunkten gegliedert und zusammengefaßt werden. Die alphabetische Ordnung ist nur eine von vielen. Trotzdem können wir die meisten dieser Ordnungen nicht mehr schematisch nennen (wie wir es mit der alphabetischen Ordnung taten), da sie bereits mehr verlangen. Sie setzen nämlich gewisse grammatische Begriffe aus der deutschen

Sprache voraus und verlangen eine Kenntnis von ihren Eigenarten und ihrer Stellung unter den indoeuropäischen Sprachen.

Wenn auch mit den Tier- und Pflanzennamen fast nur Substantiva geprüft werden, ergeben sich doch vielerlei neue Gesichtspunkte. Zunächst wären die einfachen und zusammengesetzten Namen zu unterscheiden.

Der einfache Name kann wieder vielseitig betrachtet werden, etwa nach seiner sprachlichen Herkunft und Verwandtschaft: er kann dem indoeuropäischen Sprachraum angehören, wie etwa das Wort Maus, oder einem anderen, wie etwa Puma aus dem Peruanischen; er kann eine besondere Vorsilbe tragen (Unvogel) oder, was viel häufiger ist, eine eigene Endung (Winterling, Wegerich); er kann zur Diminutiv- und Koseform werden durch das Suffix -chen (Veilchen) oder -lein (Waldvöglein) oder das lateinische -ulus (Primel) oder durch Kürzung (Ratz).

Der zusammengesetzte Name verlangt u. a. eine Analyse von Grundwort und Bestimmungswort und ermöglicht die Unterscheidung verschiedener Beziehungstypen und Bauformen, je nach der Wortart der verbundenen Bestandteile (Verben, Zahlwörter, Adjektiva, Substantiva mannigfach miteinander gemischt). Vergleiche vielerlei Art, etwa Pflanze mit Pflanze, Tier mit Tier, Pflanze mit Tier usw., regen zu neuen Betrachtungen an.

Andere Erkenntnisse folgen aus der Art, wie sprachfremde Namen ins Deutsche übernommen werden: manche Wörter werden als Fremdwörter geführt (Polyp, Insekten), andere werden zu Lehnwörtern umgegossen und verändert (vivipara in Viper, Chamomilla in Kamille), wieder andere werden als Lehnübersetzungen übernommen (Tausendgüldenkraut). — Man könnte auch die formalen und inhaltlichen Beziehungen eines Namensubstantivs zu anderen Wortarten untersuchen: Adjektiva (madig) und Verben (äffen) leiten sich von ihm ab. Es gibt aber auch umgekehrt Verben (tummeln — Tümmler) und Eigennamen (DAHL — Dahlie), von denen Tier- und Pflanzennamen abgeleitet wurden.

ZWEITER ABSCHNITT

Sprachliche Ordnung der Pflanzen- und Tiernamen

Im vorliegenden Buch sollen die Pflanzen- und Tiernamen sprachlich analysiert werden. Es gilt, sie nach dem Inhalt und der sprachlichen Form in der oben angedeuteten Art zu untersuchen und zu ordnen.

I. Zur Einführung

1. Wortauswahl

Die Auswahl und die Begrenzung der besprochenen Tier- und Pflanzennamen ist festzulegen. Es ist selbstverständlich, daß unmöglich alle deutschen Namen angeführt werden können. Das war auch nicht beabsichtigt. Diese Wortsammlung soll vielmehr die gebräuchlichen und überregionalen, d. h. allenthalben im deutschen Sprachraum verwendeten und verstandenen Tier- und Pflanzennamen enthalten. Es sind Namen der Schrift- und Umgangssprache. Mundartliche Namen scheiden als Lokalnamen aus, von einigen Ausnahmen abgesehen; ihre Liste wäre erst recht niemals vollständig; denn die Sprache ist nicht starr, sondern hebt dauernd neue Wörter aus der Taufe und läßt andere untergehen. Im übrigen erhalten wir für unser Ziel, die sprachliche Analyse der Tier- und Pflanzennamen, durch eine noch größere Namensammlung (die dann ohnehin nur einen engen Kreis interessierte) keine neuen Aspekte. Das Grundsätzliche kann schon an den angeführten Namen erkannt werden.

Die Grenze der Auswahl der untersuchten Wörter wurde gezogen durch die Autoren der populärwissenschaftlichen biologischen Werke, die an der Verbreitung der deutschen Tier- und Pflanzennamen im deutschsprachigen Raum einen großen Anteil haben. Die alphabetischen Namenverzeichnisse ihrer Hauptwerke gaben die Grundlage dieses Buches, das darüber hinaus natürlich auch durch Nebenquellen gespeist wurde. Vor allem waren die Verlagswerke von QUELLE & MEYER, unter ihnen die Werke von SCHMEIL, eine brauchbare Grundlage, die Lehrbücher und Leitfaden (für Botanik und Zoologie). Eine weitere Quelle waren die Bestimmungsbücher für Pflanzen (z. B. SCHMEIL-FITSCHEN) und Tiere (BROHMER), die auch einen breiten Leser- und Benutzerkreis haben; dort konnte auch ein glücklich und treffend gewählter deutscher Name erwartet werden. Eine dritte Quelle boten Verlagswerke des FRANCKH-Verlages, die ebenso biologische Erkenntnisse in die breitesten Schichten unseres Volkes tragen. Endlich wurden alle in Deutschland zur Zeit eingeführten Biologie-Schulbücher, vor allem die der höheren Schulen, berücksichtigt. Auf diese Weise konnten wir auch der Eigenart der einzelnen Länder gerecht werden.

Eine Analyse der Namen kann nur dann wirklich von Wert sein, wenn die besprochenen Tiere und Pflanzen eindeutig erkannt werden. So war eine Zweisprachigkeit unerläßlich. Alle besprochenen Pflanzen und Tiere (gegen 4000 deutsche Namen sind angeführt) sind also auch mit ihrem wissenschaftlichen lateinischen Namen (kursiv gedruckt) bezeichnet worden. Als Quelle hierfür dienten die Bestimmungsbücher in ihren neuesten Auflagen. Die wissenschaftlichen Namen aller ausländischen Tiere und Pflanzen dagegen, die angeführt wurden, entstammen, soweit möglich, den SCHMEILschen Lehrbüchern. — Bei zweigliedrigen lateinischen Namen handelt es sich zumeist um Artnamen (Gattung und Art). Wird der Gattungsname allein angegeben, so gilt entweder der deutsche Name für die ganze Gattung oder wenigstens für einen Teil ihrer Arten, ohne daß er sich genauer festlegt. Bei höheren systematischen Einheiten wurde mitunter auch der Verwandtschaftsgrad (Familie, Ordnung, Klasse usw.) angegeben; er ist auch meist an der charakteristischen Endung zu erkennen.

2. Abbildungen und Beispiele

Die beigegebenen, nach Themen zusammengestellten Zeichnungen stellen zum größten Teil Originale dar. Die besondere Art der Betrachtung bedingt, daß nicht der gleiche Abbildungsmaßstab bei den einzelnen Beispielen jeder Gruppe angewandt werden konnte. Denn nicht allein die Größe, sondern auch andere Merkmale führen die Namengruppen zusammen. Ein Walfisch und ein Tintenfisch sind wahrlich sehr verschieden groß, aber wegen ihrer Körperform und -anhänge erscheinen beide als fischähnlich. Bei weniger bekannten Formen wurde dagegen, um die Vorstellung weiter zu unterstützen, der angewandte Maßstab angegeben.

So findet man nicht einzelne Lebewesen, sondern immer Gruppen von Pflanzen und Tieren abgebildet, weil eine sprachliche Ordnung in ihrer Art Zusammengehöriges zu vereinigen trachtet. Auf diese Art kann auch der Inhalt eines sammelnden Begriffs näher bestimmt werden.

Die ausgewählten Beispiele sind an einigen Stellen nur lückenhaft. Es sollten aber wenigstens typische Lebewesen abgebildet werden, wobei selbstverständlich den in Deutschland vorkommenden gegenüber den Ausländern der Vorrang gegeben wurde. Die Entscheidung, ob ein Name gebräuchlich oder veraltet ist und welches Beispiel auszuwählen sei, läßt sich nicht immer klar treffen. An einigen Stellen wurden ältere, auch historische Namen angeführt, wenn sie einen Sachverhalt treffender kennzeichnen als ihre modernen Synonyma.

Einer überall spürbaren Entwicklungstendenz unserer Zeit muß entgegengetreten werden. Wir erkennen nämlich, daß unser Volk längst nicht mehr die häufigen Pflanzen und Tiere seiner deutschen Heimat so gut kennt wie früher. Wir leben in einer Zeit zunehmender Naturentfremdung. Mit ihr geht bei vielen Menschen die Kenntnis unserer Lebewesen verloren und damit auch der vielen blumenreichen, vergleichsfrohen und treffenden Namen. Wir fahren an den Lebewesen mit der Geschwindigkeit des Autos vorbei, aber sie verlangen den beschaulichen Gang des Fußwanderers. So wird auch unsere Sprache ärmer, sie bildet ihre neuen Namen nach abgegriffenen Rezepten durch Anhängen von -kraut, -ling, -tier usw., und die Zahl der Lehnübersetzungen, die dann nur der Fachmann noch kennt, nimmt ständig zu.

So sollen die abgebildeten Pflanzen und Tiere nicht nur allbekannte Vertreter von Pflanzen und Tieren zeigen, sondern auch manche bereits fast vergessene Formen.

3. Ziele des Buches

Das **Hauptziel** des Buches bleibt eine **Analyse und Ordnung der deutschen Tier- und Pflanzennamen** nach sprachlichen Gesichtspunkten. Aber das ist nicht alles.

Wir verfolgen mit dieser Untersuchung der namensverwandten Pflanzen und Tiere das Ziel, auch dem Lehrenden Wissensstoff in die Hand zu geben, der trotz aller Vernachlässigung, die er gewöhnlich erfährt, oft genug zum Verständnis biologischer Zusammenhänge notwendig ist. — Vielleicht erscheint es auf den ersten Blick sehr willkürlich, namensverwandten Tieren und Pflanzen nachzuspüren. Aber das Vorgehen liefert überraschenderweise erfreuliche Resultate. Sie sind durchaus nicht unwissenschaftlich und wertlos, auch nicht für den Fachbiologen, der sprachwissenschaftlichen Untersuchungen oft fern steht. Denn durch diese mitunter zufälligen, oft aber auch wohlbegründeten Verbindungen von Begriffen wird dem Gedächtnis manche brauchbare Stütze und Hilfe geliefert. Willkommene Assoziationen ergeben sich hierbei; „beliebte" Verwechslungen klären sich auf und werden vermeidbar; die Formenkenntnis von Pflanzen und Tieren wird stark unterstützt. Damit aber wird der Biologie ein großer Dienst erwiesen. Denn Systematik und Artenkenntnis werden dadurch stark vernachlässigt, daß heute, oft sehr einseitig, gewisse andere Forschungsrichtungen überbetont werden (Genetik, Physiologie).

Der Biologe hat sich, erst recht wenn er Systematiker ist, viel zu sehr daran „gewöhnt", beim Einordnen und -reihen eines Naturobjektes „systematisch" zu denken. Er klassifiziert nach seinen wissenschaftlichen systematischen Ordnungen. Dabei verzichtet er aber von vornherein auf andere, nicht minder interessante Verknüpfungen der Lebewesen. Denn eine Ordnung nach sprachlichen Gesichtspunkten gliedert anders, aber ebenfalls begründet. Die Sprache ist, wie das untersuchte Naturobjekt auch, selbst ein lebender Organismus und schließt neue Betrachtungsweisen auf, die die Lebewesen nicht nach einem starren Schema gliedern (wie es oft das biologische System tut), sondern nach einem Weltbild, das kulturbedingt ist.

Die namensverwandten Pflanzen und Tiere führen aber noch zu besonderen Ergebnissen für den Sprachwissenschaftler. Die lautbezogene Betrachtung der Namen, die zu unseren Fachwörterbüchern geführt hat, erfaßt noch nicht voll den Reichtum der deutschen Sprache. Wir müssen die inhaltliche Leistung unserer biologischen Namen entdecken und erfassen. Eine inhaltsbezogene Betrachtung aber stellt unser Wortgut in größere Zusammenhänge. Wir sehen es als ein Erzeugnis des deutschen Weltbildes, an dem viele Einflüsse bildeten und formten. Auch diesen Einflüssen, etwa geschichtlicher, kultureller, religiöser Art gilt es nachzuspüren. Der Schlüssel aber, der uns das Schloß zu derlei Erkenntnissen in der besonderen Blickrichtung des Biologen aufschließt, heißt Namensverwandtschaft. Solche Betrachtung zeigt endlich auch, wie fest die biologische Fachsprache mit ihren Ansprüchen in unserer Muttersprache mit ihren laut- und inhaltsbezogenen Eigenarten verankert ist.

Wir wollen hier nicht übersehen, daß es neben einer systematischen oder sprachlichen Ordnung der Tier- und Pflanzennamen noch andere vergleichende, summierende Formen der Untersuchung gibt. Pflanzen und Tiere sind z. B. auch durch ökologische, geographische, physiologische, genetische, entwicklungsgeschichtliche Beziehungen und andere mehr verknüpft. Sie sollen hier nicht näher betrachtet werden.

Die Fragestellung, die uns bei einer sprachlichen Analyse an die Pflanzen- und Tiernamen heranführt, kann sehr vielseitig sein. Bei dieser Untersuchung ist eine Vollständigkeit der Namen unwichtig. Aber es sollte zum Ausdruck kommen, wie verschieden man an die Aufgabe herangehen kann. So empfiehlt sich auch eine Dreiteilung, damit wir der ungeheuren Stoffmenge, die trotz aller Einschränkungen zu berücksichtigen ist, gerecht werden. Die Namen und Begriffe werden zunächst nach ihrem Inhalt gegliedert; eine Ordnung nach sprachgeschichtlichen Gesichtspunkten untersucht die Herkunft der Namen; formalsprachliche Betrachtungen schließen sich an. Freilich nicht immer läßt sich diese Scheidung streng durchführen. So tauchen manche Namen, wenn sie nicht durch andere Beispiele ersetzt werden konnten, auch zweimal oder öfter auf. An einigen Stellen verwischen sich auch die Grenzen der drei Hauptteile des Buches.

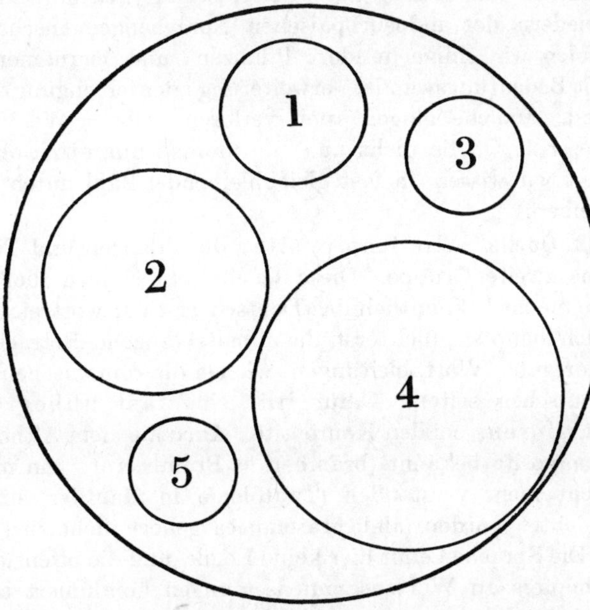

Abb. 1. Quellen des Wortschatzes. Aus der Vielfalt der Lebewesen (Außenkreis) schneidet jeder Innenkreis seinen Anteil heraus. Die bezeichneten Kreise bedeuten: 1 Althochdeutsches Wortgut; 2 Komposita; 3 Fremd- und Lehnwörter; 4 Lehnübersetzungen; 5 Eigennamen. (Verhältnisse nur in Annäherung, 2 und 4 sind sicher noch größer anzunehmen)

4. Von den Quellen des Wortschatzes

Wenn man erkannt hat, daß wir nur einen bescheidenen Teil der lebenden Geschöpfe unserer Erde mit deutschen Namen ansprechen, nämlich nur die wichtigsten Wirbeltiere und Blütenpflanzen — von den Wirbellosen und Blütenlosen nur wenige Arten, die für den Menschen eine besondere Bedeutung gewannen —, so gilt es, diesen deutschen biologischen Namensschatz zu gliedern. Das Ergebnis ist recht merkwürdig und wurzelt in der Eigenart unserer Sprache und in der Methode ihrer Wortbildung. Der breite Fluß unserer deutschen biologischen Namen umfaßt immer noch einige tausend allgemein verständliche und gebräuchliche Vokabeln, wenn man die mundartlichen Namen außer Betracht läßt. Der Fluß unserer Tier- und Pflanzennamen wird aus fünf verschiedenen Quellen gespeist (vgl. Abb. 1). Diese Quellen fließen aber heute sehr verschieden stark und veränderten sich auch über die etwa 1200 Jahre der deutschen Sprachentwicklung. Denn der Gedanke einer „theodisca lingua“ und eine Hochsprache in ihren Ansätzen stammen aus dem 8. Jahrhundert.

Wir wissen noch wenig über den Ursprung der Namensquellen und die Geschichte der Namen.

1. Quelle. Am wertvollsten für germanistische Studien mag die älteste Quelle der deutschen Pflanzen- und Tiernamen erscheinen. Es sind die Namen, die schon zu unserem althochdeutschen Sprachgut gehörten. Manche von ihnen lassen sich noch weiter zurückverfolgen. Wir können z. B. eine Anzahl als Erbwörter von indogermanischen Wurzeln herleiten („Klette" von der Wurzel *gleit- = klebrig sein) oder aber wenigstens als Lehnwörter aus dem Lateinischen („Kohl" aus caulis) oder Griechischen („Grille" aus *γρύλλος*), also wichtigen Gliedern der indoeuropäischen Sprachengemeinschaft. Im Althochdeutschen finden wir einige hundert Pflanzen- und Tiernamen, die bis heute (manche mit Bedeutungswandel, -erweiterung oder -einengung) in unserer Sprache lebendig sind. Manche gingen auch verloren (Albe = Weißfisch). Komposita gehören dieser 1. Quelle nicht an. Sie umfaßt nur einfache Substantive, die, soweit wir wissen, in fast gleichbleibender Zahl durch die Jahrhunderte erhalten bleiben.

2. Quelle. Alle Komposita, die Pflanzen und Tiere bezeichnen, gehören in eine zweite Gruppe. Diese Quelle von Namen fließt in einem breiten Strom. Sie macht bekanntlich das Deutsch erst zur wortreichen Sprache. Sie ermöglicht auch hauptsächlich erst die inhaltsbezogene Betrachtung unseres biologischen Wortguts. Wortableitungen, wie sie die romanischen Sprachen kennen, sind im Deutschen selten. Dafür tritt eine fast unbegrenzte Möglichkeit des Variierens bei den Komposita. Auch aus dem Althochdeutschen sind natürlich Komposita bekannt (bramberi = Brombeere); von manchen weiß man, daß sie nicht mehr verstanden (Tautologie in Maultier) und volksetymologisch umgedeutet wurden (ahd. grasemucca gehört nicht zu „Mücke").

Die Sprache kennt hier keine Logik, und die offensichtliche Freude des Sprachschöpfers an Wortzusammensetzungen kombiniert alles, was nur möglich ist, wirbelt Wortgattungen durcheinander, würfelt Sachgebiete recht verschiedener Herkunft willkürlich zusammen, aber gibt damit unserer Sprache den Bilderreichtum und den poetischen Reiz; kurz sie bricht aus jeder formalen Starre und Einseitigkeit aus. Wortneubildungen durch Beifügungen (nach dem Vorbild anderer Sprachen) sind selten, wie etwa durch eine Ortsbestimmung (Jungfer in Grün) oder durch ein beigefügtes Adjektiv (Fleißiges Lieschen).

3. Quelle. Biologische Namen aus vielen außerdeutschen Sprachen wurden oft kaum verändert übernommen. Mitunter wurden die Endungen abgeschliffen und die Aussprache (Nasale, Gutturale) wurde auf „deutsch" umgeändert. Fremdwörter flossen in neuerer Zeit aus fast allen Sprachen der Welt in das Deutsche ein, die meisten natürlich aus dem indogermanischen Sprachraum, einige Dutzend auch aus weniger erforschten Sprachen, die eine etymologische Deutung schwer zulassen. Viele endemische Tier- und Pflanzengestalten (Känguruh in Australien, Lama in Südamerika) aus fremden Ländern tragen bei uns ihren heimatlichen Taufnamen. Da Neuentdeckungen von Lebewesen in Zukunft kaum zu erwarten sind (wenigstens nicht von auffälligen Großformen!), ist dieser Wortzuwachs nahezu abgeschlossen. Vom Fremdwort kommen wir zum Lehnwort, zu dem das Fremdwort durch Eindeutschung nach jahrhundertelangem Gebrauch häufig wird, im gleitenden Übergang (Viola — Viole — Veil — Veilchen). Es ist schließlich Sache der Definition, wann man Fremdwörter Lehnwörter nennt. Dann empfindet man das Fremdartige der Wortbildung nicht mehr.

4. Quelle. Den breitesten Zustrom in das biologische Namensgut bringt die Lehnübersetzung mit. Grundsätzlich bekommt durch sie jedes lateinisch bezeichnete Lebewesen — es sind heute etwa eine Million! — einen deutschen Namen, freilich meistens von recht fragwürdigem Wert. Manche lateinischen Namen lassen sich auch trotz besten Willens nicht „übersetzen". Außerdem ist das Interesse des Volkes an solchen Lehnübersetzungen meist gering, sie entsprechen keinem Bedürfnis (Ohnzahn, Stirnzirpe).

Ein breiter Strom von Lehnübersetzungen dieser Art fließt also erst seit 200 Jahren und ist durch LINNÉs Nomenklatur erst erschlossen worden, manche von ihnen werden trotz ihres kurzen Lebens schon als ein alter deutscher Sprachbestandteil empfunden. Wir stehen mitten in diesem „Assimilationsvorgang". Diese Pflanzen- und Tiernamen wurden nicht vom Volk geschaffen, sondern vom Gelehrten ersonnen. — Die Zahl der Lehnübersetzungen aus anderen als der lateinischen Sprache ist vergleichsweise sehr gering.

5. Quelle. Im deutschen Sprachschatz der Tier- und Pflanzennamen sind endlich verkappte Eigennamen anzutreffen. Dergleichen Appellativa leiten sich meistens von menschlichen Namen her und setzen verdienstvollen Forschern, Reisenden, Regenten und Entdeckern ein Denkmal (Fuchsie). Auch Namen von Göttern und Heiligen werden mitunter angetroffen (Apollofalter, Christophskraut). Oft stellen diese Appellativa zugleich die lateinischen Namen der Arten, Familien und Gattungen dar, die dann nur eine verdeutschte Wortendung bekommen. Andere Appellativa bewahren geographische Begriffe, Namen von Ländern, in denen Tiere oder Pflanzen zuerst entdeckt wurden (Apfelsine, Pfirsich); Namen von Inseln (Zypresse), von Gebirgen, von Meeren, von Flüssen schließen sich an. Mitunter gehen auch solche Namen in kulturgeschichtlicher Abhängigkeit durch mehrere Sprachen. Andere Namen wurden in Anlehnung an LINNÉ von namensuchenden Forschern geprägt und bürgerten sich ein (Clivia nach Lady CLIVE, Herzogin von Northumberland). Viele Appellativa wachsen endlich Tag für Tag dem Wortschatz durch die Arbeit der Tierzüchter und Gärtner zu, vor allem also Namen für veredelte Nutztiere und verbesserte Zier- und Nutzpflanzen (Leghorn, Pinscher).

Diese fünf Quellen speisen so gut wie den gesamten biologischen Namensschatz. Nur noch wenige dünne Rinnsale ergießen sich in ihn hinein. Verkleinerungen (Zwiebel, Libelle) und Kosenamen (Heimchen) bringen einige Dutzend Namen mit; geschlechtsgebundene Tiernamen (Hengst, Fähe) erweitern jedoch nicht die Artenzahl. Die Tierfabel und Jägersprache bringen neue, aber nicht allgemein gebrauchte Namen mit (Grimbart, Basse). Die Lautmalerei (Onomatopöie) liefert nur Tiernamen. Sie sind zwar eingängig, aber fanden nur in geringer Zahl Eingang in die Muttersprache (Zilpzalp, Fink).

Die fünf Quellen des Wortschatzes müssen näher untersucht werden. Während die zweite Quelle (Komposita) für die **Inhaltsanalyse** reichen Beitrag liefert, gehören alle anderen Wortquellen stärker in den Bereich der **Formanalyse** und **Sprachgeschichte.**

II. Gliederung nach dem Wortinhalt

Jeder, der die Namen unserer Pflanzen und Tiere verwendet, verbindet sie mit Vorstellungen. Sie sind verschiedener Art. Gewisse Sinnzusammenhänge ergeben sich z. B. aus den äußeren Umständen, bei denen diese Namen gesprochen werden, oder aus der Verknüpfung mit anderen Wörtern, die mit diesen Namen Sätze oder Satzteile bilden. Aber auch der Name allein besitzt einen Inhalt.

Der Inhalt des biologischen Namens ist zunächst der Artbegriff, der je nach Alter, Vorbildung, Erfahrungswelt des Sprechers oder Hörers mit verschiedener Genauigkeit festgelegt wird. Der Löwe ist für das Kind ein wildes Tier, für den Erwachsenen eine Wildkatze Afrikas, für den Biologen ein katzenartiges Raubtier usf. — Einem Namen wohnt aber noch mehr inne. Man kann z. B. auch nach seinem Wortsinn und nach seiner wörtlichen Bedeutung fragen. Wir können hierbei drei Fälle unterscheiden.

1. Der Artname macht keine weiteren Aussagen. Für den normalen deutschen Sprecher sind Simplicia wie Eiche, Esel, Kümmel Vokabeln, die er lernen muß. Er kann über die wörtliche Bedeutung dieser Simplicia (es sind etwa 500) keine Aussagen machen. Denn nur ein Sprachforscher kennt die Genese dieser Wörter und weiß, daß z. B. Klette zu kleben, Bär zu braun und Weizen zu weiß gehören, usf.

2. Der Artname macht nur für den Fachmann weitere Aussagen. Der Biologe versteht Fitis und Kiebitz zu deuten, weil er die Vogelrufe „fit“ und kiwit“ diesen Tieren zuordnet. — Ein Kenner der englischen Sprache vermutet in Mangrove das Wort grove (Hain) und übersetzt Grizzly mit „Grauer“. —Ein Kenner der lateinischen Sprache hält wahrscheinlich Primel für eine Frühlingsblume (*primus* = der erste) und sieht in Bazillus ein stabähnliches Gebilde (*bacillum* = Stöckchen). Die Zahl dieser Simplicia und (mitunter versteckten) Komposita ist klein.

3. Der Artname macht für jedermann weitere Aussagen.

a) Hierher gehört eine kleine Zahl von Simplicien. Der allbekannte Kuckuck z. B. ist mehr als eine Vokabel, denn er läßt einen Schluß auf die Stimme des Tieres zu. Namen, die sich von Verben und Adjektiva herleiten, bringen eine Bedeutung mit. Die Fliege ist „etwas, was fliegt“, und ein Bläuling ist „etwas von blauer Farbe“ usf.

b) Hierher gehören so gut wie alle Komposita unter den Namen (unter ihnen sind auch die meisten Lehnübersetzungen). Ihre Zahl geht sicher in die Tausende. Die Analyse ihrer Bestimmungs- und Grundwörter liefert wertvolle Ergebnisse. Die Wortbestandteile können auf Wortsinn und wörtliche Bedeutung geprüft werden; dabei sind ihre Beziehungen und Abhängigkeiten zu beachten. Diese Untersuchungen führen uns auch umgekehrt in der Analyse der Simplicia ein Stück weiter; sie sind Gegenstand des folgenden Abschnitts.

1. Pflanzen- und Tiernamen im Wechsel

Tier- und Pflanzennamen stehen zueinander im Wechselspiel. Keine breite Kluft trennt die beiden Namensreiche, sondern ihre Grenzen sind verschwommen, so daß auch gelegentlich Pflanzennamen Tieren gehören können und umgekehrt Pflanzen mit Tiernamen belegt werden. Mit zwei aneinandergefügten Namen, die einzeln Pflanze oder Tier bezeichnen, kann man den Namen eines neuen Lebewesens, Pflanze oder Tier, gewinnen. Von dieser Möglichkeit wird oft Gebrauch gemacht. Damit hat das Deutsche durch seine vielseitige Kompositabildung einen großen Vorteil gegenüber fast allen anderen Sprachen. Acht verschiedene Kombinationen zwischen Pflanzen- und Tiernamen wären zu denken:

Bestimmungswort	Grundwort	ergibt im Kompositum	Beispiel
Pflanze	Tier	Pflanze	Eichhase (Pilz)
Pflanze	Pflanze	Pflanze (s. S. 17)	Fichtenspargel
Tier	Pflanze	Tier	Pferderose (Hohltier)
Tier	Tier	Tier (s. S. 18)	Karpfenlaus (Krebs)
Pflanze	Pflanze	Tier	Zypressenmoos (Hohltier)
Tier	Tier	Pflanze	—
Tier	Pflanze	Pflanze (s. S. 15)	Hundsquecke (Süßgras)
Pflanze	Tier	Tier (s. S. 16)	Kartoffelkäfer

Die häufigsten Wortverbindungen sollen im folgenden näher besprochen werden. — Schließlich gibt es auch vieldeutige Namen, die gleich mehreren Tieren oder Pflanzen gehören. Kurz, die Sprache wirft und schüttelt Pflanzen- und Tiernamen kurzweilig durcheinander.

a) Tier- und Pflanzenname ergeben einen Pflanzennamen

Sehr viele Pflanzennamen tragen, als den ersten Wortbestandteil, den Namen eines Tieres im Bestimmungswort eines Kompositums. Die Beziehungen von Pflanze und Tier sind dabei recht verschieden: eine erste Gruppe bezeichnet mit dem vorgesetzten Tiernamen einen unedlen Partner einer wertvollen verwandten Pflanze (z. B. Hundsveilchen); das Tier setzt den Wert herab. Bei den anderen Gruppen sind die Verknüpfungen der Lebewesen enger. Der Tiername gibt z. B. an, wem die hinter ihm stehende Pflanze als Nahrung dient (etwa Schafgarbe), oder er erklärt eine hervorstechende Eigenschaft der Pflanze (etwa die Farbe und Zeichnung bei der Tigerlilie). Wieder andere Namen lassen erkennen, welche Tiere (Schädlinge, Schmarotzer) durch gewisse Pflanzen bekämpft werden (z. B. Flohkraut). Zu den „Ungezieferpflanzen" gehören aber auch solche, die nur an die Schädlinge erinnern, wie „Wanzensame" durch die Form der Samen, ohne daß sie gegen Ungeziefer wirksam sind.

Tiere setzen den Wert der Pflanze herab: Bärenlauch *Allium ursinum*; Bärentraube *Arctostaphylos uva ursi*; Bärenschote *Astragalus glycyphyllus;* Hundskamille *Anthemis arvensis;* Hundsquecke *Agropyrum caninum;* Hundspetersilie *Aethusa cynapium;* Hundsrose *Rosa canina;* Hundsrauke *Erucastrum;* Hundsveilchen *Viola canina;* Pferdebohne *Vicia faba;* Roßkümmel *Siler trilobum;* Roßminze *Mentha longifolia;* Roßkastanie (neben anderen Deutungen) *Aesculus hippocastanum.*

Die Pflanze dient dem Tier zur Nahrung und umgekehrt: Eselsdistel *Onopordum acanthium;* Ferkelkraut *Hypochoeris;* Fliegenschimmel *Empusa muscae;* Gänsedistel (Sau-) *Sonchus oleraceus;* Gänsekresse *Arabis;* Gänserauke *Stenophragma St. Thalianum;* Geißklee *Cytisus;* Geißraute *Galega officinalis;* Hasenlattich *Prenanthes purpurea;* Hasensegge *Carex leporina;* Krähenbeere *Empetrum nigrum;* Lammkraut *Arnoseris minima;* Mäusegerste *Hordeum murinum;* Schafgarbe *Achillea millefolium;* Schafschwingel *Festuca ovina;* Schweinerübe *Stachys palustris;* Vogelbeere *Sorbus aucuparia;* Vogelknöterich *Polygonum aviculare;* Vogelmiere *Stellaria media;* Vogelwicke *Vicia cracca;* Wachtelweizen *Melampyrum.*

Tiere sind Vorbild in Farbe und Form: Adlerfarn, Stengelquerschnitt zeigt Gefäßbündel im Umriß eines Doppeladlers *(Pteridium aquilinum);* Flohsegge, Früchte von der Größe und Farbe eines Flohes *(Carex pulicaris);* Fuchssegge, Spelzen so rotbraun wie das Fuchsfell *(Carex vulpina);* Kuckucksnelke, an den Stengeln ist „Kuckucksspeichel“, durch die Larven der Schaumzikade entstanden *(Lychnis flos cuculi);* Schneckenklee, Hülsen schneckenhausähnlich eingerollt *(Medicago);* Tigerlilie, Blüte in der Farbe und Zeichnung tigerfellartig *(Lilium tigrinum).*

Kampf dem Ungeziefer: Fliegenpilz, in Milch gelegt, zum Abtöten der Fliegen *(Amanita muscaria);* Flohkraut, Volksmittel gegen Ungeziefer und Durchfall *(Pulicaria vulgaris, P. dysenterica);* Läusekraut, das abgekochte Kraut wurde früher gegen Ungeziefer unserer Haustiere verwendet *(Pedicularis);* Mottenkraut, altes, jedoch wenig wirksames Mittel gegen lästige Insekten, auch in der Volksheilkunde *(Ledum palustre);* Schabenkraut, zum Vertreiben der Schaben *(Verbascum blattaria);* Wanzenbeere, Beeren besitzen einen eigenartig aromatischen Geschmack und Geruch *(Ribes nigrum);* Wanzen-Knabenkraut, die bräunlich purpurroten Blüten haben einen unangenehmen, an Wanzen erinnernden Geruch *(Orchis coriophora);* Wanzenkraut, riecht nach Wanzen und wurde gebraucht, um sie zu vertreiben *(Cimicifuga foetida);* Wanzensame, Samen erinnern an die Gestalt der Bettwanze *(Corispermum, Coreopsis);* Wurmfarn, Wurzelstock liefert Mittel gegen Bandwurm *(Aspidium filix mas).*

b) Pflanzen- und Tiername ergeben einen Tiernamen

Die meisten Pflanzen-Tier-Komposita gehören dieser Gruppe an. Viele Schädlinge unserer Kulturpflanzen pflegen wir auf diese Weise leicht zu kennzeichnen. Aus der großen Zahl der Beispiele sollen nur einige herausgegriffen werden, damit man die vielseitige Verwendung dieser Wortbildung erkennt. Als Bestimmungswort treten die Namen aller unserer Kulturpflanzen auf (Forst-, Feld-, Gartenpflanzen usw.), also etwa bei den Waldbäumen: Pappel, Linde, Birke, Eiche, Fichte, Kiefer und Tanne, bei den Obstbäumen: Apfel, Pflaume, Zitrone, bei den Sträuchern: Stachelbeere, Himbeere und Wein, bei den Feldpflanzen: Erbse, Rübe, Kohl und Möhre.

Eine kleine Zahl dieser Namen bezeichnet Tiere, die ein hervorstechendes Merkmal der Pflanze aufweisen; diese bildet dann das Bestimmungswort. Zum Beispiel heißen nach der Farbe Zitronenfalter und Rosenstar.

Apfelwickler *Carpocapsa pomonella;* Birkenzeisig *Carduelis linaria;* Distelfink *Carduelis carduelis;* Eichenbockkäfer *Cerambyx cerdo;* Erbsenwickler *Laspeyresia nigricana;* Fichtenlaus *Pineus pineoides;* Haselmaus *Muscardinus avellanarius;* Kartoffelkäfer *Leptinotarsa decemlineata;* Kiefernspanner *Bupalus pinarius;* Kornmotte *Tinea granella;* Lindenschwärmer *Deilephia tiliae;* Malvenfalter *Carcharodus alceae;* Pappelspinner *Poecilocampa populi;* Pflaumenbohrer *Rhynchites cupreus;* Reblaus *Viteus vitifolii;* Rübenälchen *Heterodera schachti;* Rosenstar *Pastor roseus;* Stachelbeerqualle *Pleurobrachia pileus;* Tannenmeise *Parus ater;* Weidenbohrer *Cossus cossus;* Weindrossel *Turdus musicus;* Weizenälchen *Tylenchus tritici;* Zitronenfalter *Gonopteryx rhamni.*

Nicht abzusehen sind schließlich die Tierkomposita, deren Bestimmungswort nicht eine bestimmte Pflanze, sondern ein allgemeiner Begriff ist. Zusammensetzungen mit Baum-, Blatt-, Blumen-, Dorn-, Getreide-, Gras-, Holz-, Hecken-, Heu-, Laub-, Rohr-, Saat-, Wald- und Wiese- sind beliebt. Manche von ihnen bilden ein Dutzend Namen oder gar ein Vielfaches davon (z. B. Wald-). Einige Beispiele:

Baumschläfer *Dryomys nitedula;* Blattläuse *Aphidae;* Blumenfliegen *Anthomyiinae;* Dornhai *Acanthias vulgaris;* Getreidelaufkäfer *Zabrus tenebrioides;* Grasfrosch *Rana temporaria;* Heckenbraunelle *Prunella modularis;* Heuamöbe *Amoeba limax;* Holzbohrer *Xylotropha;* Laubsänger *Phylloscopus;* Rohrdommel *Botaurus stellaris;* Saatgans *Anser fabalis;* Waldohreule *Asio otus;* Wiesenpieper *Anthus pratensis.*

c) Zwei Pflanzennamen bilden einen neuen

Die begrenzte Zahl der einfachen deutschen Pflanzennamen kann dadurch leicht vergrößert werden, daß man zwei Namen zu einem Kompositum zusammenfügt; es benennt dann eine neue dritte Pflanze. Beliebt für solche Neuschöpfungen sind Pflanzennamen mit recht ungenauem Vorstellungsinhalt, wie „Kohl" (als Blattgemüse verwendet), „Rose" (eine meist rotgefärbte, aus vielen Blütenblättern gebildete Blume), „Moos" (ein zartes, meist verästeltes Kraut mit winzigen Blättern) und dgl. Dafür einige Beispiele:

Buchweizen *Fagopyrum esculentum:* Früchte sind braun und dreikantig wie die der Buche und liefern Mehl, ähnlich wie der Weizen.

Fichtenspargel *Monotropa hypopitys:* ein Wintergrüngewächs, das unter Fichten spargelähnliche, chlorophyllfreie Triebe entwickelt.

Heiderose *Daphne cneorum:* eine harte, der Heide ähnliche Staude, die sich mit röschenförmigen Blütenständen schmückt.

Kerbelrübe *Chaerophyllum bulbosum:* ein dem Kerbel ähnliches Doldengewächs, dessen Knollen wie Rüben als Gemüse gegessen werden.

Kirschlorbeer *Prunus laurocerasus:* Rosengewächs mit schwärzlichen kirschenähnlichen Früchten und lederigen, glänzenden, immergrünen Lorbeerblättern.

Kleeulme *Ptelea trifoliata:* ein Rautengewächs mit dreizähligen „Kleeblättern" und rundum geflügelten ulmenähnlichen Früchten.

Kohldistel *Sonchus oleraceus:* ein distelähnliches Unkraut, eine „Kohlpflanze" der Weidetiere (Gänsedistel).

Moosfarn *Selaginella:* weder Moos noch Farn, jedoch eine mit beiden verwandte Sporenpflanze, die auch beiden ähnlich sieht.

Weidenröschen *Epilobium:* ein Nachtkerzengewächs mit weidenähnlichen Blättern und röschenartigen Blüten.

d) Zwei Tiernamen bilden einen neuen (Abb. 2)

Ebenso wie bei den Pflanzen, jedoch noch weit häufiger, werden Tiernamen dadurch neu geschaffen, daß man die Namen zweier Tiere zusammensetzt. Wie vielseitig können diese zwei Lebewesen voneinander abhängig sein! Man kann vier verschiedene Fälle unterscheiden.

Die erste Abhängigkeit zweier Lebewesen ist das Nahrungsverhältnis (z. B. Karpfenlaus). Manche tierische Parasiten gehören mit ihren Wirten eng zusammen. Der Name gibt dann Gastgeber und Schmarotzer an, den einen im Bestimmungs-, den anderen im Grundwort des Kompositums (z. B. Rinderbremse). Alle anderen Abhängigkeiten sind lockerer.

Durch eine weitere Namengruppe wird z. B. die Lieblingsnahrung in Tiergestalt angezeigt, indem sie einfach vor dem Namen des nachstellenden Tieres erscheint (z. B. stellt der Wespenbussard den Hautflüglern nach). — Die sog. „Brückentiere" vermitteln zwischen zwei verschiedenen Formen (z. B. der Kiwi als „Schnepfenstrauß" zwischen Schnepfe und Strauß). — Es gibt schließlich Doppelnamen, bei denen der erste Wortbestandteil an ein bemerkenswertes Tiermerkmal erinnert, während der zweite, das Grundwort, die systematische Verwandtschaft angibt (Hirschkäfer = Käfer mit dem Geweih des Hirsches).

Wirt und Schmarotzer: Fischbandwurm *Dibothriocephalus latus;* Fischegel *Piscicola geometra;* Hundebandwurm *Taenia marginata;* Hundefloh *Ctenocephalides canis;* Karpfenlaus *Argulus foliaceus;* Katzenfloh *Ctenocephalides felis;* Pferdeegel *Haemopis sanguisuga;* Pferdemücken *Tipulidae;* Rinderbandwurm *Taenia saginata;* Rinderbremse *Tabanus bovinus;* Schweinebandwurm *Taenia solium;* Walfischlaus *Cyamus ceti.*

Zu den Innenschmarotzern gehören unter anderem die Bandwürmer, unter denen wir Rinder-, Hunde-, Fisch- und Schweinebandwurm kennen. Der Namengeber war dabei in Verlegenheit, weil der Parasit zwei Wirte nacheinander besucht. Er heißt jedoch immer nach dem Wirt der ersten Entwicklungsstufe (vom Ei bis zur Finne)! Es gibt dann, zur Bezeichnung des zweiten Wirtes, einen „Schweinebandwurm des Menschen". Bei den Außenschmarotzern ist es einfacher. Läuse, Flöhe, Egel und Bremsen heißen nach ihren Wirten; sie sind Bestimmungswort des Kompositums.

Die Ameisenwespen oder Bienenameisen *(Mutillidae)* leben parasitisch bei Bienen und Hummeln: das Männchen ahmt die Wespen, das Weibchen aber die Ameisen nach. Zu den Gästen der Ameisen gehören die Ameisengrillen *(Myrmecophila).*

Tier und Nahrung: Ameisenbär *Myrmecophaga tridactyla;* Ameisenigel *Echidna aculeata;* Ameisenlöwe, Larve von *Myrmeleon formicarius;* Fischreiher *Ardea cinerea;* Bienenfresser *Merops apiaster;* Fliegenschnäpper *Muscicapa striata;*

Heringshai *Lamna cornubica;* Heringsmöwe *Larus fuscus;* Mäusebussard *Buteo buteo;* Wespenbussard *Pernis apivorus.*

Drei hier aufgeführte Lebewesen sind „Ameisentiere“, wobei ausgerechnet das kleinste unter ihnen, die Larve der Ameisenjungfer, zu den Insekten gehört, aber Löwe genannt wird. Der Ameisenigel, das primitive Säugetier Australiens,

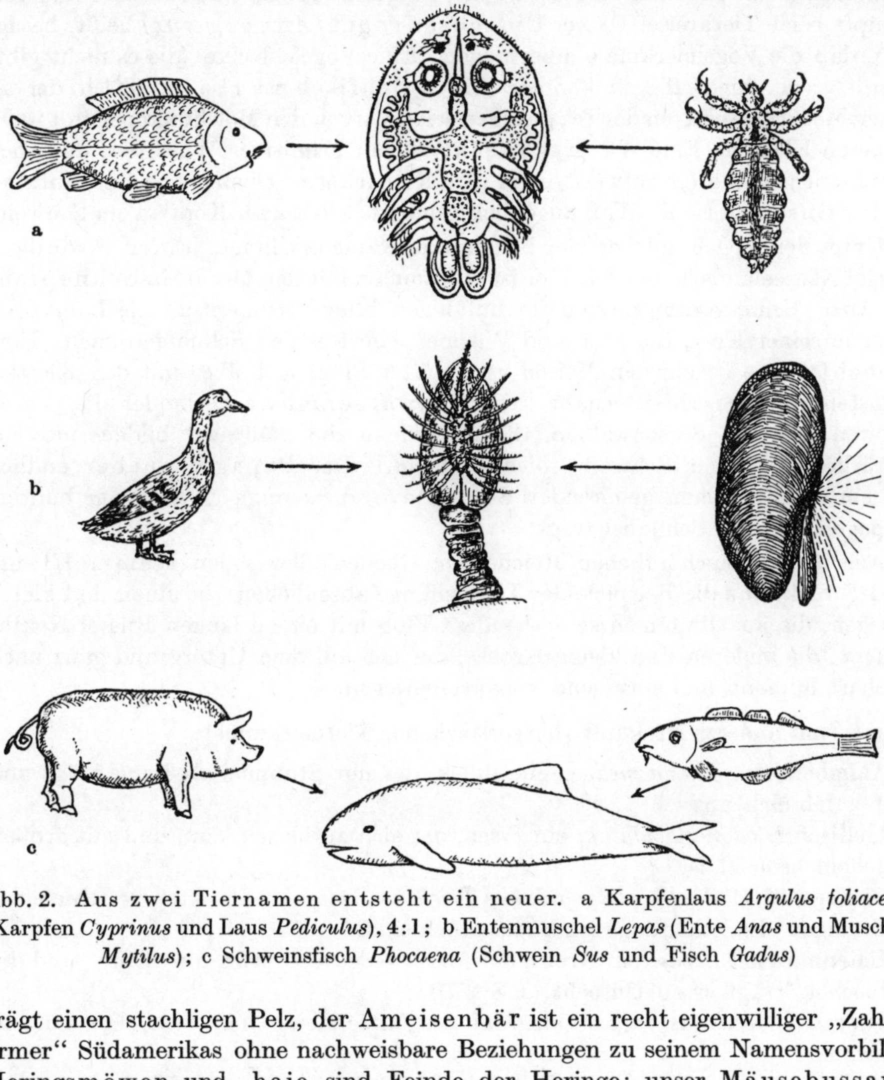

Abb. 2. Aus zwei Tiernamen entsteht ein neuer. a Karpfenlaus *Argulus foliaceus* (Karpfen *Cyprinus* und Laus *Pediculus*), 4:1; b Entenmuschel *Lepas* (Ente *Anas* und Muschel *Mytilus*); c Schweinsfisch *Phocaena* (Schwein *Sus* und Fisch *Gadus*)

trägt einen stachligen Pelz, der Ameisenbär ist ein recht eigenwilliger „Zahnarmer“ Südamerikas ohne nachweisbare Beziehungen zu seinem Namensvorbild. Heringsmöwen und -haie sind Feinde der Heringe; unser Mäusebussard tut sich an kleinen Nagern gütlich.

Brückentiere: Bienenameisen *Mutillidae;* Flohkrebse *Amphipoda;* Hasenmäuse *Chinchillidae;* Hummelfliegen *Bombyliidae;* Käferschnecken *Amphineuren;* Molchfisch *Lepidosiren paradoxus;* Papageitaucher *Fratercula arctica;* Schnepfenstrauß

Apteryx; Schwalbenmöwe *Xema sabinii;* Schweinsfisch *Phocaena phocaena;* Spechtmeise *Sitta europaea;* Walroß *Odobenus rosmarus.*

Für die Brückentiere, oft verbindende Zwischenformen in der phylogenetischen Entwicklung unserer Lebewesen, sind Tierzwillingsnamen beliebt, sogar berechtigt. Wenn ein Vogel, befiedert und flugfähig, noch Zähne in seinem Schnabel besitzt und eine Schwanzwirbelsäule hat, so erinnert er an eine Eidechse und verknüpft beide Tierkreise. Daß er Eidechsenvogel *(Archaeopteryx)* heißt, besagt nur, daß die Vogelmerkmale überwiegen. Eine Vogeleidechse (die es nicht gibt) würde sicher nicht fliegen können. Ein Molchfisch ist also ein Fisch, der an einen Molch erinnert; in der Tat gleichen seine Larven den Molchquappen mit ihren äußeren Kiemen. Eine Käferschnecke ist ein primitives Weichtier, das auch Insekteneigenschaften aufweist, es ist nämlich noch streng symmetrisch gebaut. Der Schweinsfisch ist ein Wal, angeblich erinnert sein kurzer Kopf an ein Schwein.

Unter den Vögeln gibt es vier bekanntere Namenzwillinge. Ein merkwürdiger Vogel Neuseelands ist der Kiwi, er ist (zusammen mit den Moas) ein Schnepfenstrauß. Seine verkümmerten flugunfähigen Flügel erinnern an die Laufvögel, aber in seiner Kost, Insekten und Würmer, eifert er den Schnepfen nach. Eine Spechtmeise ist ein den Meisen verwandter Singvogel, aber mit den Kletterkünsten eines Spechtes begabt. Die Schwalbenmöwe verbindet die echten Möwen mit den Seeschwalben, die zusammen die „Möwen“ bilden und hat natürlich mit einer Schwalbe nichts zu tun! Der Papageitaucher endlich ist ein zu den Alken gehörender Schwimmvogel, wenngleich er einen bunten, papageiähnlichen Schnabel trägt.

Aus dem unerschöpflichen Reiche der Gliederfüßler sollen Hummelfliege und Flohkrebs die Beispiele der Tierzwillinge abschließen; die einen sind kleine Fliegen, die aus Blüten in schwebendem Flug mit einem langen Rüssel Nektar saugen, die anderen sind kleine Krebse, die sich auf dem Untergrund ganz nach Flohart hüpfend und springend vorwärtsbewegen.

Namen mit anderer Herkunft (hervorstechende Tiermerkmale):

Aalmolch *Amphiuma means:* ein Molch, der nur Stummel als Beine trägt und fast aalähnlich aussieht.

Igelfisch *Diodon maculatus:* ein Fisch, der sich aufblasen kann und mit großen Stacheln bedeckt ist.

Bienenwolf *Philanthus triangulum; Trichodes apiarius:* Insekten verschiedener Ordnungen, die Schädlinge im Bienenstock sind.

Entenmuschel *Lepas:* ein Krebs, der falsch gedeutet wurde, die „Ente“ und die „Muschel“ trägt er zu Unrecht (s. S. 270).

Fuchshai *Alopecias vulpes:* ein Hai des Mittelmeeres mit besonders langem Schwanz.

Gänsegeier *Gyps fulvus:* ein Geier, dessen Hals einen weißen Flaum trägt.

Gänsesäger *Mergus merganser:* der größte der drei deutschen Säger, etwa von Entengröße.

Hornissenschwärmer *Aegeria apiformis:* ein Glasflügler, weder Hautflügler noch Schwärmer.

Hundsaffen *Cercopithecidae:* Schmalnasenaffen, die eine hundeähnliche Schnauze besitzen.

Hundshai *Galeus canis:* ein Hai mit sehr verlängertem Rostrum.

Krebsotter (Nerz) *Mustela lutreola:* ein Marder, der den Wohnort des Krebses schätzt (daher auch Sumpfotter).

Mauswiesel *Mustela nivalis:* Wieselart, kleiner als das Hermelin.

e) Tier bezeichnet Pflanze

Gesagt wird	aber gemeint ist
Fliege	Orchidee *(Ophrys muscifera)*
Biene	Orchidee *(Ophrys apifera)*
Hummel	Orchidee *(Ophrys fuciflora)*
Spinne	Orchidee *(Ophrys aranifera)*
Eichhase	Pilz *(Polyporus ramosissimus)*
Goldhähnchen	Hahnenfußgewächs *(Anemone ranunculoides)*
Waldvöglein	Orchidee *(Cephalantera)*

Eine sehr merkwürdige Verwandtschaftsgruppe der Orchideen, die Gattung Ophrys, hat sich von Gliederfüßlern ihre Namen ausgeliehen. Die bizarren Blütengestalten mit den mannigfach umgestalteten und gefärbten Lippen rufen einmal die Erinnerung an eine Fliege wach; ein anderes Mal glaubt man, in der geöffneten Blüte eine Hummel zu erblicken, die sich gerade niedergelassen hat; auch eine Spinne oder Biene kann man mit etwas Phantasie entdecken.

Mit der „Hummel" hat es freilich seine Bewandtnis. Fucus heißt nämlich Drohne! Die Orchidee *(O. fuciflora)* ist also in doppeltem Sinne keine „Hummel" (*Bombus*)! Aber da die „Biene" schon benannt war, wurde unrichtig, aber wohl wissentlich übersetzt. Immerhin blieb es ein Hautflügler.

Ob eine *Ophrys*-Pflanze tatsächlich „beabsichtigt", Insekten anzulocken oder umgekehrt — zu verscheuchen? Wer kann das einwandfrei beantworten? Wie erklärt sich trotz dieser raffinierten Hilfsmittel der besonders geringe Samenansatz? Also erschwert die Pflanze die Insektenbestäubung dadurch, daß sie bereits Besucher vortäuscht. Oder soll in der auffälligen Unterlippe eine kleine Tierleiche dargestellt werden, die wie eine Aasblume (allerdings ohne großen Erfolg) für Fliegen geeignete Nahrung in Aussicht stellt?

Eine kleine Blume mit goldgelber Blüte wird mit einem Goldhähnchen verglichen. Ob man aber dabei wirklich an den kleinen Singvogel mit den goldgelben Scheitelfedern gedacht hat? Eine andere, weißblühende Anemone heißt nämlich Berghähnchen (*A. narcissiflora*), und unter den Insekten gibt es noch andere „Hähnchen", z. B. das Weinhähnchen *(Oecanthus)* und das Lilienhähnchen *(Crioceris)*.

Von romantischem Duft ist die herrliche, in drei Arten bei uns vorkommende *Cephalantera* umwittert. Sie ruft immer dieselbe Überraschung hervor, wenn man ihr im Walde begegnet, ob der purpurroten oder großblütigen weißen oder der schwertblättrigen; nicht anders überrascht uns das Lied des Waldvögleins, unerwartet und morgenschön.

Unter den Pilzen endlich sind die Warmblütler nicht selten: der Eichpilz heißt auch Eichhase, ein Verwandter von ihm *(P. frondosus)* Graue Gans, ein eßbarer, dem Ziegenbart nahestehender Pilz sogar Krause Glucke *(Sparassis*

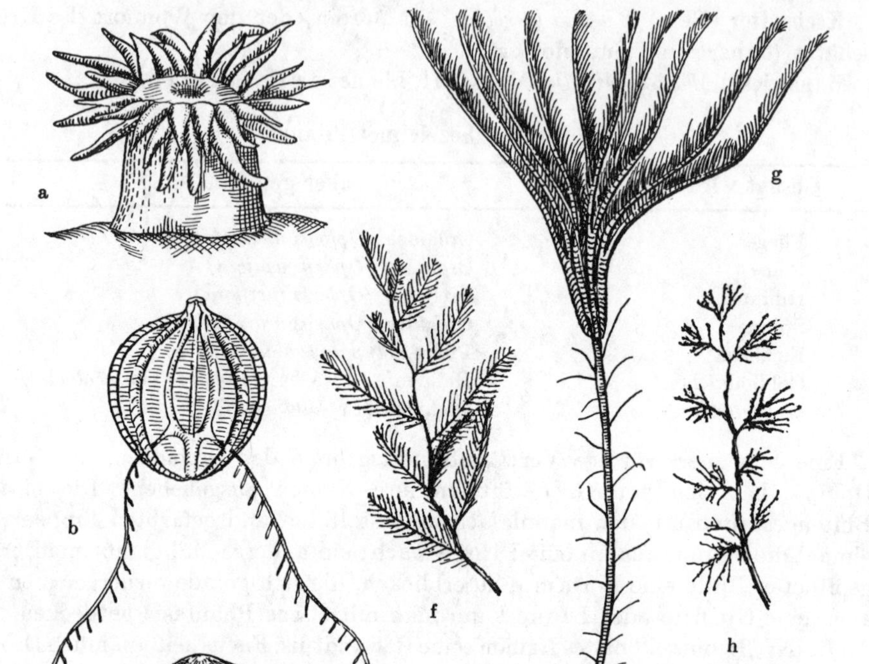

Abb. 3. Pflanzennamen für Meerestiere. a Seerose *Actinia equina*; b Seestachelbeere *Pleurobrachia pileus*; c Rote Bohne *Macoma baltica*; d Seeanemone *Anemonia*; e Seenelke *Metridium dianthus*; f Korallenmoos *Hydrallmania falcata*; g Seelilie *Metacrinus*; h Zypressenmoos *Sertularia cupressina*

ramosa), wobei doch die Glucke bereits bei dickleibigen Nachtfaltern *(Lasiocampidae)* als Synonym gebraucht wird.

f) Pflanze bezeichnet Tier (Abb. 3 und 4)

Das Pflanzenreich leiht einigen Meerestieren den Namen. Blumen vermeint man in manchen Hohltieren zu erblicken, wie Rosen, Anemonen und Nelken.

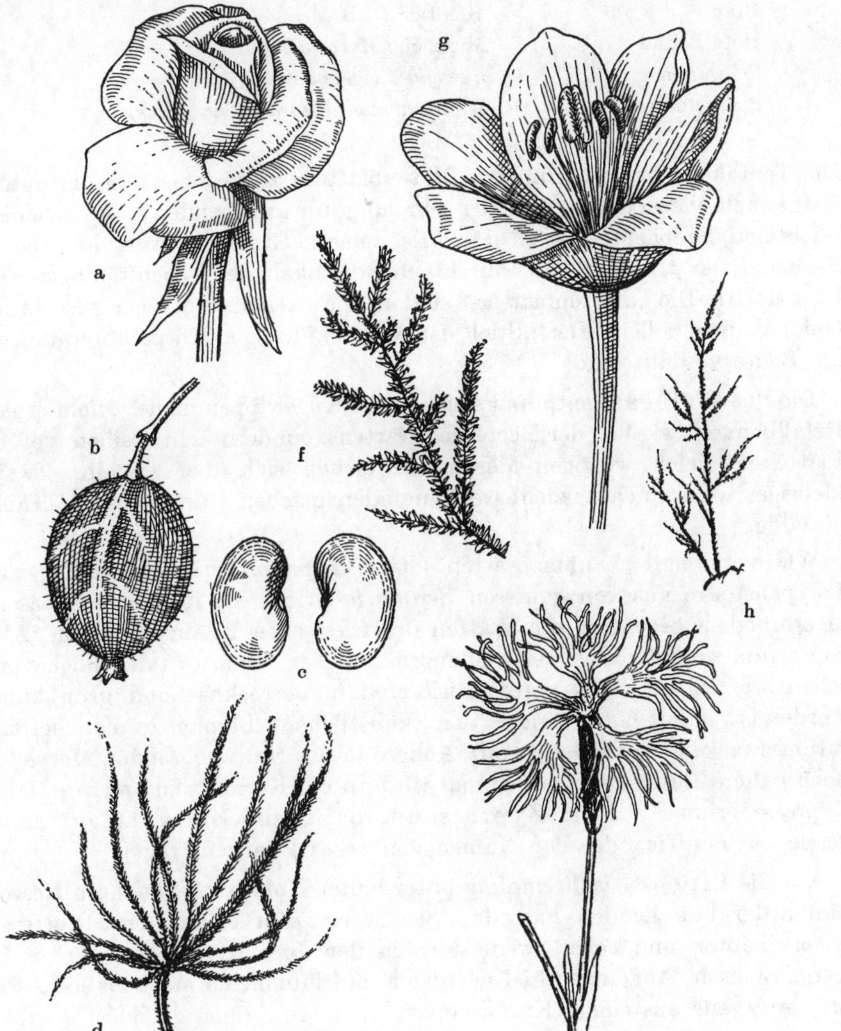

Abb. 4. Die pflanzlichen Vorbilder zu Abb. 3. a Rose *Rosa spec.*; b Stachelbeere *Ribes grossularia*; c Bohne *Phaseolus multiflorus*; d Anemone, Fruchtstand von *Anemone alpina*; e Nelke *Dianthus superbus*; f Laubmoos *Brachythecium*; g Lilie *Lilium bulbiferum*; h Laubmoos *Cratoneuron filicinum*

Gesagt wird	aber gemeint ist
Anemone	Hohltier (z. B. *Anemone*)
Lilie	Stachelhäuter (Haarstern, z. B. *Antedon*)
Moos	Hydroidpolyp (z. B. *Sertularia cupressina*)
Nelke	Hohltier (z. B. *Metridium*)
Rose	Hohltier (z. B. *Actinia*)
Rote Bohne	Muschel *(Macoma baltica)*
Schwamm	*Spongiae* (eigener Kreis)
Stachelbeere	Rippenqualle *(Pleurobrachia pileus)*

Die Tentakel scheinen schmalen Blütenblättern zu gleichen; die mitunter sogar festgewachsenen oder wenigstens sehr langsam kriechenden Tiere scheinen dem flüchtigen Beobachter gleich den Pflanzen im Grund zu wurzeln. Die bunten Farben dieser „Blumentiere" durchlaufen die Skala der farbenfreudigsten Blüten. Und doch! Die „Blütenblätter" sind mit Nesselkapseln reich besetzt, die die Opfer lähmen sollen. Der „Stiel" ist ein sackförmiger Körperhohlraum, in dem die Beute verdaut wird.

Die Stachelbeere entpuppt sich als eine Kugelrippenqualle. Nicht ernährende Gefäßbahnen wie bei der Beere des Gartens, sondern acht Reihen von dünnen Plättchen gleich winzigen Meridianen ziehen sich über sie hin. Zwei lange klebrige, wenn auch einziehbare Fangfäden machen jede raffinierte Täuschung hinfällig.

Wie verzweigte Laubmoosarten (etwa *Hypnum*-Verwandtschaft) sehen die Polypenstöcke aus von gewissen *Sertularia*-Arten, die in ganzen „Rasen" den Meeresboden, besonders die Watten der friesischen Inseln besiedeln. Aber das Seemoos wird dadurch nicht pflanzenähnlicher, wenn es tatsächlich von Menschen wie echtes Moos zurechtfrisiert, d. h. getrocknet und grün aufgefärbt worden ist, damit man es gleich den „künstlichen" Blumen zu mancherlei Dekorationszwecken verwenden kann. Andere in der See wachsende „Moose" tragen noch nähere Bestimmungen, einmal wird an die Koralle, ein anderes Mal an die Zypresse erinnert. Beim Zypressenmoos ist die Kuriosität auf die Spitze getrieben: ein Tier, das den Namen von zwei Pflanzen trägt!

Nur die Lilie ist ein Fremdling unter lauter Hohltieren mit ihren Nesselzellen hinter der täuschenden Fassade. Sie ist ein sehr eigenwilliger Vertreter der Stachelhäuter und sogar (wenigstens in der Jugend) wie eine echte Pflanze festgewachsen. Auf einem Stiel schaukelt ein Blütenkelch, statt aus sechs Perigonblättern, ganz aus einem Kranz von verzweigten Armen gebildet.

Eine kleine weitverbreitete Muschel der Nord- und Ostsee wird auch als Rote Bohne bezeichnet, weil sie Bohnengröße und -gestalt und eine rosarotgefärbte Perlmutterschicht besitzt.

Einen eigenen Kreis bilden unter den wirbellosen Tieren die sehr einfach gebauten tierischen Schwämme. Unter Schwamm versteht man in der Umgangssprache aber auch den Pilz, meist den Hutpilz. Der doppelt verwendete Name ist verständlich. Ein Bade- oder Tafelschwamm ähnelt nach seiner Beschaffenheit einem Zunderschwamm. Für ihn und ähnliche Formen (*Polyporus*-Arten) benutzt selbst der Biologe das Wort „Schwamm", das er sonst gern vermeidet. Der Schwamm = Pilz ist natürlich länger in unserer Sprache bekannt als der Wasserbewohner. Um wieviel besser und glücklicher sagen die Franzosen l'éponge und die Engländer sponge, aus dem lateinischen „*spongia*" entlehnt. Der Pilz ist der eingedeutschte lateinische „*boletus*", der übrigens wirklich den Hutpilz (z. B. auch Champignon) bedeutete.

g) Ein Pflanzenname für zwei Pflanzen (Abb. 5)

Doppelname	ist Name für	und zugleich Name für
Bärenklau	Doldengewächs (*Heracleum*)	Acanthaceen (*Acanthus mollis*)
Blasenstrauch	Schmetterlingsblütler (*Colutea arborescens*)	Spindelbaumgewächs (*Staphylaea pinnata*)
Fuchsschwanz	Süßgras (*Alopecurus*-Arten)	Amarantgewächs (*Amarantus caudatus*)
Hundszahn	Süßgras (*Cynodon dactylon*)	Liliengewächs (*Erythronium dens canis*)
Krähenfuß	Kreuzblütler (*Coronopus*)	Wegerichgewächs (*Plantago coronopus*)
Tausendblatt	Tausendblattgewächse (*Myriophyllum*)	Korbblütler (*Achillea millefolium*)
Wanzensame	Gänsefußgewächs (*Corispermum*)	Korbblütler (*Coreopsis*)

Fälle von Namenzwillingen sind bei Pflanzen nicht selten. Viele Homonyma bezeichnen sogar mehr als zwei Lebewesen (Allerweltsnamen sind etwa Butterblume, Marienkraut, Kuhblume usw.), manche von ihnen sicher Dutzende von verschiedenen Arten. Der Vokabelschatz des einfachen Mannes erschöpft sich gegenüber der Vielfalt der Erscheinungen gar bald. Viele Homonyma mögen getrennt voneinander entstanden sein.

An einer Pflanze wird eine besondere Eigenschaft entdeckt. Ein anderer Beobachter entdeckt dieselbe Eigenart an einer anderen Pflanze und gibt ihr, unabhängig vom ersten, dieselbe Bezeichnung. Oft werden Namen aus dem Tierreich geholt: der Schwanz des Fuchses, die Tatzen des Bären, die abgeplattete Wanze sind solche Vorbilder.

Der Fuchsschwanz ist das bekannte Wiesengras mit dem kurzen walzenförmigen Blütenstand. Namenpartner ist der Amarantus, eine beliebte Gartenpflanze. Ihn schmücken lange, fuchsschwanzähnliche, hängende, dunkelrote Blütenscheinähren. — Ein anderes Süßgras, der Hundszahn, hat Ähren, die zahnähnlich gestaltet und fingerartig angeordnet sind. Ein Liliengewächs, eine rotblühende Staude des Steingartens, heißt deshalb Hundszahn, weil seine Zwiebel in zahnähnliche Teile gespalten ist.

An manchen Gartensträuchern fallen die aufgeblasenen, dünnhäutigen Früchte auf. Vertreter von zwei ganz verschiedenen Verwandtschaftskreisen sind nach diesen hohlen „Fruchtblasen" getauft worden (Blasenstrauch). — Die abgeplattete reißzweckenähnliche Gestalt der Bettwanze kehrt in zwei verschiedenen

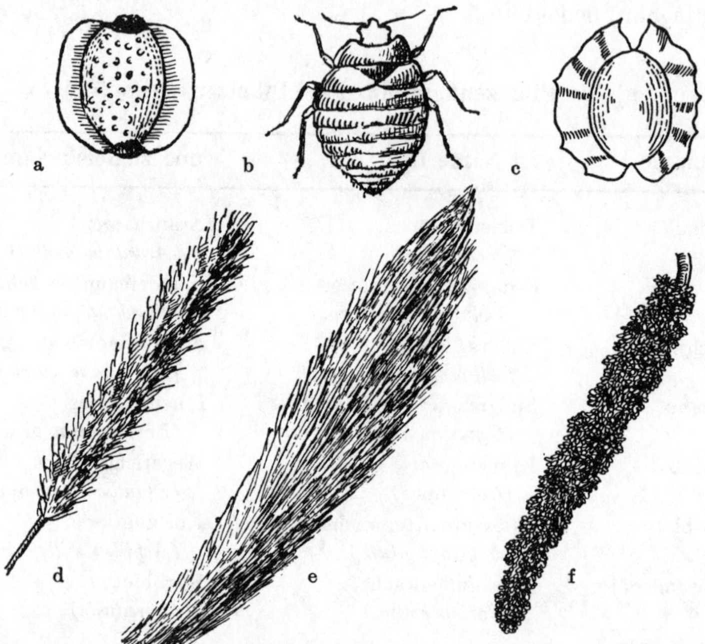

Abb. 5. Pflanzen mit Namen aus dem Tierreich. b Bettwanze und ihre Nachahmer (a Wanzensame *Corispermum* und c Wanzensame *Coreopsis*); e Fuchsschwanz und seine Nachahmer (d „Fuchsschwanz" *Alopecurus* und f „Fuchsschwanz" *Amarantus caudatus*).

Taufgeschwistern wieder. Unter Wanzensame versteht man nämlich ein Gänsefußgewächs und einen Korbblütler. Andere geben der beliebten reichblühenden *Coreopsis* einen freundlicheren Namen und übersetzen das Wort mit Mädchenauge.

Als letztes Beispiel sei der Bärenklau genannt, griechisch „Akanthus". Die Akanthusblätter (die Pflanze ist mit vielen Arten in Südeuropa heimisch) sind als ein gern verwendetes Motiv in der griechischen Kunst bekanntgeworden. Das gerippte, dornige Blatt bildet die Kelche am Kapitell der korinthischen Säule. Auch die Blätter des deutschen Bärenklau treffen diese Gestalt. — Nach der Blattgestalt sind schließlich auch die Tausendblätter und Krähenfüße benannt worden.

h) Ein Tiername für zwei Tiere (Abb. 6 und 7)

Doppelname	ist Name für	und zugleich Name für
Bär	Raubtier (*Ursus arctos*)	Schmetterling (Familie der *Arctiiden*)
Eisvogel	Vogel (*Alcedo ispida*)	Schmetterlingsgattung (*Limenitis*)
Eule	Nachtraubvogel (*Strigidae*)	Schmetterlingsfamilie (*Noctuiden*)
Fuchs	Raubtier (*Canis vulpes*)	Tagfalter (*Vanessa urticae, polychloros*)
Otter	Raubtier (*Lutra lutra*)	Giftschlange (*Vipera*)
Polyp	Kopffüßler (*Octopus vulgaris*)	Hohltier (*Hydra*)
Rehbock	Wiederkäuer (*Capreolus capreolus*)	Bockkäfer (*Dorcadion fuliginator*)
Schwertfische	Knochenfische (*Xiphosurus, Xiphias*)	Zahnwal (*Orccinus orca*)
Seehase	Meeresfisch (*Cyclopterus lumpus*)	Meeresschnecke (*Aplysia*)
Seeschwalbe	Möwe (*Sternide*)	Knochenfisch (*Trigla hirundo*)
Ziege	Wiederkäuer (*Capra hircus*)	Knochenfisch (*Pelecus cultratus*)
Ziegenböckchen	Wiederkäuer (*Capra hircus*)	Niederer Krebs (*Amphipod, Caprella*)

Das große Reich der Insekten, unter ihnen die vielgestaltigen Schmetterlinge, bringt den Namenschöpfer in Verlegenheit. Namen von Säugetieren, auch Vögeln sind ihm oft geläufiger und werden daher mitunter entlehnt (Abb. 6). Ein braunes Fell gehört dem Bären, aber auch ein Nachtfalter trägt ein dichtes braunes Haarkleid. Selbst seine Raupen schmückt derselbe langhaarige Pelz. Brauner Bär wurde der Schmetterling getauft. Noch ein zweiter, der Gelbe Bär, tritt an seine Seite. — Das auffällige Rot des Fuchses hat nicht nur ein eigenes Eigenschaftswort geprägt (fuchsrot, fuchsig), sondern auch einem Schmetterlingspaar zu einem Namen verholfen. Denn der Kleine und Große Fuchs sind bekannte Tagschmetterlinge, die dasselbe Rot zusammen mit schwarzen Farbtupfen auf ihren Flügeln tragen. — Zu den Nachtgreifvögeln gehören unsere Eulen. Dem Nachtleben nicht minder gut angepaßt sind die Eulen unter den Schmetterlingen. Sie haben dieselben großen Augen wie jene, dasselbe für Nachttiere bezeichnende unscheinbare Kleid, und es scheint, als ob auch das lockere Gefieder der Vögel in der starken Behaarung des Insekts ein Gegenstück fände. — Tagfalter sind die Eisvögel, die mit einem farbenprächtigen Vogel den Namen teilen. Es sind Schmetterlinge, die als Raupen überwintern, wenn sich alles mit Schnee und Eis bedeckt. (Der Vogel dagegen hat wohl mit Eis nichts zu tun; er wird als Eisenvogel gedeutet).

Wir kennen zwei Wasserläufer, von denen ein Schnabelkerf — sein Gewicht vermag nicht die Oberflächenspannung des Wassers zu überwinden — den Namen mit mehr Recht trägt als der Vogel gleichen Namens.

Ein anderer Vogel, die Seeschwalbe, hat einem Fisch, dem Knurrhahn, zu seinem zweiten Namen verholfen. Tatsächlich erinnert die Bewegung der Brustflossen dieses Wasserbewohners an schlagende Vogelflügel, wie der Artname „*hirundo*“ (Schwalbe) andeutet. Freilich ist dabei das Kuriosum zu verzeichnen,

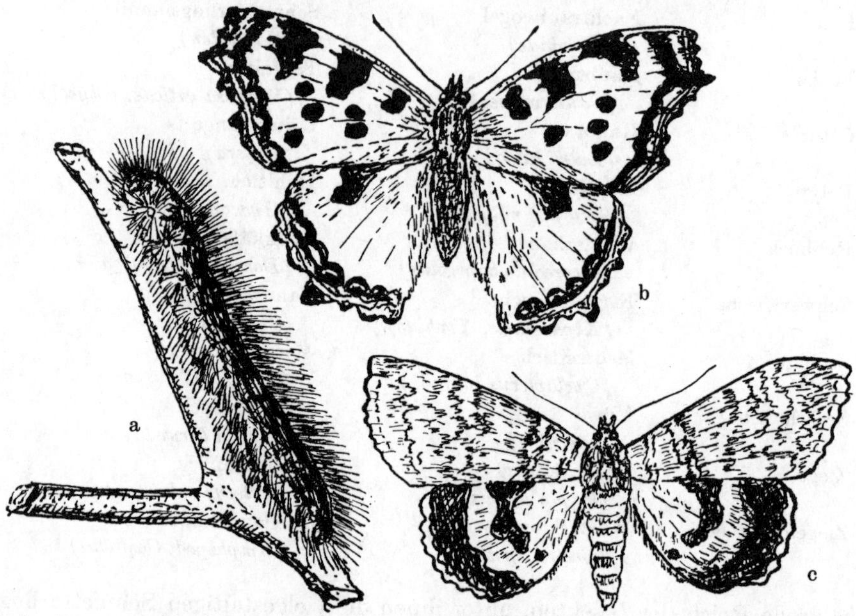

Abb. 6. Warmblüternamen für Schmetterlinge. a Bär, Raupe von *Arctia caja*; b Fuchs *Vanessa urticae*; c Eule *Noctuide*, nach MEYER

daß das Wort die echte Schwalbe bezeichnet, aber eine Seeschwalbe als Sternide natürlich nicht zu den Schwalben gehört. Was bleibt da zu tun? Schließlich muß eine „Schwalbe“ im Meer einfach „Seeschwalbe“ heißen, aller Taxonomie zum Trotz!

Wale werden von jeher gern mit Fischen verglichen. Einen Schweinsfisch gibt es nicht, er hat sozusagen ein imaginäres Dasein. — Der Schwertfisch, der schwerttragende Zahnwal, besitzt Fischnamensvettern, diesmal sogar gleich zwei, einen sehr harmlosen, fingerlangen Aquariumsdoppelgänger von echtem Fischgeblüt (der auch Schwertträger genannt wird) und einen furchterregenden Namensbruder des Meeres.

Mit einem Süßwasserfisch, der Ziege getauft wurde, hat es eine andere Bewandtnis. Da seine Bauchseite fast an die Krümmung einer Sichel erinnert, wird auch der Name „Sichel“ gebraucht, womit vielleicht der sonst ganz unverständliche Name eines Säugetiers erklärt werden kann (Hörfehler beim Weitergeben?). — Dagegen gibt das Ziegenböckchen dergleichen Rätsel nicht auf.

Das Wort soll wohl die Bewegungen des stark veränderten Krebses wiedergeben, den man daher auch „Gespensterchen" genannt hat. — Der **Bock** hingegen hat unter den Käfern seine Doppelgänger. Dort gibt es eine Familie mit 75 Gattungen, die „Bockkäfer", die meist lange Fühler tragen, wie der Steinbock sein gewaltiges Gehörn.

Ein ins Deutsche übernommenes Fremdwort befindet sich unter diesen Tierhomonymen. Für **Polyp** gibt es nämlich keine Übersetzung. Es bedeutet im

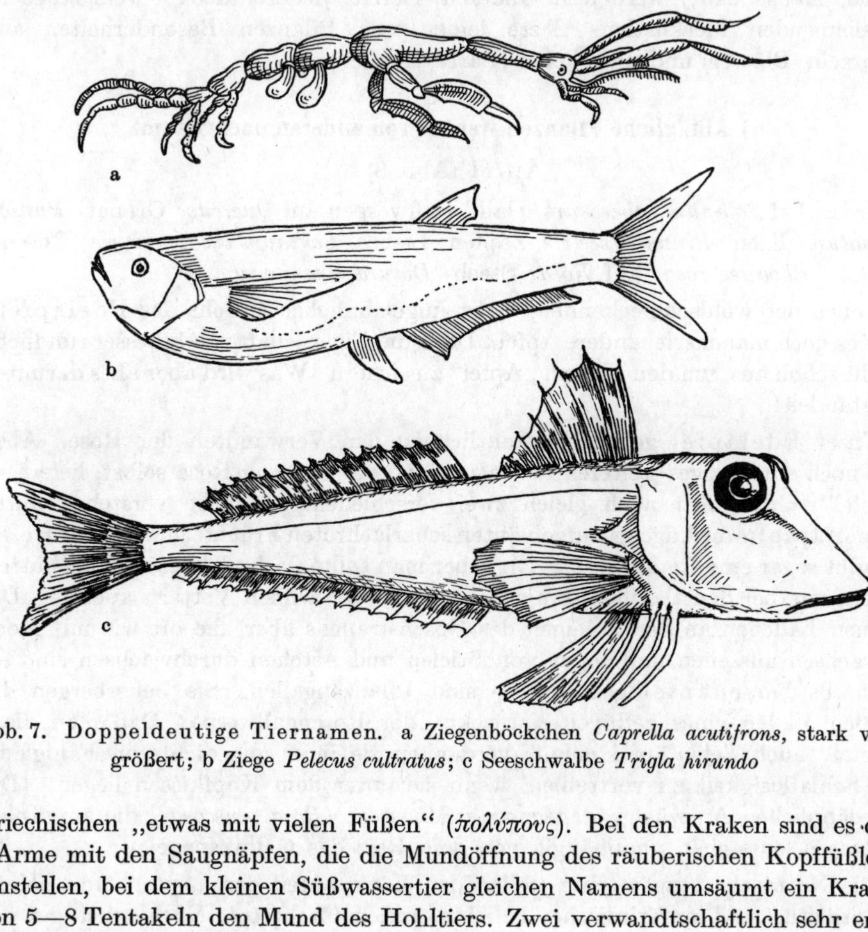

Abb. 7. **Doppeldeutige Tiernamen.** a Ziegenböckchen *Caprella acutifrons*, stark vergrößert; b Ziege *Pelecus cultratus*; c Seeschwalbe *Trigla hirundo*

Griechischen „etwas mit vielen Füßen" (*πολύπους*). Bei den Kraken sind es die 8 Arme mit den Saugnäpfen, die die Mundöffnung des räuberischen Kopffüßlers umstellen, bei dem kleinen Süßwassertier gleichen Namens umsäumt ein Kranz von 5—8 Tentakeln den Mund des Hohltiers. Zwei verwandtschaftlich sehr entfernt stehende Tiere, aber von analogem Bau („Vielfüße"), mit vielen „Armen" analoger Funktion! Der Volksmund versteht unter „Polyp" etwas Unangenehmes, das greifend viele Arme um sein Opfer schlingt. Er kennt die „Polypen" im Nasen-Rachenraum, die den Luftweg beengen. Er nennt auch, wohl mehr aus Scherz, umgangssprachlich den Polizisten einen „Polypen"; die Polizei ist der Arm des Gesetzes.

Nur **ein** Doppeltier unterscheidet sich durch verschiedene Artikel. Wir kennen einen Otter und eine Otter; der Fischotter hat stets männlichen Artikel.

2. Pflanzen und Tiere im wechselseitigen Nachahmen

Die wechselseitigen Beziehungen von Pflanzen und Tieren lassen sich in den Namen verfolgen, die von einem Reich ins andere übergreifen (s. Pflanzen- und Tiernamen im Wechsel, S. 14). Die Verknüpfung geht jedoch noch weiter. Alltägliche Pflanzen (Rosen, Äpfel, Kirschen usw.) kehren in anderen, weniger häufigen Pflanzen in ähnlicher Form wieder; bestens bekannte Tiere (Pferde, Flöhe, Mäuse usw.) werden in anderen Tieren wiederentdeckt, wenigstens in bezeichnenden Merkmalen. Tiere leihen von Pflanzen Besonderheiten aus (Wurzeln, Blätter) und umgekehrt (Bärte, Zungen).

a) Alltägliche Pflanzen werden von anderen nachgeahmt

Äpfel (Abb. 8)

Erdapfel *Solanum tuberosum;* Gall-, Gallwespen auf *Quercus;* Granat- *Punica granatum;* Kien- *Pinus silvestris*, Zapfen; Liebes- *Solanum lycopersicum;* Rosen-, Schlaf-, *Rhodites rosae* auf *Rosa;* Stech- *Datura stramonium.*

Neben der wohlschmeckenden, meist kugelähnlichen Frucht des Edelapfels gibt es noch mancherlei andere Äpfel. Denn die Eigenschaft rund (besser rundlich) reicht schon aus, um den Namen „Apfel“ zu sichern Was wird aber alles darunter verstanden!

Unser Edelapfel gehört bekanntlich zu den Verwandten der Rose. Aber nur noch ein einziges weiteres Rosengewächs, die Gattung Rosa selbst, liefert — „Äpfel“, dafür aber auch gleich zwei verschiedene. Manche verstehen unter Rosenäpfeln die kugelig aufgeblähten scharlachroten Früchte gewisser Zierrosen (es gibt sogar eine *Rosa pomifera*!). Aber man sollte doch viel besser Hagebutten sagen, wie bei den flaschenförmigen Gebilden der wilden Vettern auch. — Die grünen Bällchen an den Zweigen des Rosenstrauchs aber, die oft wie mit Moos bewachsen aussehen und sogar von Stielen und Ästchen durchwachsen sind — ebenfalls Rosenäpfel genannt — sind Pflanzengallen. Sie beherbergen die weißen Maden eines geflügelten Insekts, der Rosengallwespe. Daß man diese „Äpfel“ auch Schlafäpfel nennt, verdanken sie ihrer angedichteten Fähigkeit, die Schlaflosigkeit zu vertreiben, wenn sie unter dem Kopfkissen liegen. (Die moosähnlichen Auswüchse dagegen der Moosrose *[Rosa muscosa]*, die am Kelch auftreten, entstehen unabhängig von dem Reiz des Gallwespeneis).

Die Nachtschattengewächse stellen den Löwenanteil der „Äpfel“ und liefern oberirdische und unterirdische, beliebte und gefürchtete! Noch wichtiger als Stech- und Liebesapfel — das eine die geschätzte Droge, das andere die begehrte saftige Frucht — sind die knollig verdickten Enden der unterirdischen Seitensprosse der Kartoffel, die „Äpfel der Erde“. Die ungenießbaren Kartoffelfrüchte sind kugelrund, die Knollen aber meist um so begehrter, je mehr sie die Apfelform verlassen.

Unter den Galläpfeln, die besonders auf der Eiche häufig sind, werden verschiedene kugelige Gallenformen verstanden. Unter ihnen sind Bildungen, die äußerlich sogar das rote Bäckchen eines kleinen Apfels zeigen. Am bekanntesten ist wohl die Galle von *Cynips quercus folii*, die früher wegen ihres Gerbsäuregehaltes zur Tintenbereitung benutzt wurde.

Die Frucht des Granatbaums, der im Mittelmeergebiet zuhause ist, ähnelt ebenfalls einem Apfel; wenn sie auch einen säuerlichen Geschmack hat, ist sie

Abb. 8. „Äpfel" und ihr Vorbild. a Stechapfel *Datura stramonium*; b Liebesapfel *Solanum lycopersicum*; c Erdapfel *Solanum tuberosum*; d Rosenapfel *Rhodites rosae* auf *Rosa*; e Edelapfel *Malus*; f Gallapfel, Gallwespen auf *Quercus*; g Rosenapfel *Rosa rugosa*; h Granatapfel *Punica granatum*; i Kienapfel *Pinus silvestris*

ein geschätztes Erfrischungsmittel. Ihr Name Granatapfel leitet sich übrigens von dem lateinischen „*malum granatum*" (d. h. mit Kernen versehener Apfel) her, wobei man den einen Wortbestandteil übersetzt, den anderen entlehnt. Zu dem Edelstein Granat, der eine blut- oder braunrote Farbe aufweist, führen sicher Beziehungen; er ist der körnige Stein.

Mit der Apfelgestalt nimmt es der Kienapfel nicht zu genau. Besser treffen die Sporenkapseln den erwarteten Zuschnitt, die ein felsenbewohnendes

Laubmoos schmücken. Die *Bartramia* hat ihrer apfelförmigen Sporenurnen wegen den Beinamen „*pomiformis*".

Als Kuriosum mag angefügt werden, daß das verstümmelte Wort „*Chamomilla*" ins Deutsche übersetzt Erdapfel heißen müßte. Wir sagen „Kamille" dazu. Es ist durch Verschmelzung zweier griechischer Wörter entstanden (*χαμαί* = am Boden und *μῆλον* = Apfel). Dieser „Erdapfel" hat seinen Namen von der Form und dem charakteristischen Geruch der in Erdnähe sich entfaltenden Blütenstände.

Birnen

Birnkraut, Gattung *Pirola;* -moos, Laubmoosgattung *Bryum;* Erdbirne *Helianthus tuberosus;* Felsen-, Flüh- *Amelanchier vulgaris;* Holz- *Pirus communis;* Sau- *Sorbus latifolia.*

Durchaus nicht alle „Birnen" wachsen an Bäumen. Manche entfalten sich als winzige Pflanzen, die sich kaum über den Erdboden erheben, andere von ihnen verbergen sich überhaupt vor den menschlichen Blicken und bleiben unter der Erdoberfläche.

Die Gartenbirne läßt alle Namensvettern weit hinter sich durch ihren Wohlgeschmack und ihre Größe; sie ist unvergleichlich. — Die Holzbirne ist eine Stammform unserer Kulturbirne, der köstlichen Frucht mit der typischen Gestalt, die jeder kennt und doch kaum beschreiben kann. Sehr nahe verwandt mit ihr ist ein anderes Rosengewächs, die Saubirne, eine Art Vogelbeere mit kleinen braunen Früchten, die ein Wildschwein sicher so wenig verschmäht wie die Holzbirnen auch. — Auf steinigem Ödland und an jähen Felsabhängen hat die Flühbirne ihren schwer zugänglichen Standort. Die Felsenmispel (wie sie auch noch heißt) besitzt recht bescheidene eßbare „Birnen" von blauschwarzer Farbe, die Früchte sind kaum 1 cm dick.

Die bekannteste unterirdische „Birne" ist die Erdbirne, eine Verwandte der Sonnenblume. Sie entwickelt in der Erde dicke große Knollen. Daß diese wohlschmeckenden Knollen auch „Erdäpfel" bezeichnet werden, ist nicht verwunderlich. Beide Namen gehören auch unserer Kartoffel. — Eine Gattung mit duftenden Blütenglöckchen, die an einem Schaft inmitten einer Blattrosette hängen, nennt man Birnbäumchen. Ihr lateinischer Name *Pirola* verkleinert nämlich das lateinische Wort für Birne *(Pirus)*! Aber man meint die grünen Blättchen mit ihrem birnenähnlichen Umriß und keine Früchte oder Knollen. — Zu den Kleinsten unserer Pflanzen gehört schließlich das Birnmoos der Laubmoosgattung *Bryum*; an dünnen Stielchen trägt es seine birnförmigen Sporenkapseln.

Getreide

Roggen: Strand- *Elymus arenarius.*

Gerste: Erd-, Himmels- *Ranunculus ficaria;* Mäuse- *Hordeum murinum;* Strand- *Elymus arenarius.*

Hafer: Strand- *Ammophila arenaria;* Wiesen- *Arrhenaterum elatius.*

Korn: Ein- *Triticum monococcum;* Mutter- *Claviceps purpurea;* Tausend- *Herniaria glabra;* Welsch- *Zea mays.*

Weizen: Buch- *Fagopyrum esculentum;* Strand- *Agropyron junceum;* türkischer — *Zea mays;* Wachtel-, Kuh- *Melampyrum.*

Zu unseren Getreidearten gehören die uralten Hafer, Weizen, Roggen und Gerste, die schon im Althochdeutschen diese Namen trugen. Mais und Reis dagegen sind Ausländer und viel später zu uns gelangt. Das „Korn" spielt eine besondere Rolle, weil es einen mehrfachen Bedeutungswandel erfuhr.

Die vier häufigen Getreidearten haben vier Namensvettern in drei verschiedenen Strandpflanzen (Strandroggen und -gerste sind dasselbe) erhalten, die für den Küstenbewohner eine nicht minder große Bedeutung haben als für den Binnenländer die Namensvorbilder. Nur eines der drei Strandgräser ist ein enger Verwandter des Weizens, der Strandweizen. Er ist gleich dem Queller *(Salicornia)* ein Pionier für alle Pflanzen. Aber während der Queller auf feuchtem Grund ins Wattenmeer vorwandert, hält der „Weizen" im trockenen Boden zwischen seinen Blättern den Sand fest und begünstigt damit die Dünenbefestigung. Diesen Vorgang der Landgewinnung unterstützt nunmehr der Mensch, indem er die größeren, aber genauso bedürfnislosen Pflanzen wie Strandhafer und Strandroggen ansiedelt. Der „Helm" (mit Halm verwandt), wie er seine treuen Helfer nennt, verteidigt das wertvolle Küstenland gegen Sturmfluten und Wind. — Strandhafer und -roggen sind zwar keine Getreidearten, aber wenigstens auch Süßgräser wie jene. Dieser „Hafer" trägt nämlich nicht, wie sein Vorbild, weit ausgebreitete Rispen, sondern als „Ährenrispengras" einen ährenähnlichen Blütenstand; man sieht ihm seine Hafernatur nicht an. Der Wiesenhafer hingegen, ein häufiges Gras unserer Wiesen, ist auch im Äußeren wirklich ein Hafer, ebenso wie die Mäusegerste den Habitus der Saatgerste getreulich nachahmt.

Es gibt aber auch „Getreidepflanzen", die nicht zu den Gräsern, ja nicht einmal zu den einkeimblättrigen Pflanzen gehören. Die wichtigste von ihnen ist das Knöterichgewächs Buchweizen. Die Form der dreikantigen kleinen Samen erinnert nämlich an die Bucheckern. Die Körner schmecken ähnlich wie Weizen, daher wird das Mehl zum Kuchenbacken verwendet. — Ein anderer „Weizen" gehört zu den Rachenblütlern, der Wachtel- oder Kuhweizen. Seine Samen gleichen kleinen Weizenkörnern mit einem Anhängsel. Sie werden freilich weniger von den Wachteln oder dem Vieh, als vielmehr von den Ameisen begehrt, die Teile der oft verschleppten Samen sehr schätzen. — Schließlich gehört noch eine „Gerste" zu den Hahnenfußgewächsen. Es ist die Himmels- oder Erdgerste. In den Blattwinkeln des Kräutchens bilden sich Brutknollen von der Gestalt eines Gerstenkorns. Wenn nun die Pflanzen, die zu unseren Frühlingsblühern rechnen, im Frühsommer absterben, liegen zwischen den welken, gelben Stengeln die Brutknollen in großen Mengen auf dem Boden. „Es hat Getreide geregnet", sagt das Volk, wenn die Körner vom Wasser losgeschwemmt werden oder auch wenn die Pflanze verrottet.

Das Korn (mit „Kern" etymologisch verwandt) verlangt noch eine besondere Betrachtung, weil es in der Sprache über die enge Verwendung des „Getreidekorns" hinaus Bedeutung gewann. Zunächst verbirgt sich hinter dem „Korn" ein kleines, längliches (wie die Körner von Gerste, Hafer, Reis und Weizen) oder kugeliges Gebilde (wie Hanf-, Hirse-, Mohn-, Pfeffer- und Senfkorn). Eine Begriffsverengung ließ das Wort nur für die Samen der Süßgräser, später nur noch für die Getreidearten gelten, wobei man sogar das fremdgestaltete und viel größere „Maiskorn" bildet. Zweitens aber bedeutet „Korn" die körnerliefernde Getreidepflanze selbst. Jedoch wird das Wort nur für Roggen, allenfalls noch für Weizen verwendet.

Das „Korn" hat noch vielseitige Verwendung gefunden in unserer Sprache. Ein „Gerstenkorn" ist eine Entzündung am Augenlid von Korngröße; zur Visiereinrichtung eines Gewehrs gehören Kimme und „Korn"; die Narbe des Papiers und die Silbersalzschicht des photographischen Films zeigen eine gewisse „Korngröße". — Eine Pilzerkrankung des Roggens ist das Mutterkorn; es enthält Stoffe, die in der Gynäkologie verwendet werden, daher der eigenartige Name.

Unter „Korn" werden schließlich noch zwei verschiedene Süßgräser verstanden. Das Einkorn ist eine heute selten angebaute Weizenart, dessen Körner, ähnlich wie die des Emmers, zu Graupen verarbeitet werden. Welschkorn (auch Türkischer Weizen) ist ein anderer Name für Mais und verrät uns, daß die aus dem peruanischen Hochland stammende Pflanze eine weite Reise durch die halbe Welt antrat, ehe sie nach Deutschland kam. Das Heidekorn ist nur ein anderer Name für Buchweizen (also kein Süßgras); es gedeiht noch auf dürftigem Heideboden oder ist, wie andere glauben, aus heidnischen Ländern einst zu uns gekommen.

Kirschen (Abb. 9)

Ahlkirsche, Hecken- *Lonicera xylosteum;* Juden- *Physalis alkekengi;* Kornel- *Cornus mas;* Toll- *Atropa belladonna;* Trauben- *Prunus padus;* Süß-, Vogel- *Prunus avium.*

Eine gemischte Gesellschaft hat sich bei den „Kirschen" versammelt. Was ist eine Kirsche? Jede Kirsche muß rund sein (einzige Ausnahme die länglichrunde Kornelkirsche!), glatt, glänzend, rot oder schwarz, seltener gelbgefärbt. Sie muß weiches Fruchtfleisch enthalten und einen „Kern" (selten mehrere), d. h. Samen, im Innern besitzen. Daß sie obendrein für den Menschen genießbar ist, wird nicht unbedingt verlangt.

Keine einzige andere Kirsche erreicht die Süße der veredelten Vogelkirsche, der wildwachsenden Süßkirsche. Die besten „Kirschen" unter den wildwachsenden sind die Kornelkirschen. Sie haben einen angenehmen Geschmack. Denn selbst die Judenkirsche hat sich auch in der geschmacksverbesserten Auflage, als Erdkirsche (als *Physalis peruviana* = Ananaskirsche) in den Handel gebracht, nicht durchsetzen können. Die in Deutschland vorkommende Art *(Ph. alkekengi)* wird nur ihrer bunten aufgeblasenen Kelche wegen als Schmuckpflanze geschätzt. Immerhin — diese „Kirschen" sind ungiftig.

Aber vor zwei der rot oder schwarz gefärbten Kugeln muß gewarnt werden. Die scharlachroten, an der Basis paarweise verwachsenen Beeren der Heckenkirsche würden nach dem Genuß nur Brechen verursachen; die schwarzen, in der Größe die besten Herzkirschen erreichenden Tollkirschen sind wegen ihres Gehaltes an Atropin sogar, in größerer Zahl genossen (ab 9 Stück), gefährlich oder gar tödlich.

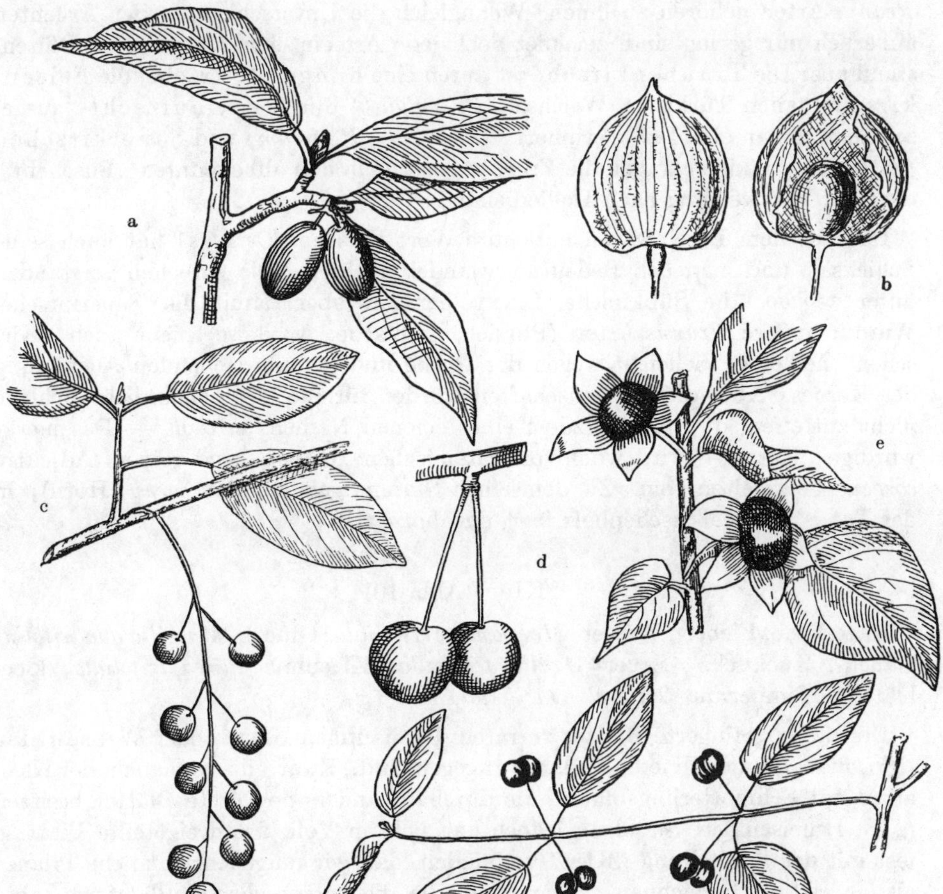

Abb. 9. „Kirschen" und ihr Vorbild. a Kornelkirsche *Cornus mas*; b Judenkirsche *Physalis alkekengi*; c Traubenkirsche *Prunus padus*; d Süßkirsche *Prunus avium*; e Tollkirsche *Atropa belladonna*; f Heckenkirsche *Lonicera xylosteum*

Während die meisten „Kirschen" auf einen Kelch völlig verzichten — sich gleichsam ohne Verpackung darbieten — und ihr Stiel in einer durchschnittlich erbsengroßen Kugel endet, tanzen die beiden Nachtschattengewächse aus der Reihe. Bei der Tollkirsche liegt nämlich die glänzende Beere auf einem angeschmiegten Kelchteller mit fünf Zipfeln, bei der Judenkirsche gar entwickelt sich der Kelch nach der Blüte zu einem blasigen, mit Längsstreifen versehenen, ziegelroten Behälter (er soll einem früheren Kopfschmuck der Judenfrauen ähnlich sein, Name!). Er umschließt die ebenfalls rote Beere, die auf dem Grunde, wie eine Perle in einer Muschel, ruht.

Einfache Kirschkerne enthalten nur die echten Kirschen. Vier weit verbreitete *Prunus*-Arten gehören zu ihnen. Wenngleich die Unterschiede in den Früchten äußerlich nur gering sind, zeichnet doch jede Art ein charakteristischer Blütenstand aus: Die Traubenkirsche ist durch eine hängende Traube, die Felsenkirsche (auch Türkische Weichsel, *P. mahaleb*) durch eine aufrechte ausgezeichnet, die an eine Dolde erinnert. Die Süß- *(P. avium)* und Sauerkirschen *(P. cerasus)* endlich tragen die Früchte gehäuft in den allbekannten „Büscheln", die ihrer Verzweigung nach Dolden sind.

Das aus dem Lateinischen entlehnte Wort Kirsche *(Cerasus)* hat auch seine Schicksale und manchen Bedeutungswandel erfahren. Die Griechen verstanden unter *κέρασος* die Süßkirsche, Linné benennt aber damit die Sauerkirsche. Warum andere *Prunus*-Arten (Pfirsich, Zwetsche, Aprikose) nicht auch „Kirschen" heißen? Vielleicht wegen der Größe und der abweichenden Ausbildung des Kernes. Aber diese Eigenschaften würden für die kirschenähnliche Schlehe nicht zutreffen, die sich trotzdem eines eigenen Namens erfreut. — Das merkwürdige „Kornel-" wird wohl vom lateinischen „*cornus*" und seinem Adjektiv *corneus* herzuleiten sein. Zu demselben Stamm gehört auch *cornu* (Horn); in der Tat ist Kornelkirschenholz hart und hornartig.

Klee (Abb. 10)

Bitterklee, Fieber-, Wasser- *Menyanthes trifoliata;* Glücks- *Marsilia quadrifolia;* Gauch-, Kuckucks-, Sauer- *Oxalis acetosella;* Kleeulme *Ptelea trifoliata;* kleeblättrige Pimpernuß *Staphylaea trifoliata.*

Dreizählig gefingerte Blätter verraten den häufigen Kopf- oder Wiesenklee *(Trifolium)*, auch ohne daß Blüten zugegen sind. Zwar gibt es mancherlei Kleearten mit Schmetterlingsblüten, die durchaus anders gestaltete Blätter besitzen (z. B. Hufeisenklee, Süßklee), jedoch hat sich im Volk das dreigeteilte Blatt so fest mit der Vorstellung „Klee" verbunden, daß wir umgekehrt manche Pflanze als „Klee" zu bezeichnen geneigt sind, die die entsprechende Blattform (aber keine Schmetterlingsblüte) aufweist. Dabei unterlaufen große Irrtümer.

Der Sauerklee bildet eine eigene Familie. Der Fieberklee fügt sich in die Enzianverwandtschaft ein. Hin und wieder begegnet man einem als „Kleeulme" bezeichneten Zierstrauch. Aber alle sind wenigstens noch echte Blütenpflanzen.

Jedoch hat sich auch ein Farn in die „Kleesorten" eingeschmuggelt. Vierzählige Kleeblätter bringen bekanntlich Glück. Der Wasserfarn muß sehr begehrt sein, denn alle seine Blätter sind vierzählig. Als glückbringende Topfpflanze eignet sich statt des empfindlichen, feuchtigkeitsliebenden Wasserfarns noch besser ein vierblättriger Sauerklee *(O. tetraphylla)*. Noch andere Sauerkleearten scheren aus der Normalkleereihe aus, z. B. hat der in Mexiko heimische *O. Deppei* ebenfalls vierzählige Glückskleeblätter.

Die Pimpernußart mit den Kleeblättern stammt aus Nordamerika und ist ein Zierstrauch wie die Kleeulme auch.

Das Wort „Klee“ ist schon ein althochdeutsches Wort (klēo). Seine sprachliche Verwandtschaft ist indes umstritten. Weder eine Verbindung zu „spalten“ (kloben) noch „kleben“ will einleuchten.

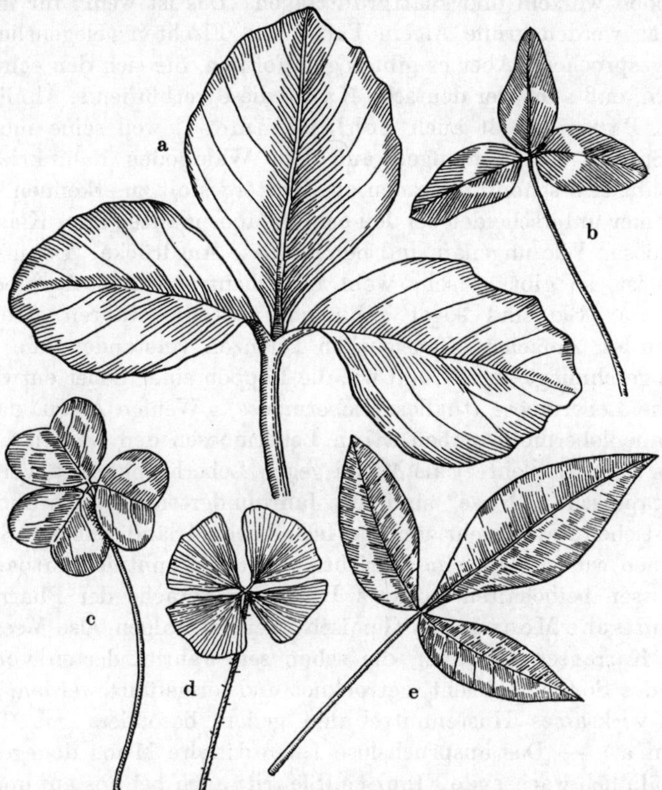

Abb. 10. „Kleeblätter“ und ihr Vorbild. a Fieberklee *Menyanthes trifoliata*; b Inkarnat; klee *Trifolium incarnatum*; c Sauerklee *Oxalis acetosella*; d Kleefarn *Marsilia quadrifolia*- e Kleeulme *Ptelea trifoliata*

Moos

„Moose“: Irländisches Moos *Chondrus crispus, Gigartina mamillosa;* Isländisches Moos, Flechte! *Cetraria islandica;* Moosfarn-, -kraut *Selaginella;* Schlangen- *Lycopodium clavatum;* Korallen-, Nesseltier! *Hydrallmania falcata;* Zypressen-, Nesseltier! *Sertularia cupressina.*

Zwischen Moos wachsend: Moosbeere *Vaccinium oxycoccus;* -glöckchen *Linnaea borealis;* -wurz *Goodyera repens* und andere.

Die merkwürdigste Wortfamilie ist sicher die der „Moose“. Das ist auch verständlich. Denn jede kleine polsterförmig wachsende Pflanze heißt beim Laien

Moos. Er nimmt sehr viel unter diesen Begriff, ja selbst Steingartenpflanzen (Nelken, Steinbreche, wie *Saxifraga bryoides* u. a.) nennt er hin und wieder „Moose“, selbst wenn sie sich mit kleinen weißen oder rosafarbenen Blüten schmücken.

Der Fachmann nennt Moose blütenlose, sporenbildende Pflanzen, wenn sie meist im Boden wurzeln und Blattgrün tragen. Das ist wenig für ihre Bestimmung, und so werden grüne Algen, Farne und Flechten gelegentlich auch als „Moose“ angesprochen. Aber es gibt sogar Formen, die sich den echten Moosen soweit nähern, daß auch der deutsche Name diese verblüffende Ähnlichkeit ausdrückt. Ein Bärlapp heißt auch Schlangenmoos, weil seine moosartig beblätterten Sprosse wie Schlangen auf dem Waldboden dahinkriechen. Ein Moosfarn gibt sich schon im Namen als Zwittergestalt zu erkennen.

Der Botaniker unterscheidet bei den echten Moospflanzen zwei Klassen: Laub- und Lebermoose. Wie ungenau sind bereits diese Ausdrücke! Denn wenn Laub gleich Blatt ist, so gibt es sehr wohl blättchentragende Lebermoose (foliose Jungermanieae). Sie sind sogar zahlreicher als die wahren „Leber“moose. Darunter wurden zunächst offensichtlich Pflanzen verstanden, die, flach dem Erdboden angeschmiegt, ihre Thalli wie die Lappen einer Leber entwickeln. Wir kennen solche Lebermoose (thallose Lebermoose). Wenige Arten, darunter das häufige Brunnenlebermoos, gaben allen Lebermoosen den Namen. *Marchantia* wurde früher (Signaturlehre!) als Mittel gegen Leberkrankheiten verwendet.

Drei geographische „Moose“ sind seit Jahrhunderten bekannt und bewahren daher ihre falschen Namen sehr zäh, das Isländische, Irländische und Schwedische Moos. In ihnen wurde sogar eine unrichtige Naturerkenntnis sichtbar und trotz besserem Wissen beibehalten (sogar z. B. in der Sprache der Pharmazeuten!).

Das Irländische Moos ist ein Gemisch zweier Rotalgen, also Meerespflanzen (gewöhnlich Karrageen genannt), die schon seit Jahrhunderten von den Iren geerntet, in der Sonne gebleicht, getrocknet und ausgeführt werden. Die Droge gilt als ein wirksames Hustenmittel und geliert besonders gut (für Pasten, Schminken u. a.). — Das anspruchslose Isländische Moos dagegen ist sogar eine strauchähnlich wachsende Flechte. Sie tritt auch bei uns auf und nicht nur auf der Insel im nördlichen Atlantik. Sie erhielt vielmehr ihren Namen, weil sie in großen Notzeiten den Isländern als Nahrung gedient haben soll. Sie ist als „Lichen islandicus“ (Lungenmoos!) offizinell, denn man kann sie durch Wässern entbittern und als Hustenreiz mildernde „Moosgallerte“ verwenden. — Das Schwedische Moos *(Lecanora)* ist das dritte im Bunde, hinter ihm versteckt sich wiederum eine Flechte, die aber über die ganze Erde verbreitet ist. Eine Verwandte *(L. esculenta)* dient z. B. im vorderen Orient als Mannaflechte zur Nahrung. Zwischen Moosen und Flechten wurde also früher kein Unterschied gemacht. Denn sonst wäre für die Becherflechte nicht bis heute auch das Wort „Trompetenmoos“ üblich.

Zu den „Moospflanzen“ gehören auch manche Komposita anderer Art. Sie wollen durch ein vorangestelltes „Moos-“ nur zum Ausdruck bringen, daß eine Pflanze mit Moos zusammen wächst. Die Moosbeere entfaltet ihre zierlichen Pflänzchen zwischen Torfmoospolstern und legt ihre kugeligen, rotbäckigen

Beeren auf die weiche Moosunterlage, da ihre zarten Sprosse zum freien Tragen zu schwach sind. — Das Moosglöckchen läutet mit seinen zarten, weißen, hängenden Glocken zwischen den schwellenden Moosrasen feuchter Gebirgswälder und verewigt in seinem lateinischen Namen *Linnaea* das Andenken an den großen schwedischen Gelehrten. — Zwischen dem Moos wächst endlich in Nadelwäldern eine recht seltene Orchidee, die Mooswurz.

Es gibt aber sogar „Moose", die nicht einmal — Pflanzen sind! Wir kennen koloniebildende Nesseltiere des Meeres, die sich strauch- oder moosähnliche Stöcke aufbauen und die den festen Meeresgrund wie mit kleinen Rasen oder winzigen Strauchwäldern überziehen. Das Seemoos heißt dann je nach seinem Vorbild, einmal Korallenmoos, ein anderes Mal Zypressenmoos, wobei sich noch in diesem Wort zwei verschiedene Pflanzennamen vereinigen, um einem — Tier den Namen zu verleihen. — Bewohner des Meeres sind auch die für den Systematiker so rätselhaften Moostierchen *(Bryozoa)*, deren Kolonien mitunter moosähnliche Gebilde darstellen.

Reben

Gundelrebe *Glechoma hederacea;* Jungfern-, Zaun- *Ampelopsis quinquefolia;* Wald- *Clematis vitalba;* Wein- *Vitis vinifera.*

Unter der Rebe wird zunächst nur der Weinstock verstanden. Seine Fähigkeit, sich schlingend und rankend hochzuwinden, gab den Anlaß dafür, daß auch andere schlingenden Gewächse „Reben" genannt wurden. Denn in Blüten und Früchten sind die „Reben" wahrlich recht verschieden.

Die bekannteste Wildrebe, die Liane des deutschen Waldes, wie sie mitunter genannt wird, ist die Waldrebe. Ihre Früchte sind von den saftigen Weinbeeren (übrigens wie die Früchte aller anderen „Reben") weit entfernt; sie sind trocken, und die Samen tragen behaarte weiße Anhängsel, die als Flugapparate dienen.

Die Früchte der Gundelrebe jedoch sind die harten Nüßchen der Lippenblütler. Die Gundelrebe ist deshalb merkwürdig, weil sie sich nicht kletternd an eine aufrecht stehende Stütze klammert. Sie schmiegt sich vielmehr, dicht auf dem Boden dahinkriechend, der waagerechten Unterlage an und schickt nur ihre senkrecht stehenden, blütentragenden Sprosse dem Licht entgegen. Dabei könnte ihr Name als „Grundrebe" gedeutet werden, deren „r" verschwand, so daß (des besseren Sprechens wegen mit -el erweitert) Gundelrebe entstand.

Am meisten gleicht der echten die „falsche" oder Jungfernrebe, die sogar derselben Familie angehört. Aber ihre blauen Beeren sind klein und ungenießbar; man schätzt vielmehr den Zierstrauch, weil er im Herbst ein herrliches, rotbuntes Laub trägt.

Mancher Vertreter der Vitaceen, zu der unser Wein gehört, wird auch „Doldenrebe" genannt. Aber die botanischen Ausdrücke gehen wirr durcheinander. Die Wein„traube" ist nämlich keine Traube und ihr Blütenstand ist keine Dolde (sondern Rispe!). Die Doldenrebe wird im Deutschen auch unter Vertauschung von Grund- und Bestimmungswort verwendet. Die „Rebendolde" ist ein

Synonym für den Wasserfenchel *(Oenanthe aquatica)*. — Das Rebhuhn *(Perdix perdix)* hat übrigens sicher nichts mit der Rebe zu tun. Vielleicht ist es mit einem slawischen rébu (= bunt) urverwandt. Oder soll gar der Schreckruf des Tieres lautmalerisch wiedergegeben werden?

Rosen (Abb. 11)

Adonisrose *Adonis;* Alpen- *Rhododendron ferrugineum;* Christ-, Schnee- *Helleborus niger;* Heide- (-röschen) *Daphne cneorum;* Kohlröschen *Nigritella nigra;* Pfingst- *Paeonia officinalis;* See- *Nymphaea alba;* Sonnen- (-röschen) *Helianthemum chamaecistus;* Stock- *Althaea rosea;* Weidenröschen *Epilobium angustifolium;* Windröschen *Anemone nemorosa;* Zist- *Cistus.*

Wirklich eine liebenswerte Gesellschaft! Was Wunder, wenn die unter anderem aus der Heckenrose hergeleitete, in unzähligen Formen verbreitete Edelrose Vorbild ist für andere formähnliche, oft duftende, zumeist rotblühende Lieblinge des Menschen!

Manche von den „Rosen“ sind gleich der echten Rose zu Gartenblumen geworden, und die Kunst des Gärtners hat auch bei ihnen Staubblätter zu Blütenblättern gewandelt oder die herrlichsten Farben gezaubert wie bei der Stockrose oder Pfingstrose.

„Rosen“ haben sich recht verschiedene Standorte erobert. Die stolzen, in der Blüte vielblättrigen Seerosen bewohnen unsere stehenden Gewässer und schmücken die Wasserfläche mit ihren weißen Sternen. Die sonnenhungrige Alpenrose ist neben Enzian und Edelweiß das begehrte Geschenk des Hochgebirges, das uns übrigens auch so manche andere „Rose“ beschert. Denn Heideröschen und Sonnenröschen sind meist Kinder der Berge. Heide- (auch Stein-)röschen tragen nicht, wie alle anderen „Rosen“, Einzelblüten, sondern kopfförmig gehäufte, kurz gestielte Blütenbüschelchen. — Sogar eine Orchidee mit einem Stand dicht gedrängter, dunkelroter Blüten gehört zu den „Rosen“; sie wird Kohlröschen genannt und ist auch unter „Brändlein“ bei allen Wanderern im Hochgebirge ein freudig begrüßter Schmuck der Matten.

Das ganze Jahr über sind uns „Rosen“ auf den Weg gestreut. Um die Weihnachtszeit, mitten im Schnee, eröffnet die Christrose den Reigen. Im ersten Frühjahr überzieht sich der Boden lichter Laubwälder (noch fehlt das Blätterdach!) mit dem blühenden Teppich des weißen Buschwindröschens, durchwirkt von blauen Leberblümchen, rotblauem Lungenkraut und bunten Frühlingsplatterbsen. Sie werden Windröschen geheißen, weil die Blütenblätter leicht abfallen und vom Wind verweht werden. Um die Pfingstzeit entfalten sich unter der Führung der Pfingstrose alle anderen mit ihren gelben, weißen und roten Blüten. Selbst Schuttplätze und Kahlschläge erobern sich die „Rosen“, und das Weidenröschen, das sich mit schlanken, rotblühenden Gerten schmückt und alle Verwüstung gnädig zudeckt, beschließt im Herbst den Reigen damit, daß seine Samen mit den weißhaarigen, vielstrahligen Federkronen vom Herbstwind fortgetragen werden.

Freilich, zu einer „Rose" gehört nur etwas Leuchtendes (wenn möglich Rotblühendes) mit einem strahlenähnlichen Kranz von Blütenblättern, die sogar unter sich verwachsen sein dürfen (z. B. Alpenrose). Es geht dabei in der

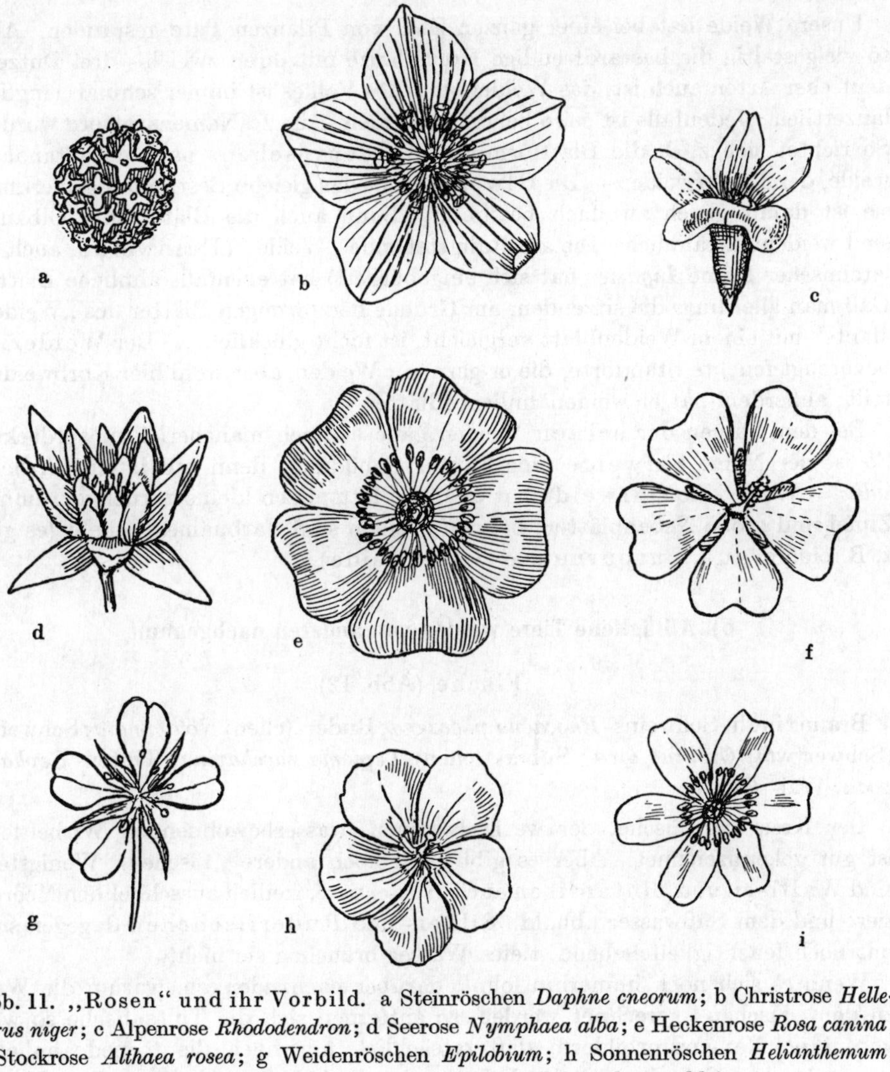

Abb. 11. „Rosen" und ihr Vorbild. a Steinröschen *Daphne cneorum*; b Christrose *Helleborus niger*; c Alpenrose *Rhododendron*; d Seerose *Nymphaea alba*; e Heckenrose *Rosa canina*; f Stockrose *Althaea rosea*; g Weidenröschen *Epilobium*; h Sonnenröschen *Helianthemum*; i Windröschen *Anemone nemorosa*; a, d und f stärker verkleinert

systematischen Verwandtschaft lustig hin und her. Dabei steuern vor allem Hahnenfußgewächse „Rosen" bei. Das ist aber entschuldbar. Denn Ranunculaceen und Rosaceen zu trennen, verlangt auch vom Fachmann mitunter genauere Prüfung.

Weiden

Ölweide *Elaeagnus angustifolia;* Rainweide *Ligustrum vulgare;* Weidenalant *Inula salicina;* Weidenröschen *Epilobium angustifolium;* Weiderich *Lysimachia vulgaris.*

Unsere Weide hat bei einer ganzen Zahl von Pflanzen Pate gestanden. Aber so vielgestaltig die bastardfreudige Holzpflanze mit ihren zwei bis drei Dutzend deutscher Arten auch ist, das Weidenblatt des Volkes ist immer schmal, länglich, lanzettlich. Jedenfalls ist es so bei den „Weiden", die zu Namensvettern wurden. So richtet sich z. B. die Blattform des Weidenröschens nach der Standardweide, der Trauerweide. — Die Ölweide trägt das gleiche Bestimmungsmerkmal, sie ist damit gleich zweifach bestimmt. Denn auch die Blätter des Ölbaums sind weidenblattähnlich. Die am Rain stehende „Weide" (Rainweide, auch ihr lateinischer Name *Liguster* hat sich eingebürgert) hat ebenfalls ähnliche Blätter. Daß man allerdings die sitzenden, am Grunde herzförmigen Blätter des „Weidenalants" mit einem Weidenblatt vergleicht, ist nicht glücklich. — Der Weiderich bevorzugt feuchte Standorte, die er gern mit Weiden, aber wohl hier Korbweiden, teilt; außerdem hat er weidenähnliche Blätter.

Bei den Namen der echten Weiden gäbe es auch mancherlei zu entdecken. So ist der Name Salweide eine Tautologiebildung, denn auf lateinisch heißt *salix* = Weide; die Ohrweide hat an den Blattspitzen kleine zurückgekrümmte Zipfel und große Nebenblätter; bei den Weiden sind Farbnamen beliebt (es gibt z. B. eine graue, purpurne und Silberweide).

b) Alltägliche Tiere werden von anderen nachgeahmt

Fische (Abb. 12)

Braunfisch, Schweins- *Phocaena phocaena;* Ruder- (chen) *Notommata;* Schwert-, (Schwertwal) *Orcinus orca;* Silber- (chen) *Lepisma saccharina;* Tinten- *Cephalopoda;* Wal- *Cetacea.*

Der Kreis der Fische, der wechselwarmen, wasserbewohnenden Wirbeltiere, ist gut gekennzeichnet. Aber es gibt auch noch andere „Fische". Wenigstens sind Walfisch und Tintenfisch auch Wassertiere, freilich ausschließlich Meerestiere und dem Süßwasser abhold. Silber- und Ruderfischchen dagegen sind nur noch feuchtigkeitsliebend, tiefes Wasser brauchen sie nicht.

Wenn es sich noch immerhin lohnt, darüber nachzudenken, warum die Wale zu den „Fischen" gerechnet werden, so entfernen sich die Tintenfische so weit von ihren Namensvorbildern, daß tatsächlich nur noch die torpedoähnliche, langgestreckte Gestalt und die Lebensweise fischähnlich bleiben. Ihre Mundöffnung ist mit 8 oder 10 saugnapfstarrenden Armen umstellt, wobei es unersichtlich bleibt, warum der Sprachgebrauch doch gleichzeitig bei den Kopffüßlern verharrt, obgleich damit das armtragende Geschlecht der Tintenfische gemeint ist. Ein Zoologe glaubt sogar, den Namen in Tintenschnecken ändern zu sollen, aber dieser Name ist kaum besser, sondern verbindet zu eng mit den Schnecken, von denen diese merkwürdigen Tiere doch deutlich unterschieden sind.

Der Wal hat durch seine Anpassung an den neuen Lebensraum (er ist ein vom Land ins Wasser zurückgekehrtes Säugetier) eine ganze Reihe von Fischeigenarten erworben: die Vordergliedmaßen wurden zu Flossen, die Hintergliedmaßen fast völlig zurückgebildet (nur gewisse Bartenwale haben noch Reste von Femur und Tibia); die Schwanzflosse stellt eine Hautaussackung dar, aber sie

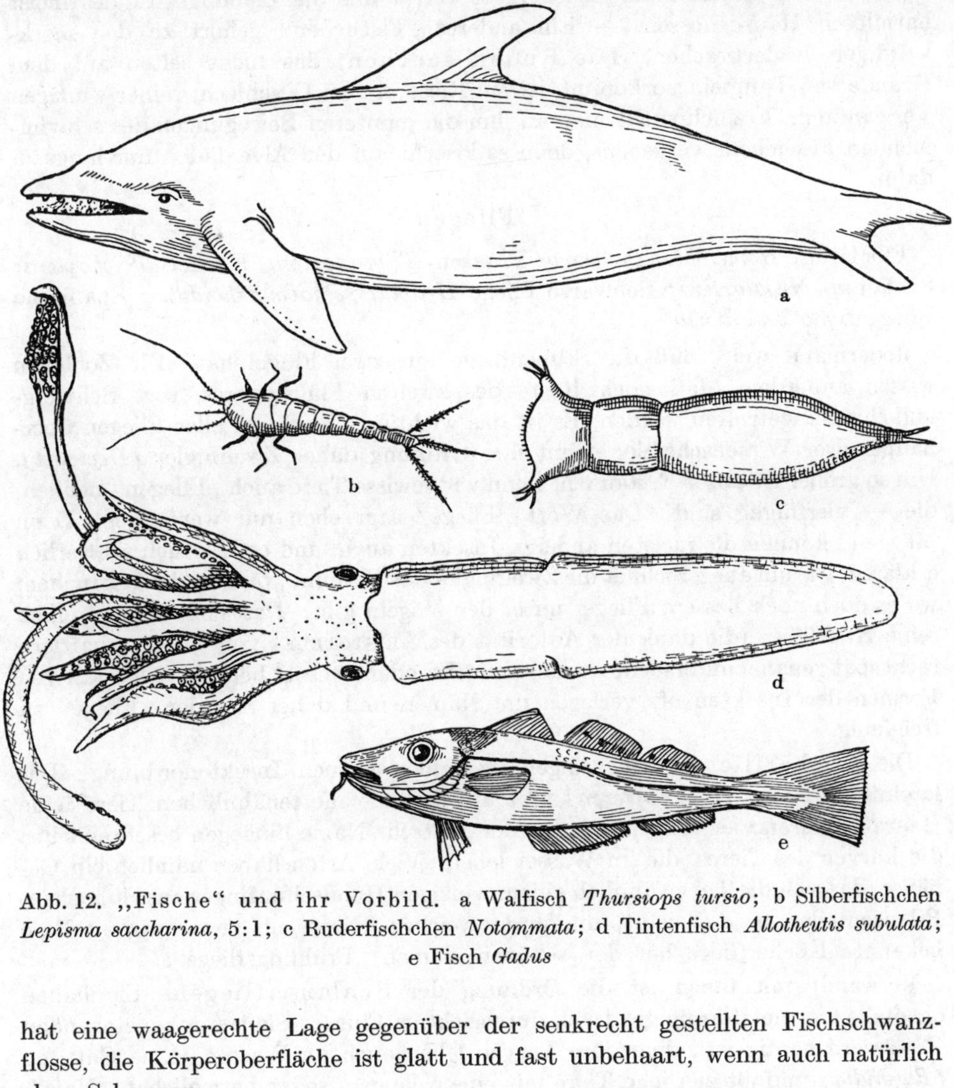

Abb. 12. „Fische" und ihr Vorbild. a Walfisch *Thursiops tursio*; b Silberfischchen *Lepisma saccharina*, 5:1; c Ruderfischchen *Notommata*; d Tintenfisch *Allotheutis subulata*; e Fisch *Gadus*

hat eine waagerechte Lage gegenüber der senkrecht gestellten Fischschwanzflosse, die Körperoberfläche ist glatt und fast unbehaart, wenn auch natürlich ohne Schuppen.

So ist es auch durchaus verständlich, daß eine ganze Zahl weiterer „Fische" dem Walgeschlecht angehören. Der bekannteste unter ihnen ist wohl der Braunfisch (oder auch Schweinsfisch), wie der gefräßige, flinke Tümmler genannt wird, weil seine Oberseite schwarzbraun gefärbt ist und sein Kopf dem eines

Schweines ähnelt. Ein Schwertfisch gehört auch zu den Walen, neben echten Fischen gleichen Namens.

Das Silberfischchen ist ein nur wenige Millimeter langes, flügelloses, urtümliches Insekt, das einen langgestreckten, fischähnlich schlanken, aber gegliederten Leib besitzt, der silbern schimmert, als sei er mit Fischschuppen bedeckt. Der andere Name Zuckergast verrät uns die Lieblingskost des meist harmlosen Hausgenossen. — Ein anderes „Fischchen" gehört zu den merkwürdigen Rädertierchen. Das Ruderfischchen, das nicht selten auf dem Grunde von Tümpeln vorkommt, ist ein Riese in dem Geschlecht seiner winzigen Verwandten. Freilich sucht man an ihm die munteren Bewegungen des schwimmenden Fischchens vergebens, denn es kriecht auf den Algenfäden nur langsam dahin.

Fliegen

Florfliege *Hemerobius chrysopa;* Fransen- *Thysanoptera;* Köcher- *Trichoptera;* Schlamm- *Megaloptera;* Schwarze Fliege *Heliothrips haemorrhoidalis;* Spanische Fliege *Lytta vesicatoria.*

Jedermann weiß, daß die Stubenfliege nur zwei Flügel hat. Die Zoologen wissen außerdem, daß noch Reste des zweiten Flügelpaares, sog. Schwingkölbchen, angetroffen werden. Es ist das wichtigste Merkmal aller Fliegen überhaupt. Der Wissenschaftler nennt ihre Ordnung daher Zweiflügler *(Dipteren)*. Um so größer ist unser Erstaunen, wenn wir gewisse Tiere auch „Fliegen" nennen, die — vierflüglig sind! Das Wort „Fliege" sagt eben nur wenig aus. Denn „fliegen" können die meisten anderen Insekten auch, und es läßt sich schwerlich erklären, warum ausgerechnet die Zweiflügler das Verbum „fliegen" beanspruchen, wo es doch noch bessere Flieger unter den Vögeln gibt. Das Volk kennt freilich seine Hausfliege (die dank der Autorität des Aristoteles von Wissenschaftlern recht spät genauer untersucht wurde) schlecht, oder — es ist bei den vielgestaltigen Formen der Insekten oft verlegen um Namen und daher mit der „Fliege" zu freigiebig.

Die Köcherfliegen sind Angehörige einer eigenen Insektenordnung. Der lateinische Name *(Trichopteren)* gibt an, daß die mottenähnlichen Tiere feine Haare auf ihren vier Flügeln tragen; der deutsche Name hingegen beschreibt uns die Larven des Tieres, die im Wasser leben. Viele Arten haben nämlich ein Gehäuse, das sich die Larve ähnlich einem winzigen Handschuhfinger aus Steinchen, Pflanzenteilen u. dgl. baut, um ihren weichen Hinterleib zu schützen. Eine bekannte Köcherfliege hat den schönen Namen „Frühlingsfliege".

Verwandt mit ihnen ist die Ordnung der Schlammfliegen. Sie haben ebenfalls vier netzförmig geaderte, durchsichtige Flügel. Sie treten an stehenden Gewässern häufig auf, denn ihre Larven leben auch im Wasser. Eine Gattung *(Raphidia)* umfaßt zierliche Tiere mit einem langen, sogar beweglichen „Hals", ein Kuriosum unter den Insekten. Sie tragen daher den putzigen Namen „Kamelhalsfliegen". Zu den Schwielensohlern haben sie natürlich sonst keine Beziehung!

Zu den Netzflüglern gehört auch ein gern begrüßter Zimmergast. Es ist ein Insekt, das zwei große goldschimmernde Perlen als Augen trägt und vier grünliche

Flügel, zart wie ein Flor: die Florfliege. Sie überwintert bei uns, und keiner ahnt, daß ihre grünen Larven erbitterte Feinde der Blattläuse sind, so daß sie sich den Namen „Blattlauslöwen" verdient haben. — Eine eigene Ordnung sind auch die winzigen (1 mm langen) Fransenfliegen (auch Blasenfüße), deren vier schmale Flügelchen ringsherum gefranst sind. Eine von ihnen, die in Gewächshäusern vorkommt, heißt Schwarze Fliege.

Schließlich muß noch ein eigenartiger Käfer genannt werden, der aus Spanien eingeführt wird. Es ist verzeihlich, daß man die getrockneten Tiere bei flüchtiger Betrachtung als Fliegen ansprach (Spanische Fliege). Denn sie sind nicht dazu ausersehen, fein präpariert ihre Käfernatur auszuweisen (sie gehören nämlich zu der auch sonst sonderbaren Familie der Ölkäfer, *Meloidae*), sondern sie dienen fein pulverisiert als ein wichtiges Mittel in der Hand des Arztes. Sie enthalten einen blasenziehenden Saft (Cantharidin) und werden unter anderem zu „Spanischem Pflaster" verarbeitet.

Flöhe (Abb. 13)

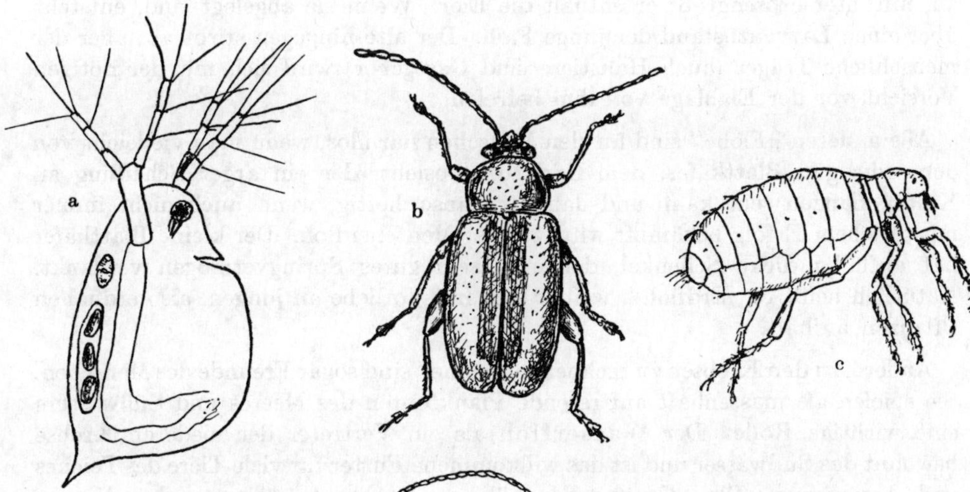

Abb. 13. „Flöhe" und ihr Vorbild. a Wasserfloh *Daphnia* 40:1; b Erdfloh *Haltica*, 10:1; c Menschenfloh *Pulex irritans*, 15:1; d Sandfloh *Tunga penetrans*, 30:1; e Schneefloh *Boreus hyemalis*, 18:1

Erdfloh *Phyllotreta;* Gletscher- *Desoria glacialis;* Menschen- *Pulex irritans;* Sand- *Tunga penetrans;* Schnee- *Boreus hyemalis;* Strand- *Orchestia gamarellus*; Wasser-, *Daphnia*-Arten.

Nicht jedes hüpfende Tierchen ist ein Floh! In der Tat ist es eine bunte Sammlung von hüpfenden und springenden Lebewesen, die wir unter den „Flöhen" vereinigen. Denn „Floh" sagt nur, daß das Tier „fliehen", d. h. entkommen kann, wenn man es fangen will. Freilich, Gliederfüßler sind sie alle, aber bei den Arthropoden springen sie in zwei verschiedenen Klassen herum, bei den Insekten und bei den Krebsen. Nur wenige von ihnen sind wirklich auch Parasiten an Warmblütlern oder am Menschen.

Zu den menschlichen Plagegeistern gehört neben dem Menschenfloh der in den tropischen Ländern verbreitete Sandfloh. „Bicho do pé" nennen ihn die Brasilianer, einen „Floh", der zwar nicht mehr springt, aber ein echter, sicher unangenehmerer Floh ist als sein allbekannter Vetter, der oft mit einem Schmunzeln abgetan wird. Die befruchteten Weibchen dringen völlig in die Haut ein, gern in die Nähe oder gar unter die Nägel. Der Hinterleib schwillt kugelig an, mitunter erbsengroß; er enthält die Eier. Wenn sie abgelegt sind, entsteht über einen Larvenzustand der junge Floh. Der alte hingegen stirbt ab; aber der menschliche Träger (auch Haustiere sind Gastgeber) wird sich mit der nötigen Vorsicht vor der Eiablage von ihm befreien.

Alle anderen „Flöhe" sind für den Menschen harmlos, wenn man vielleicht von dem winzigen Blattkäfer, dem Erdfloh, absieht, der ein arger Schädling an Kulturpflanzen sein kann und daher genauso heftig, wenn auch nicht immer mit gleichem Erfolg bekämpft wird wie der Menschenfloh. Der kleine Blattkäfer hat auffällig dicke Schenkel, denen er sein gutes Springvermögen verdankt. Natürlich heißt er „Erdfloh", weil er sich mit Vorliebe an jungen, also erdnahen Pflanzen aufhält.

Andere, zu den Krebsen zu rechnende „Flöhe" sind sogar Freunde des Menschen. Sie spielen als massenhaft auftretende Planktonten des Meeres und Süßwassers eine wichtige Rolle. Der Wasserfloh als ein Vertreter der niederen Krebse bewohnt das Süßwasser und ist das willkommene Futter für viele Tiere des Teiches und Aquariums. Eine Gruppe der höheren Krebse trägt sogar den Namen „Flohkrebse". Einer von ihnen hat sich auch den Namen „Pulex" ausgeliehen! — Strandfloh und Sandhüpfer nennen die Küstenbewohner zwei andere weitverbreitete Arten. Ein Verwandter des Schlickkrebses *(Corophium)* ist sogar entscheidend an der Verlandung des Schlickes beteiligt, ein Flohkrebs, der sich eine röhrenförmige Wohnung zugelegt hat.

Als Kuriosa mögen noch zwei springende, fluguntüchtige Gletscherbewohner genannt sein, der Schneefloh und der Gletscherfloh; es sind wahrhaft merkwürdige Tiere. Sie finden im schmelzenden Schnee ihre Nahrung. — Überflüssig zu sagen, daß springende und nichtfliegende Insekten als stark abgeleitete (oder urtümliche?) Formen das brennende Interesse des ordnenden Systematikers verdienen.

Hunde (Abb. 14)

Flughunde (Fledermäuse) *Pteropodidae;* See- *Pinnipedia* (mehrere Gattungen); Hundsaffen *Cercopithecidae;* -hai *Galeus canis.*

Die Namen aller Säugetiere, die dem Menschen als Haustiere dienen, sind zur Benennung anderer Tiere und Pflanzen besonders willkommen. Neben den Hund treten Katze (Katzenhai, -wels, -schlange), Rind (Kuhstelze, Rindergemse, Seekuh), Pferd (Roßkäfer, Pferdebock), Ziege, Schaf und Schwein. Dabei wird mitunter an auffällige Merkmale erinnert (Euter des Schafes, Bart oder Lippe der Ziege, Auge des Ochsen usw.), während andere Namen die mindere Qualität neben vollwertigen Partnern kennzeichnen sollen (Roßminze, Roßkümmel, Pferdebohne usw.).

Abb. 14. „Hunde" und ihr Vorbild. Haushund (Dogge) *Canis*; junger Seehund *Phoca*; Hundsaffe (Mantelpavian) *Papio*; Flughund *Pteropus*

Es leuchtet ein, daß der Name unseres beliebten Haustieres Hund auch an anderen Stellen des Systems wiederkehrt.

Der Seehund bringt ein heiseres Bellen hervor, das dem eines Hundes ähnlich ist. Danach hat er seinen Namen. Denn das Bellen ist unter den Tierlauten nicht häufig (auch der Rehbock „bellt“). Die Bedeutung des Wortes wurde nämlich eingeengt. Althochdeutsch „bellan“ schloß noch schreien und brüllen ein. Der Kopf der Robbe entfernt sich weit von dem Hundekopf, weil ihm die Ohrmuscheln fehlen, der Schädel kugelig gewölbt ist und weil statt des weichen Felles nur harte, kurze, eng anliegende Haare angetroffen werden.

Die Familie der Hundsaffen umfaßt Affen mit stärker hervortretender Schnauzengegend. Auch die Körpergestalt erinnert an den Hund, denn die Vorderbeine sind kurz, und ein Schwanz ist wie bei einem Hunde anzutreffen. Die merkwürdigen Gesäßschwielen und Backentaschen sind hingegen für Affen einmalig. Schon ARISTOTELES nannte die Paviane „Hundsköpfe“. Freilich, die Ähnlichkeit mit dem Hund geht nicht weit. Aber unter den Affen kommt das Paviangesicht mit der langen Schnauze tatsächlich dem Hunde noch am nächsten (etwa Wolfshund).

Die früchtefressenden Fledermäuse heißen auch Flughunde oder Fliegende Hunde. Ihr Kopf ahmt, weit besser als die Hundsaffen es können, einen Fuchs- oder Hundekopf nach. Indes bleibt es das einzige verbindende Merkmal. Übrigens wird der größte Flughund, der braune Kalong, wirklich auch „fliegender Fuchs“ *(Pteropus vampyrus)* genannt.

Endlich gibt es unter den Knorpelfischen einen Hundshai. Die räuberischen Haie haben sich gern Namen von landbewohnenden Raubtieren zugelegt. Wenn man noch in der Färbung des Katzenhais ein geflecktes Katzenfell erblicken könnte, so haben Hundshai *(Galeus)*, Fuchshai *(Alopecias vulpes)* und Doggenhai *(Heterodontus Philippi)* offensichtlich ihre Namen nur daher, weil sie eben Fleischfresser sind mit guten Zähnen.

Ein mit der Scholle verwandter Fisch, der die nördlichen atlantischen Küsten bewohnt, ist die Hundszunge (Seezunge war schon vergeben!). — Schließlich heißt auch eine Zecke nach dem Hund, die Hundszecke (neben Holzbock, *Ixodes ricinus)*. Diese Art von „Hundetieren“ besitzt im Namen den vorangestellten „Hund-“, weil damit gesagt werden soll, daß das Lebewesen unecht oder gefährlich oder nicht beliebt ist. Bei Pflanzennamen wird das Verfahren noch häufiger angewendet (Hundsveilchen neben Veilchen, Hundspetersilie neben Petersilie usw.).

Läuse (Abb. 15)

Barschlaus *Achtheres;* Biber- *Platypsyllus;* Bienen- *Braula coeca;* Blatt- *Aphidae;* Bücher-, Staub- *Copeognathen;* Feder- *Mallophagen;* Holz- *Copeognathen;* Karpfen- *Argulus foliaceus;* Menschen- *Pediculidae;* Tier- *Haematopinidae;* Schild- *Coccidae;* Walfisch- *Cyamus.*

Wenn es schon nicht gelingt, einen „Floh“ systematisch einzufangen, denn er springt unbekümmert durch Ordnungen und Familien, so glückt es noch viel weniger, eine „Laus“ festzulegen. „Kleine Außenschmarotzer, die zu den Gliederfüßlern gehören“, könnte vielleicht die sehr allgemeine Definition lauten für diese Tierchen, die sich in vielen Komposita* hartnäckig festsetzten.

Wanzen in Wortzusammensetzungen (Blatt-, Baum-, Feuerwanze usw.) gehören immer der Ordnung der Schnabelkerfe an. Läuse dagegen kriechen

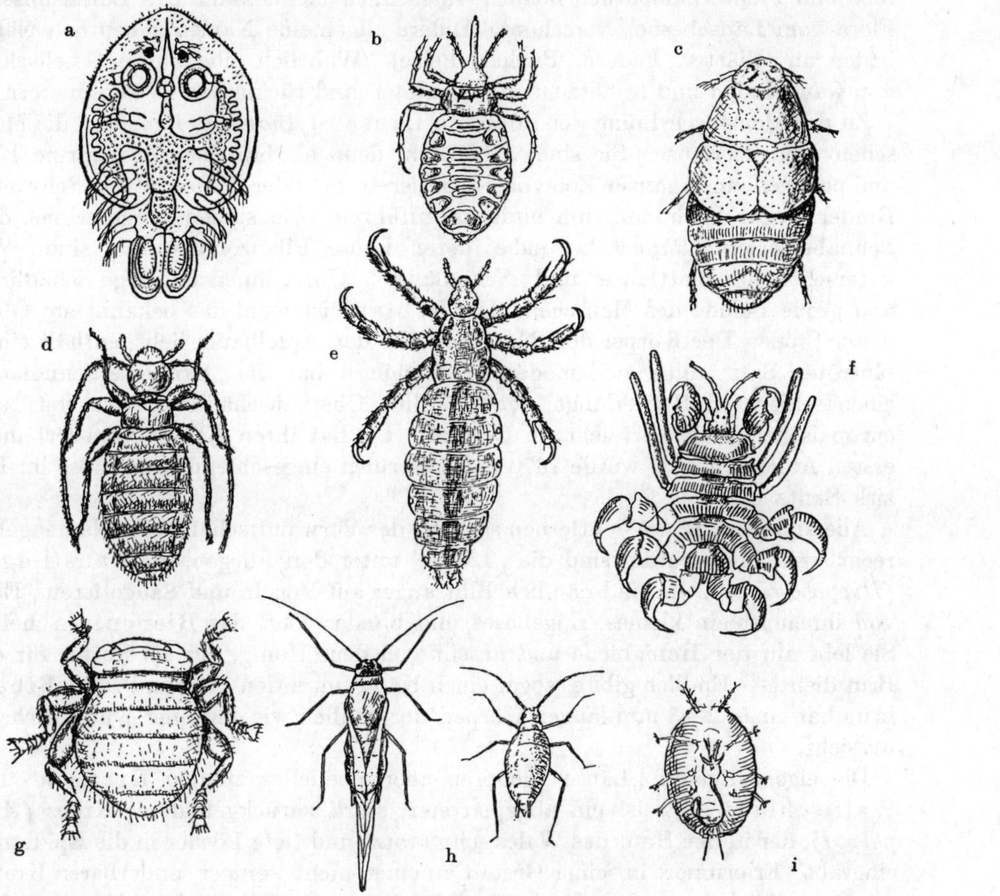

Abb. 15. „Läuse" und ihr Vorbild. a Karpfenlaus *Argulus foliaceus*, 4:1; b Elefantenlaus *Haematomyzus elephantis*, nach FERRIS, 8:1; c Biberlaus *Platypsyllus castoris*, 15:1; d Bücherlaus *Liposcelis divinatorius*, 25:1; e Menschenlaus *Pediculus capitis*, 25:1; f Walfischlaus *Cyamus ceti*, nach LÜTKEN, 20:1; g Bienenlaus *Braula coeca*, nach MANNHEIMS, 25:1; h Pfirsichblattlaus *Myzodes persicae*, nach BRANDT, 6:1; i San-José-Schildlaus *Aspidiotus perniciosus*, Larve, 75:1

über den ganzen Kreis der Gliederfüßler hinweg, denn sie entsenden Vertreter zu recht verschiedenen Verwandtschaftskreisen der Krebse und Insekten. Die Namen dieser Läusegesellschaft werden — vielleicht von der Schildlaus

* Die Nominativendung wird hier stets beibehalten, um Verwechslungen mit „Kompositen" (von *Compositae*-Korbblütler) auszuschließen.

abgesehen, die nach ihrer Gestalt heißt — durchweg mit dem Namen des Wirtes oder des Nährbodens gebildet. Unter den tierischen Wirten sind Säugetiere (Wal, Rind, Biber u. a.), Vögel, Fische (Karpfen, Barsch u. a.), ja sogar Insekten (Biene, Käfer) anzuführen. Von den pflanzlichen Gastgebern könnte man Weinrebe und Fichte namentlich nennen, tatsächlich bleibt kaum ein Baum unserer Flora vom Läusebesuch verschont. Andere allgemeine Namen geben den Nährboden an (Blätter, Federn, Bücher, Pelze). Wahrlich eine bunte Gesellschaft von wandelnden und festsitzenden, harmlosen und tückischen Zwangsmietern!

Zu der kleinen Ordnung der „echten Läuse“ *(Anopluren)* gehören die Menschen- und Tierläuse. Sie sind wählerisch, denn sie brauchen das warme Blut und peinigen einen ganzen Zoo von Säugetieren: Schläfer, Mäuse, Rehe, Schweine, Rinder, sogar Seehunde, um einige anzuführen. Sie stehen ausgerechnet den Schnabelkerfen *(Rhynchota)* nahe, deren Läuse Pflanzenbewohner sind. Wir unterscheiden „Blattläuse“ und „Schildläuse“. Unter ihnen sind arge Schädlinge und große Feinde des Menschen. Die Reblaus ist wohl das bekannteste Glied dieser Sippe. Der Körper der Blutlaus, die den Apfelbaum liebt, enthält einen blutroten Saft; unter den modernen Zuzüglern hat die „San-José-Schildlaus“ einen schlechten Ruf erlangt; der schlimme Obstbauschädling hatte erst 1928 europäischen Boden erreicht (in Ungarn). Sie hat ihren Namen vom Ort ihres ersten Auftretens: sie wurde 1870 in Kalifornien eingeschleppt (San José im Bezirk Santa Clara).

Alle anderen „Läuse“ entfernen sich aus der Verwandtschaft ihrer Namengeber recht weit. Merkwürdig sind die „Läuse“ unter den Fliegen, die Lausfliegen *(Hippoboscidae)*. Es sind nämlich Blutsauger auf Vögeln und Säugetieren. Eine von ihnen ist ein kleines, flügelloses und blindes Tier, das Bienenlaus heißt. Sie lebt auf der Honigbiene und nascht von dem Honig, der als Futter für die Brut dient. — Endlich gibt es sogar einen Käfer unter den „Läusen“. Die Biberlaus hat einen 2—3 mm langen Körper, der ähnlich wie der einer Küchenschabe aussieht.

Die eigenartigsten „Läuse“ gehören aber zweifellos zu den Krebsen. Die Walfischlaus z. B. ist ein abgeplatteter, stark zurückgebildeter Krebs *(Amphipod)*, der in der Haut des Wales schmarotzt und tiefe Löcher in die Epidermis eingräbt. Er erinnert in seiner Gestalt an einen nicht weniger sonderbaren Krebs, das Ziegenböckchen *(Caprella)*. Karpfenlaus und Barschlaus dagegen sind wieder in eine andere Krebsverwandtschaft zu rechnen (zu den *Copepoden)*. Die Karpfenlaus ist ein durchsichtiges, linsengroßes, plattes Tier, das mit 2 Saugnäpfen am Karpfen vor Anker geht, aber auch selbst gut zu schwimmen versteht.

Auch bei den Holzläusen, Federläusen, Bücherläusen und Staubläusen *(Copeognatha, Mallophaga)* gibt es noch heute manches Geheimnis zu lüften. Es sind wunderliche Tiere, deren Einordnung im System Mühe bereitet. Sie vervollständigen den bunten Kreis kleiner Kerbtiere, die der ungenaue Name „Läuse“ vereint.

Mäuse (Abb. 16)

Der Zoologe versteht unter einer Maus sehr verschiedene Wesen. Fünf „Mäuse“ sollen betrachtet werden. Sogar ein Namenszwilling befindet sich unter ihnen.

„Mausart“	Gattung	Zusammenhang
Hausmaus	*Mus*	Nagetier
Spitzmaus	*Sorex*	Insektenfresser
Fledermaus	*Plecotus*	Flattertier
Seemaus	*Aphrodite*	Meereswurm
Seemaus	*Raja, Scyllium*	Fischei

Nur **e i n e** echte ist unter den fünf Mäusen, eine einzige mit den Nagezähnen des Hasen oder Hamsters! Wie eine alle umfassende Idealmaus aussieht? Gar nicht leicht zu sagen. Auf den langen, dünnen Schwanz der Hausmaus kommt es

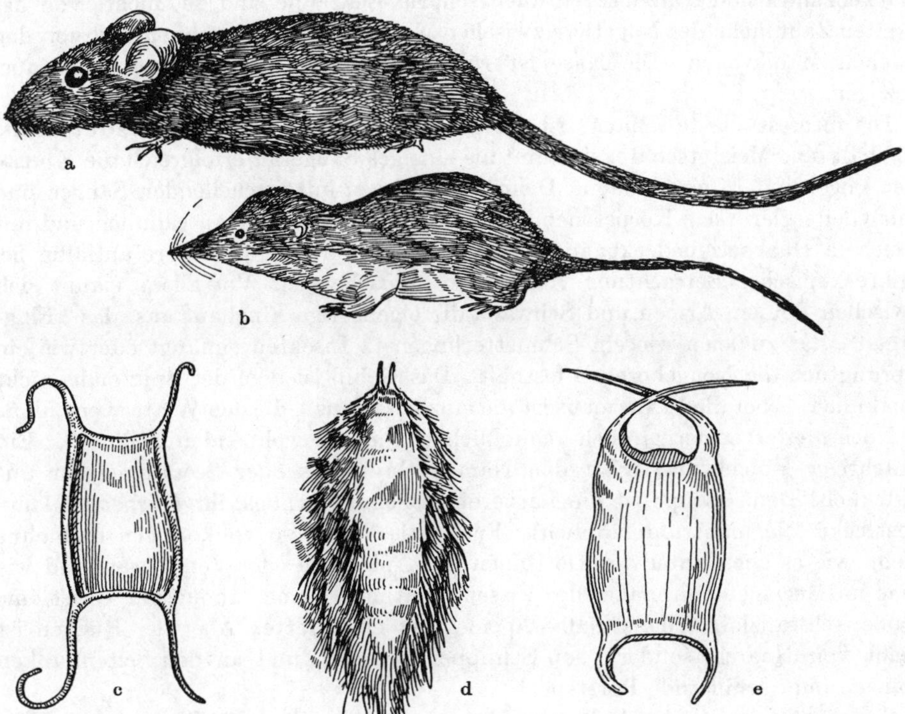

Abb. 16. „Mäuse“ und ihr Vorbild. a Hausmaus *Mus musculus*; b Spitzmaus *Sorex*; c Seemaus, Ei vom Katzenhai *Scyllium*; d Seemaus *Aphrodite aculeata*; e Seemaus, Ei vom Nagelrochen *Raja*

schon nicht an, trotz des „Mäuseschwänzchens“ *(Myosurus)*, der einzigen Pflanze mit Mausenamen. Denn andere warmblütige Mäuse haben kurze Schwänze (Wühlmäuse), wieder andere langbehaarte (Schlafmäuse). Ähnlich geht es den langen Ohren. Aber auch das Gebiß spielt keine Rolle. Denn Nagezähne sind ein Vorrecht aller Nager. Vielleicht ist es das kurzhaarige weiche Fellchen, das tatsächlich drei „Mäuse“ besitzen? Wiederum gefehlt! Die Meeresmäuse sind mit bunten, schillernden Borsten bedeckt, wie die Seeraupe oder gar — nackt. Was bleibt noch übrig? Tatsächlich nur die rohe Gestalt des Körpers, der eben mäuseähnlich geformt ist, d. h. länglich-rundlich, an den Enden etwas auslaufend, wie ein kleines Brot, seitlich ein wenig abgeflacht. Das ist wenig zur Begriffsbestimmung. Denn — als letztes — die lebhafte, etwas hastige Fortbewegung der meisten Mäuse (vielleicht ein unbestimmt empfundenes Merkmal) weicht bei den Seemäusen der Bedächtigkeit des Wurmes.

Nun im einzelnen. Am besten verträgt noch die Spitzmaus den Vergleich mit dem Urbild. Wenn man von der Ausbildung des Kopfes absieht, könnte der Körper wirklich dem einer Wühlmaus gleichen. Aber eben der Kopf! Ein winziges, aber furchtbares Gebiß zeichnet den kleinen Insektenfresser aus; seine Backenzähne sind spitzhöckrig, auch scharfe Eckzähne sind da, nichts von der breiten Zahnlücke der Nagetiere zwischen Nage- und Backenzähnen und von den flachen Mahlkronen. Die Nase ist rüsselartig verlängert und der Kopf ausgezogen.

Die interessanteste „Maus" ist die fliegende, die Flatter- oder Fledermaus. Sie hält eine Meisterschaft: sie ahmt als einziges Säugetier erfolgreich die Künste der Vögel und Insekten nach. Denn alle anderen luftdurcheilenden Säuger sind nur Gleitsegler. Das Körperchen der Ohrenfledermaus ist mäuseähnlich und mit weichem Haarpelz bedeckt; indessen unterscheiden sich die Haare auffällig bei mikroskopischer Betrachtung von echten Mäusehaaren. Vor allem spannt sich zwischen Beinen, Armen und Schwanz die eigenartige Flughaut aus, das „Flugorgan", das zugleich wie ein Schmetterlingsnetz Insekten einfängt oder wie ein Sprungtuch die Neugeborenen festhält. Das Gebiß ist dem der Spitzmaus nicht unähnlich. Aber die Fledermaus ist die einzige „Maus", die den Winter verschläft.

Noch weiter entfernen sich schließlich die meerbewohnenden „Mäuse". Ein prächtiger Ringelwurm trägt den Namen Seemaus oder Seeraupe (sehr unglücklich! Denn Raupe ist die Larve eines Schmetterlings, ihr Körper ist langgestreckt, nie mausrumpfähnlich). Er ist als Wurm so vollkommen und ohne Fehl, wie es eben unter den Göttinnen nur Aphrodite oder Venus war, und wie jene im Meer geboren, daher der wissenschaftliche Name. Immerhin, es ist eine große, schwanzlose „Maus" (10—20 cm), fast eine Ratte. Aber der Rücken ist nicht von Haaren, sondern von Schuppen bedeckt, und an den Seitenflanken glänzen bunt schillernde Borsten.

Seemäuse nennt der Volksmund aber auch die Eier der Rochen und Haie (vor allem Katzenhaie), die im Küstenwind über den Sand tanzen und springen. Es sind leere, schwärzliche Eikapseln von rechteckiger, etwa mausgroßer Gestalt, in der Mitte aufgebläht; sie tragen an den Ecken vier Hörnchen oder Fäden. Sie werden einzeln von den Weibchen abgelegt und sind mit den Anhängseln im Meerestang verankert. Später, wenn die Embryonen ausgeschlüpft sind, werden sie oft losgerissen und von den Wellen auf den Sand getragen.

Maus heißt im Lateinischen *mus*, aber beide Namen decken sich nicht genau. „*Mus*" ist der weitere Begriff; er umspannt auch andere kleine Säuger (nicht nur die Maus und die verwandte Ratte), z. B. auch die kleinen marderähnlichen Raubtiere. Eine lateinische „*mus montis*" (genauer der Akkusativ *murem*) hat wohl das althochdeutsche muremunto, unser Murmeltier, gebildet.

Bemerkenswert ist das Schicksal der Verkleinerung *musculus* = Mäuschen, das in dem deutschen Muskel wiederkehrt. Das Wort Muskel ist nicht anders zu ersetzen und auch als wissenschaftlicher Begriff Musculus geblieben. Man kann es nur mit einem Satz verdeutschen: fleischige Teile des tierischen (oder menschlichen) Körpers, die durch Zusammenziehen und Erschlaffung eine Bewegung bewirken. Die Ableitung von „Mäuschen" wird längst nicht mehr empfunden. Mag sein, daß ursprünglich der mausgroße Daumenballen, der gelegentlich „Mäuschen" genannt wird, das Vorbild für den Namen abgab. Die Größe ist nicht mehr im Wort: der Riesenwal heißt lateinisch *Balaenoptera musculus* mit demselben Artnamen wie die Hausmaus, und „muskulös" bedeutet sogar „mit stark entwickelten Muskeln".

So ist im Bereich unserer Sprache die Maus aus dem engen Reich ihrer Nagetiernatur ausgebrochen. Sie hat sich, teils heimlich, teils ohne Tarnung, in fremde Verwandtschaftskreise des Tierreichs eingeschlichen; sie hat im Sprachschatz der tierischen und menschlichen Anatomie neue Besitzrechte erworben.

Pferde (Abb. 17)

Heupferd, Gras- *Tettigonia viridissima;* Meer- (Walroß) *Odobenus rosmarus;* Nil-, Fluß- *Hippopotamus amphibius;* Schwimmrößchen *Pegasus natans;* See(-chen) *Hippocampus antiquorum.*

Was zu einem Pferd gehört, können uns schwerlich die Tiere beantworten, die das „Pferd" im Namen tragen. Heupferd und Seepferd bedienen sich immerhin desselben Merkmals. Die Heuschrecke und der kleine Knochenfisch ahmen nämlich den Kopf des Pferdes nach. Ein Pferdekopf ist langgestreckt und seitlich zusammengedrückt. Das Seepferdchen, ein Verwandter der Seenadel, steht beim Schwimmen fast senkrecht im Wasser; dabei hat der Kopf beinahe die Haltung wie bei einem Pferd, dessen Zügel zu straff gefaßt werden. Und doch kann der Fisch seine Nahrung nur einsaugen, denn sein zahnloser Mund ist zu einer Röhre ausgezogen. Das Heupferd oder Graspferd hat immerhin beißende Mundwerkzeuge. An seinem pferdeähnlichen Kopf trägt es — als Zeichen der Laubheuschrecke — recht lange, fadendünne Fühler, die wie die Zügel am Zaumzeug des Pferdes nach hinten gelegt werden und den Körper an Länge überragen.

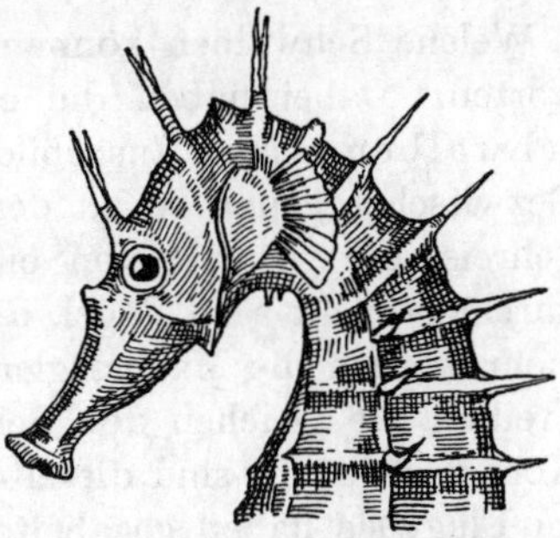

Abb. 17. Seepferdchen
Hippocampus antiquorum

Das Nil- oder Flußpferd bringt uns in Verlegenheit, wenn wir nach seiner Pferdenatur suchen. Denn es ist ein plumpes, breitköpfiges, fast haarloses Tier, dessen unförmiger Kopf aus einem massigen Rumpf fast ohne Hals herauswächst. Welche Eleganz weist, mit ihm verglichen, selbst ein schwerer Ackergaul auf! Daß beide Tiere pflanzenfressende Huftiere sind, ist tatsächlich wenig, was sie verbindet. — Auch mit dem Walroß ist es nicht anders. Es heißt auch Meerpferd. Wer jedoch ein Robbentier zu den Walen stellt, dem ist es kaum zu verargen, daß er auch mit einem Pferd vergleicht, wo wenig Pferdeähnliches vorhanden ist! Meeressäuger werden immer gern mit den geläufigeren Landsäugern verglichen, und das „Pferd" gesellt sich zu „Löwen, Elefanten, Hunden, Bären" und „Wölfen", dann nämlich, wenn bekannte Vergleichsobjekte für seltenere Meeresbewohner (mit „See-" gebildet) benötigt werden. Immerhin, dem Walroß möchte man den edlen Namenspartner mißgönnen. Der Name See-Elefant (der schon vergeben ist) würde ihm z. B. besser stehen, denn beide Tiere tragen „Stoßzähne", die sogar in beiden Fällen ein wertvolles Elfenbein liefern. Aber alle Robben watscheln, und nach dem leichten Gang eines Pferdes sucht man bei einem Meeressäuger vergebens.

Schwimmender Pegasus wird endlich ein kleiner Knochenfisch genannt mit vorgezogenem Pferdekopf und großen Brustflossen, die wie Fallschirme aussehen; er ist eine wasserbewohnende launige Abart des Flügelrosses der griechischen Mythologie.

Schwalben

Mehlschwalbe *Delichon urbica;* Nacht- (Ziegenmelker) *Caprimulgus europaeus;* Rauch- *Hirundo rustica;* See- *Sterna hirundo;* Turm- (Mauersegler) *Micropus (Apus) apus.*

Schwalbenfliege *Stenopteryx hirundinis;* -möwe *Xema sabinii;* -schwanz *Papilio machaon;* -wanze *Oeciacus hirundinis;* -wurz *Vincetoxicum officinale.*

Welche Schwalben können singen? Gar keine, werden manche voreilig antworten. Dabei haben die echten Schwalben, also die Mehl- und Rauchschwalben, einen ausgebildeten Stimmapparat. Sie gehören also mit ihrem Gezwitscher genau so zu den Singvögeln wie die Krähen trotz ihrer heiseren Schreie, die so weit von einem melodienfrohen Gesang entfernt sind. Aber durchaus nicht alle Vögel, die „Schwalben" heißen, sind auch Singvögel. Vielmehr werden die Mauersegler auch (mit Unrecht) Turmschwalben geheißen. Freilich, sie gleichen den Schwalben, wenigstens äußerlich: sie haben dieselbe Körpergröße; sie sind dieselben Meister des Fluges; sie erhaschen ihre Nahrung im Flug; sie haben gegabelte Schwänze und lange zugespitzte Flügel und den kleinen Schnabel vor einer Maulspalte, die bis hinter die Augen reicht. Völlig abweichend sind aber die Füße gestaltet: vier zierliche Zehen sind nach vorn gerichtet und nur noch zum Festhalten, jedoch nicht zum Fortbewegen brauchbar. Der Artname „*apus*", auf deutsch fußlos, übertreibt also ein wenig; der Gattungsname „*Micropus*", Kleinfuß, ist vorsichtiger. Die echten Schwalben besitzen den normalen Vogelfuß (drei Zehen nach vorn, eine nach hinten gerichtet), wenn sie sich auch auf ihren kurzen Beinen nur gelegentlich fortbewegen, z. B. wenn Schlamm für den Nestbau geholt werden muß.

Die Seeschwalbe vollends entfernt sich von dem Schwalbenvorbild noch mehr. Sie gehört als wasserliebender Langflügler in die Verwandtschaft der Möwen. Sie bewegt sich in elegantem Flug gleich der Namengeberin und ähnelt ihr auch im Körperbau. Als ein echter Wasser- und Schwimmvogel trägt sie Schwimmhäute an den zum Rudern geeigneten Füßen. Wenngleich sie also mit langen, schmalen Schwingen und gegabeltem Schwanz schwalbengleich in rasendem

Flug dahinschießen kann, so ernährt sie sich doch durchaus nach Möwenart. Das Wort „Seeschwalbe" besagt nicht, daß wir nur Seevögel vor uns haben. So hat man etwa die Trauerseeschwalbe folgerichtig auch Binnen-Seeschwalbe getauft, wobei doch die See und nicht der See gemeint ist. Die Fluß-Seeschwalbe trägt sogar den Artnamen ihres Namensvetters, der Rauchschwalbe, nämlich „*hirundo*", wie übrigens ein Meeresfisch, der Knurrhahn (seiner Brustflossen wegen) auch.

Der gegabelte, langzipflige Schwalbenschwanz und die schmalen Flügel, die Kennzeichen der „Schwalben", sind so einmalig in der Natur, daß im Volk gern das Wort zu Vergleichen gebraucht wird. Ein Tagfalter mit zipflig ausgezogenen Hinterflügeln heißt Schwalbenschwanz; ein fliegender Fisch des Mittelmeerraums wird zum Schwalbenfisch (eine lange Stichsäge heißt Schwalbenschwanz, der Gips bildet paarige Kristalle aus, die Schwalbenschwanzzwillinge). Einige Insekten (z. B. Schwalbenwanze)heißen jedoch deshalb nach der Schwalbe, weil sie in dem Nestmaterial der Schwalben leben.

Würmer (Abb. 18)

Heuwurm = Schmetterlingsraupe *Clysia ambiguella;* Holzwurm = Käfer *Anobium pertinax;* Johanniswurm = weiblicher Käfer *Lampyris noctiluca;* Kornwurm = Käferlarve *Calandra granaria;* Maiwurm = Käfer *Meloë proscarabaeus;* Mehlwurm = Käferlarve *Tenebrio molitor;* Ohrwurm = Geradflügler *Forficula auricularia;* Pfahlwurm = Muschel *Teredo navalis;* Sauerwurm = Schmetterlingsraupe *Polychrosis botrana;* Schiffsbohrwurm = Muschel *Teredo megotara.*

Je weiter wir im natürlichen System abwärts steigen, um so häufiger werden Beobachtungsfehler, die dann sogar irreführende Volksnamen herbeiführen können! So haben sich auch zu den „Würmern" manche Tiere gesellt, die ganz anderen Verwandtschaftskreisen entstammen. Zu diesen Fremdlingen gehören Formen, die wegen ihrer besonderen biologischen Eigenschaften auffallen und zum Menschen in eine meist unerwünschte Beziehung getreten sind.

Zu den „Würmern" hat sich sogar eine Muschelgattung verirrt; der Pfahlwurm mit seinen stark zurückgebildeten, winzigen Schalen entschuldigt diese Verwechslung. Denn er hat in der Tat einen langgestreckten, wurmähnlichen Körper. Alle anderen „Würmer" jedoch gehören, wenn schon nicht zu den Würmern, so doch einheitlich der vielgestaltigen Klasse der Insekten an.

Aber auch hier hat der flüchtige Beobachter recht Verschiedenes zusammengepackt. Imagines und Larven, aus verschiedenen Ordnungen obendrein! Die meisten von ihnen haben wenigstens die gestreckte Form und die Ringelung der Anneliden übernommen wie manche Schmetterlings- und Käferlarven; bei anderen erinnert tatsächlich nur noch die Segmentierung an das Namensvorbild, denn auch über rudimentäre Flügel hat man sehr großzügig hinweggesehen. — Auch „wurmstichige" Äpfel gibt es nicht. Denn der „Wurm" in Apfel oder Birne, die „Obstmade", ist die Raupe eines kleinen Schmetterlings, des Apfelwicklers. Von einem „Stich" kann natürlich ebensowenig gesprochen werden. Denn die Raupe hat beißende Mundgliedmaßen.

Immerhin verknüpfen diese Irrtümer in der Systematik Verwandtschaftskreise, die zu unserer Überraschung auch nach einem genauen Studium tatsächlich phylogenetische Zusammenhänge wahrscheinlich machen. Ein *Polychaet* (Borstenwurm) fordert geradezu den Vergleich mit der Raupe heraus.

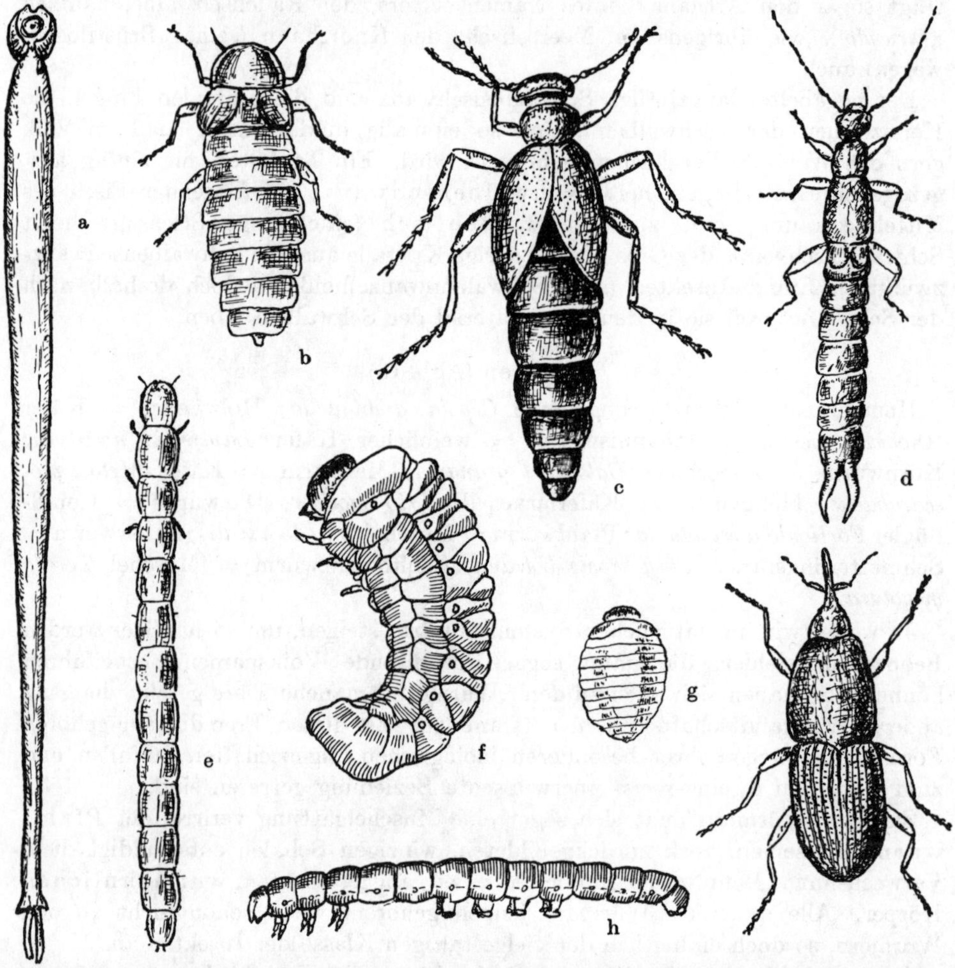

Abb. 18. „Würmer". a Pfahlwurm *Teredo navalis*, 1:2; b Johanniswurm *Lampyris noctiluca*, 4:1; c Maiwurm *Meloe proscarabaeus*, 3:1; d Ohrwurm *Forficula auricularia*, 6:1; e Mehlwurm, Larve von *Tenebrio molitor*, 3:1; f Holzwurm, Larve von *Anobium pertinax*, nach SCHMIDT, 5:1; g Kornwurm, Larve und Imago von *Calandra granaris*, 4:1 und 12:1; h Herzwurm, Raupe von *Mamestra brassicae*, 1,5:1.

Zwei „Würmer", der Maiwurm und der Johanniswurm, verraten durch ihren Namen die Zeit des Auftretens. Alle anderen geben mit ihrem Namen Aufenthaltsort oder Nahrung an. Einer, der Ohrwurm, trägt seinen Namen doppelt zu Unrecht. Denn wenn er schon kein Wurm ist, so hat er am menschlichen Ohr gar kein Interesse (man hat sogar behauptet, er könnte das Trommelfell durchbeißen). Als dunkle Schlupfwinkel wird er andere Plätze (z. B. die Unterseite von Baumrinde usw.) willkommener heißen.

Vielleicht mag noch erwähnt werden, daß der Traubenwickler gleich zwei „Würmer", je nach der Jahreszeit, beisteuert. Im Frühjahr heißen seine Raupen Heuwürmer, im Sommer bei den Winzern Sauerwürmer. — In den Holzeinbänden alter Bücher trifft man den Bücherwurm (auch Bücherbohrer, *Ptilinus pecticornis*) an. Es gibt also tückische neben harmlosen „Bücherwürmern". — In Aberglauben und Volkssage spielen endlich Lindwurm und Tatzelwurm eine teils furchterregende, teils geheimnisvolle Rolle.

So eigentümlich die „Würmer" für den Biologen sind, der sich ihnen mit besonderer Teilnahme zuwendet (wie merkwürdig ist z. B. die Brutpflege des Ölkäfers!), so verhaßt sind sie den meisten anderen Menschen, wenn man von dem freudig begrüßten harmlosen Leuchtkäferchen, dem Johanniswürmchen, absieht. Mit vollem Recht sind arge Schädlinge und rücksichtslose Zerstörer keine Freunde.

c) Pflanzen ahmen Teile von Tieren nach

Merkmale der Pflanzen (Blütenform, Blütenstand, Blattform, Wuchsart usw.) werden gern mit hervorstechenden Eigenschaften am tierischen Körper verglichen. Für den Laien liefern jedoch nur die Säugetiere (selten auch die Vögel) solche Unterscheidungsmerkmale. Zum Vergleich fordern die tierischen Zungen, Bärte, Zähne, Schwänze und Füße heraus. Sie werden im Pflanzenreich oft nachgeahmt und vom namensuchenden Beobachter wiederentdeckt. So entstehen viele Pflanzennamen. Es sind Komposita, die im Bestimmungswort das Tier und im Grundwort sein auffälliges Merkmal angeben.

Bärte (Abb. 19)

Bocksbart *Tragopogon pratensis;* Geiß- *Aruncus silvester;* Teufels- *Pulsatilla alpina;* Wider- *Epipogon aphyllos;* Ziegen- u. a. *Clavaria;* -flechte *Usnea barbata;* -gras *Andropogon;* -moos *Barbula;* -nelke *Dianthus barbatus;* -weizen *Triticum.*

Der Bart eines Mannes ist sein charakteristischer Schmuck, wenngleich er, der Mode unterworfen, mannigfach gestutzt, verändert oder meist ganz entfernt wird. Der Bart der Ziege ist unter allen Haartrachten unserer Haustiere wohl am sonderbarsten. Daher gaben diese Bärte manchen Pflanzen den Namen, sobald man ähnliche Bildungen entdeckte. Die Ziegenfamilie ist vertreten mit Ziegenbart, Bocksbart und Geißbart. Eine besonders prächtige graue Perücke trägt der Teufelsbart, die Bartflechten hängen wie Bärte oder Mähnen an Bäumen und Ästen, die bizarre Blüte des Widerbarts schmückt eine bleiche Orchidee des Waldschattens.

Sehr verschiedenen morphologischen Ursprungs sind diese Bärte. Die Namen bezeichnen ganze Pflanzen oder nur Teile von ihnen. Es gibt Dauerbärte und vorübergehende Barttrachten, hängende Bärte und aufrecht stehende, denn dieser sonderbare Schmuck ist bei Blütenpflanzen und Sporenpflanzen in vielen Abwandlungen anzutreffen.

Der Teufelsbart ist wohl der schönste seiner Sippe. Aber erst wenn die weiße Glocke dieser Alpenblume, einer Kuhschellenart, dahingeschwunden ist, wachsen aus ihr langgeschwänzte Früchte, die sich büschelig häufen. Wie zerzauste Haarschöpfe oder nachgeahmte Gemsbärte schauen sie aus, phantastisch wie ein

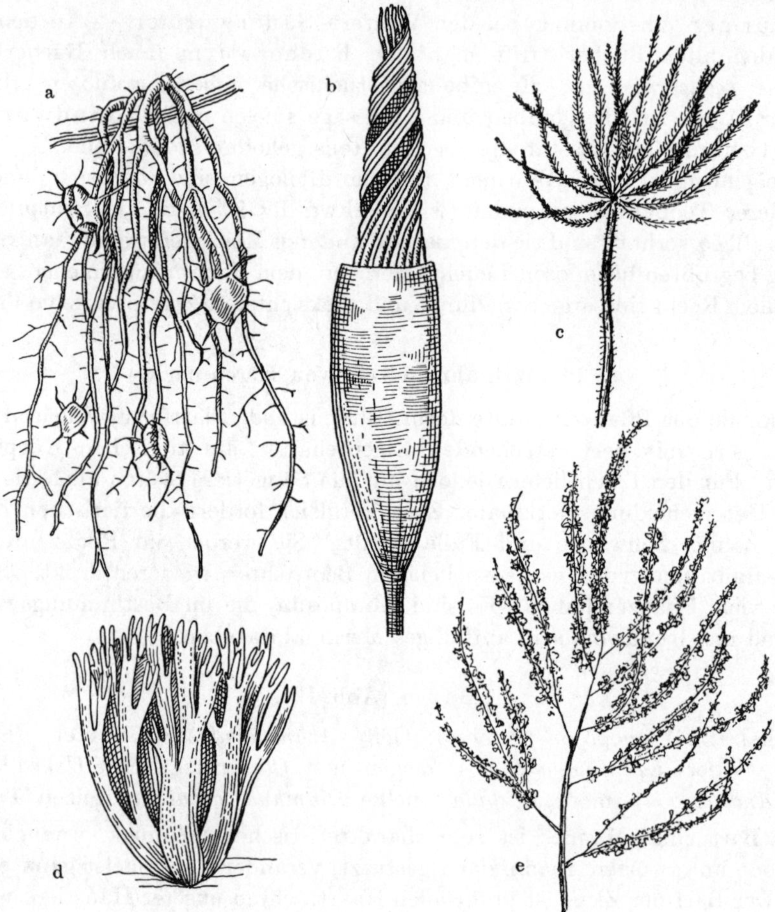

Abb. 19. Pflanzliche „Bärte". a Bartflechte *Usnea barbata*; b Bartmoos (Kapsel) *Barbula*, 25:1; c Teufelsbart (Fruchtstand) *Pulsatilla alpina*; d Ziegenbart *Clavaria*; e Geißbart (Teil des Blütenstandes) *Aruncus silvester*; c, d und e stark verkleinert

Teufelswerk. — Der Geißbart ist ein Blütenstand, aber er steht noch in der vollen Pracht seiner gelblich-weißen Blüten, wenn auf ihn der Name voll zutrifft. Es sind fast $^1/_2$ m lange federbuschartige üppige Rispen, zu denen sich eine große Zahl von schlanken kurzen Blütentrauben zusammenfinden, ein einziger buschiger Strauß. — Auch der Wiesenbocksbart trägt einen Blütenstand, aber von ganz anderer Gestalt. Zu der Kugel einer „Pusteblume" schließen sich die langgeschnäbelten Früchtchen zusammen, die einen aus gefiederten Haaren zierlich gefügten Pappus besitzen. Diese Federkrönchen sollen Ziegenbärtchen ähnlich sein.

Die Bartnelke hat schuppenähnliche Hochblätter, die mit etwa 1 cm langen „Bartstoppeln" die Blütenknospen überragen. Es entstehen dadurch regelrechte Bartpinsel, weil sich die Blüten zu Büscheln zusammendrängen. — Das Bartgras wird so genannt, weil seine begrannten, fingerartig gehäuften Ährchen einem Männerbart ähnlich sehen. — Unser meist grannenloser Weizen hat einen Bruder mit kurzbegrannten Spelzen, den Bartweizen.

Nur der Widerbart macht unter den „Blütenbärten" eine Ausnahme. Sein Name bezieht sich nämlich nur auf eine einzige Blüte und keinen Blütenstand. Im Gegensatz zu den anderen Orchideen ist bei diesem Moderbewohner die Blütenlippe nach oben wider die gewöhnliche Stellung gewandt, und die schmalen Perigonzipfel hängen bartförmig herab.

Endlich muß noch zweier besonderer Bärte gedacht werden. Der Name gilt hier für die ganze Pflanze, noch dazu für eine blütenlose. In wilden, bärtigen Zotten und Fransen hängen die trockenen, dünnen Thalli der Bartflechte von den Bäumen und machen manche urwüchsigen Gebirgswälder mit dem Heer der Sporenpflanzen (Flechten, Farne, Moose und Pilzen) zu wahren Märchenwäldern, in denen Rübezahl, selbst mit einem zerzausten Bart geschmückt, dahinschreitet, in denen die Hexen und andere Naturwesen umherstreifen und sogar der Wildkater noch seinen Unterschlupf findet. Auch ein Kind des Waldes ist schließlich der Ziegenbart, ein Pilz, der seine weißen oder gelben weichen Fruchtkörper wie einen zierlichen Korallenstock entwickelt, indem sich seine Zweige in immer dünnere Äste spalten. Außerdem ist er noch ein eßbarer Pilz, wie alle Keulenpilze, seine Verwandten.

Daß es auch noch „Barttiere" gibt, besonders unter den Vögeln (wie Bartmeise, Bartgeier und Bartgrasmücke), soll nur erwähnt werden.

Füße (Abb. 20)

Gänsefuß *Chenopodium;* Geiß- *Aegopodium podagraria;* Hahnen- *Ranunculus;* Krähen- (1. *Coronopus* und 2. *Plantago coronopus*); Vogel- (1. *Carex ornithopoda* und 2. *Ornithopus perpusillus*).

Blasen- *Thysanoptera;* Pelikans- *Aporrhais pes pelicani;* Steiß- *Podiceps.*

Zwei wichtige Pflanzenfamilien (und davon jeweils die wichtigste Gattung) leihen sich ihren deutschen Namen von Vogelfüßen. Die Zipfel des tief gespaltenen Hahnenfußblattes, oft handförmig oder dreizählig, könnten in der Tat an die Zehen eines Huhnes erinnern. Dabei heißt aber *Ranunculus* „kleiner Frosch" und verweist damit auf den feuchten Standort vieler Ranunculaceen. Die dreieckigen, spieß- oder pfeilförmigen Blätter der Gänsefußgewächse gemahnen an den durch Schwimmhäute ausgezeichneten Fuß eines Wasservogels.

Natürlich geht das Merkmal nicht streng durch beide Familien, bei den Hahnenfüßen nicht einmal durch die Gattung. Der brennende Hahnenfuß *(R. flammula)* z. B. hat sogar ungeteilte Blätter. In der Gattung *Chenopodium* sind die Gänsefüße meist besser gewahrt.

Neben dem Hahnenfuß sind übrigens auch der Hahnenkamm *(Celosia)* und der Hahnensporn *(Plectranthus)* ins Pflanzenreich übernommen worden. Es gibt jedoch auch Fetthennen *(Sedum)* und Glucken *(Sparassis)* unter den Pflanzen. —

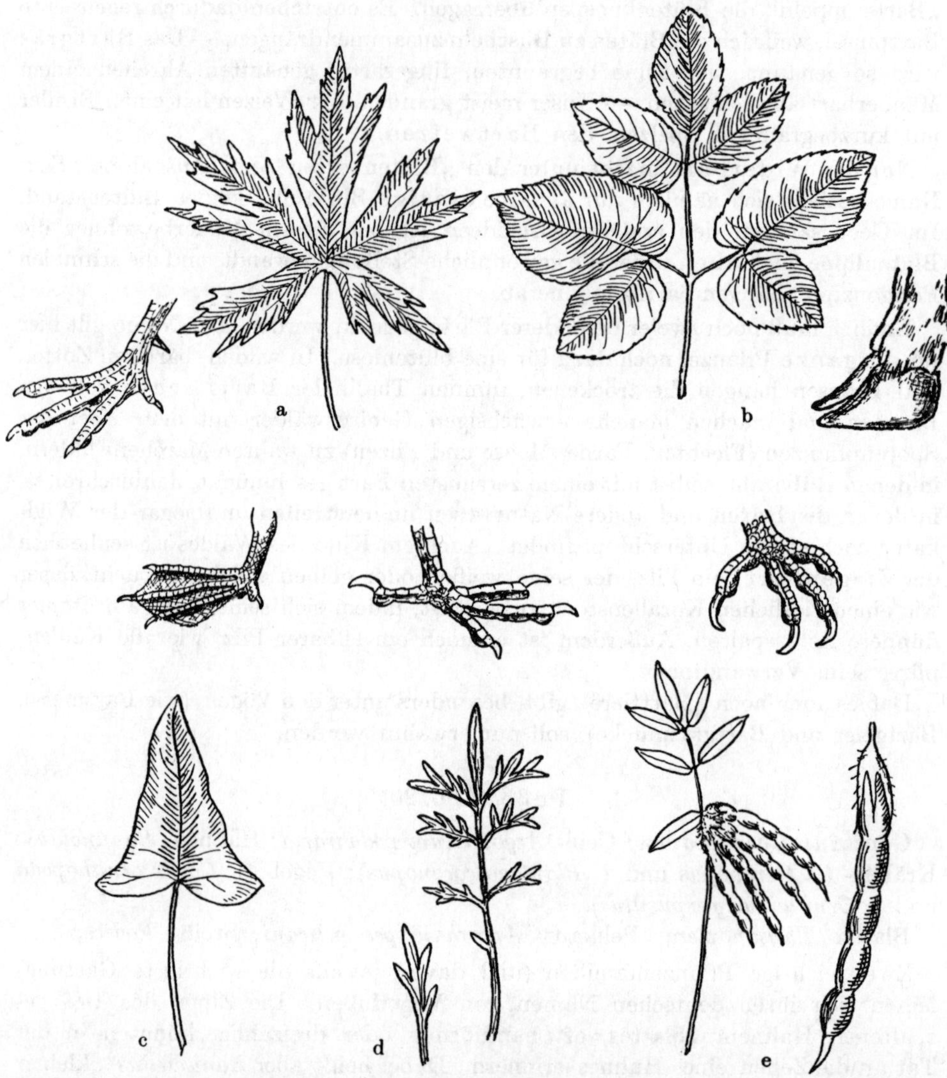

Abb. 20. Pflanzliche „Füße" und ihre Vorbilder. a Hahnenfuß *Ranunculus*; b Geißfuß *Aegopodium podagraria*; c Gänsefuß *Chenopodium*; d Krähenfuß *Coronopus*; e „Vogelfuß" *Ornithopus perpusillus*

Von den Namen der Leistenschnäbler kehrt die Gans bei den Pflanzennamen häufig wieder; die Ente benennt hingegen nur das Entengrün *(Lemna)* und der Schwan die Schwanenblume *(Butomus)*.

Andere „Füße" sind Artnamen. Noch ein Vogelfuß, der Krähenfuß, mag genannt sein. Wir treffen ihn sogar mehrfach unter den Pflanzennamen. Merkwürdig bleibt übrigens die Vorliebe für die Krähe, wo doch sonst der Rabe im Volksaberglauben zuhause ist! (Nebenbei: es gibt Krähenfüße noch an ganz anderem Platz, wenn wir uns an den Faltenkranz der äußeren Augenwinkel des Menschen erinnern.)

Auch ein Säugetier ist unter den Fuß-Vorbildern. Der Geißfuß heißt nach dem Fuß der Ziege. Die Geiß hat oft die Ehre, ihren Namen für Pflanzen herzugeben. Wir führen nur Geißbart, -blatt, -klee, -raute und -bohne an. Sie teilt ihre Beliebtheit mit der eben genannten Gans, mit der wir Gänseblume, -distel, -rauke, -kresse, -flieder und -fingerkraut bilden. Im Mittelalter hieß der Geißfuß „hint-louf", man verglich also mit den Sprungbeinen der Hinde. Die Vorliebe für die Paarzeher ist demnach bis heute geblieben.

Warum allerdings ausgerechnet ein Paarzeher dem Giersch zu einem zweiten Namen verhilft, ist aus der Blattanatomie nicht zwingend zu schließen. Denn die Blätter sind dreizählig, der Zuschnitt der Blättchen aber ist unsymmetrisch. Ob der Namengeber an die Afterzehen der Hornträger erinnern wollte? Was soll der Ziegenfuß? Bei dem Geißblatt *(Lonicera caprifolium)* wäre er besser einzusehen, denn die oberen Blattpaare sind hier paarweise am Grunde zusammengewachsen; die Blätter spreizen wie die zwei Zehen eines Paarhufers.

Besonders schön spiegeln die zu mehreren, büschelig gehäuften Hülsen der Klauenschote (auch Vogelfuß) den Bau eines Vogelfußzehes wieder. Die perlähnlich eingeschnürten Fruchtblätter ahmen nämlich sogar die schwielenartigen Verdickungen an den Zehen des Vogels nach. — Die Taubenskabiose *(Scabiosa columbaria)* erfährt gleich drei verschiedene Erklärungen: ihre Blüten sind taubenfarbig; ihre Samen werden von Tauben gefressen; ihre tief geteilten Blätter sollen an den Taubenfuß erinnern. — Der Beifuß *(Artemisia)* ist jedoch überhaupt kein „Fuß", sondern wird von einem althochdeutschen Namen (bipōz, beipōz) abgeleitet (der wohl auch mit dem Wort Amboß verwandt ist).

Auch im Tierreich gibt es auffallende „Füße". Die Schalenmündung einer schönen Nordseeschnecke, des Pelikanfußes, ist in einige „Zehen" ausgezogen. Warum gerade der Pelikan den Vorzug hat, hierzu Modell zu stehen? Die Namengeber für Schnecken und Muscheln haben eine Vorliebe für aparte, nicht alltägliche Namen. — Unser Taucher heißt auch Steißfuß, weil seine Beine so weit dem hinteren Körperende genähert sind. — Die Gruppe der Blasenfüße umfaßt endlich Insekten, die zwischen den Endklauen ihrer Beine ein ausstülpbares Bläschen als Haftorgan besitzen.

Pfoten und Tatzen

Bärenklau *Heracleum sphondylium;* Bärlapp *Lycopodium;* Bärentatze *Clavaria;* Hasensegge *Carex leporina;* Katzenpfötchen *Antennaria dioica;* Löwenfuß (Edelweiß) *Leontopodium alpinum;* Wolfstrapp *Lycopus europaeus.*

Die behaarten, krallentragenden Tatzen und Pfoten von Raub- und (seltener) Nagetieren bieten sich zu einem Vergleich vielfach an und haben manchem

Namengeber aus der Verlegenheit um einen deutschen und lateinischen Pflanzennamen geholfen.

Beim Bärlapp sollen die lappig wachsenden, mit schmalen Blättchen dicht besetzten Sproßenden einer Vordertatze des Bären ähneln. Der griechische Name *Lycopodium* dieser Sporenpflanze hingegen bedeutet „Wolfsfuß", weil die zottige „Behaarung" auch an die Füße eines Wolfes erinnern könnte. Der deutsche Wolfsfuß nämlich ist bereits an *Lycopus* vergeben: die grob gezähnten Blätter eines Lippenblütlers sollen der Wolfstatze ähnlich sehen. — Dafür gibt es Bärentatzen und -klauen noch in manchen weiteren Nachbildungen. Ein dem Ziegenbart nahestehender Speisepilz ist die „Bärentatze", und unser Bärenklau (nach den Blättern) heißt mit viel mehr Berechtigung auch „Bärentatze". Denn „Klauen" sollte man doch nur den Huftieren zugestehen!

Zarter als die groben Tatzen der eben genannten Raubtiere Bär und Wolf sind die sammetweichen Pfötchen der Katze. Blätter und Blüten des Katzenpfötchens sind weich filzig behaart. — Das bekannte Edelweiß *(Leontopodium)* müßte wörtlich übersetzt Löwenfüßchen heißen. Einige wollen in der wolliggfilzigen Behaarung der Pflanze das Säugetierfell erblicken, andere wollen gar im Blütenstand der Pflanze die Form eines Löwenfußes wiederfinden. In jedem Falle ist es kein furchterregendes, sondern ein liebliches Vergleichsobjekt.

Endlich mag die Hasensegge den Reigen schließen. Sollen etwa die Blütenstände an eine Hasenpfote erinnern? Zugegeben, daß ein Namenschöpfer bei den artenreichen Seggen tatsächlich geeignete Namen suchen muß. Denn er braucht bald ein volles Hundert. So gibt sich in dieser Gattung eine ganze Menagerie ein Stelldichein: zum Hasen treten noch Floh, Fuchs und Igel, alle sind in Grasnamen anzutreffen.

Schwänze

Dünnschwanz *Lepturus incurvatus;* Fuchs- *Amarantus caudatus; Alopecurus*-Arten; *Thamnium alopecurum;* „Hunde-" *Cynosurus cristatus*; Katzen-, Löwen-*Leonurus cardiaca;* Lämmer- *Eupatorium cannabinum;* Mäuse- (-chen) *Myosurus minimus;* „Pferde-" *Equisetum; Hippuris.*

Ein Schmuck der meisten Säugetiere ist der Schwanz. Er ist vielseitig ausgebildet, von dem buschigen Schweif des Pferdes über die Quaste des Löwen bis zum schnurähnlichen Schwanz der Maus. Auch in manchen Pflanzenteilen, meist Blütenständen, glaubt der Naturfreund einen tierischen Schwanz wiederzufinden.

Am bekanntesten ist der Fuchsschwanz. Er ist im Pflanzenreich mehrere Male vertreten. Die Blütenrispen des Amarantus und die aufrecht stehenden Ährchenwalzen eines Süßgrases geben ihren Pflanzen den Namen. Noch ein weiteres Gras trägt als Ähre einen „Schwanz"; es sind dünne, bogig gekrümmte Ährenspindeln, vielleicht pflanzliche Wühlmausschwänzchen, wie sie der „Dünnschwanz" trägt. Auch ein unscheinbares Ackerunkraut, das noch deutlicher den winzigen, nackten Nagerschwanz trägt, wäre zu nennen. Es heißt Mäuseschwänzchen. Zahlreiche Fruchtknoten stehen bei ihm auf langgestrecktem Blütenboden, der sich bei der Reife zudem noch weiter wie ein Faden verlängert und zum „Schwanz" auswächst.

Das Kunigundenkraut *(Eupatorium)* bildet umfangreiche, straußähnliche Blütenstände aus, die der Pflanze auch den Namen Lämmerschwanz eingetragen haben. Der Schafschwanz ist bekanntlich auffällig dick, da ihn ein dichter Wollpelz überzieht.

Andere Pflanzen verraten ihre „Schwanznatur" nur noch durch ihren lateinischen Gattungsnamen. So heißt das Kammgras übersetzt Hundeschwanz, das Herzgespann Löwenschwanz, der Schachtelhalm und Tannwedel waren ursprünglich „Pferdeschwänze"; ein häufigeres Laubmoos aus der Gattung *Thamnium* ist ein „Fuchsschwanz".

Es gibt freilich noch mehr Tiere, die den „Schwanz" im Namen tragen, als Pflanzen.

Zähne (Abb. 21)

Dreizahn *Sieglingia decumbens;* Hohl- *Galeopsis;* Hunds- *Erythronium dens canis;Cynodon dactylon;* Löwen- *Taraxacum officinale; Leontodon;* Pferde- *Zea mays* (Karyopse); Zwei- *Bidens.*

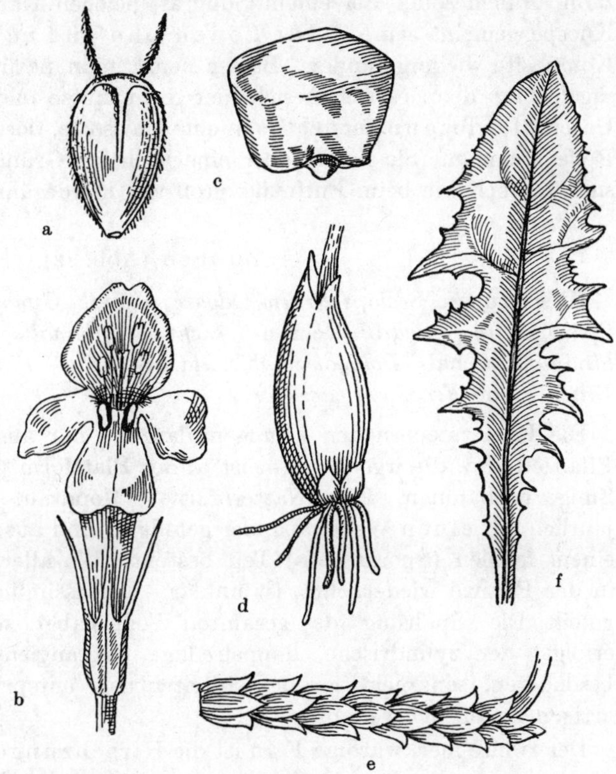

Abb. 21. Pflanzliche „Zähne". a Zweizahn (Frucht) *Bidens tripartita*; b Hohlzahn (einzelne Blüte) *Galeopsis*; c Pferdezahn (Frucht) *Zea mays*; d Hundszahn *Erythronium dens canis*; e Zahnwurz (Rhizom) *Dentaria bulbifera*; f Löwenzahn *Taraxacum officinale*; a und b stärker vergrößert

„Zähne" sind ein Attribut der Tiere. Bei den Tiernamen kennzeichnen sie nur Ausnahmen, etwa bei den Zahnkarpfen (Karpfenfische sind nämlich zahnlos) sind Zähne in den Kiefern vorhanden und bei den Zahnwalen auch (im Gegensatz zu den zahnlosen Bartenwalen). Unter den Pflanzen begegnet man indes häufiger dem angehängten „-zahn".

So werden z. B. mit dem Zweizahn die Früchte eines Körbchenblütlers beschrieben. Sie laufen nämlich in zwei Borsten aus, die noch dazu mit Widerhäkchen besetzt sind. — Ein Dreizahn gehört zu den Süßgräsern. Bei ihm enden die äußeren Blütenspelzen an der Spitze in drei Zähnen. — An der Lippenblüte des Hohlzahns hängt eine dreispaltige Unterlippe; an ihrem Grund aber trägt sie zwei hohle Zähnchen und einen gelblichen rotgefleckten Hof.

Wieder andere Pflanzen heißen nach den Zähnen bestimmter Säugetiere. Der Name Hundszahn kehrt z. B. mehrfach wieder. Einmal heißt so eine Lilie, die mit einer eiförmigen Zwiebel perenniert; ihre Nebenzwiebeln sollen einem Hundezahn ähnlich sein. Bei einem Süßgras gleichen Namens mag die zahnförmige Knospe gemeint sein. — Der Löwenzahn wird im Blattsaum dieser häufigen Komposite wiedergefunden. Besser nennt man natürlich den Blattrand schrotsägeförmig, denn es reihen sich hier recht spitze und ungleich lange Zähne. — Unter Pferdezahn versteht man eine Maissorte, deren Körner bei uns nicht zur Reife kommen. Sie liefert aber eine wichtige Grünfutterpflanze. Ihre Körner sind, ähnlich wie beim Puffmais, groß wie Pferdezähne.

Zungen (Abb. 22)

Hirschzunge *Scolopendrium vulgare;* Hunds- *Cynoglossum officinale;* Nattern- *Ophioglossum vulgare;* Ochsen- *Anchusa officinalis;* Riemen- *Himantoglossum hircinum;* Schaf- *Polygonum bistorta;* Spatzen- *Thymelaea passerina;* Vogel-, Früchte von *Fraxinus excelsior.*

Die Farne steuern den „Zungenpflanzen" nur ausgefallene Formen bei, den Pflanzen also, die irgendwo, meist in der Blattform, die Gestalt einer tierischen Zunge nachahmen. Die „Natternfarne", Mondraute wie Natternzunge, bilden jährlich nur einen Wedel aus, der geteilt ist und aus einem sterilen (Blatt-) und einem fertilen (Sporangien-) Teil besteht. Wo allerdings eine Schlangenzunge in der Pflanze wiederkehrt, ist unklar. Die assimilierende Blattfläche ist ungeteilt. Die „Spaltung" des gesamten Wedels aber ist zu sehr ungleichen Teilen erfolgt: der zylindrische, doppelreihige Sporangienstand überragt auf einem besonderen, senkrecht an der Spreitenbasis entspringenden Stiel den blattartigen Anteil bei weitem.

Der zweite merkwürdige Farn ist die Hirschzunge. Ihre Wedelform verstößt nämlich vollends gegen die durchgängige Bauart des Farnblatts, das sonst einfach oder mehrfach gefiedert oder geteilt ist. Der Wedel bleibt ungeteilt, und der Blattrand ist glatt. Er verstößt aber auch gegen die „Zungenpflanzen", denn es sind „Zungen" mit langen Stielen.

Die sitzenden, rauhen (vielleicht dadurch an die Papillen der echten Zunge erinnernd), langgestreckten und am Rand ungegliederten Blätter mancher „Rauhblättrigen" legen den Vergleich mit einer Zunge nahe. Die zwei bekanntesten, Hunds- und Ochsenzunge, müssen sich deshalb den Vergleich mit den zwei Säugetieren gefallen lassen, weil die Gestalt dieser Tierzungen im Volk allgemein bekannt ist. Es sieht täglich den hechelnden Hund, dem die Zunge aus dem Maule hängt, und beobachtet oft die „handähnlich" greifende Zunge des weidenden Rindviehs. — Zwei alte botanische Bezeichnungen waren für zwei weitere „Zungen" üblich. Die Eschenfrucht nannte man früher auch *lingua avis*, d. h. also „Vogelzunge", wenigstens in der Heilkunde; die *lingua passerina* aber, ein alter Pflanzenname, wurde einer Seidelbast-Verwandten zugeordnet. Sie heißt nach der Form der kleinen wechselständigen Blättchen Spatzenzunge.

Eine „Zunge" hat sich einen einmaligen Sitz gewählt: sie befindet sich nämlich nicht hinter, sondern auf einer Unterlippe und ist lang riemenförmig ausgebildet. Die Riemenzunge (auch wegen ihres durchdringenden Geruchs „Bocks-

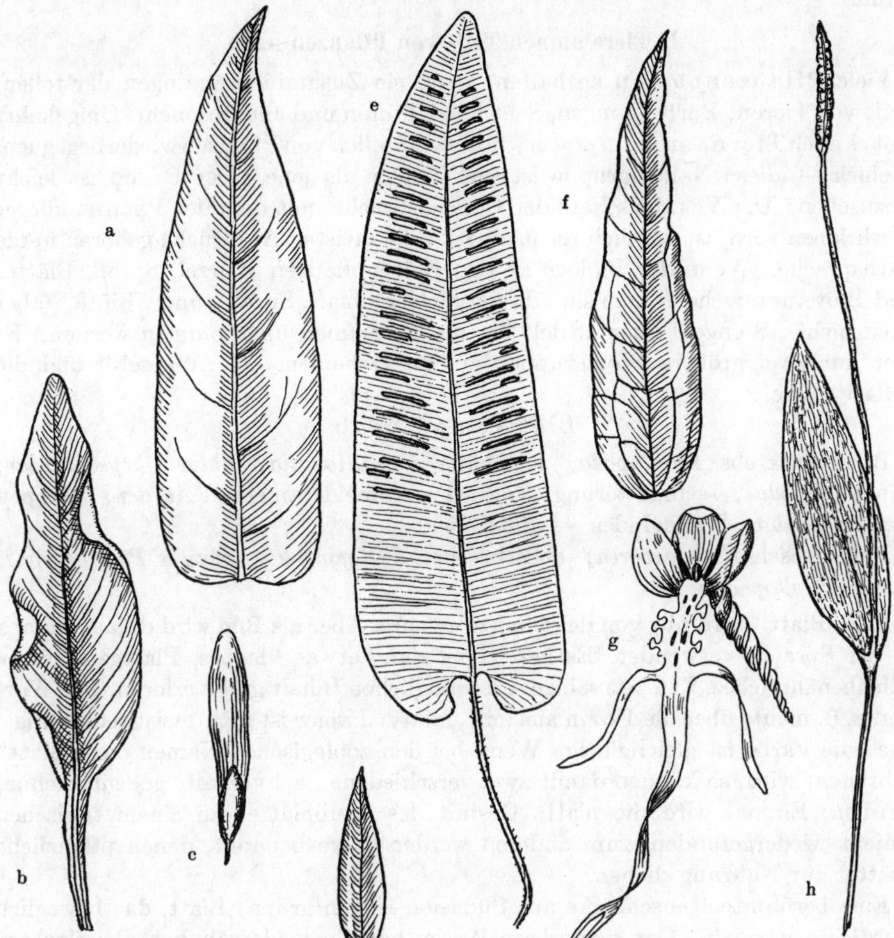

Abb. 22. Pflanzliche „Zungen". a Ochsenzunge *Anchusa officinalis*; b Schafzunge *Polygonum bistorta*; c Vogelzunge, Frucht von *Fraxinus excelsior*; d Spatzenzunge *Thymelaea passerina*; e Hirschzunge *Scolopendrium vulgare*; f Hundszunge *Cynoglossum officinale*; g Riemenzunge (einzelne Blüte) *Himantoglossum*, stärker vergr.; h Natter(n)zunge *Ophioglossum vulgare*

orchis" genannt) hat sich damit eine eigenwillige Ausformung der Orchideenlippe zugelegt: die Lippe trägt einen gewaltigen, gedrehten Mittelzipfel, der an einen gedrillten Hobelspan erinnert. Damit schlägt sie auch noch das „männchentragende Ohnhorn" *(Aceras anthropophora)* und den „Frauenschuh" *(Cypripedium)*, dessen Lippe bekanntlich holzschuhartig aufgeblasen ist.

Schließlich mag noch angefügt sein, daß auch manche Tiere in ihrem Körperzuschnitt zungenähnlich gebaut sind und danach heißen. Die Seezunge und Rotzunge, die bekannten platten Nordseenutzfische, seien als Beispiele angeführt.

d) Tiere ahmen Teile von Pflanzen nach

Viele Pflanzennamen enthalten, wenn sie Zusammensetzungen darstellen, Teile von Tieren: Bärte, Zungen, Schwänze, Pfoten und anderes mehr. Umgekehrt gibt es auch Tiernamen, in denen wir Bestandteilen von Pflanzen wiederbegegnen. Freilich — diese Namengruppe ist viel kleiner als jene. Der Grund ist leicht einzusehen. Der Vokabelschatz der Gemeinsprache, mit dem der Pflanzenkörper beschrieben wird, ist nämlich recht dürftig; die meisten Ausdrücke gehören in die Fachsprache. Wenn der Biologe an den Blütenpflanzen Wurzel, Sproß, Blätter und Blüte unterscheidet, so sind davon nicht einmal „Sproß“ und „Blüte“ (aber auch nicht „Stengel“ oder „Stiel“) in die Tiernamen übernommen worden. Es gibt nur zwei größere Wortgruppen zu unterscheiden, die „Wurzel-“ und die „Blatt“-tiere.

Blätter und Laub

Blattfußkrebs *Phyllopoda;* -hornkäfer *Lamellicornia;* -käfer *Chrysomelidae;* -läuse *Aphidae;* -schmetterling *Kallima;* -schneiderameisen *Attiden;* -wespen *Tenthredinidae;* Wandelndes — *Phyllium.*

Laubfrosch *Hyla arborea;* -heuschrecken *Tettigoniidae;* -sänger *Phylloscopus;* -käfer *Phyllopertha.*

Ein „Blatt“ wird nur von der Pflanze erzeugt. Aber als Bild wird es mannigfach in der Sprache verwendet. Es bezeichnet dann etwas Flaches, Plattgedrücktes, Scheibenähnliches. Viel von seinem ursprünglichen Inhalt ging verloren. Das Wort sagt z. B. nichts über die Form aus (ein „Blatt“ Papier ist z. B. meist rechteckig); auch die Farbe ist gleichgültig. Wenn bei den zoologischen Namen das „Blatt“ gebraucht wird, so können damit zwei verschiedene Sachverhalte gekennzeichnet werden. Einmal wird die platte Gestalt des Laubblattes an einem tierischen Objekt wiedergefunden, zum anderen werden Tiere benannt, denen pflanzliche Blätter zur Nahrung dienen.

Eine berühmte Heuschrecke aus Südasien ist ein grünes Blatt, das beweglich wurde: es wandelt. Das sonderbare Wesen hat einen blattähnlich abgeflachten Körper, blattförmige Kiele an den Beinen, ja sogar Flügeldecken von Blattgestalt, über die sich gefiederte „Blattadern“ hinziehen. Das Wandelnde Blatt findet sein Gegenstück in dem burmesischen Blattschmetterling, einem tropischen Schmetterling von prächtiger Zeichnung. Aber wenn sich das Tier niederläßt, schlägt es die beiden Flügel nach Falterart, d. h. nach oben zusammen und „verschwindet“ für den Nachsteller, selbst für das Auge eines geübten Zoologen. Flügelunterseite und -zuschnitt gleichen einem unscheinbaren, welken Blatt! Also gleich zwei „Blätter“ unter den Mimikry-Tieren!

Auch zwei Käferfamilien haben bei den „Blättern“ eine Anleihe gemacht. Jedoch nur eine Familie ahmt das Blatt nach. Den Blatthornkäfern sind Fühler eigen (unzutreffend „Hörner“ genannt), an denen sich eine Blätterkeule befindet. Der Fachmann unterscheidet eine fächerförmige Keule (wie bei unserem Maikäfer) und eine kammförmige (Beispiel Hirschkäfer). — Daneben aber heißt die Familie der Blattkäfer so, weil ihre Larven, aber auch die Imagines, Vorliebe für saftreiche Pflanzenteile haben. Viele Schädlinge (z. B. Kartoffelkäfer) gehören in diese Verwandtschaft. Sie leiten über zu vielen weiteren „Blatttieren" von ähnlicher Lebensweise.

Zu den Hautflüglern rechnen wir die Blattwespen, deren Larven, recht ähnlich den Schmetterlingsraupen, sich von Blättern ernähren. Zu den Schnabelkerfen werden die Blattläuse gestellt, die in Gestalt vieler Schädlinge auf unseren Kulturpflanzen leben (z. B. Reblaus, Blutlaus). Die schlimmsten Blatträuber sind wohl die Blattschneider im tropischen Amerika. Diese Ameisen verzehren nämlich die Blätter nicht an Ort und Stelle (wie manche andere Insekten), sondern zerschneiden sie, um sie in ihre Nester zu tragen. Als anspruchsvolle Kostgänger bereiten sie sich aus dem geplünderten Blattbrei nur den Nährboden für ihren Hutpilz, der erst die willkommene Nahrung darbietet.

Das Blatt hat auch einer ganzen Ordnung der Krebse den Namen verschafft. Die Blattfußkrebse oder „Blattfüßer" besitzen kiementragende Beine, die blattartig abgeflacht sind. — Nur ein Tier trägt ein „Blatt" im Namen, ohne zu den Gliederfüßlern zu gehören. Es ist das Blättermoostierchen, ein festgewachsener Meeresbewohner, den Hydroidpolypen ähnlich, bei dem sich keilförmige Lappen zu blatt- oder fächerartigen Gebilden häufen.

Statt des Wortes „Blatt" wird gelegentlich „Laub" benutzt. Auch dem „Laub" sind eine Anzahl Tiere zuzuordnen. Den Laubfrosch kann man auf den Blättern der Laubbäume und im Gebüsch antreffen. Dabei ahmt er noch vortrefflich die Farbe seiner Unterlage nach; er ist eben — laubgrün. Auch die Laubheuschrecke zeigt ähnliche Lebensverhältnisse und bewohnt gleiche Orte. Wenn eine Familie der Blatthornkäfer Laubkäfer heißt, dann natürlich deshalb, weil diese Kerbtiere (wie etwa der Gartenlaubkäfer) Blätter, Knospen und grüne Früchte zerfressen. — Endlich ist der Laubsänger ein Angehöriger der Grasmückenverwandtschaft; er ist zudem meist grünlich gefärbt und stellt auf Baum und Strauch kleinen Insekten nach.

Blumen und Blüten

Blumenfliegen *Anthomyiinae;* -käfer *Anthicidae;* -küsser *Trochilidae;* -tiere *Anthozoa;* -wanzen *Anthocoridae.* — Fruchtfliegen *Trypetidae;* Samenkäfer *Bruchidae.*

Wenn auch der auffällige Schmuck aller höheren Pflanzen die Blüte ist, so wird doch dieses Wort für Tiernamen überhaupt nicht benutzt, auch nicht für Tiere, die ausgesprochen Blütenbesucher sind. Die „Blume" dagegen, wie die Umgangssprache zu ansehnlichen Blüten gern sagt, tritt öfter im Namen auf. So gehören zu den Kerbtieren die Blumenfliegen, Blumenkäfer und Blumenwanzen, weil sie auf Blumen leben. — Andere Tiere ahmen auch Blumen nach, so daß sogar eine ganze Klasse, die zu den Nesseltieren zu rechnenden *Anthozoa,* Blumentiere heißt. Polypen, die einzeln leben oder einen Korallenstock bilden helfen, besitzen einen 6- oder 8-strahligen Körper, bunte Farben und einen Kranz von Armen um die Mundöffnung, so daß man mit Phantasie bekannte Blumen (Rosen, Anemonen, Nelken) wiederfinden kann.

Die Reihe der „Blumentiere" mag eine liebenswerte Verwandtschaft farbenprächtiger Vögelchen beschließen. Der Brasilianer nennt seine Kolibris beija-flores, zu deutsch Blumenküsser, viel schöner als das für uns nichtssagende karaibische Wort.

Same und Frucht entstehen aus der Blüte der Pflanze. Sie kehren im Tiernamen nur selten wieder. Wir kennen einen Samenkäfer, der in den Samen der Hülsenfrüchte lebt und unter Bohnen, Linsen und Erbsen großen Schaden stiftet. — Die Fruchtfliegen entwickeln sich dagegen, wie auch der Name richtig unterscheidet, nicht im Samen, sondern am weichen Fruchtfleisch der reifen Früchte. Eine Gattung *(Drosophila)* ist besonders geeignet für Vererbungsversuche und erlangte große Berühmtheit. Der „Same" wird noch ein zweites Mal verwendet. Er wird nämlich nicht nur im Fruchtknoten der Samenpflanzen erzeugt, sondern auch in den männlichen Keimdrüsen der Tiere (dann freilich wird das Wort nur im Singular gebraucht). Sicher lag dieser doppelten Sinngebung das Grundverbum „säen" zugrunde. So mag sich, nach der Entdeckung der beweglichen Spermien mit dem Mikroskop, auch das ungenaue Wort „Samentierchen" erklären.

Wurzeln

Wurzelbohrer, -spinner *Hepialidae;* -eule *Parastichtis monoglypha;* -füßler, Klasse der *Rhizopoda;* -krebs *Sacculina, Cirripedier;* -laus *Protrama radicis;* -qualle *Rhizostoma pulmo.*

Nur die Pflanzen haben Wurzeln. Es gibt keine Tiere, die „wurzeln". Die wenigen festsitzenden Formen, die wir kennen (Schwämme, Seelilien), haften am, aber nicht im Boden, wie es die Pflanzen tun. Trotzdem gibt es einige „Wurzeltiere".

Eine ganze Klasse der Einzeller heißt Wurzelfüßler. Diese Tiere strecken im Wasser Scheinfüße, d. h. veränderliche Protoplasmaausläufer, aus, wie eine Pflanze ihre Wurzeln im Erdreich. Was sind also Wurzeln? Es sind die unterirdischen sproßähnlichen Bildungen einer Pflanze, die sich verästeln und dicht nebeneinander stehen. — Wenn eine Qualle Wurzel- (aber auch Blumenkohl-) qualle heißt, so werden ihre acht Mundlappen beschrieben. Sie sind nämlich verwachsen und tragen dichte, gekräuselte Fältchen, ähnlich den Fasern in einem Wurzelballen.

Die treffendste Bezeichnung trägt aber sicher ein merkwürdiger Rankenfüßler. Man hat ihn Wurzelkrebs getauft. Das ist ein Schmarotzer, der auf einem anderen Krebs, etwa einer Strandkrabbe lebt. Er ist sehr eigenwillig gestaltet und durchzieht mit den Wurzelfäden seines hinteren Körperabschnitts den ganzen Wirt und ernährt sich auf diese Weise. Wenn er also „Wurzelkrebs" heißt, so ist damit sowohl Aussehen als auch Funktion angedeutet. Der Vergleich mit der Pflanze ist in der Tat recht gut.

Eine größere Zahl weiterer „Wurzeltiere" liefert schließlich das Reich der Insekten. Diese Tiere heißen jedoch nicht nach ihrem Bau, sondern nach ihrem Wohnort (oder dem ihrer Larven). Die Wurzelbohrer wohnen also in oder an Wurzeln.

3. Menschentechnik und -werkzeug

Die Namen von Pflanzen und Tieren stehen in enger Beziehung zum Leben des Menschen selbst. Der Mensch ist Vorbild. Der menschliche Beruf wird in Lebensweise und -gewohnheiten von Tieren wiedergefunden. Teile seiner Kleidung kehren bei Pflanzen und Tieren in ähnlicher Form wieder. Seine Werkzeuge und technischen Hilfsmittel sind in ähnlicher Gestalt, mitunter sogar in gleicher Funktion bei Pflanzen und Tieren anzutreffen.

a) Die menschliche Kleidung

Fußbedeckung: Frauenschuh *Cypripedium;* Pantoffelblume *Calceolaria;* Pantoffelschnecke *Crepidula fornicata;* Pantoffeltierchen *Paramaecium;* Schuhschnabel *Balaenicipitidae.*

Kopfbedeckung: Dreimasterblume *Tradescantia;* Eisenhut *Aconitum napellus;* Haubenlerche *Galerida cristata;* Haubenmeise *Parus cristatus;* Haubentaucher *Podiceps cristatus;* Helmkasuar *Casuarius casuarius;* Hutpilze *Basidiomyceten;* Klappmütze *Cystophora cristata;* Pfaffenhütlein *Evonymus europaeus;* Türkenbund *Lilium martagon.*

Körperbedeckung: Frauenmantel *Alchemilla;* Kaisermantel *Argynnis paphia;* Mantelmöwe *Larus marinus;* Mantelpavian *Papio hamadryas;* Manteltiere *Tunicata;* Trauermantel *Vanessa antiopa.*

Die menschliche Kleidung gab für viele Pflanzen und Tiere ein Namensvorbild. Den Hauptanteil beansprucht die Kopfbedeckung, die als „Hut, Haube, Mütze, Helm" wiederkehrt. Die Sporenträger der höheren Pilze, die Hutpilze, erheben ihre Schirme oder breitkrempigen Hüte aus dem Boden. Die blaue Blüte des Eisenhuts ähnelt dem Helm einer Ritterrüstung, wobei sogar ein aufklappbares, überdachendes Kelchblatt in dem Visier ein Gegenstück findet. Der Helmkasuar ist ein Laufvogel, der auf dem Scheitel tatsächlich einen kleinen Helm trägt, eine Knochenbildung, die von Horn überkleidet ist. Das Pfaffenhütchen dagegen ist ein Strauch mit eigenartig gestalteten Früchten; sie sind eine zwergenhafte Nachbildung der Baretts, wie sie zur Amtstracht der katholischen Geistlichen gehören. Die Blüte der Judenkirsche *(Physalis)* ahmt in der Form eine alte Kopfbedeckung der Judenfrauen nach. Die sechs Blütenblätter des Türkenbunds rollen sich nach dem Aufblühen zurück, so daß die Blüten an einen bunten Turban erinnern. Türkenbund heißt also „türkischer Bund". Ein Ampelgewächs trägt als einkeimblättrige Pflanze dreigliedrige Blütchen, denen es den Namen Dreimasterblume verdankt.

Unsere einheimischen Vögel haben einige Vertreter, die einen besonderen Federschmuck auf dem Scheitel tragen, ähnlich der Frau, die sich eine Haube auf das Haar setzt. Haubenlerche, -meise und -taucher wetteifern mit Kiebietz und Wiedehopf, bei denen andere Merkmale (Ruf bzw. Bewegung) wichtiger erschienen. Eine Mütze trägt endlich eine Robbe, die Klappmütze, auf dem Kopf. Es ist eine Hautblase, die von der Nase an über den Kopf reicht und willkürlich mit Luft gefüllt wird. Sie sieht dann aus wie eine auf den Vorderkopf gestülpte Mütze.

Werfen wir einen Blick auf die Bekleidung der Füße! Mannigfach werden Pantoffeln in der Natur wiedergefunden. Unter den Zimmerpflanzen erfreut sich die reichblühende Pantoffelblume großer Beliebtheit; sie trägt Blüten von der Gestalt kleiner Schuhe, da die Unterlippen blasig aufgetrieben sind. Die Pantoffelschnecke ist ein räuberischer Bewohner der Nordsee, der von der amerikanischen Atlantikküste stammt. Ihr Haus weicht von der Spiralform anderer Schneckenhäuser ab und besitzt ein geräumiges Seitenfach. Das Pantoffeltierchen, ein winziges, einzelliges Wimpertierchen, gibt wohl am schönsten die Pantoffelgestalt wieder. Es ähnelt dabei auch der Form eines Getreidekorns und besitzt eine Mulde für das Mundfeld. — Ein Stelzvogel Ostafrikas ist der Abu Markub von Bengt Berg, der Schuhschnabel mit einem gewaltigen schuhähnlichen Schnabel.

Viele Namen beziehen sich auf den Mantel, die äußerste schützende Umhüllung. Der Mantelpavian ist mit einer Mähne aus lockeren Haaren geschmückt. Die Mantelmöwe zeichnet (ähnlich wie die Heringsmöwe) ein dunkelgrauer bis schwarzer „Mantel“ (Flügelschwingen von oben gesehen) auf sonst weißem Federkleid aus. „Manteltiere“ sind endlich die ältesten Ahnen der Wirbeltiere: ihr Körper ist von einer sackartigen schützenden Hülle umschlossen. Buntgefärbte Tagfalter sind Trauermantel und Kaisermantel. — Die kleinen Blütenköpfchen des Franzosenkrauts *(Galinsoga)* hat man wohl auch schon Hemdenknöpfle getauft.

b) Der menschliche Beruf

Admiral *Pyrameis atalanta*, Tagfalter; Buchdrucker *Ips typographus*, Borkenkäfer; Bürstenbinder *Orgyia*, Trägspinner; Edelmann *Gnorimus nobilis*, Laubkäfer; Eremit *Osmoderma eremita*, Laubkäfer; Geburtshelfer *Alytes obstetricans* Froschlurch; Gerber *Prionus coriarius*, Bockkäfer; Goldschmied *Carabus*, Laufkäfer; Köhler *Gadus virens*, Knochenfisch; Müller(chen) *Sylvia curruca*, Singvogel; Pillendreher, Apotheker *Ateuchus sacer*, Blatthornkäfer; Totengräber *Necrophorus*, Aaskäfer; Waldgärtner *Hylesinus piniperda*, Borkenkäfer; Waldportier *Satyrus hermione*, Augenfalter; Weber *Lamia textor*, Bockkäfer; Weberknecht *Phalangiide*, Spinnentier.

Der Beruf des Menschen wird vor allem in vielen Kerbtiernamen angetroffen. Die Käfer haben dabei den Hauptanteil. Der Pillendreher, der Nahrungspillen aus Tierkot für sich und seine Brut dreht, trägt denselben Namen, mit dem man früher wohl auch im Scherz den Apotheker belegte; ein Totengräber bringt kleine tierische Leichname unter die Erdoberfläche; durch sein buntes Kleid hebt sich ein Edelmann unter gewöhnlichen Käfern heraus; ein einsiedlerischer Laubkäfer läßt sich mit einem Eremiten vergleichen. Der Buchdrucker ist ein sehr gefürchteter Borkenkäfer. Von einem senkrechten Muttergang unter der Baumrinde nagen die Käferlarven nach beiden Seiten parallele Seitengänge aus Bast und Holz heraus; man kann diese Fraßspuren mit den Buchstaben und den Zeilen eines Buches vergleichen. Ein anderer Käfer derselben Verwandtschaft, der Waldgärtner, lebt in den Kronen der Kiefern Er bringt die Endtriebe der Sprosse zum Absterben, so daß schließlich die zerstörte Krone ein Aussehen erhält, als habe ein Gärtner die Sproßenden mit der Schere abgeschnitten.

Die Schmetterlinge entsenden als Vertreter den Admiral, einen Tagfalter, der so auffällig gezeichnet ist wie die Uniform eines hohen Offiziers. Das hierzu gehörige Ordensband wird von anderen Schmetterlingen geliefert, (*Catocala* u. a.). Ein Trägspinner tut es den menschlichen Bürstenbindern gleich; freilich bildet er auf eine viel einfachere und dennoch unerreichte Art seine Bürstenerzeugnisse: die Raupen dieses Schmetterlings tragen auf Warzen Büschelchen von Haaren, Pinselchen oder Bürstchen; sie heißen danach „Bürstenraupen".

Wenn eine Afterspinne mit sehr langen Stelzbeinen ausgerechnet Weberknecht genannt wird (das Synonym „Kanker" ist nur das entlehnte lateinische *cancer* = Krebs!), so scheint kaum eine Parallele zu den Webergesellen zu bestehen. Oder sollten sich für dieses Handwerk, das früher oft Entbehrungen auferlegte, dürre, magere, langgliedrige Menschen besser eignen? Die Weber kehren gleich noch zweimal wieder, bei den „Webervögeln" Ostindiens, die sich kunstvolle Nester flechten, und bei den Bockkäfern, unter denen wir auch „Weber" kennen.

Der Name Köhler für einen Seefisch ist leicht erklärt, da das Tier schwärzlichgefärbt ist ähnlich dem rußbedeckten Köhler, der am Meiler arbeitet.

Ein Liebling der Vogelfreunde ist der Müller, auch mit dem ansprechenderen vertrauten Kosenamen „Müllerchen" genannt. Es ist eine Grasmücke, die eine Reihe von gleichhohen Tönen erzeugt; sie sollen an das Klappern einer Mühle erinnern.

Eine wegen ihrer Brutpflege merkwürdige Kröte ist der Geburtshelfer. Sie verhilft nämlich ihren Kaulquappen, also nur eigenen Familiengliedern, zu einer leichten Geburt. Sobald nämlich das Weibchen die Laichschnüre auf das Land abgesetzt hat, fesselt sich damit das Männchen („Feßler"), indem es sie sich um die Hinterbeine wickelt und sie so einige Wochen herumträgt. Aus den platzenden Eihüllen werden schließlich sofort die inzwischen weit entwickelten Kaulquappen frei.

c) Werkzeuge und Gebrauchsgegenstände

Viele Namen von Tieren und Pflanzen benennen Gegenstände, mit denen der Mensch täglich umgeht. Es ist eine bunte Folge von Handwerksgerät, technischen Hilfsmitteln, Musikinstrumenten, Eß- und Küchengeschirr und anderem mehr. Nur einige Beispiele können herausgegriffen werden, wobei wir der Eigenart und dem Wortinhalt von „Glocke", „Sichel" und „Kamm" genauer nachspüren wollen. Weitere Beispiele sollen nur kurz angeführt werden.

Glocken (Abb. 23)

Breitglocke *Platycodon grandiflorum;* Glockenblume *Campanula;* Glockenheide *Erica tetralix;* Glockentierchen *Vorticella nebulifera;* Krugglocke *Hedraeanthus pumilio;* Maiglöckchen *Convallaria maialis;* Moosglöckchen *Linnaea borealis;* Scheinglocke *Codonopsis lanceolata.*

Bei einigen Pflanzenfamilien verwachsen die Blütenblätter in der Weise miteinander, daß sie eine Glocke formen. Die bekanntesten unter ihnen sind die echten Glockenblumen. Längst hat der Gärtner andere glockentragende Verwandte aus weiter Ferne zu sich geholt, die Scheinglocke aus Mittelasien, die Krug- und Becherglocke aus Dalmatien und die Breitglocke aus Japan. — Ein Glöckchen, das zu den Geißblattgewächsen gehört, läutet zu Ehren des

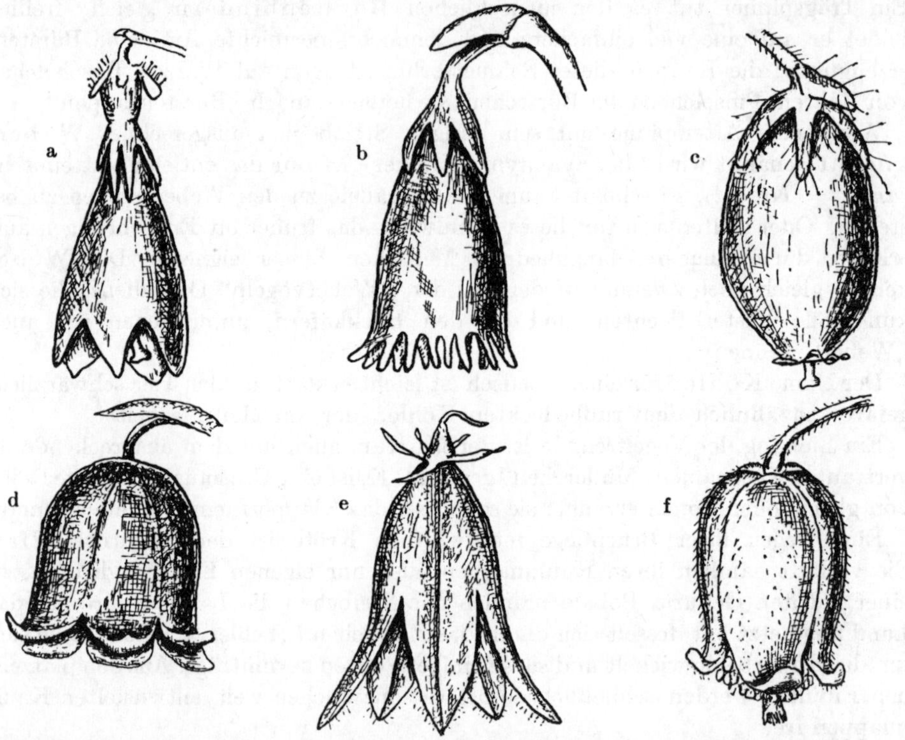

Abb. 23. Blütenglocken. a Moosglöckchen *Linnaea borealis*; b Alpenglöckchen *Soldanella*; c Glockenheide *Erica tetralix*; d Maiglöckchen *Convallaria maialis*; e Glockenblume *Campanula rapunculoides*; f Kuhschelle *Anemone pratensis*; a, b, c und d stärker vergr.

großen schwedischen Naturforschers Carl von Linné. Es steht unter Naturschutz und ist ein Eiszeitrelikt. — Eine duftende Blütentraube von hängenden, weißen Glöckchen schmückt unser Maiglöckchen, bei dem nicht 5, sondern 6 Blütenblätter verwuchsen. — Ein Schmuck der Moore ist endlich die Glockenheide, bei der sich zierliche fleischfarbene Glöckchen am Stengelende büschelig häufen. Dem Schellkraut dichtet man wohl zu Unrecht eine Glockenverwandtschaft an, denn es ist ein umgebildetes *Chelidonium* (schellen kann volksetymologisch auch mit „schielen" und „schälen" verknüpft werden); genauso umstritten ist es, eine Küchenschelle als „Kühchenschelle" zu deuten.

Dafür aber bauen gestielte Wimpertierchen die zartesten Glöckchen, die es gibt: Glockentierchen (*Vorticella*) nennen wir sie. — Die Glockenwespe (*Eumenes*) fertigt einzelne Schauzellen an von rundlicher, glockenähnlicher Gestalt.

Sicheln

Hornköpfchen, Krummhorn *Ceratocephalus falcatus;* Sichelhasenohr *Bupleurum falcatum;* -klee *Medicago falcata;* -möhre *Falcaria rivini;* -spinner *Drepanidae;* -wolfsmilch *Euphorbia falcata;* Sichler, Ibis *Threskiornithidae*; Sichling *Pelecus.*

Unter den menschlichen Gebrauchsgegenständen hat die Sichel eine besondere Bedeutung, denn sie ist — zugleich in der langgestielten Abart der Sense — ein wichtiges Werkzeug mit einer eindeutigen Gestalt: ein hornähnlich gekrümmtes Blech mit einer Schneide am inneren Bogen.

Entweder die Früchte oder die Blätter mancher Pflanzen weisen diese bezeichnende Krümmung auf. Der Sichelklee hat gerade oder gekrümmte Hülsen, die mitunter sogar einen dreiviertel Kreisbogen beschreiben. — Ein Hahnenfuß, das Krummhorn, trägt köpfchenähnlich gehäuft kleine Früchte, die in einen sichelartig gekrümmten Schnabel auslaufen. — Die Sichelmöhre besitzt scharfdornig gesägte Blätter, die ebenso nach der Art der Sichel gebogen sind; hierin eifert ihr ein Hasenohr nach.

Wenn man einen Schmetterling Sichelspinner getauft hat, so gibt dazu der konkave Außenrand der Vorderflügel den Anlaß. Er ist sichelartig geschwungen. Die Schnäbel des heiligen Ibis und des verwandten Sichlers sind sichelähnlich nach abwärts gebogen. — Der Sichling endlich ist ein Süßwasserfisch, der die Sichelkurve gleich doppelt aufweist: seine Bauchseite ist stark gekrümmt, und seine Seitenlinie ist sogar in mehrere Bögen gelegt.

Kämme (Abb. 24)

Hahnenkamm *Celosia cristata;* -gras *Cynosurus cristatus;* -kelch *Lophocolea;* -minze *Elsholzia patrini;* -quecke *Agropyrum cristatum;* -schillergras *Koeleria cristata;* Venus- *Scandix pecten Veneris.*

Kammfinger *Ctenodactylidae;* -kiemer *Ctenobranchier*; -Muschel *Pectinidae;* -stern *Astropecten irregularis;* -wanzen *Polyctenidae.*

Unter den Bildungen an Pflanzen, die die Gestalt eines Kammes nachahmen, steht der Hahnenkamm an erster Stelle. Bei dieser einjährigen Gartenblume entarten die verbänderten, blumenkohlähnlichen roten oder gelben Blütenstände. Der Namengeber schätzt auch sonst den Kopfschmuck des Haushuhns, den „Hahnenkamm". Freilich liegt hier dieser Vergleich besonders nahe, weil wir auf dem Kopf gewisser Hühnerrassen geradezu celosiaartige Wucherungen antreffen.

Wir geben mit dem deutschen „Kamm" zwei lateinische Wörter, „*pecten*" und „*crista*", wieder. Der Knochenkamm auf dem Brustbein *(crista sterni)* der flugfähigen Vögel ist, genau wie unser Schulterkamm *(spica scapulae)*, ein Kamm ohne Zinken. Der Gebirgskamm trägt wenigstens als Zinken die Säge des Grates, er erinnert metaphorisch an Fuß, Schulter und Haupt eines Berges. Wie uns der Artname *cristatus* zeigt, macht der Botaniker keinen Unterschied zwischen den zwei Kämmen. Der Römer tat es genauso wenig. Daher nannte der korrekte Botaniker einige andere „Hahnenkämme" *(Onobrychis, Erythrina)* mit dem Artnamen „*crista galli*". — Bei anderen Pflanzen„kämmen" erheben sich an einem Stielchen (z. B. Gräser) oder Blattsaum (z. B. Wachtelweizen) eine Anzahl parallelgestellter, gleichartiger „Zinken". Nur bei dem Venuskamm sind es Sträuße oder entfaltete Fächerchen von zinkenförmigen Früchten. Dabei sind diese Zufallsbildungen der Natur morphologisch sehr ungleichwertig. Beim Perianth eines Lebermooses (Kammkelch) ist es z. B. der mit Zähnchen besetzte

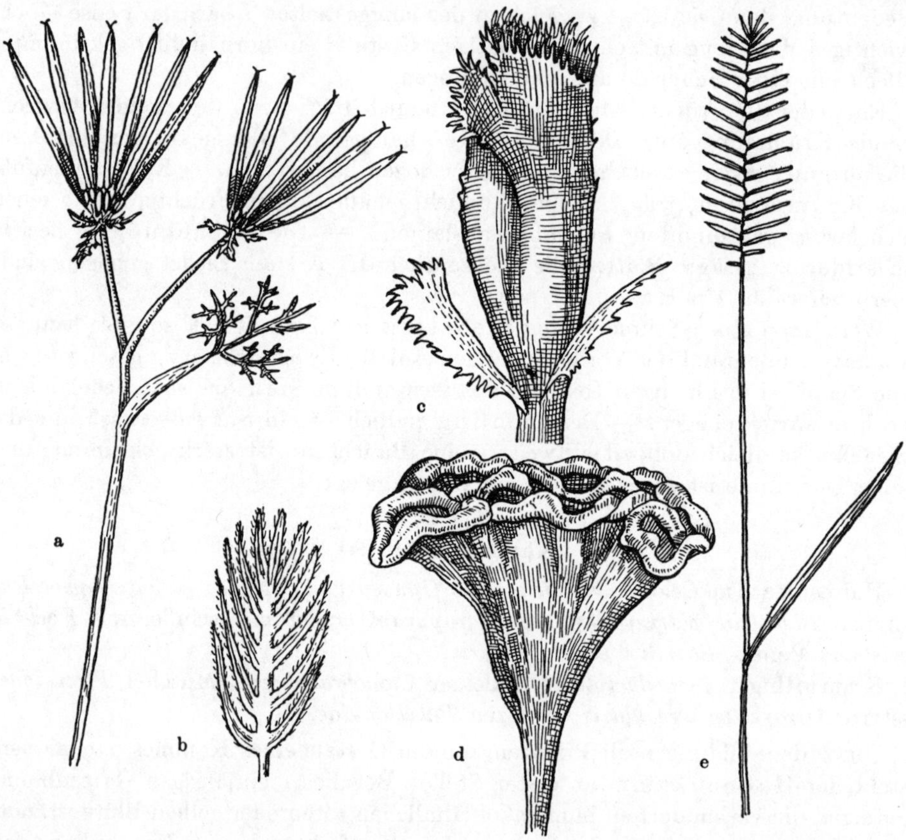

Abb. 24. Pflanzliche „Kämme". a Venuskamm *Scandix pecten veneris*; b Kammgras *Cynosurus cristatus*, unfruchtbares Ährchen; c Kammkelch *Lophocolea*, Lebermoosperianth; d Hahnenkamm *Celosia cristata*; e Kammquecke *Agropyrum cristatum*; b und c stärker vergr.

Saum. Beim Wachtelweizen tragen die Blütendeckblätter kammähnliche Zähnchen. Bei der Quecke ist es die ganze Ähre, die einen Doppelkamm formt; für das Kammgras bedeutet der Kamm nur ein einzelnes unfruchtbares Ährchen, das aus 5—10 leeren grannenlosen Spelzen gebildet wird.

Die „Kämme" der Tiere treten an recht verschiedenen Orten des Tierkörpers auf. Gewisse afrikanische Nagetiere haben eigenartige Hinterfüße; dort trifft man nämlich seltsame Borsten an, die in drei Reihen über den Zehen angeordnet sind. So entstehen die Kammfinger. — Die Kammuschel hat eine gewölbte

Schale, die tiefe, strahlig angeordnete Rippen trägt, ähnlich Kammzinken. Der Kammstern umsäumt seine fünf Arme mit stachligen Rändern, die dicht wie Kammzähne aufeinanderfolgen. Eine Vorderkiemenschnecke endlich besitzt als Kieme eine Art „Kamm" und könnte danach Kammkiemer heißen.

Färbende Pflanzen

Färberdistel, Saflor *Carthamus tinctorius;* -ginster *Genista tinctoria;* -hundskamille *Anthemis tinctoria;* -meier *Asperula tinctoria;* -röte *Rubia tinctorum;* -scharte *Serratula tinctoria*; -waid *Isatis tinctoria;* -wau *Reseda luteola.*

Früher spielten pflanzliche Farbstoffe eine große Rolle. Denn es gab nur noch mineralische (z. B. Zinnober, Umbra) oder tierische Farben (z. B. Cochenille, Purpur). Der Färberginster enthält gelbe Farbstoffe (Genistein, Luteolin), wie sie sich in ähnlicher Form auch im Färberwau vorfinden. Beide Pflanzen wurden früher zum Gelbfärben verwendet. Die rote Wurzel der Färberröte dagegen lieferte das Türkischrot. Der Färberwaid endlich wurde als Indigo liefernde Pflanze in Kultur genommen.

In der 2. Hälfte des 19. Jahrhunderts verdrängten die synthetischen Farben aus dem Steinkohlenteer, die billiger, reiner herzustellen und oft einfacher zu handhaben sind, die echten Farben aus dem Pflanzen- und Tierreich mehr und mehr. 1868 wurde erstmalig Alizarin, der Krappfarbstoff, und 1880 Indigo künstlich gewonnen. Aber die deutschen Pflanzennamen aus früheren Zeiten sind geblieben. Die alten Färberpflanzen tragen ihren Steckbrief bei sich in Gestalt des vorgesetzten „Färber-", auch wenn sie nicht mehr feldmäßig als Farblieferanten angebaut werden dürften.

Weitere Beispiele (Abb. 25)

Besenginster *Sarothamnus scoparius:* Sprosse und Äste der Pflanze sind hart, widerstandsfähig und rutenähnlich; sie erinnern an den Reisigbesen und werden auch dazu benutzt, vgl. auch Besenheide (*Calluna vulgaris*) und Besenrauke (*Sisymbrium sophia*).

Brillenschote *Biscutella levigata:* Je zwei kleine kreisrunde Schötchen stehen eng zusammen und erinnern an die Gläser einer Brille.

Brillenschlange *Naja naja:* Die Giftschlange trägt in der Nackengegend eine Zeichnung, die einer Brille oder Lorgnette ähnlich sieht. Die vorderen Rippen spreizen sich, dabei verbreitert sich dieser Körperabschnitt scheibenähnlich.

Drahtwurm, Larve von *Agriotes lineatus:* Die Larven des Saatschnellkäfers, also keine „Würmer", sind schlank, lang, „drahtähnlich". Als schlimme Schädlinge vernichten sie Wurzeln und Keimlinge.

Hammerhai *Zygaena malleus:* Der gefährliche Räuber des Meeres hat einen Kopf, der beiderseits hammerähnlich verbreitert ist.

Hellerkraut *Thlaspi arvense:* Ein Kreuzblütler mit fast kreisrunden, ringsherum breit geflügelten Schötchen, die an ein kleines Geldstück erinnern.

Kompaßqualle *Chrysaora hyoscella:* Eine Nordseequalle, die auf der Oberseite ihrer Glocke braune, radial verlaufende Striche nach allen Seiten der Windrose trägt.

Kompaßlattich *Lactuca scariola:* Die Pflanze stellt ihre Blätter in die NS-Richtung ein, wenn sie sich gegen zu starke Wasserabgabe schützen will. Sie gehört zur Gruppe der Kompaßpflanzen.

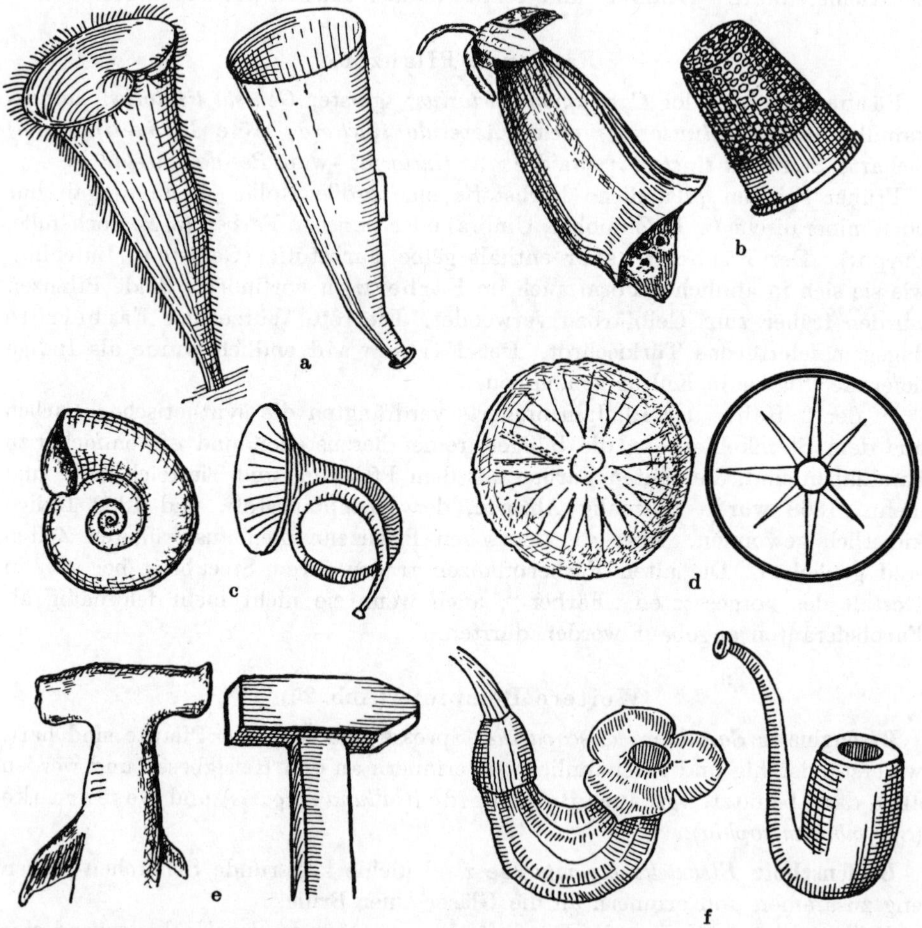

Abb. 25. Pflanzen- und Tiernamen nach technischen Vorbildern. a Megaphon und Trompetentierchen *Stentor roeseli*; b Fingerhut *Digitalis purpurea*; c Posthorn und Posthörnchen *Planorbis corneus*; d Kompaß und Kompaßqualle *Chrysaora hysoscella*; e Hammer und Hammerhai *Zygaena malleus*; f Pfeife und Blüte des Pfeifenstrauches *Aristolochia sipho*

Löffelkraut *Cochlearia danica:* Ein Kreuzblütler, bei dem die unteren Blätter löffelähnlich und langgestielt sind. Bei dem „Löffelreiher" (*Platalea*) ist der Schnabel löffelähnlich verbreitert. Der junge Damhirsch heißt „Löffler", ehe sich das Geweih zur „Schaufel" entwickelt.

Orgelkoralle *Tubipora:* Bei diesen Korallentieren sitzen die Polypen in kleinen Kalkröhren, die ähnlich wie Orgelpfeifen nebeneinander stehen.

Papierboot *Argonauta argo:* Ein Kopffüßler, bei dem das Weibchen eine große papierdünne, mützenähnliche Brutschale aus Kalk aufbaut und wie ein Boot auf dem Wasser treibt. Das Männchen ist dagegen sehr klein und schalenlos.

Pfeifenstrauch *Philadelphus coronarius:* Der zu den Steinbrechgewächsen gehörende Strauch hat schlanke Schößlinge, die sich zu Pfeifenröhren verwenden lassen. Beim „Tabakpfeifenstrauch" (*Aristolochia sipho*) sind die Blüten ähnlich wie Pfeifenköpfe gestaltet.

Pfeifengras *Molinia coerulea:* Das Gras ist ausgezeichnet durch einen im oberen Teil völlig knotenlosen Halm, der zum Pfeifenreinigen dienen kann.

Pfennigkraut *Lysimachia nummularia:* Das Primelgewächs, das auf dem Boden hinkriecht, hat runde Blätter. Es liegen „Pfennige" auf dem Boden.

Posthörnchen *Planorbis coeruleus:* Meist ist die Tellerschnecke gemeint, die mit ihrem Haus die Form des alten Posthorns nachahmt. Dagegen zeigen zwei Schmetterlinge, das kleine P. (*Colias hyale*) und das große P. (*C. edusa*), auch Postillon genannt, das Gelb der alten Postkutsche.

Schraubenalge *Spirogyra:* Diese Jochalge besitzt in ihren Zellen schraubenförmig gewundene Blattgrünbänder (Chloroplasten).

Schüsselflechte *Xanthoria parietina:* Auf dem gelben Thallus der pflanzlichen Flechte befinden sich viele orangegelbe, schüsselartige Gebilde: es sind die Sporenkörper des Flechtenpilzes.

Trompetentierchen *Stentor polymorphus:* Das einzellige Wimpertierchen hat die Gestalt einer Trompetenmündung (oder eines alten Lautsprechers).

4. Fabeln, Sagen und Legenden

Es ist nicht unsere Aufgabe, auf die Sagen und Legenden näher einzugehen, die sich um viele Pflanzen und Tiere ranken. Nur Beispiele sollen dafür gegeben werden, wie das Volk Geschichten erfindet, um die Namen zu erklären, mit denen es seine Tiere und Pflanzen versieht.

Für den Fachbiologen sind diese Erzählungen, die der Volkskundler mit Fleiß gesammelt und mit Gewinn verwertet, von geringerem Wert. Manche Sagen und Fabeln sind zwar wahre Kunstwerke, aber sie gehören weit mehr in das Gebiet der Dichtung als der Biologie. Sie schildern z. B. handelnde und empfindende Menschen in Tiergewand und mit Tiernamen versehen, sind aber oft tierpsychologisch falsch gesehen und richten ihr Augenmerk auf nebensächliche (oder gar nicht vorhandene) Tiereigenschaften. — Über die Pflanzensagen wäre Ähnliches zu sagen. Der Fachmann wird manche „Erklärungen" als unangebracht und überflüssig empfinden. Aber sie entbehren mitunter nicht eines poetischen Reizes. Außerdem sind sie Kinder des Volkes und zeugen oft von einer starken Naturverbundenheit. Aus manchen spricht der Humor und die Beobachtungsgabe, aus anderen der Einfallsreichtum und die Frömmigkeit des Beobachters.

Fabeln, Märchen und Legenden um Pflanzen und Tiere gehören zum Volksgut fast aller Völker.

a) **Pflanzen** (Abb. 26)

Ein Pflanzenname ist oft Gegenstand einer Sage. Sie entsteht auf folgende Art: An einer Pflanze wird ein besonders auffälliges Merkmal entdeckt. Man muß die Besonderheit erklären, man legt ihr einen Sinn unter. Man entdeckt z. B. bei dem Stiefmütterchen *(Viola tricolor)*, daß die fünf Blütenblätter recht ungleich gezeichnet sind; das große unpaare, gespornte und seine beiden benachbarten tragen auf der Fläche dunkle, strahlenartige Male, die zwei letzten sind einfarbig. Ebenso sind die fünf Kelchblätter den fünf Blütenblättern verschieden zugeordnet. Die Sage muß nun erklären:

Das unpaare, größte Blatt ist die Stiefmutter, ihr schließen sich die beiden standesgemäß gekleideten Töchter an; die letzten Blütenblätter, die Stieftöchter, sind einfarbig gekleidet. Die Mutter sitzt auf zwei Stühlen (besitzt zwei Kelchblätter), jede Tochter auf einem; die Stieftöchter besitzen nur einen gemeinsam.

Eine andere Sage rankt sich um eine andere Bezeichnung derselben Pflanze: Dreifaltigkeitsblume. In der Blüte entdeckt man eine Ähnlichkeit mit der alten Darstellung des Gottesauges in einem Triangel. Denn meist sind drei Farben an der Blüte anzutreffen, wobei das Gelb der Sonne selten fehlt. Drei, durch schwarze Strahlen (Wimpern des Auges?) geschmückte Blütenblätter umschließen den winzigen, dreieckigen Eingang ins Blüteninnere.

Ein weiteres berühmtes Beispiel ist die Blüte vom Eisenhut *(Aconitum napellus)*. Wenn nämlich sein helmartiges Kelchblatt beseitigt wird, kommt der Venuswagen, man sagt auch Pferd und Wagen, zum Vorschein. Die zu Nektarien umgewandelten Kronblätter tragen pferdekopfähnliche Anschwellungen. Die liegende Blüte mit den vier, wie zu einem Wagenkasten sich zusammenneigenden Kelchblättern, zwischen denen sich als Reisegäste die Staubgefäße drängen, ähnelt in der Tat einem Wagen, der von zwei Pferden (den sporntragenden Nektarblättern) gezogen wird.

Das bekannteste Beispiel für solche Ausdeutungen von Blütenteilen liefert wohl die Passionsblume *(Passiflora)*, die in ihrer Blüte die ganze Leidensgeschichte des Herrn wiedererzählt und alle Folterwerkzeuge aufweist. In ihrer Nebenkrone erblickt man die Dornenkrone (nach anderen den Glorienschein), die Staubbeutel erinnern an die Gestalt eines Hammers (manche sehen darin die Wundmale); das Gynandrophor wird als Kelch oder Stock mit Schwamm gedeutet, es endet in den drei kurzgestielten, nagelähnlichen Narben; die 10 Blütenblätter aber stellen 10 Apostel dar, denn Petrus und Judas fehlen. Auch die Laubblätter und Ranken werden oft in die Betrachtung eingeschlossen (Lanzen und Geißeln). Die Passifloren wurden von ihren Entdeckern, den Jesuiten in Paraguay, beschrieben, die auch den Namen für das Blütenwunder prägten.

Vielleicht verdient erwähnt zu werden, daß das Volk auch im Tierreich die Leidensgeschichte Christi wiederfindet. Der Kopf des Karpfens oder Hechtes, der sich aus einer größeren Zahl von Einzelknochen aufbaut, ist Gegenstand solcher Betrachtung. Nach der Meinung des Volkes darf man auch eine Eidechse nicht töten, weil ihr Skelett ebenfalls die Marterwerkzeuge darstellt. — Endlich erkennen manche sogar in der merkwürdigen Blüte des Aronstabes *(Arum maculatum)* ähnliche Parallelen zu den Marterwerkzeugen des Herrn.

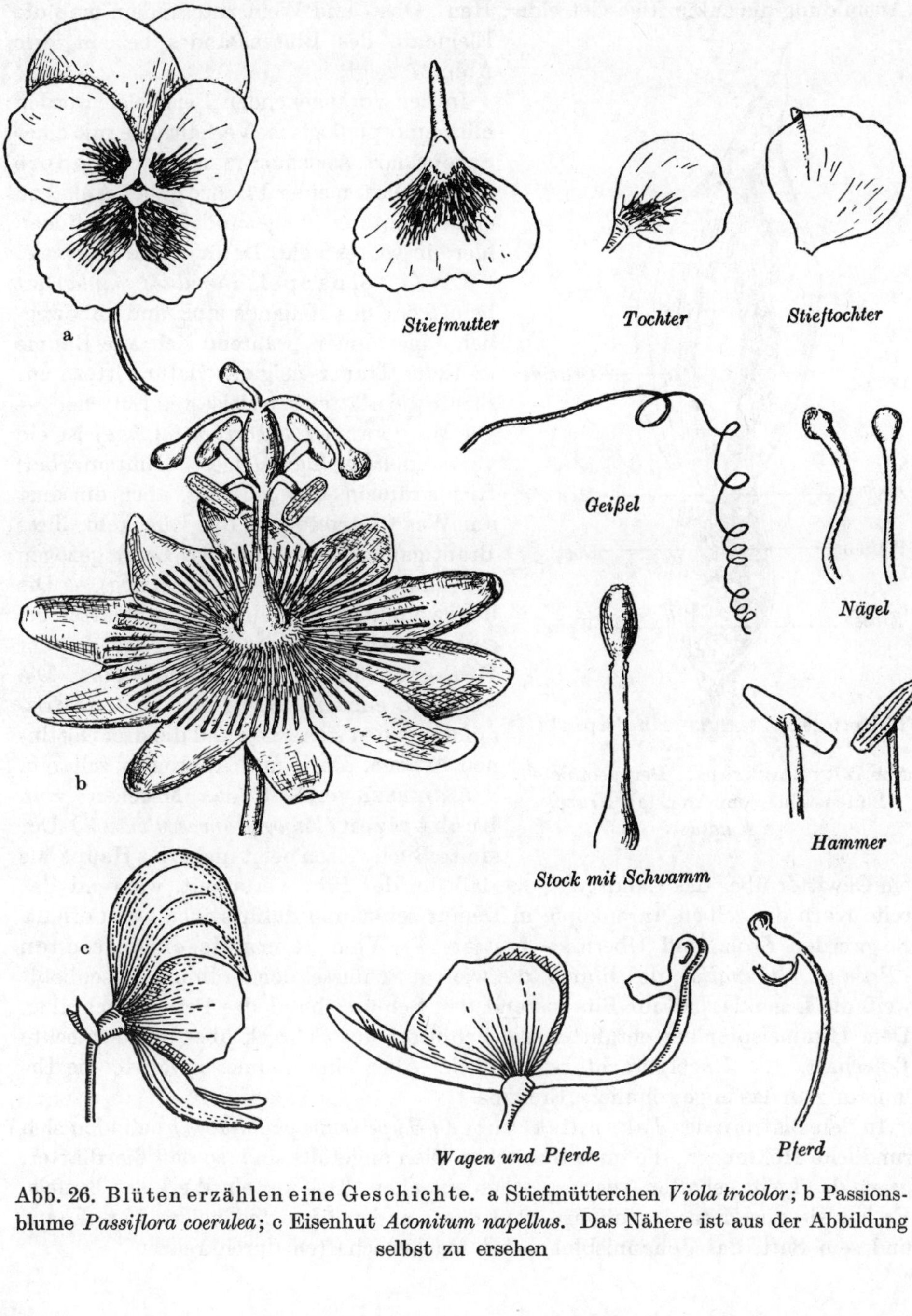

Abb. 26. Blüten erzählen eine Geschichte. a Stiefmütterchen *Viola tricolor*; b Passionsblume *Passiflora coerulea*; c Eisenhut *Aconitum napellus*. Das Nähere ist aus der Abbildung selbst zu ersehen

Manche Bauern nennen den Aronstab auch Zeigkraut (der Blütenkolben wird mit dem Zeigefinger verglichen), weil er ihnen prophetisch den Ausfall der Ernte anzeigt. Man öffnet hierzu eine „Blüte" der Pflanze und erkennt an ihrer Ausbildung die zukünftige Getreide-, Heu-, Obst- und Weinernte, indem man die Elemente des Blütenstandes bezieht, wie Abb. 27 zeigt.

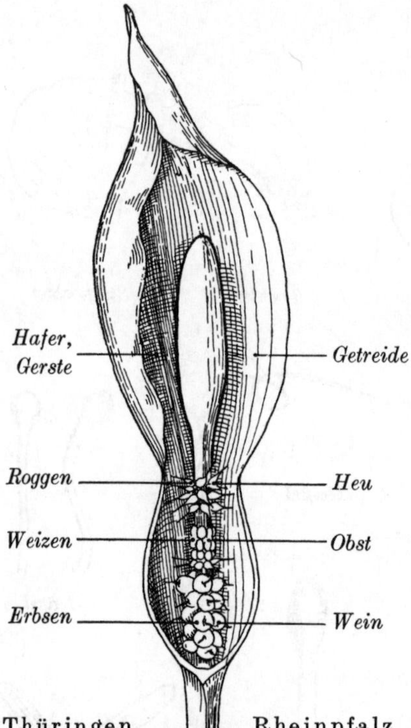

Abb. 27. Zeigkraut. Der geöffnete Blütenstand vom Aronstab *Arum maculatum*

In den vorangehenden Beispielen werden blütenmorphologische Verhältnisse mit einer Sage erklärt. Aber auch mannigfache andere Baueigenarten einer Pflanze gaben Anlaß zu einer Deutung. Sage und Legende finden hier ein weites Feld. Dafür einige Beispiele.

Die Zitterpappel *(Populus tremula)* hat beim Tode des Heilands stolz und unbeweglich dagestanden, während sich alle Bäume in tiefer Trauer neigten; dafür zittern zur Strafe die Blätter beim leisesten Lüftchen. — Die Wegwarte *(Cichorium intybus)* ist ein verwandeltes blauäugiges (Blütenfarbe!) Ritterfräulein, das geduldig, aber umsonst am Wege wartete auf die Rückkehr ihres Bräutigams, der ins Heilige Land gezogen war (andere Wendung: in den Krieg). — Die ungewöhnliche Vierzahl der Laubblätter bei einer einkeimblättrigen Pflanze liegt bei der Einbeere *(Paris quadrifolia)* vor. Die schwarze einzelne Beere gleicht dem Erisapfel, um den sich Paris und die drei Göttinnen Athene, Hera und Aphrodite scharen.

Andersen erzählt das Märchen vom Buchweizen *(Fagopyrum esculentum)*. Der stolze Buchweizen neigt nicht das Haupt, als ein Gewitter über das Land geht, so daß ihn der Blitz verbrennt, während das reife Korn die gelben Ährenköpfe in Demut senkt und dafür seinen Lohn erhält. So werden Stolz und Übermut bestraft. — Vom Himmelsschlüsselchen *(Primula officinalis)*, der Blume, die wie ein Schlüssel den Frühling aufschließt, weiß die Legende, daß ihr Blütenstand den Schlüsselbund des Petrus nachbilde. Dem Himmelspförtner entglitten die Schlüssel aus Schreck über eine schlechte Botschaft. Ein Engel brachte sie zurück. Aber eine Blume bewahrte die Erinnerung an das ungewöhnliche Ereignis.

In den Blättern des Johanniskrautes *(Hypericum perforatum)* befinden sich rundliche Höhlungen, die mit ätherischen Ölen angefüllt sind, so daß die Blätter, gegen das Licht gehalten, wie zerstochen aussehen Das war ein Werk des Teufels. Er hat sie aus Zorn durchbohrt, weil das wundertätige und heilkräftige Kraut und sein Saft, das Johannisblut, seine Machenschaften durchkreuzen.

b) Tiere

Tiere und ihre Namen spielen in Tiergeschichten und -fabeln eine Rolle. — In einem Eskimomärchen z. B. wird die Begegnung von Rabe und Murmeltier geschildert. Der Rabe will den Nager fressen. Das Murmeltier erbittet sich als letzte Gunst, den Raben tanzen zu sehen. Der Vogel tanzt und hört wohlgefällig die Lobessprüche des Murmeltiers. Als er voller Entzücken nach dem Wunsch des Säugers die Augen schließt und weiter tanzt, schlüpft das Murmeltier geschwind in den schützenden Bau und lacht den täppischen Tänzer aus. (Eitelkeit macht blind.)

In einer Fabel wollen sich die Mäuse vor der Katze dadurch schützen, daß sie ihr eine Schelle umhängen, so daß sie rechtzeitig gewarnt werden. Der Plan ist gut, allein keine Maus hängt der Katze die Schelle um. (Nicht das Wort, sondern die Tat entscheidet.)

Ein Fuchs lädt in der bekannten Fabel vom Fuchs und Storch den Vogel zur Abendmahlzeit ein und verspottet den hungrigen Gast, der die Suppe vom flachen Teller nicht aufnehmen kann Der Storch vergilt Gleiches mit Gleichem, indem er den Fuchs zu einer Mahlzeit bittet, bei der es feine Brühe aus einer Flasche zu trinken gibt. Der enttäuschte Fuchs schaut zu, wie es dem anderen schmeckt. (Wie du mir, so ich dir.)

So werden menschliche Schwächen gegeißelt und gute Ratschläge erteilt.

In einer anderen Art von Tiermärchen werden besondere Eigenschaften der Tiere erklärt. Sie ist für unsere Namengebung von größerer Bedeutung. Es wird erzählt, wie das Tier zu seinem Namen kam oder zu einem auffälligen Merkmal.

Als Beispiel sei die Sage vom Distelfink erwähnt. Sein buntes Gefieder mit gelben und roten Farbtupfen gilt es zu begründen. Der Schöpfer, der alle seine Tiere mit Farben ausgestattet hatte, vergaß den kleinen Stieglitz, der sich mit den Farbresten begnügen mußte und dennoch so schön wurde.

Die kreuzförmig übereinander greifenden Schnabelenden der Kreuzschnäbel sind einmalig unter den Vögeln. Die Vögel wollten dem Heiland am Kreuz helfen und bemühten sich erfolglos, mit den schwachen Schnäbeln die Nägel zu lösen. Zum Dank für ihre gute Absicht ist für sie der Tisch selbst im Winter gedeckt, wenn andere frieren und hungern. Denn sie finden die reifen Samen der Nadelhölzer in reichen Mengen unabhängig von der Jahreszeit. — Auch das Rotkehlchen hat es dem Kreuzschnabel gleichtun wollen. Dabei ist ihm ein Blutstropfen auf die Brust gefallen und hat sie rot gefärbt.

Eine andere Legende um die Person des Herrn verbindet sich mit der Erschaffung der Flunder. Die erfolglosen Fischer am See Genezareth warfen auf Jesu Geheiß ihre Netze aus und fingen vortreffliche Fische. Nur ein Fisch wich auf den Grund aus und entging so dem Netz, denn er machte sich ganz dünn. Seitdem müssen seine Nachkommen platt bleiben und sind Grundfische geworden, weil sie sich ob ihrer abweichenden Gestalt schämen.

Endlich gibt es auch Tiergeschichten, die weder nach Fabel- oder Märchenart Tiere vermenschlichen noch nach Art der Legende Tiereigenschaften erklären. Sie gehören zum Aberglauben des Volkes. Zum Beispiel sollen sich Kuckuck und Sperber ineinander verwandeln können. Das überrascht um so mehr, weil hier eine recht ungenaue Beobachtung zugrunde liegt (nur gewisse Ähnlichkeit in der Zeichnung der Gefieder). Dabei ist jedoch zu bedenken, daß der Kuckuck — bis zum 13. Jahrhundert „Gauch" genannt — von jeher die Volksphantasie beschäftigte. Seit dem 16. Jahrhundert wurde er sogar mit dem Teufel verknüpft. So erklärt sich auch seine Verwandlungsfähigkeit. — Zum Specht soll der Diptam („Springwurz") eine besondere Beziehung haben. Die Pflanze soll nämlich das verschlossene Nistloch des Baumbrüters geheimnisvoll öffnen, sobald sie in seine Nähe gebracht wird. Andere glauben, die Springwurzel unserer Märchen, die Felsen und Türen zauberhaft öffnet und verborgene Schätze erschließt, sei das Rhizom der Weißwurz *(Polygonatum officinale)*.

Die alten Tierfabeln haben unsere häufigen Säugetiere des Waldes mit besonderen Namen belegt. Der Bär heißt Petz, der Dachs Grimbart, der Hase Lampe, der Eichelhäher Markolf, der Storch Adebar, und der Wolf ist Isegrim. Der Fuchs wird Reinecke (auch „Reineke de Vos") genannt. Aber auch Namen wie Eichhorn, Zaunkönig, Aar, Vetter Langbein stammen aus dem Tiermärchen.

5. Götter und Menschen

a) Griechische Mythologie

In die biologischen Namen sind eine große Zahl der griechischen **Götter** und **Halbgötter** eingezogen. Sie haben sich viele lateinische Gattungs- und Familiennamen erobert, aber auch in manchen deutschen Bezeichnungen für Pflanzen und Tiere dauerhaft festgesetzt. So werden die gesamte griechisch-römische Götterlehre, Fabel- und Sagenwelt wieder lebendig, wenn Schmetterlinge, Vögel, Nutzkräuter und Gartenblumen mit ihren volltönenden Namen zu uns sprechen. Manche Namen sind Verlegenheitsetiketten, andere hingegen sind mit dem Objekt durch enge Beziehungen verknüpft.

Pflanzen: Adonisrose *Adonis;* Beifuß *Artemisia;* Bingelkraut *Mercurialis;* Einbeere *Paris quadrifolia;* Garbe *Achillea;* Hyazinthe *Hyacinthus;* Jupiternelke *Lychnis flos Jovis;* Nixkraut *Najas;* Pfingstrose *Paeonia;* Rittersporn *Delphinium ajacis;* Roggen *Secale cereale;* Schwertlilie *Iris;* Seidelbast *Daphne mezereum;* Silberwurz *Dryas octopetala;* Tollkirsche *Atropa belladonna;* Zeusblume *Dianthus.*

Tiere: Aktäonkäfer *Megasoma actaeon;* Apollofalter *Parnassius apollo;* Argusfasan *Argusianus;* Äskulapnatter *Elaphe longissima;* Neptunsbecher *Poterion neptuni;* Herkuleskäfer *Dynastes hercules;* Steinkauz *Athene noctua.*

Wollen wir uns zunächst unter den Göttern etwas umsehen.

Allen voran ist der Vater aller Götter, der Herrscher des Olymp, zu nennen, Zeus oder (als römischer Gott) Jupiter. Nelken haben die ehrenvolle Aufgabe, seinen Namen zu tragen. Eine Lichtnelke, die Jupiternelke, ist göttlich schön, und Bart-, Karthäuser- sowie Prachtnelke gehören zur Gattung des *Dianthus,* die wörtlich mit „Zeusblume" übersetzt werden müßte. Daß auch die Walnuß

Juglans der oft bewiesenen Manneskraft des obersten der Götter lobend gedenkt (*glans* = Eichel); mag erwähnt werden.

Merkur soll die Heilkräfte des Bingelkrautes entdeckt haben; es heißt nach ihm *Mercurialis*. — Der römische Gott des Meeres und der Seefahrt, Neptun, beschert uns den Neptunsbecher als Geschenk; es ist ein tierisches Wesen seines nassen Elements, das als ein Bewohner des Atlantik zu den Kieselschwämmen gehört. — Unsere Pfingstrose wird zu Ehren des Götterarztes auch oft Paionie genannt. Sie setzt dem Paion ein Denkmal, der mit guten Ratschlägen die Götter von Krankheiten befreite. Mit dieser Pflanze heilte er nämlich den Gott der Unterwelt Pluto, als ihn Herakles verwundet hatte. — Später wurde auch Apollo ein Gott der Heilkunst, der das Unglück abwehrt und Heilung bringt. Endlich ist auch der Sohn Apollos ein Gott der Heilkunst. Er heißt Äskulap (bzw. griechisch Asklepias). Die Äskulapnatter ist sein Symbol. Es ist die heilige Schlange, die den Stab umringelt. — Aber auch Apollo, der gütige Helfer, ist unsterblich, und der schönste Schmetterling unserer Fauna, der Apollofalter, trägt seinen Namen. Wir nennen ihn „*Parnassius*", d. h. er verrät den Wohnort seines göttlichen Namensvorbildes; dort liegt Delphi mit dem Apollotempel.

Unter den Göttinnen ragt Aphrodite (die römische Venus) hervor. Ihr Name wird, wie kein anderer, vielfältig verwendet (s. S. 86). — Die Lieblingstochter des Zeus, Athene, hat nur noch wenig Dämonisches an sich: die Eule — der Beiname der Göttin ist „eulenäugig" — ist ihr Attribut. In dem lateinischen Namen für unseren Steinkauz ist sie unsterblich geworden. — Die griechische Artemis, die Schutzgöttin der Jungfrauen, kehrt im lateinischen Namen des Beifuß wieder; die Göttin soll mit diesem Kraut erfolgreich Frauenkrankheiten behandelt haben. (Andere wollen in „Artemisia" den Namen einer Königin sehen, der Gattin des Mausolus von Karien.)

Wenn man die Schwertlilie nach der jungfräulichen geflügelten Göttin Iris nennt, die im Regenbogen wiederkehrt, so kann man jener Pflanzengattung mit den bunten, bald gelben, bald blauen, bald mehrfarbigen großen Blüten keinen treffenderen Namen geben. Auch den bunten Farbring unseres Auges benennt die gleiche farbenfrohe Göttin. — Weit über die Botanik hinaus wird der Begriff „Cerealien" verwendet. Wir pflegen damit Produkte zu bezeichnen, die aus dem Getreide gewonnen werden. Das Adjektiv ist von Ceres gebildet, dem Namen einer römischen Göttin, die das Wachstum der Pflanzen schützt (im Griechischen Demeter) und Hüterin des Getreideanbaues ist. Daher heißt unser Roggen lateinisch *Secale cereale*.

Die Nahrung der Götter waren Nektar und Ambrosia. Die aus den Bohnen des Kakaobaumes (lat. *Theobroma cacao*) gewonnene Schokolade bedeutet für viele eine wahre „Götterspeise"*. Aus Nektar, der göttlichen Gabe der Blüten an ihre Bestäuber, entsteht der köstliche Honig. Nektarinien sind nektarsaugende Singvögel, die in Körpergestalt und Ernährung an Kolibris erinnern. Eine wertvolle Abart des Pfirsichs ist die „Nektarine". — Der Pilzkuchen in den Termitennestern wird durch die „Ambrosiapilze" erzeugt, auch die Larven mancher

* „Götterspeise" ist die Übersetzung des lateinischen Gattungsnamens *Theobroma*.

Borkenkäfer brauchen dergleichen Pilznahrung. — Ein Korbblütler des Mittelmeergebietes heißt sogar „*Ambrosia*“ (Traubenkost), und das mexikanische Teekraut trägt den Artnamen „*ambrosioides*“: es sind zwei Göttergeschenke.

Weitere Namen steuern Nymphen, Musen und Moiren bei, wie noch einige Beispiele zeigen sollen.

Die liebenswerten Nymphen, die Töchter des Zeus, bewohnen als Najaden Flüsse und Quellen, als Dryaden die Bäume und als Orkaden die Berge. Sie leihen daher gern ihren Namen den Pflanzen und Tieren, die ihren Wohnort umgeben. Unter Dryas versteht der Fachmann eine zu den Rosengewächsen gehörende Alpenpflanze mit weißen, achtstrahligen Blütensternen, die Silberwurz, weil ihre Blätter eine entfernte Ähnlichkeit mit der Eiche haben (*δρῦς* = Eiche). Najas, zu deutsch Nixkraut, kann nur eine völlig untergetauchte Wasserpflanze sein. — Eine Nymphe der Artemis war Daphne. Um sie vor den Nachstellungen Apollos zu schützen, verwandelte sie ihr Vater in einen Lorbeerbaum, den die Griechen *δάφνη* (daphne) nannten. Heute heißt der Lorbeer *Laurus* und *Daphne* der Seidelbast! Apolls Liebe für die Blätter des Lorbeers ist jedoch geblieben: er schmückt damit sein Haar. Noch heute ziert der Lorbeerkranz die Jünger Apolls.

Unter den Tagfaltern ist der Kohlweißling sicher der bekannteste. Er gehört zu den Pieriden. Pieris aber ist eine Landschaft Makedoniens, die Heimat des Orpheus. Da hier der Dienst der Musen blühte, heißen sie gleich den Schmetterlingen Pieriden. — Es lassen sich jedoch kaum engere Beziehungen aufdecken, die die geschichtsschreibende Klio, die als Beispiel für die neun Musen dienen soll, mit Bohrschwämmen *(Cliona)* und Walaas (die Ruderschnecke *Clione*) verbinden.

Die Moiren (Parzen) sind mit Recht durch Atropos vertreten, die todbringende, die den Lebensfaden abschneidet. Denn der lateinische Name der Tollkirsche *(Atropa)* muß den Menschen warnen, daß er nicht durch den Genuß der Beeren Atropos die Entscheidung in die Hand gibt. Lachesis dagegen ist der Gattungsname für gefährliche Giftschlangen, die in ähnlicher Weise über das Leben entscheiden.

Natürlich sind auch **Sagen- und Märchengestalten** (wie sie Ovid und Virgil mannigfach schildern) unter den biologischen Namen reichlich vertreten. Wer Beispiele sucht, sei auch auf die Gattungsnamen der Schmetterlinge verwiesen, die eine unergründliche Fundgrube für den Freund jener Sagenwelt darstellen mit ihren *Atalante*, *Antiope*, *Satyros*, *Semele*, *Argynnis*, *Levana*, *Prorsa*, *Abraxas*, *Bupalos*, um einige zu nennen. Einige bekannte Beispiele sollen ausführlicher folgen:

Achilles (Garbe, lat. *Achillea*): der griechische Held vor Troja wurde von dem heilkundigen Chiron erzogen. Er entdeckte die Heilkraft der Pflanze, die heute nach ihm „Achillpflanze“ heißt.

Adonis (Adonisröschen *Adonis*): Adonis war ein Geliebter der Aphrodite. Er wurde auf der Jagd von einem Eber, den ihr Mann Ares schickte, getötet. Aus dem Blut des Toten entstand die Adonisrose.

Aktäon (Christophskraut *Actaea*): Aktäon überraschte Artemis im Bade, die ihn in einen Hirsch verwandelte. Er wurde dann von seinen eigenen Hunden zerrissen, denn der Genuß eines Krautes (eben der „*Actaea*" von LINNÉ) hatte sie rasend gemacht. — Der Aktäonkäfer ist ein Nashornkäfer mit gewaltigen, hirschgeweihähnlichen Auswüchsen auf dem Kopf.

Amaryllis (Amaryllis *Amaryllis belladonna*): Die Blüte ist von auffälliger Schönheit, ähnlich wie die sizilianische Hirtin gleichen Namens, die Virgil in seinen Hirtengedichten verherrlichte.

Andromeda (Gränke *Andromeda*): Die Tochter des äthiopischen Königs Kepheus und der Kassiopeia erlitt, da sie mit Junos Schönheit wetteiferte, ein trauriges Schicksal. Perseus befreite sie. Später wurde sie unter die Sterne versetzt; sie lebt auch in der Gränke, der Andromeda des Botanikers, weiter.

Argus (Argusfasan *Argusianus argus*): Die sehr langen Armschwingen des großen Pfauenhuhnes Sumatras sind mit 1000 Augen übersät. Sie werden verglichen mit den 100 Augen des Argus, der im Auftrage Heras eine Kuh, die verwandelte Nebenbuhlerin Jo, bewachen mußte. Trotz der vielen Augen wurde er durch das Flötenspiel Merkurs überlistet.

Kentaur (Flockenblume *Centaurea* und Tausendgüldenkraut *Erythraea centaurium*): Beides sind Kentaurblumen. Eine der Pflanzen soll die Wunde des Kentauren Chiron, des Pferdemenschen, geheilt haben; der anderen sollen besondere Heilkräfte innewohnen, die ein Kentaur entdeckte.

Harpyie (Harpyie *Harpia harpyia*): Die weiblichen Dämonen der griechischen Mythologie, die Flügel und Vogelkrallen tragen, sind Vorbilder für einen großen Raubvogel des südamerikanischen Tropenwaldes. Er besitzt gewaltige, scharfkrallige Fänge und einen mächtigen Schnabel.

Herkules/Herakles (Herkuleskeule *Clavaria pistillaris;* Herkuleskäfer *Dynastes hercules;* Herkulesstaude *Heracleum*): Der Heros der Griechen und Römer gilt als Sinnbild urwüchsiger physischer Kraft. Ein Pilz, ein Verwandter des Ziegenbartes, ahmt die Gestalt seiner furchtbaren Waffe, der Keule, nach. Das Männchen eines Nashornkäfers von gewaltiger Größe trägt an Kopf und Halsschild spießartige Auswüchse, ein wahrer Herkules unter den Käfern. Die Pflanzengattung Bärenklau heißt nach Herakles. Entweder ahmt die Pflanze mit ihrem stattlichen Wuchs den unwiderstehlichen Helden nach, oder Herkules hat ihre Heilkraft entdeckt. So lauten jedenfalls die zwei Deutungen.

Hyakinthos (Hyazinthe *Hyacinthus*): Apollo tötete seinen Liebling, den schönen spartanischen Jüngling Hyakinth, versehentlich mit der Wurfscheibe. Aus dem Blut des Getöteten erwuchs eine Blume, die fortan den Namen Hyazinthe trägt.

Medea (Zeitlose *Colchicum*): Der Zaubertrank, mit dem die Tochter des Königs Äetes den Äson verjüngte, enthielt allerlei Kräuter des Gebirges. Einige Tropfen fielen auf die Erde; ihr entsproß dadurch die giftige Zeitlose *(Colchicum)*, die die Griechen *ἐφήμερον* nannten, weil ihr Genuß angeblich an einem Tag zum Tode führt.

Narzissus (Narzisse *Narcissus*): Narcissus war ein schöner Jüngling aus Böotien. Da er die Liebe der Nymphe Echo verschmähte, wurde er von den

Göttern bestraft. Er verliebte sich in sein eigenes Spiegelbild, verging vor Sehnsucht und wurde in eine weiße Narzisse verwandelt.

Paris (Einbeere *Paris*): Nach dem Sohn des Priamus heißt die Einbeere. Der Erisapfel, d. h. die blauschwarze Beere, wird von 4 Blättern umstellt, die Hera, Athene, Aphrodite und dem Schiedsrichter um den Schönheitspreis, Paris, zuzuordnen sind. (Andere wollen den Namen der Pflanze von *par* = gleichartig herleiten.)

b) Venus und Aphrodite (Abb. 28)

Frauenspiegel *Legousia speculum veneris;* Venusfliegenfalle *Dionaea muscipula;* -haar *Adiantum capillum veneris;* -kamm *Scandix pecten veneris.*

Venusblumenkorb *Euplectella aspergillum;* -gürtel *Cestus veneris;* -muschel *Venus gallina;* Seeraupe *Aphrodite aculeata.*

Gar manche Lebewesen tragen den Namen einer Frau. Sehr verschiedene „Frauen" aber können dabei Pate stehen. Die Frau schlechthin (im Gegensatz zum Mann) tut es merkwürdigerweise in den seltensten Fällen. Viel häufiger sind die Vorbilder bestimmter Frauen, und mitunter gibt erst der lateinische Name darüber Auskunft, wer mit der „Frau" in der ersten Namenssilbe gemeint ist. Vor allem teilen sich zwei Frauen in die Ehre: die Mutter Gottes, mitunter an dem Artnamen „*marianus*" zu erkennen, und die Göttin der Schönheit Aphrodite. Auch manche andere berühmte Frauen kommen vor, aus der griechischen Mythologie und aus Herrscherhäusern aller Geschichtsepochen. Aber sie sind doch durchweg nur Namensunika. Möglich, daß sich auch mit der „Frau" gelegentlich die Vorstellung von der germanischen Göttin Freia verband, die durch die Natur ging. Wer will das heute noch aus den zum Teil uralten Namen feststellen? Die germanische „Frau" mußte bei der Christianisierung der neuen und größeren „Frau" weichen.

In den Tieren und Pflanzen, die sich von der Göttin der Anmut und Liebe den Namen liehen, kommen zwei Eigenschaften zum Ausdruck: die Eitelkeit der Göttin und ihre verführerische Schönheit.

Der größte Schmuck einer begehrenswerten Frau ist ihr Haar. Das Venushaar ist aber ein zierlicher Streifenfarn. Dem Haar entsprechen seine schwarzen, wie dicke Seidenfäden glänzenden kreisrunden Wedelstiele. Venus war also dunkelhaarig; freilich ein wenig hart war dieses „Haar", das noch das Roßhaar hinter sich läßt. Solche „Haarpflanzen" gab es indessen noch mehr. Die Blattstiele mancher anderer Farne (etwa *Asplenum trichomanes* und *A. ruta muraria*) sind auch schwarz und haben zu ähnlichen Namen geführt.

Auch mit dem Venuskamm hat es seine besondere Bewandtnis. Er besteht nämlich aus den büschelig angeordneten, zinkenförmigen, langgeschnäbelten Früchten eines Doldengewächses. Der Spiegel aber, dessen sich Venus beim Kämmen bedient, ist noch zierlicher. Er gehört in die wunderschöne Blüte einer Verwandten der Glockenblume und besteht aus einem fünfeckigen weißen Sternchen, das von fünf tiefvioletten Blütenblättern eingerahmt wird.

Nichts zeigt die gefährliche Schönheit besser als die raffinierte Fliegenfalle, eine fleischfressende Pflanze, die auf den Torfmooren Karolinas und Kaliforniens lebt und mit unserem Sonnentau verwandt ist. Auf jeder Hälfte der zweiteiligen Blätter erheben sich drei reizempfindliche Borsten. Werden diese von einem Tier berührt, schlagen augenblicklich die Spreitenhälften um die Mittelrippe wie

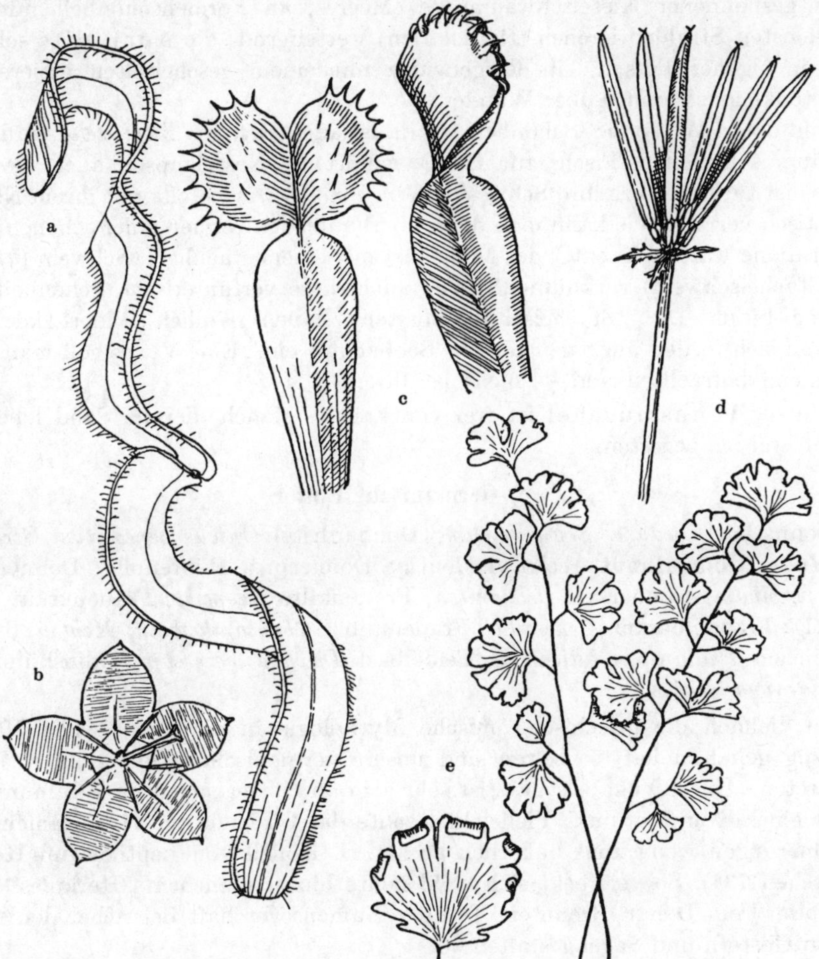

Abb. 28. Venus in Pflanzen- und Tiernamen. a Venusgürtel *Cestus veneris*; b Venusspiegel *Legousia speculum*; c Venusfliegenfalle *Dionaea muscipula*; d Venuskamm *Scandix pecten veneris*; e Venushaar *Adiantum capillum veneris*

um ein Scharniergelenk zusammen, und die randständigen Borstenreihen verschränken sich wie die Finger gefalteter Hände. Das erbeutete Tierchen aber wird in der „Handhöhlung" in Ruhe verdaut.

Auch unter den Tieren — nur Tiere des Wassers sind es, meist solche tropischer Meere — sind mancherlei von aphroditischer Schönheit: der Venusgürtel, ein gallertig-durchsichtiges Band einer Rippenqualle von den Ausmaßen eines Gürtels, dessen ruckartig bewegte Längssäume Wellen von prächtigen Farben überziehen; die Venusmuscheln, deren bunte und mit Auswüchsen geschmückte Schalen jeden Conchyliologen begeistern; der Venusblumenkorb, ein wie aus feinstem Glas gesponnener Kieselschwamm des Meeres, an Formenschönheit mit den zierlichsten Strahlentierchen (Radiolarien) wetteifernd; die Aphrodite schließlich in eigener Person, ein Ringelwurm mit einem gescheitelten irisierenden Borstenkleid. Wunder über Wunder!

Und doch! Wo so viel Schönheit ist, da ist auch Gefahr. *Euplectella* wird zum Gefängnis für einen Fisch; zur Qualle gehört die Nesselkapsel; auch die Seeraupe ist tückisch, wie ihre Schwester *Hermione hystrix* bereits mit ihrem Namen drastisch verrät. Wie kann man denn überhaupt den Namen einer schönen Frau (Hermione war die Tochter des Menelaus) mit einem stachligen Schwein (*hystrix* = Stachelschwein) verknüpfen! Weil auch diese verführerische Schönheit Gefahren birgt. Die „Stachelschweinborsten" haben nämlich Widerhaken und bohren sich in den allzu neugierigen Beobachter ein. Eine Venus soll man eben staunend betrachten und — nicht berühren.

Nur die Venusmuschel ist frei von Falsch. Manche der im Sand lebenden Arten werden gegessen.

c) Germanische Götter

Donnerbart *Sedum, Sempervivum;* Donnerdistel *Cnicus benedictus, Cirsium, Carduus;* Donnerkraut, recht vieldeutig; Donnerpilz, Röhrenpilz; Donnerwurz *Sempervivum;* Donnerkeil *Belemniten;* Frauenkilte *Hesperis;* Frauenkraut, vieldeutig; Frauenmantel *Alchemilla;* Frauenminze *Chrysanthemum, Mentha;* Thorshühnchen *Phalaropus fulicarius;* Seidelbast *Daphne mezereum;* Odinshühnchen *Phalaropus lobatus.*

So vielfach die griechisch-römische Mythologie in die biologischen Namen Einzug gehalten hat, so selten sind unsere germanischen Götter unter ihnen vertreten. Unser Vokabelschatz ist sehr arm an Götternamen im Bestimmungswort eines Kompositums. Vielleicht löschte das Christentum viele Namen und Erinnerungen wenigstens äußerlich aus (z. B. Konzil von Leptinae im Hennegauschen 734). So versteckt sich wohl heute hinter manchem „Herkules" oder „Jupiter" ein Donar. Denn ein Teil der Namenserbschaft fiel sicher den römischen Göttern und Sagengestalten zu.

Die wenigen botanischen oder zoologischen Namen dieser Richtung sind daher entweder Neubildungen oder mannigfach volksetymologisch veränderte „Götternamen" von zweifelhaftem historischem Wert.

Unter den Wassertretern, gewissen Schnepfenvögeln, gibt es ein Thorshühnchen und ein Odinshühnchen, und der Kolkrabe heißt auch Wotansvogel. Der eben genannte Donar aber ist nachgerade als Namenslieferant beliebt. Aber wer weiß, ob er tatsächlich in den vielen „Donner"bildungen wiederkehrt? Nur vom „Donnerkeil", dem versteinerten Rest ausgestorbener Tintenfische dürfen wir solche Zusammenhänge mit Recht annehmen. Denn Aberglauben, Volkssagen und Göttergeschichten verbinden sich seit jeher mit diesen merkwürdigen Bildungen der Natur. Aber wer kann die Berechtigung und Herkunft der Sammelnamen prüfen, die Donnerbärte, Donnerdisteln, Donnerkräuter und Donnerpilze? So könnte man statt „Jupiternelke“ *(Lychnis flos Jovis)* auch „Donnernelke“ sagen, wenn man schon „*Jovis barba*“ (*Sempervivum tectorum* von heute) mit „Donnerbart“ übersetzte, usf. Man sucht auch eine Verknüpfung vom Bingelkraut *(Mercurialis)* zu einem deutschen „Wotans“- oder „Godeskraut“, da der germanische Merkur eben Wotan ist; aber solche Namensparallelen sind immer unsicher.

Genauso unmöglich ist es endlich, die Frauen erkennen zu wollen, die in den mannigfachen „Frauen“namen gemeint werden. Freia, Venus, Maria heißen sie nebeneinander in „Frauenherz“, „Frauenträne“, „Frauenkilte“, „Frauenkraut“, „Frauenmantel“, „Frauenminze“ und „Frauenschuh“. Denn auch LINNÉ hat seine Namen diesen Frauen mitunter willkürlich zugeteilt; er gab z. B. Marias Schuhe in die Hände der Venus (s. S. 103). Wir kommen also über Vermutungen häufig nicht hinaus, wie das Beispiel des oft umgedeuteten Seidelbasts zeigen mag. Sein alter Name Zeiland geht über mhd. zīlant zum ahd. zīlinta zurück. Stellt man es aber zu ahd. linta (= Bast), dann wäre auch eine Verbindung zum ahd. Ziu möglich. Seidelbast ist dann „Zius Bart“ oder „Götterbart“.

d) Menschennamen

Viele Gattungsnamen von Pflanzen und Tieren sind Appellativa geworden. Dahlie, Fuchsie und Magnolie, nach den Naturforschern DAHL, FUCHS und MAGNOL genannt, sind einige Beispiele dieser Art. Ungleich mehr Menschennamen fristen jedoch ihr Dasein nur in den Fachbüchern der Botaniker und Zoologen und bereichern auf ihre Art den Vokabelschatz der Fachsprache. Wir stoßen dabei auf Namen berühmter Menschen aller Zeiten und vieler Berufe. Durchaus nicht nur Biologen, sondern auch Ärzte, Künstler, Philosophen, Missionare, Dichter, Maler, Gärtner, selbst Diplomaten haben sich in das Ehrenbuch mit ihrem Namen eingeschrieben.

Es wäre eine reizvolle Aufgabe, den Beziehungen nachzugehen, die zwischen den Lebewesen und Namen bestehen. Man wird oft finden, daß Forscher Verdienste erwarben um die Pflanzen und Tiere, die nach ihnen benannt wurden. In anderen Fällen spricht ein Forscher mit dem Namen einem Gönner den Dank für wohlwollende Unterstützung aus; in wieder anderen beschenken sich Fachleute gegenseitig.

Aus der Unzahl der menschlichen Namen wollen wir eine Anzahl auswählen. Wir entnehmen sie der Liste der botanischen Gattungsnamen.

Personen aus der Geschichte

Aztekium (Kaktusgewächs): Azteken Mexikos.
Bismarckia (Palme): Fürst Otto von Bismarck.
Bonapartea (Liliengewächs): Napoleon Bonaparte, Kaiser von Frankreich.
Carlina (Eberwurz): Karl der Große oder Karl V.
Carludovica (Panamahutpalme): Karl IV. und Louisa von Spanien.
Carolinea (Wollbaumgewächse): Markgräfin Sophie Caroline von Baden.
Eugenia (Kirschmyrte): Prinz Eugen von Savoyen.

Ferdinanda (Korbblütler): Ferdinand VII., König von Spanien.
Franciscea (Nachtschattengewächs): Franz II. Kaiser von Österreich.
Gentiana (Enzian): Genthios, König von Illyrien (nach Plinius).
Gustavia (Lecythidaceen): Gustav III., König von Schweden.
Lapageria (Liliengewächs): Kaiserin Josephine, geb. Tascher de la Pagerie.
Leopoldinia (Parapiassabapalme): Leopold, König von Belgien.
Lodoicea (Seychellennuß): Ludwig XV.
Lysimachia (Gelbweiderich): Lysimachos, altgriechischer König.
Mauritia (Palme): Prinz Moritz von Nassau.
Musa (Banane): Antonius Musa, Leibarzt von Kaiser Augustus.
Nicotiana (Tabak): Jean Nicot, französischer Diplomat, führte Tabak ein.
Paulownia (Blauglockenbaum): Anna Paulowna, russische Prinzessin.
Philadelphus (Pfeifenstrauch): Ptolomaeus Philadelphus, ägyptischer König.
Polemonium (Himmelsleiter): Polemon, König von Pontus.
Romulea (Schwertliliengewächs): Romulus, Mitbegründer Roms.
Victoria (Seerosen): Königin Victoria von England.

Naturforscher und Gelehrte

Aldrovandia (Wasserfalle): Ulysses Aldrovandi, 1522—1605, Professor der Botanik, Bologna.
Aristotelia (Elaiocarpaceen): Aristoteles, 384—322, griechischer Philosoph.
Avicennia (Mangrovebaum): Avicenna, 980—1036, persischer Arzt.
Bartschia (Bartschie): Joh. Bartsch, 1709 bis 1738, Arzt und Botaniker aus Königsberg.
Begonia (Schiefblatt): Mich. Begon, 1638 bis 1710, Gouverneur von San Domingo.
Brahea (Soyalepalme): Tycho Brahe, 1546 bis 1601, dänischer Astronom.
Caesalpinia (Brasilienholz): Andrea Caesalpino, 1519—1603, Professor der Botanik, Pisa.
Cavendishia (Heidekrautgewächs): Henry Cavendish, 1731—1810, englischer Chemiker.
Chamissonia (Nachtkerzengewächs): Adalbert von Chamisso, 1781—1838, deutscher Dichter und Botaniker.
Clusia (Hartheugewächs): Charles de l'Ecluse, 1526—1609, Professor der Botanik, Leyden.
Cobaea (Glockenrebe): Barnabas Cobo, 1582—1637, spanischer Botaniker und Missionar.
Conringia (Ackerkohl): Herm. Conring, 1606—1681, Professor der Medizin, Helmstedt.
Copernicia (Palme): Nikolaus Kopernikus, 1473—1543, deutscher Astronom.
Cuviera (Ameisenpflanze): Baron Georges Cuvier, 1769—1832, französischer Zoologe und Anatom.
Dahlia (Dahlie): Andreas Dahl, 1751—1798 Lehrer der Botanik in Abo, Finnland.
Dioscorea (Yamswurzel): Dioscorides, 1. Jahrhundert n. Chr., griechischer Arzt.
Elsholtzia (Kamminze): Sigismund Elsholtz, 1623—1688, Leibarzt des Großen Kurfürsten.
Eschscholtzia (Mohngewächs): Joh. Friedr. Eschscholtz, 1793—1831, Professor der Medizin und Zoologie, Dorpat.
Forsythia (Forsythie): W. A. Forsyth, 1737 bis 1804, Gartenbotaniker, England.
Fuchsia (Fuchsie): Leonhard v. Fuchs, 1501 bis 1565, Professor der Medizin, Tübingen.
Funkia (Funkie): Ludw. Phil. Funke, 1755—1807, Lehrer in Dessau.
Galinsoga (Franzosenkraut): Martinez Galinsoga, um 1800, Leibarzt des Königs von Spanien.
Georgina (Georgine): Joh. Gottl. Georgi, 1729—1802, Professor der Botanik, St. Petersburg.
Gleditschia (Christusdorn): Joh. Gottl. Gleditsch, 1714—1786, Arzt und Professor der Botanik, Berlin.

Gloxinia (Gloxinie): Benj. Peter Gloxin, Ende 18. Jahrhundert, Arzt und Botaniker, Straßburg.

Goethea (Malvengewächs): Joh. Wolfg. von Goethe, 1749—1832, deutscher Dichter und Naturforscher.

Heuchera (Purpurglöckchen): Joh. Heinr. von Heucher, 1677—1747, Professor der Medizin und Botanik, Wittenberg.

Hottonia (Wasserfeder): Peter Hotton, 1648—1709, Professor der Botanik, Leyden.

Humboldtia (Schmetterlingsblütler): Alexander von Humboldt, 1769—1859, deutscher Botaniker und Naturforscher.

Hutschinsia (Gemskresse): Miss Hutchins, 1785—1815, irische Botanikerin.

Knautia (Knautie): Christ. Knaut, 1654 bis 1716, herzoglicher Leibarzt und Botaniker, Halle.

Lamarckia (Süßgras): Jean Baptiste de Lamarck, 1744—1829, französischer Botaniker und Philosoph.

Linnaea (Moosglöckchen): Karl von Linné, 1707—1778, Professor der Botanik, Uppsala.

Listera (Zweiblatt): Martin Lister, 1638 bis 1711, Leibarzt der Königin Anna von England.

Lobelia (Lobelie): Martin de Lobel, 1538 bis 1616, belgischer Arzt.

Lonicera (Heckenkirsche): Adam Lonitzer, 1528—1586, Professor der Medizin und Botanik, Mainz.

Magnolia (Magnolie): Pierre Magnol, 1638 bis 1715, Professor der Botanik, Montpellier.

Mahonia (Mahonie): Bernhard MacMahon, 1775—1816, Gartenbotaniker, Nordamerika.

Marsilia (Kleefarn): Graf Ferd. L. Marsigli, 1658—1730, Professor der Botanik, Bologna.

Matthiola (Levkoje): Pietro Andrea Matthiola, 1500—1577, Arzt und Botaniker, Wien.

Moehringia (Nabelmiere): Paul Heinrich Moehring, 1720—1792, Arzt, Botaniker und Ornithologe, Danzig.

Petersia (Lecithidaceen): Carl Peters, 1856 bis 1918, deutscher Afrikaforscher.

Reaumuria (Tamariskengewächs): René Réaumur, 1683—1757, französischer Physiker und Zoologe.

Robinia (Robinie): Jean Robin, 1550—1629, Gärtner von Heinrich IV. und Ludwig XIII.

Rudbeckia (Sonnenhut): Olaus Rudbeck, 1660—1740, Professor der Anatomie und Botanik, Uppsala.

Salvinia (Schwimmblatt): Antonia Maria Salvini, 1633—1720, Professor der griechischen Sprache und Botaniker, Florenz.

e) Ungekrönte Kaiser und Könige

Kaiser: Kaiseradler *Aquila heliaca;* -fisch (Borstenzähner, *Holacanthus*); -granat (schlanker Hummer, *Nephrops norvegicus*, ein hervorragender Leckerbissen, ziegelrot gefärbt); -mantel (*Argynnis paphia*, Schmetterling mit gelbbraunen, schwarzgepunkteten Flügeln); -krone (*Fritillaria imperialis*, unter der „Krone" eines Blattschopfes hängt ein Kreis gelbroter Blüten); -wurz (*Imperatoria*, Pflanze von großer Heilkraft); -pinguin (*Aptenodytes forsteri*, der größte Pinguin).

König: Königsfisch (1. *Lampris luna*, Gotteslachs, sehr farbenprächtiger Fisch, blau und rosenrot mit weißen Flecken; 2. *Chimaera monstrosa*, Spöke, Seeratte zu den Chimaeren); -geier (*Sarcoramphus*, Neuweltgeier); -hutschlange (*Hamadryas hannah;* die der Kobra verwandte Schlange kann wie alle Hutschlangen den Hals scheibenähnlich ausbreiten, indem sie 8 Rippenpaare seitlich abspreizt); -krabbe (Schwertschwanz *Xiphosuren*); -krone (*Foraminiferen*, *Tristephanium*);

-pinguin (*Aptenodytes patagonicus*, kleiner als der Kaiserpinguin!); -schlange (Abgottschlange, *Boa constrictor*, Färbung und Größe!); -sittich *Aprosmictus;* -tiger (Bengalentiger, *Panthera tigris*); -vogel (Paradiesvogel *Cicinnurus*); -weihe *Milvus.*

Königin der Nacht (*Cereus grandiflorus*); Königsfarn (*Osmunda regalis*), war bei den Vorfahren dem Gotte Donar geweiht. Osmund ist der altsächsische Name Donars); -kerze (*Verbascum*, zweijährige Pflanze, treibt im 2. Jahr einen stattlichen beblätterten Stengel); -lilie (*Lilium regale*, sehr große, weiße, am Grunde braunrote Blüte); -palme (*Oreodoxa regia;* prächtiger Alleebaum).

-könig: Heringskönig (*Zeus faber*, ein sehr geschätzter Seefisch, der Heringsschwärme verfolgt); Ratten- (junge Ratten im Nest mit verschlungenen Schwänzen); Rosen- (= Rosenapfel, von *Rhodites rosae* verursacht); Wachtel- (= Wiesenknarrer, *Crex crex*, einer Wachtel ähnlich, jedoch größer; kommt mit den Wachteln und zieht im Herbst mit ihnen fort); Zaun-, Schnee- (*Troglodytes troglodytes*); Wiesenkönigin (= Mädesüß, *Filipendula ulmaria*).

Ein griechischer „König" (*βασιλεύς*) ist das „Basilienkraut" (*Ocimum basilicum*) ein Gewürzkraut, das früher in Bauerngärten beliebt war.

Die „Könige" und „Kaiser" unter den Tier- und Pflanzennamen spiegeln nicht nur geschichtliche Personen wider, sondern eine große Zahl ungekrönter Häupter gehört in diesen Namenskreis. Freilich, wie auch sonst in der Welt, sind Kaiser weit weniger häufig als Könige! Einige Namen sind nach den Attributen von Kaiser und König benannt (Krone, Mantel, Hut usw.). Die meisten Namen von so vornehmer Herkunft sagen aus, daß es sich um stattliche, Ehrfurcht gebietende Tier- oder Pflanzengestalten — oft die größten der Sippe! — handelt und daß auffällige Formen und Farben einen Herrscheranspruch rechtfertigen in der Masse der übrigen Verwandten.

Bei den staatenbildenden Insekten führen nicht Kaiser und Kaiserin, sondern König und Königin das Zepter. Eine Königin unter den Kakteen blüht zur Nachtzeit; eine Königin der Wiesen (*„regina prati"*) ist das stark duftende, blütenübersäte Mädesüß. Wie ein winziger König herrscht ein Singvogel über Zaun und Gebüsch, in vielen Sagen verherrlicht, der Zaunkönig. Die größte Palme ist die Königspalme, die schönste Lilie heißt Königslilie, und die mächtigste Schlange nennen wir Königsschlange! Der Name Königstiger aber soll von der Stirnzeichnung des Raubtiers stammen; man liest aus ihr eine gewisse Ähnlichkeit mit dem chinesischen Schriftzeichen für „König" (auch „Herr") heraus.

6. Gespenster und Aberglauben

a) Hexenspuk (Abb. 29)

Hexenbesen *Taphrina-*, *Melampsora*-Arten; -kraut *Circaea lutetiana;* -mehl, Sporen von *Lycopodium*-Arten; -milch, Zellsaft von *Chelidonium maius;* -pilz *Boletus luridus;* -ring, Wuchsform bei Ständerpilzen.

Gar manches Mal verwundert sich der Naturfreund, wenn er Dinge beobachtet, die so ganz gegen jede Erfahrung zu sprechen scheinen. Das geht nicht mit rechten Dingen zu, mag er sich sagen. Vielleicht haben Spukgestalten ihre Hände im Spiel, wie die Kobolde und Nickel den Bergmann äfften, der statt des Eisens ihre Erzeugnisse, das (zunächst) wertlose Kobalt und Nickel, aus den Erzen erschmolz. Auch bei den Pflanzen wird gehext und gezaubert!

Das Sporen„mehl“ des Bärlapps (das Wort „Bärlappsamen“ ist falsch!) ist so eine Hexerei. Eine Hand, mit dem geheimnisvollen Pulver bestreut, greift ins

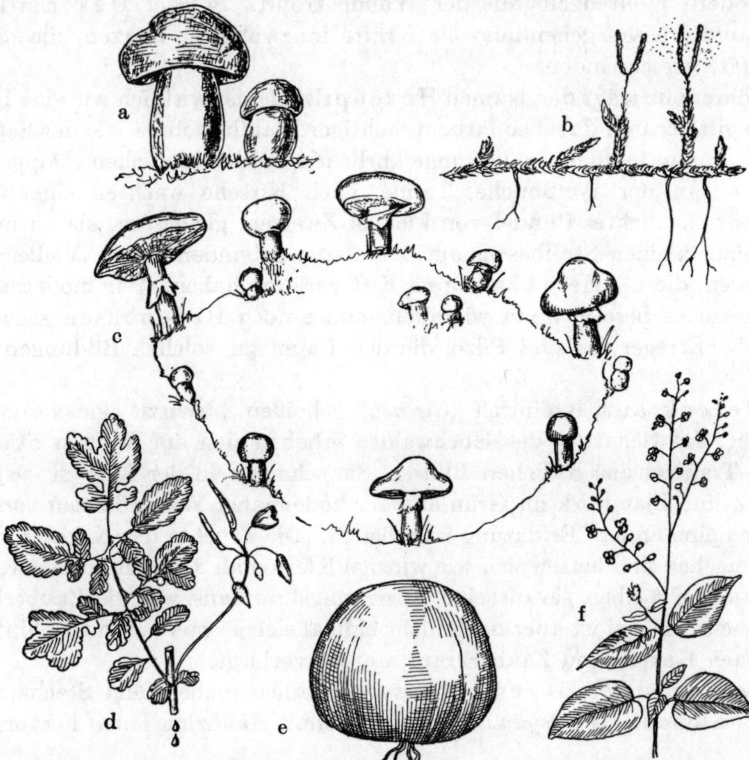

Abb. 29. „**Hexerei**“. a Hexenpilz *Boletus luridus*; b Hexenmehl, Sporen vom Bärlapp *Lycopodium clavatum*; c Hexenring, Sporenstände vom Champignon *Psalliota campestris*; d Hexenmilch, Zellsaft vom Schöllkraut *Chelidonium maius*; e Hexenei, jugendliche Stinkmorchel *Phallus impudicus*; f Hexenkraut *Circaea lutetiana*

Wasser, ohne naß zu werden. Man wußte die begehrte Pflanze früher so gut zu finden, daß sie heute unter Naturschutz gestellt werden mußte. Denn das gelbliche Mehl wurde von dem Apotheker zum Pillendrehen, als Streupulver für Säuglinge und gegen den „Wolf“ (das Wundlaufen) gern verwendet.

Wenn die Fruchtkörper eines Ständerpilzes, z. B. des Feldchampignons oder der Totentrompete (welch geheimnisumwitterter Name!), sich zu rätselhaften Kreisen ordnen, fällt eine Erklärung schwer. Man erkennt nicht ohne weiteres, daß diese Kreislinie auf einen Mittelpunkt weist, von dem aus das Pilzmycel strahlig nach außen wuchs, das erreichte Ziel durch einen Kreis von Fruchtkörpern markierend. Es gibt übrigens Hexenringe ganz anderer Art. Sie gehören der Jägersprache an. Man nennt so die ausgetretenen Steige, auf denen die Ricke vom Bock getrieben wird. Häufig umkreisen dabei die brunftigen Tiere mehrfach ein kleines Gebiet, und so entstehen ringförmige Pfade.

Eine Pflanze mit milchähnlichem Saft ist schon an sich wunderbar (Wolfsmilch heißt die bekannteste unter ihnen), aber erst recht, wenn der Saft obendrein nicht weiß, sondern möhrengelb aus der Wunde tropft. Solcher Hexenmilch des Schöllkrauts müssen geheimnisvolle Kräfte innewohnen: Warzen, die man mit ihr betupft, verschwinden.

Ein Röhrenpilz trägt den Namen Hexenpilz. Es ist wirklich wie eine Hexerei, wenn ein giftiger und dabei so farbenprächtiger Waldbewohner wie der Satanspilz (*Boletus satanas*) einen völlig ungefährlichen, recht ähnlichen Doppelgänger besitzt. — An der Weißbuche, Tanne, auch Kirsche wachsen eigentümliche Bildungen: ein dichtes Bündel von kleinen Zweigen, gleichsam, als ob man den Schopf eines kleinen Stallbesens auf den Baum gebunden hätte. Vielleicht sind es die Besen, die die Hexen auf ihrem Ritt verloren haben. Wir modernen Menschen wissen es besser, wenn wir auch immer noch Hexenbesen sagen. Wir kennen die Erreger: es sind Pilze, die den Baum zu solchen Bildungen veranlassen.

Das Hexenkraut, lateinisch „*Circaea*" geheißen, „bezirzt" gleichsam seinen Entdecker. Im Schatten des Hochwaldes erheben sich auf dünnen Stielen die lockeren Trauben aus rötlichen Blüten. Sie scheinen in der Luft zu schweben, weil das grüne Blattwerk im Grün anderer bodennaher Waldpflanzen verschwindet. Auch eine andere Erklärung ist möglich. Die Früchte des Krautes sind mit Haken versehen und heften sich wie winzige Kletten an das Fell vorbeistreifender Tiere. Vielleicht üben sie dieselbe Anziehungskraft aus wie die Zauberin Circe auf Odysseus. Dabei ist aber noch nicht einmal sicher, was sich heute hinter dem griechischen Hexen- und Zauberkraut *κιρκαία* verbirgt.

Ein Bestandteil der Hexensalbe war sicherlich (neben dem Stechapfel) das giftige Bilsenkraut (*Hyoscyamus*), dessen Genuß Halluzinationen hervorruft.

b) Signaturlehre (Abb. 30)

Augentrost (*Euphrasia pratensis*, gegen Augenkrankheiten); Berberitze (*Berberis vulgaris*, gegen Gelbsucht); Braunwurz (*Scrophularia*-Arten, gegen Skrofulose); Feigwurz (*Ranunculus ficaria*, gegen Feigwarzen); Goldwurzel (*Lilium martagon*, gegen „güldene Ader"); Leberblümchen (*Hepatica triloba*, gegen Lebererkrankungen); Lungenkraut (*Pulmonaria officinalis*, gegen Lungenerkrankungen); Milzkraut (*Chrysosplenium alternifolium*, gegen Milzerkrankungen); Steinsame (*Lithospermum arvense*, gegen Steinleiden).

Nach dem Rezept, daß „das Ähnliche für das Ähnliche" (similia similibus) bestimmt sei, hat der alte Heilkrautkundige mit Erfolg seine Wildpflanzen gesammelt. Erinnert nämlich ein Teil der Pflanze (meistens sind es die Blätter) im Umriß an ein Organ oder Stück des menschlichen Körpers, so offenbart uns damit die Natur nach der Meinung jener Heilpraktiker, auf welche Art wir helfen und heilen können. Da das Wunder des Glaubens liebstes Kind ist, darf kein Zweifel bestehen, daß auch manche Mittel dieser „Signaturlehre“ tatsächlich geholfen haben. Vielleicht sind auch aus purem Zufall auf diese Weise helfende Drogen gefunden worden.

Das Lungenkraut muß wegen seiner lungenförmigen Blätter oder wegen seiner zweifarbigen (roten und blauen) Blüten ein Mittel gegen Lungenkrankheiten sein. Der Farbumschlag der Blüten (jugendlich rot, verblüht blau) rührt von der Veränderung des Zellsaftes her. Das Anthozyan verhält sich hier ähnlich wie der

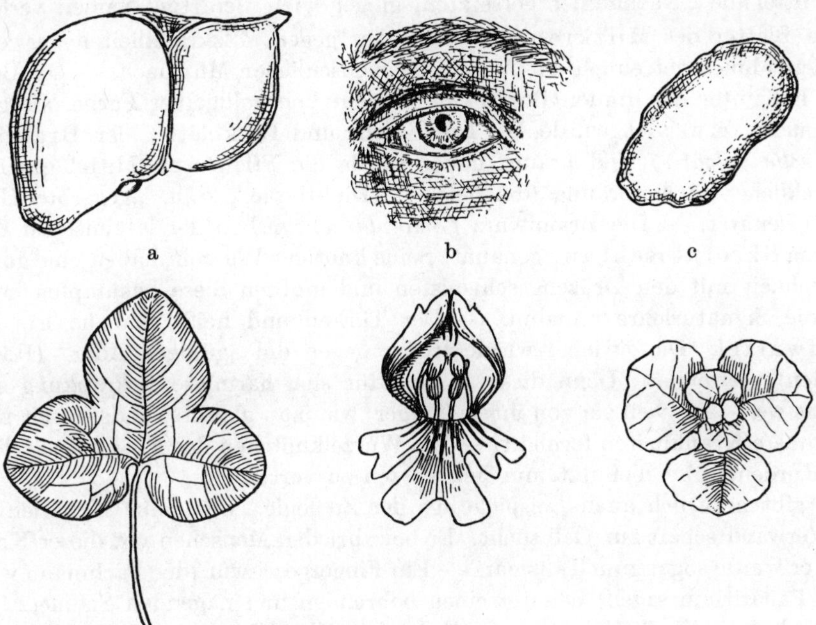

Abb. 30. Signaturlehre. a Leber und Leberblümchen *Hepatica triloba*; b Auge und Augentrost *Euphrasia pratensis*; c Milz und Milzkraut *Chrysosplenium alternifolium*

„Lackmus“ genannte Farbstoff einer Mittelmeerflechte. Auch die Lunge führt zweierlei Blut: in ihr wird das kohlendioxydhaltige „blaue“ Blut in das hellrote oxydierte Blut verwandelt. Freilich ist der Name der Pflanze älter als unser Wissen um den Lungenkreislauf des Blutes.

Die dreilappigen Blätter des Leberblümchens ahmen den Umriß der menschlichen Leber nach. *Hepatica* (*hepar* = Leber) muß also gegen Leberkrankheiten genauso helfen wie *Pulmonaria* (*pulmo* = Lunge) gegen Beschwerden an der Lunge und gegen Entzündung unserer Atemorgane.

Der Augentrost ist ein altes Volksheilmittel gegen Erkrankungen des äußeren Auges (z. B. Lidrandentzündung, Bindehautentzündung) und gilt auch heute noch als offizinell. Er mag wohl in seiner Blüte aufgefallen sein, die — freilich nur entfernt — an ein weit geöffnetes Auge (in der Mitte die dunkle Pupille) erinnern könnte. Andere meinen, das liebenswerte Pflänzchen biete eine wahre

„Augenweide", daher sein Name. — Lange ist auch bekannt, daß *Euphrasia* zu den Halbschmarotzern gehört und das Gras verdirbt. Daher wird das Kraut gelegentlich scherzhaft auch „Milchdieb" genannt; denn schlecht ernährte Kühe liefern weniger Milch.

Es gibt mitunter auch verschiedene Pflanzen mit gleicher Heilbestimmung. Man unterscheidet etwa Lungenblume, -wurz, -stengel (für mancherlei Pflanzen gebraucht), Lungenflechte *(Sticta pulmonaria)*, Lungenkresse *(Cochlearia officinalis)*, Lungenenzian *(Gentiana pneumonanthe)* usw. In dem Maße, in dem bessere Heilmittel die „Nachahmer" ersetzten, gingen viele derartige Namen verloren.

Die Blätter des Milzkrautes, die früher gegen Milzkrankheiten verwendet wurden, ahmen getreulich die Gestalt der menschlichen Milz nach. — Die Berberitze hat unter der grauen Borke eine Schicht von goldgelber Farbe, die gegen Gelbsucht verwendet wurde. — Die Kelch- und Deckblätter der Braunelle *(Brunella vulgaris)* sind braun; daher wurde die Pflanze als Mittel gegen die schreckliche Rachenbräune (die gelehrt „Diphtherie", d. h. „gegerbte Haut" heißt) benutzt. — Die Braunwurz *(Scrofularia)* wird in der lateinischen Übersetzung Skrofulosekraut genannt. Seine knotigen Wurzeln haben eine gewisse Ähnlichkeit mit den Drüsengeschwülsten und mußten diese bekämpfen helfen, wie die Signaturlehre annahm. — Der Türkenbund heißt mancherorts auch Goldwurzel. Die Zwiebel wurde früher gegen die „güldene Ader" (Hämorrhoiden) verwendet. Denn diese an und für sich harmlose Erkrankung sollte Goldes wert sein, weil sie von ihrem Träger, wie man glaubte, andere weit unangenehmere Krankheiten fernhält. — Die Wurzelknötchen der Feigwurz schließlich wurden früher benutzt, um Feigwarzen zu vertreiben.

Es gibt natürlich auch Beispiele aus der Zoologie. Der gelbe Kanarienvogel hat Verwandtschaft zur Gelbsucht. Er bewahrt den Menschen vor dieser Krankheit; er wurde sogar zum Talisman. — Ein Fingergeschwür (der Fachmann würde dazu Panaritium sagen) bereitet einen bohrenden und nagenden Schmerz. Das Volk sah darin die Tätigkeit eines „Wurmes". Was Wunder, daß die Volksmedizin den „Fingerwurm" dadurch zu heilen versuchte, daß man einen lebenden Regenwurm auf den schmerzenden Finger band und das Tier dort so lange beließ, bis es zugrunde ging.

So ließe sich eine eigene Geschichte der „Signaturnamen" schreiben. Als Abschluß noch ein historisches Beispiel: der Steinsame hat auffällig harte Samen. Die Pflanze wurde daher als Mittel gegen Steinleiden geschätzt. Plinius schrieb: ... „auch zeigt kein anderes Kraut sogleich beim Anblick mit solcher Zuverlässigkeit, für welche Arznei es gewachsen ist". Der rundliche Same wurde später ganz anders gedeutet: manche wollen in ihm die versteinerten Tränen der Mutter Maria sehen.

c) Alchimie

Frauenmantel *Alchemilla;* Feuersalamander *Salamandra salamandra;* Schwalbenwurz, Übersetzung von *Chelidonium maius*; Türkenbund *Lilium martagon.*

Das kulturgeschichtlich so bemerkenswerte Zeitalter der Alchimie hat bis heute in der Namengebung unserer Pflanzen und Tiere nachgewirkt, wie es auch noch mancherlei Namen in der Fachsprache des modernen Chemikers bewahrte (Höllenstein, Königswasser usw.).

Zunächst einmal ist der Gattungsname Alchemilla nichts weiter als eine Verkleinerungsform für Alchimie! Die Blattränder des Frauenmantels nämlich, des „kleinen Alchimistenkrautes", schmücken sich am frühen Morgen, wenn die verflossene Nacht feuchtwarm war, mit glitzernden Tropfen von sog. Guttationswasser. Dieses Wasser (das sich wie nach einem Regen auf den Blättern sammelt) bedeutete für die Alchimisten ein besonderes Himmelsgeschenk. Es wurde sorgfältig eingesammelt und bei der Herstellung des „Steins der Weisen" gebraucht.

Merkwürdig ist auch der lateinische Artname unseres Türkenbunds. Er heißt „*martagon*" und ist eine Worthybride, aus dem Namen des römischen Kriegsgotts „Mars" und dem griechischen Wort für Kampf (*ἄγων*) gebildet. Martagon ist also ein „Kampf im Quadrat" und bringt daher auch den Alchimisten mit Sicherheit den Erfolg. Außerdem ist die Zwiebel des Türkenbunds goldfarbig hell. Man müßte sie also zur Gewinnung von metallischem Gold mit Vorteil verwenden können.

Die Sprache des mittelalterlichen Chemikers war vielfach verknüpft mit der Botanik und ihren Begriffen. Das „ätherische Sein" der Pflanzen erscheint in der Blüte. Unsichtbar entweichende (wir sagen heute sublimierende) Stoffe erinnern an die zarten „Blüten" (vom Alchimisten „flores" genannt), wenn sie sich niederschlagen. So kennen wir das Sublimat des Schwefels, *flores sulfuris*, heute noch unter dem Namen Schwefelblume oder Schwefelblüte. — Unter „*Flores Croci*" versteht der Apotheker den Safran. Der Chemiker bezeichnete früher mit Crocus einen „Kalk" (d.h. ein Oxyd) von der Farbe des Krokus. So war *Crocus Martis* das Eisenoxyd und *Crocus Saturni* das Bleioxyd, die Mennige.

Der Feuersalamander spielte bei den Alchimisten eine besondere Rolle. Anlaß dazu gab seine Färbung: seine schwarze, feuchte Haut trägt goldgelbe Flecke. So wurde das harmlose Tier zum Symbol für das Feuer. Es sollte sogar unempfindlich sein gegenüber dem Feuer und imstande, einen Brand zu löschen.

Die Alchimisten gaben dem Worte Chelidonium (früher Schwalbenwurz) eine eigenartige Deutung: sie übersetzten es mit „Himmelsgabe" *(caeli donum)*. In der gelben Wurzel vermuteten sie Gold, und dem gelben Saft dichteten sie mancherlei Wunderkräfte an. Auch in der Volksmedizin war der gelbe Zellsaft nach dem Grundsatz „similia similibus" das beste Mittel gegen die Gelbsucht. Man verwendete das Kraut sogar prophylaktisch, indem man es als Schuheinlage benutzte. Wenn es bei abnehmendem Mond auf dem Friedhof gepflückt wurde, waren seine Wunderkräfte besonders wirksam.

d) Teufelsspuren

Teufelsabbiß *Succisa pratensis;* -auge *Adonis;* -bart *Anemone alpina;* -beere, -kirsche (Pflanzen mit giftigen Beeren, Nachtschatten, Tollkirsche, Zaunrübe, Einbeere, Weißwurz); -blume *Idolum diabolicum*, Heuschrecke Ostafrikas!; -ei *Phallus impudicus*, unentwickelte Stinkmorchel; -garn *Cuscuta;* -hand *Orchis Spitzelii;* -krabbe *Maja squinado*, Meerspinne; -kralle *Phyteuma;* -nadel *Aeschna grandis*, Libelle; -zwirn *Lycium hamilifolium.*

Kleeteufel *Cuscuta;* See- *Lophius piscatorius;* Spei- *Russula emetica.*

Der Teufel hat bei vielen ungewöhnlichen pflanzlichen Gebilden seine Hand im Spiel. Zahlreiche Teufelsnamen sind auf diese Art entstanden; viele von ihnen kennen wir heute noch.

Man findet zwischen den Nadeln des Waldbodens ein seltsames Ei, etwa von der Größe eines Hühnereis, sogar weiß, jedoch im Boden leicht angeheftet. Das kann nur der Teufel gelegt haben! Denn schon am Tage darauf schaut aus dem stinkenden morchelähnlichen Pilz gleichsam die Fratze des Satans, der mit der unerwarteten Verwandlung den Menschen nicht nur äfft, sondern sogar schamlos genug ist, aus dem harmlosen Ei sehr eindeutige Dinge zu zaubern (die sich hinter dem Artnamen *Phallus impudicus* verstecken). — Wie ein Teufel umgarnt die Seide, das Teufelsgarn, den Hopfen oder den Klee. Ihre blattlosen Sprosse, die sich nach Schmarotzerart vom Wirt ernähren lassen, wuchern bald so üppig, daß sie die in der Erde wurzelnden Pflanzen schließlich abwürgen und dem Menschen beträchtlichen Schaden an seinen Kulturpflanzen zufügen. — Die unterirdischen Teile der Orchideen wurden von jeher besonders beachtet; sie spielen als Zaubermittel und auch sonst im Aberglauben des Volkes eine große Rolle. Manche Knollen ahmen die Gestalt eines Vogelnestes nach, andere verhelfen der Gattung zum Namen „Knabenkraut“, weil sie hodenähnlich gestaltet sind. Wenn die Knolle aber sogar handförmig gelappt ist, so erblickte man darin die Hand, durch die sich Gott (wenn es eine junge, helle Knolle ist) zu erkennen gibt oder — der Teufel, wenn es sich um die alte, schwarze Knolle des Vorjahres handelt. Daher auch der Name Teufelshand.

Seltsam ist der Name Teufelsabbiß. Das auf den Wiesen häufige Kardengewächs mit seinen blauen Blütenköpfen geht nämlich mit einem Wurzelstock in den Winter, der hinten wie abgebissen erscheint. Das ist aber Teufelswerk. Nach der Rockenphilosophie (Chemnitz 1759) heißt es: „In der Mitternacht vor St. Johannistag soll der Teufelsabbiß an der mittleren Wurzel nicht stumpf sein, sondern eine ganze Wurzel in der Erde haben, weil zu solcher Zeit der Teufel keine Gewalt haben soll.“

Pflanzen unserer Heimat tragen Augen, Bärte und Krallen des Teufels. Dabei hätte man den prächtigen Adonisrosen, den Teufelsaugen, einen lieblicheren Namen gewünscht. Die Pulsatillen, ihre Verwandten mancher Mittelgebirge und der Alpen, führen dagegen ihren Namen zu Recht. Sie haben wirklich geradezu abenteuerliche Fruchtstände, denn die Einzelfrüchte tragen lange Federschwänze und bilden einen zerzausten, wilden Bart (Teufelsbart). Die Krallen des Teufels kehren in den Blumenkronröhren eines Glockenblumengewächses wieder; die Blüten sind wie Krallen bogig gekrümmt und dem Innern des Blütenköpfchens zugekehrt. Aber es sind sehr harmlose Teufelskrallen, auch wenn sie sich zu Dutzenden drängen.

Anders ist es mit den „Teufelstieren“. Allen voran geht natürlich der Teufelsrochen, ein nicht nur gefährlicher, sondern zugleich abenteuerlich ausgebildeter, riesiger, plattiger Meeresfisch, der mit breiten Brustflossen und einem peitschenähnlichen Schwanz das Wasser durchfurcht. Die Teufelskrabbe ist ein viel kleinerer, aber nicht minder bizarrer Bewohner desselben Elements, ein Zehnfußkrebs, der auf spinnenartig langen Beinen dahinschreitet. Er hat dem Teufel die Kunst der Maske abgesehen. Auf den Chitinborsten seines Rückens werden nämlich Algen aufgehängt, auf daß sich das Tier wie der Leibhaftige unbemerkt seinem Opfer nähern kann. — Voll teuflischer Niedertracht und Heimtücke ist auch eine Heuschrecke, die den bezeichnenden Namen Teufelsblume trägt. — Ein letzter Teufel unter den Tieren gibt sich die Gestalt einer blauen Nadel, die, von vier glasartigen, großen Flügeln gezogen, durch das Luftmeer dahinschießt. Es ist die blaue Libelle, die Teufelsnadel.

e) Harmlose und tückische Naturgeister

Gespenstheuschrecke *Phasmida;* Gespenstkrabbe *Macropodia rostrata;* Gespensttier *Tarsius tarsius;* Böser Heinrich *Mercurialis;* Eiserner Heinrich *Polygonum aviculare;* Guter Heinrich *Chenopodium bonus Henricus;* Roter Heinrich *Rumex acetosa, Albersia;* stolzer Heinrich *Echium vulgare, Lythrum salicaria;* Koboldmaki *Tarsiidae;* Nixblume *Nuphar luteum;* Nixkraut *Najas;* Trollblume *Trollius europaeus.*

Eine besondere Rolle unter den Naturgeistern spielen die Heinriche. Sie stammen aus den Vorstellungen von Elfen und Kobolden, die gern Heinz oder Heinrich hießen, was hernach auf Teufel und Hexen überging (J. GRIMM). Da man den Kobolden Gänsefüße zuschrieb, so glaubte man, sie mit vielen Pflanzen in Verbindung bringen zu müssen, die Blätter von der Gestalt eines Gänsefußes haben (d. h. also vor allem pfeil- und spießförmige). Das Adjektiv, das die deutschen „Heinriche“ unter den Pflanzen zur Unterscheidung tragen, bezieht sich dann jeweils auf eine besondere Eigenschaft dieses Krautes. — Am bekanntesten ist wohl der „Gute Heinrich“, der im „*bonus Henricus*“ sogar den entsprechenden lateinischen Artnamen erhielt. Er lieferte früher ein bekanntes Blattgemüse, wurde aber längst aus den Gärten verbannt und so zum Kulturrelikt. Die Verbindung zu Heinrich IV. von Frankreich ist wohl abzulehnen (NIESSEN). — Andere offizinelle „Heinriche“ verdanken ihre Heilkraft derselben dämonischen Abkunft. Zum „Bösen Heinrich“ kann das giftige Bingelkraut werden. — Ein „Stolzer Heinrich“ wird eine hochwüchsige Pflanze sein; Natternkopf und Blutweiderich verdienen diese Synonyma mit Recht. — Ein „Roter Heinrich“, hinter dem sich unter anderem einige Sauerampferarten verstecken, zeichnet sich durch roten Farbstoff in Blüten, Blättern oder Stielen aus.

Natürlich möchte man in dem Namen der Trollblumen den Troll, den Hausgeist bäuerlicher Anwesen, wiedererkennen. Aber es gibt noch andere, bessere Erklärungsversuche des Namens (z. B. ahd. trol = Kugel). — Dagegen sollen Nixkraut und Nixblume an die Wassergeister erinnern, die Seen, Flüsse und Quellen bevölkern. Die Nixblumen, die gelbblühenden Teichrosen, trägt die Nixe in ihren langen Haaren als Schmuck; das Nixkraut gehört zu den „Najadaceen“ und verherrlicht die Wassernymphen der griechischen Mythologie.

Auch Feen und Elfen kehren in unseren biologischen Namen wieder. Die Akelei möchten manche auch Elfenschuh nennen; den hängenden Eikokon einer Spinne erheben manche zum Feenlämpchen. Aber wenn man von

„Elfenbein" spricht, meint man natürlich das Elefantenbein; und auch der „Erlenkönig" ist kein König der Erlen, sondern ein aus dem Dänischen falsch übersetzter Elfenkönig (HERDER 1770).

Halbaffen mit auffallend großen Augen und langen Hinterbeinen sind die Koboldmakis. Einer von ihnen, der gespenstergleich zur Nachtzeit sein Treiben entfaltet, ist das Gespensttier. — Einem wahren Gespenst gleicht auch manche Heuschrecke *(Phasmida)*, die bald einen dürren Ast täuschend nachahmt (Stabheuschrecke, *Carausius*), bald mit einem abgeflachten, grünen Körper wie ein lebend gewordenes Blatt *(Phyllium)* dahinwandelt. — Die Gespenstkrabbe hat nicht nur fünf Paar gewaltige, aber spinnendürre Beinpaare, sondern maskiert sich noch obendrein mit Algen und Polypen.

f) Schutz vor Dämonen

Allermannsharnisch *Allium victoriale;* Ahlkirsche (Traubenkirsche) *Prunus padus;* Alraune *Mandragora;* Baldrian *Valeriana;* Berufkraut *Erigeron;* Birke *Betula*; Dill *Anethum graveolens;* Widerton *Polytrichum*.

Baldrian hat einen durchdringenden Geruch, daher ist es seit altersher ein Bannkraut oder „Hexenkraut". Es vertreibt den Teufel und seine finsteren Helfer. Das trockene Kraut hängte man daher als „Unruhe" an die Stubendecke. Auch mit anderen stark riechenden Pflanzen kann man Dämonen verjagen. So glaubte man z. B., daß auch der Dill jede Hexe vertreibe. So gewährte diese Pflanze auch — eine Fortentwicklung dieser Anschauung! — einen sicheren Schutz vor einer Ansteckung und wurde zum Schutzmittel gegen die Pest.

Den Volksaberglauben spiegeln eine ganze Anzahl von Berufskräutern (Frauenflachs, Ziest, Sumpfgarbe u. a.) wider. Sie haben nichts mit „Beruf" zu tun, sondern mit „berufen", „beschreien". Man kann sich mit ihrer Hilfe gegen den Schadenzauber durch Worte schützen. Noch heute pflegen wir mit einem „unberufen, toi, toi" oder mit einem Amulett dem Schicksal zu begegnen. — Ein Moos heißt „Hexenwiderruf", „Widertot" oder Widerton, weil es uns „gegen das Antun" schützen soll. So erklärt man diese Namen. — Die Birke als ein Sinnbild des Frühlings und der Lebenskraft bewahrt den Menschen vor Hexen und das Vieh vor Schaden. — Die Ahlkirsche (Ahl = Alp) soll ähnliche Wunder bewirken; ihre Zweige sollen einen „Alp" (bösen Nachtgeist) vertreiben.

Allermannsharnisch ist mit überirdischen Kräften versehen. Er schützt Kriegsleute vor Hieb und Stich. Der „Sieglauch" (ein anderer Name) ist, wenn seine Wurzel als Amulett getragen wird, einfach der „Harnisch jeden Mannes". Er wird auch Neunhemdenwurz genannt. Die Signaturlehre sieht in den faserigen Scheiden, die wie ein Netz mehrfach die Zwiebel umgeben, das geknüpfte Schutzhemd.

Die Alraune ist besonders geheimnisumwittert und spielte im Mittelalter eine große Rolle. Ihre verzweigte Wurzel ahmt nämlich eine menschliche Gestalt nach, den dämonischen Hausgeist. Somit ist das seltsame „Männlein" für allerlei Zauberei geeignet. Die Zauberwirkung des kleinen Glücksgötzen wurde später auch auf andere Pflanzen übertragen; aus der Wurzel der Zaunrübe schnitzte man ähnliche Gestalten.

7. Einfluß des Christentums

Unsere Namengebung hat das Christentum zu allen Zeiten stark bereichert. Seine Namen haften sogar besonders dauerhaft in unserem Wortschatz, oft schon seit vielen Jahrhunderten. Gott und Maria, Heilige und Priester, die Sprache der Bibel, der Klöster und der Kirche sprechen aus vielen Namen von Pflanzen und Tieren.

a) Mutter Maria und Jesus Christus (Abb. 31)

Mariendistel *Silybum marianum;* -gras *Hierochloa odorata;* -glocke *Campanula media;* -träne *Lithospermum officinale.* — Marienkäfer *Coccinelliden.*

Christblume, -rose *Helleborus niger;* Christusdorn *Euphorbia splendens;* -auge *Inula oculus Christi;* -wurz, verbreitet, z. B. Arnika, Nieswurz; -fisch *Zeus faber.*

Gottesanbeterin *Mantis religiosa;* -gnadenkraut *Gratiola officinalis.*

Viele Lebewesen, die einen Frauennamen im Namen tragen, verherrlichen damit die Mutter Gottes, Maria. Einige Beispiele mögen das zeigen; manche Namen erklärt die Legende. Die Mariendistel z. B. (auch eine Heilpflanze!) hat Blätter mit weißen Flecken. Sie sind nach der Legende dadurch entstanden, daß Marias Milch auf die Blätter tropfte. — Der Steinsame bringt als Frucht vier knochenharte, eiförmige, bräunliche Nüßchen hervor. Es sind die zu Stein gewordenen Tränen der Maria, um den Herren vergossen; sie bleiben auch oft im Winter noch an den längst verdorrten Stengeln hängen wie eine stille Mahnung: Marientränen.

Andere „Marienpflanzen" sind besonders schöne Vertreter ihrer Verwandtschaft und tragen daher den Ehrennamen. Die Marienglocke z. B. ist eine besonders großblütige Glockenblume, die als Gartenpflanze geschätzt wird. Ein Süßgras ist, wenn man seinen griechischen Namen *Hierochloa* übersetzt, „Heiliges Gras" getauft worden und wird auch Mariengras genannt. Dabei spielt es als Futtergras kaum eine Rolle. Aber ihm entströmt ein süßer Duft, ähnlich dem Waldmeister, so daß man früher trockene Sträuße in Kleiderschränke legte wie andere Duftspender (z. B. Quitten).

Ein jeder kennt den Marienkäfer, den freudig begrüßten halbkugeligen Käfer mit schwarzen Flecken auf rotem Flügelfeld. Farben und Punktzahl wandelt er indes vielfältig ab (von 2 bis 22 Punkten). Der Liebling des Volkes vereinigt auf sich viele, zum Teil poetische Namen, wenn wir an Gotteskälbchen, Sonnenkälbchen, Herrgottspferdchen und Herrgottsschäfchen erinnern.

Ebenso ist der Name des Herrn in die Namen der Biologie aufgenommen worden. Im tiefen Winter blüht eine weiße Blume, eine Nieswurz, in den Gärten um die Zeit des Weihnachtsfestes. Sie heißt „Rose" des Christfestes, Christrose. — Verschiedene Pflanzen geben nach den Legenden ihre Zweige und Äste her, damit daraus die Dornenkrone Christi entstand. Das Volk nennt sie alle Christusdorn. Eine wilde Rose ist unter ihnen und eine Wolfsmilch aus Madagaskar; auch die Stechpalme und ein aus Amerika stammender Parkbaum, die Gleditschie, tragen harte Dornen. — Manche Zierpflanzen schauen uns mit großen Blumenaugen an: Christusaugen könnte man sie bezeichnen. Am bekanntesten unter ihnen ist ein gelbblühender Alant. — Es gibt auch eine Christusträne, ein tropisches Gras mit tränenähnlichen Scheinfrüchten, den Hüllkapseln der weiblichen Ähren *(Coix lacryma Jobi)*; es heißt auch Moses-, Marien- und Frauenträne und dient zu Rosenkranzperlen. — Daß endlich mancherlei Pflanzen mit wertvollen, in der Heilkunde verwendeten Wurzeln Christwurz genannt werden (z. B. Arnika, Nieswurz, Schöllkraut), ist fast überflüssig zu sagen.

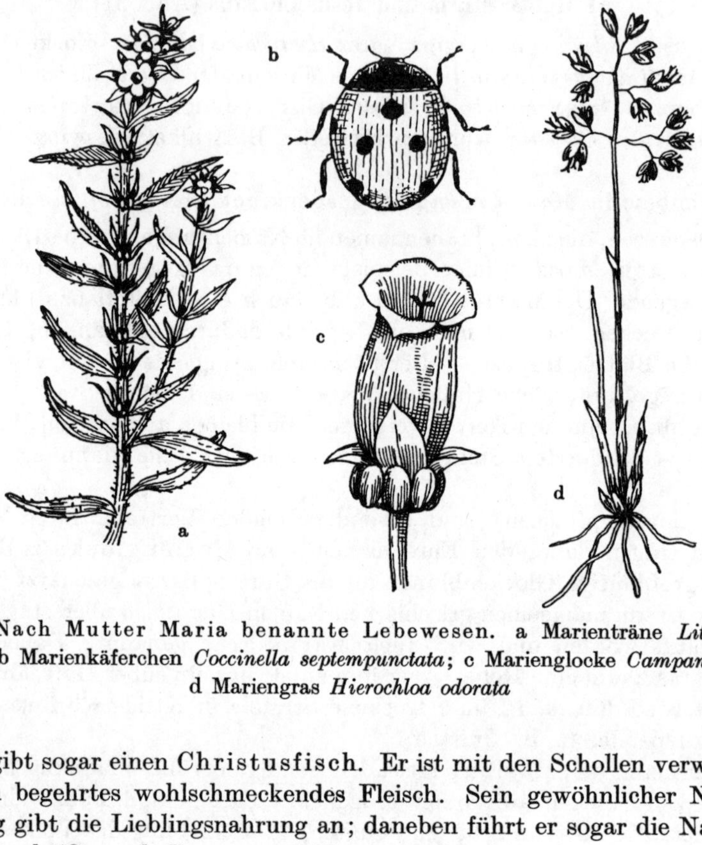

Abb. 31. Nach Mutter Maria benannte Lebewesen. a Marienträne *Lithospermum officinale*; b Marienkäferchen *Coccinella septempunctata*; c Marienglocke *Campanula media*; d Mariengras *Hierochloa odorata*

Ja, es gibt sogar einen Christusfisch. Er ist mit den Schollen verwandt und liefert ein begehrtes wohlschmeckendes Fleisch. Sein gewöhnlicher Name Heringskönig gibt die Lieblingsnahrung an; daneben führt er sogar die Namen von Heiligen, er heißt auch Peters- und Martinsfisch.

Auch der Name Gott kehrt häufiger in unserem Namengut wieder.

Mit einem Kraut, das Wunder wirkt und daher in der Volksheilkunde verwendet wurde, läßt Gott uns seine Gnade widerfahren. Es ist das Gottesgnadenkraut, ein Ehrenname, den mehrere Pflanzen tragen. — Eine sonderbare Fangheuschrecke heißt Gottesanbeterin, auch Betjungfrau. Aber diesen Namen trägt sie zu Unrecht. Es sieht zwar tatsächlich so aus, als erhöbe das Tier seine Vorderbeine wie zum Gebet. Während es aber auf den vier langen anderen Beinen langsam dahinschreitet, wird mit den ersten zwei Fangbeinen das überraschte Opfer rasch ergriffen, indem Schenkel und Schiene wie eine geöffnete Schere zusammenklappen.

b) Zu Ehren unserer lieben Frau (Abb. 32)

Frauenbettstroh *Galium verum; Thymus vulgaris;* -flachs *Linaria vulgaris;* -handschuh *Digitalis purpurea;* -haar *Polytrichum commune;* -locke *Spiranthes autumnalis;* -mantel *Alchemilla vulgaris;* -schuh *Cypripedium calceolus.*

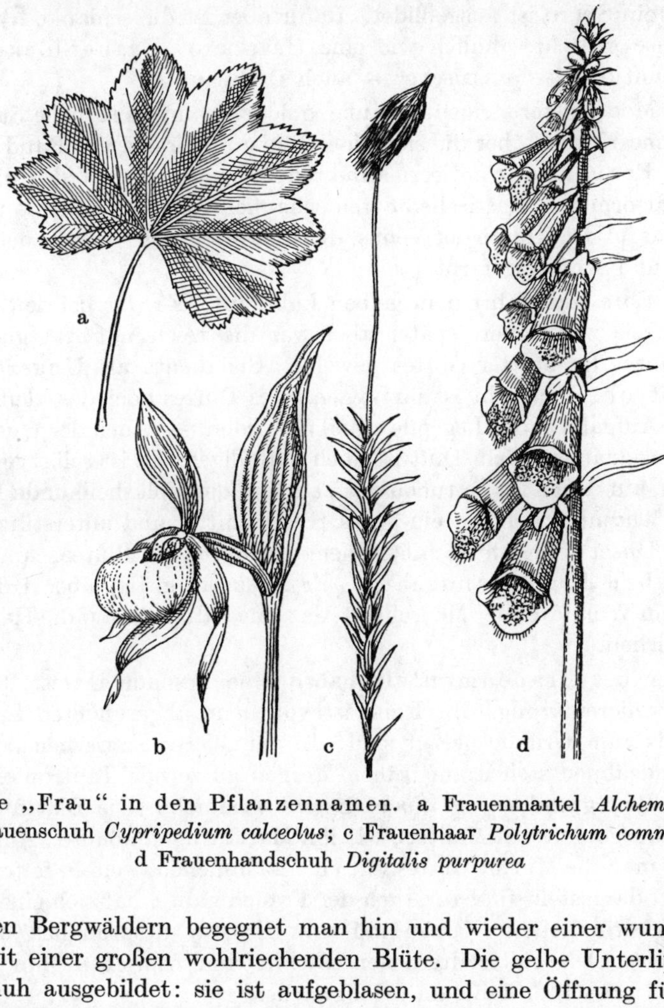

Abb. 32. Die „Frau" in den Pflanzennamen. a Frauenmantel *Alchemilla vulgaris*; b Frauenschuh *Cypripedium calceolus*; c Frauenhaar *Polytrichum commune*; d Frauenhandschuh *Digitalis purpurea*

In unseren Bergwäldern begegnet man hin und wieder einer wunderschönen Orchidee mit einer großen wohlriechenden Blüte. Die gelbe Unterlippe ist wie ein Holzschuh ausgebildet: sie ist aufgeblasen, und eine Öffnung führt in das innen rotgepunktete, schuhförmig umgewandelte Blütenblatt. Ein sehr zierlicher Fuß müßte in diesen Zwergenschuh schlüpfen, der von vier lanzettförmigen, langen, purpurbraunen Perigonblättern umstellt wird. Frauenschuh heißt die Pflanze mit dem köstlichen Blütengebilde, zu Ehren unserer lieben Frau. Sie ist die vollendetste Schöpfung dieser auch sonst so schönen Pflanzenverwandtschaft auf deutscher Erde. LINNÉ freilich nennt den Frauenschuh Cypripedium. Cyprus aber ist die Insel des östlichen Mittelmeers, die als der Hauptsitz des Venuskultes galt. Nach ihm gehört also der kunstvolle Schuh (genauer eigentlich

„Socken“) der Venus, die er auch sonst gern statt Maria in die Namen einsetzt. Vor ihm hieß nämlich der Frauenschuh eindeutig *Calceolus Marianus*.

Eine andere, noch zierlichere Orchidee trifft man gelegentlich auf Triften und an Waldrändern an; nicht einzeln, sondern in einer dichten Ähre schmücken hier die Blüten. Sie sind klein und weiß, und ihre Lippen sind nicht differenziert, nicht einmal ein Sporn ist ausgebildet. Dafür aber ist die schlanke Ähre spiralig um ihre Achse gedreht, ähnlich wie eine Haarlocke. Frauenlocke wird die Pflanze genannt oder — prosaischer — auch Drehwurz.

Aus einem Moospolster steigen schlanke, goldgelbe, unten rötliche Stiele empor und tragen eine Kapsel, über die sich eine Haube mit fransigem Rand schützend breitet. Das Frauenhaar entleert seine reifen Sporen, indem sich die Kapseln auf ihren haarförmigen, elastischen Seten schaukeln. Es sind goldene und kurze, aber harte Haare. Die Haare der Venus, die Blattstiele des Venusfrauenfarns sind noch derber und schwarzgefärbt.

Besondere Ehre widerfährt dem gelben Labkraut. Es war bei den Germanen der Göttin Freia zugeeignet, später aber war die reich mit Aberglauben verknüpfte Pflanze der Mutter Gottes geweiht. Sie diente als Unserer lieben Frau Bettstroh. Vielleicht ist ihr wegen ihres Duftes oder des kleinblättrigen Laubes diese Aufgabe in der Legende zuteil geworden. — Auch der Quendel trägt denselben Ehrennamen. Sein Duft ist noch auffälliger. Es ist selbstverständlich, daß Pflanzen, auf denen Maria ruhen darf, auch in der Volksheilkunde Bedeutung hatten. Der Thymian z. B. ist ein gutes Hustenmittel und unterstützt die Verdauung. — Unser Fingerhut mit seinem purpurroten Blütenschmuck heißt Unserer lieben Frau Handschuh. Er ist zwar giftig, aber trotzdem als Heilpflanze ein Wohltäter der Menschheit, da seine Giftstoffe auf die Herztätigkeit günstig einwirken.

Die Blätter des Frauenmantels haben eine besondere Gestalt: sie sind rundlich, fast nierenförmig. Ihr Rand ist von neun abgerundeten Lappen umgeben, die bis zum Grunde gesägt sind. In den Kerben zwischen den Lappen und den Randzähnen stehen am frühen Morgen glitzernde Tautropfen, die sich mitunter im Blattgrund wie in einem Becher sammeln. Die Blattform ist das Abbild eines ausgebreiteten Mantels, wie ihn Maria tragen könnte. Auf Heiligenbildern kann man die Mutter Gottes mit einem ähnlichen, weiten, faltenschlagenden Überwurf dargestellt finden. Auch der Frauenmantel hat sich einen Wechsel der Namengeberin gefallen lassen müssen. Er war ursprünglich der Göttin Frigga geweiht. Die mittelalterlichen Alchimisten schrieben ihm besondere Kräfte zu und brauchten ihn zum „Goldmachen“.

Es ist möglich, daß auch das Frauenholz *(Lonicera xylosteum)* und der Frauenflachs *(Linaria vulgaris)* in diesen Zusammenhang gehören.

c) Biblische Personen

Aronstab *Arum maculatum;* Goliathfrosch *Rana goliath;* Goliathkäfer *Goliathus regius;* Jakobskreuzkraut *Senecio jacobaea;* Jakobsleiter *Polemonium caeruleum;* Judasbaum *Cercis siliquastrum;* Judasohr *Auricularia auricula-Judae* und *Auricula Judae;* Judassilberlinge *Lunaria annua, L. rediviva;* Johannisbrot *Ceratonia siliqua;* Salomonssiegel *Polygonatum officinale.*

Der Basidienpilz Judasohr hat ein ohrähnliches Aussehen. (Eine ostindische Schnecke trägt denselben Namen, weil ihr Haus ohrähnlich gestaltet ist.) Der Pilz ist häufig am Holunder anzutreffen. Nach der Legende soll sich Judas an einem Holunderbaum erhängt haben. — An einer Staude hängen die Silberlinge, für die Judas den Herrn verriet. Es sind die kreisförmigen Scheidewände einer Schotenfrucht, die wie silberne Münzen glänzen, wenn sie der Wind bewegt.

Das Jakobskreuzkraut heißt nach Jakobus, dem Sohn des Zebedäus und Bruder des Johannes. Es blüht um Jakobi (25. Juli). Herodes Agrippa I. ließ den Apostel (Apostelgeschichte 12, 2) enthaupten, daher der Gedenktag in der römischen Kirche am 25. 7. Früher hatte der Jakobstag in Bauernkalendern eine besondere Bedeutung, weil er der Termin war zum Mähen der einschürigen Wiesen. — Noch ein zweites Mal wird Jakob verherrlicht. Die Jakobs-, auch Himmelsleiter besitzt gefiederte Blätter. Mag sein, daß man die Leitersprossen mit diesen Fiederblättchen vergleicht. Man steigt über die Sprossen bis zum Himmel, d. h. bis zu den himmelblauen Blüten der Pflanze.

Wenn die oberirdischen Sprosse des Salomonssiegel absterben, entstehen auf dem Wurzelstock siegelähnliche Narben. Die Legende erzählt, daß König Salomon mit dieser Pflanze, die sein Siegel trägt, Felsen gespalten habe, als sein Tempel gebaut wurde. — Johannes der Täufer gab dem Johannisbrot seinen Namen. Mit dem süßen Mark seiner Früchte soll der jüdische Bußprediger, wie die Legende wissen will, in der Wüste sein Leben gefristet haben. Es ist vielleicht der „wilde Honig" der Bibel. Die linsenähnlichen Samen derselben Pflanze dienten früher als Vergleichsgewicht für Juweliere und Apotheker (1 karat = 0,2 g).

Es ist möglich, daß lat. *arum* (das sich wohl vom griechischen *ἄρος* = Nutzen herleitet) falsch verstanden wurde. Aus dem grünlichen Hüllblatt der „Blüte" ragt ein violetter Endabschnitt eines Kolbens hervor. Dieser Kolben wurde irrtümlich mit dem grünenden Stab des Hohenpriesters Aron (4. Moses, 17, 8) verglichen, da der Name ähnlichen Klang besitzt. So entstand der Aronstab.

Unter den Philistern war „ein Riese mit Namen Goliath von Gath, sechs Ellen und eine Handbreit hoch" (1. Samuel, 17, 4), und unter den Froschlurchen ist ein Riese, der größte seines Geschlechts, aus Kamerun, 25 cm lang. Natürlich heißt er Goliathfrosch und stellt seinen großen Vetter, den Ochsenfrosch aus Nordamerika, in den Schatten *(Rana catesbeiana)*, der immerhin 20 cm erreicht. — Der Goliathkäfer wird 10 cm lang.

d) Heilige

Apolloniakörner, Samen der *Paeonia;* Barbarakraut *Barbaraea vulgaris;* Bernhardinerkrebs *Eupagurus bernardus;* Christophskraut *Actaea spicata;* Josephsblume *Leucoium vernum;* Karthäusernelke *Dianthus carthusianorum;* Kapuzineraffen *Cebiden;* Kapuzinerkresse *Tropaeolum;* Kunigundenkraut *Eupatorium cannabinum;* Rupprechtskraut *Geranium robertianum.*

Seit dem 16. Jahrhundert heißt eine Pflanze nach der heiligen Barbara Barbarakraut. Da *Barbaraea* am nassen Standort bis in den Winter hinein grüne Blätter besitzt, kann man sie (was vor allem in Frankreich geschieht) selbst noch am Barbaratag (also am 4. Dezember) als Gemüse einsammeln und als Salat zubereiten. — Das Kunigundenkraut (der Gemeine Wasserdost) kann heilen. Die heilige Kunigunde war eine Schutzpatronin der kranken Kinder; an ihrem Grabe (im Bamberger Dom beigesetzt) sollen viele Kranke geheilt worden sein. — Die Samen der Pfingstrose sind der heiligen Apollonia, der Märtyrerin aus Alexandrien († 249) geweiht. Sie ist die Patronin gegen Zahnschmerzen, da sie, wie ihre Leidensgeschichte erzählt, aller ihrer Zähne beraubt wurde. So heißen die Samen der Pflanze in Oberbayern auch Apolloniakörner. In manchen Gegenden gibt man sie, auf eine Schnur aufgereiht, zahnenden Kindern in den Mund, damit sie sich im Beißen üben.

Der heilige Christophorus galt als Schutzpatron gegen die Pest. Das Christophskraut wurde früher gegen diese Krankheit verwendet (MARZELL). Es diente aber genau so zum Vertreiben von Ungeziefer, ja sogar als Hexenkraut. Der heilige Christophorus war auch Schutzpatron der Schatzgräber; ein eigenes Christophsgebet half unterirdische Schätze erschließen. Daher brauchte man früher das Kraut, um die Geister zu beschwören, die das Gold verwahrten („christopheln“).

Nach dem heiligen Bernhard von Clairvaux heißen die Bernhardinerkrebse. Sie führen wie die Zisterzienser ein mönchisches Leben der Abgeschiedenheit in ihren Zellen, die sie in Gestalt von leeren Schneckenschalen bewohnen. Diese „Eremiten“ oder „Diogeneskrebse“ (nach dem griechischen Philosophen, dem die leere Tonne als Behausung genügte) gehören zu den merkwürdigsten Meerestieren überhaupt, nicht nur, weil sie ihren weichen Hinterleib auf die genannte Art zu schützen wissen, sondern weil sie meist eine seltsame Symbiose mit einer Seeanemone eingehen. — Zu den Franziskanern, nach Franz von Assisi genannt, gehören die „Kapuziner“. Die Mönche des Bettelordens tragen ohne Strümpfe Sandalen und eine große, wollene, braune Kutte, an der sich eine Kapuze befindet. Diese Kapuze nun kehrt in ähnlicher Form in der Blütengestalt einer südamerikanischen Pflanzengattung wieder, der Kapuzinerkresse, die in vielen Formen als Gartenblume gezüchtet wird (spanische, türkische, indische Kresse). Ihr zoologisches Gegenstück, aus dem gleichen Erdteil stammend, sind die Kapuzineraffen. Die „Kapuziner“ Brasiliens tragen nämlich einen langen Rollschwanz und auf dem Kopf eine Art Bürste von steil aufgerichteten Haaren, die wie eine Perücke oder Kapuze dem Kopf aufgestülpt erscheint.

Die Karthäusernelke geht tatsächlich auf den Eremitenorden zurück, den der heilige Bruno von Köln gründete, und nicht, wie man früher glaubte, auf die Namen zweier Naturforscher (Johann und Friedrich Karthäuser). Man hat wohl die Nelke gern in Klostergärten gezogen; vielleicht sollte auch den botanischen Arbeiten des Ordens ein Denkmal gesetzt werden. — Unser Märzenbecher heißt in einigen Gegenden auch Josephsblume, weil er um den St. Josephstag (19. März) bereits blüht; andere nennen ihn „Schnee-Katherl“ nach der Schutzheiligen des Dominikanerordens, der Katharina von Siena, die 1461 heiliggesprochen wurde. Denn auch der 30. April fällt noch in die Blütezeit der Frühlingsblume.

Ein weit verbreiteter Storchschnabel mit unangenehmem Geruch ist dem Schutzgott des Hauses gewidmet, dem heiligen Ruprecht. Die Pflanze heißt botanisch nach dem Vornamen Robert, der gleicher sprachlicher Herkunft ist, *Geranium Robertianum.*

e) Andere kirchliche Begriffe

Bischofsmütze *Echinocactus, Mitra;* Engelsüß *Polypodium vulgare;* Engelwurz *Archangelica officinalis;* Mönchspfeffer *Elaeagnus, Vitex agnus castus;* Paradiesapfel *Malus paradisiaca;* Pfaffenhütchen *Evonymus europaeus;* Priesterkragen *Chrysanthemum leucanthemum.*

Klosterfräulein *Motacilla alba;* Mönchseule *Cucullia umbratica;* Mönchsgeier *Aegypius monachus;* Mönchsgrasmücke *Sylvia atricapilla;* Nonne *Lymantria monacha;* Nonnengans *Branta leucopsis;* Nonnenmeise *Parus palustris;* Papstkrone *Mitra papalis;* Paradiesfisch *Macropodus opercularis;* Paradiesvogel *Paradisea apoda.*

Unter den Namen von Pflanzen und Tieren fehlen nicht die Diener des Herrn. Zunächst kehren die Priester in mancherlei Namen wieder. Viele Pflanzen ahmen nämlich die Amtstracht der Geistlichen nach. Vom Pfaffenhütchen bis zur Bischofsmütze, vom Priesterkragen bis zur Papstkrone spannt sich ein weiter Bogen. Manche Namen sind noch zudem vieldeutig. Eine „Bischofsmütze" ist nicht nur ein kugelförmiger Kaktus, sondern auch ein Zierkürbis mit einer mützenähnlich gewachsenen Frucht und sogar eine tropische Meeresschnecke, die ein mitraähnliches Turmhaus aufbaut, edel und kunstvoll wie aus Porzellan.

Nicht weniger zahlreich sind auch Mönch und Nonne unter den Namen anzutreffen. — Wenn ein Jäger einen geweihlosen Hirsch (auch „Büffelhirsch" geheißen) einen „Mönch" nennt, spielt er vielleicht auf das Zölibat an. Das Geweih ist nämlich das Zeichen des geschlechtstüchtigen Tieres. Geweihlosigkeit zeigt an, daß sich das Tier nicht mehr vermehrt. — Eine Pflanze mit Früchten, die antiaphrodisch wirken, trägt den Scherznamen Mönchspfeffer. Sie diente im Mittelalter gegen die Sinnlichkeit, „daher legten sich die Frauen an Tagen geschlechtlicher Enthaltsamkeit die Zweige unter" (LAVEN). — Mehrere Namen wollen die Färbung und Form eines Tiergewandes kennzeichnen, wenn sie es mit Mönch und Nonne vergleichen. So heißt ein Schmetterling Mönchseule, weil seine Rückenhaare wie eine Kapuze über den Kopf reichen. Eine Mönchsgrasmücke (auch „Mönch" oder Schwarzplättchen genannt) trägt eine dunkle Kopfplatte, das Männchen schwarz, das Weibchen rotbraun bei sonst grauem Gefieder. Ähnlich ist es bei der Nonnenmeise (auch Sumpfmeise). — So hat sich auch der Mönchsgeier eine dunkelbraune Mönchskutte übergestreift und heißt besser auch Kuttengeier. — Eine Nonnengans kleidet sich, ähnlich wie eine Nonne, in Schwarz und Weiß, dazu hat sie ihre schwarze Stirnhaube mit weißen Bändern befestigt, denn Streifen laufen ihr über die Wangen. — Wenn aber ein gefährlicher Waldschädling unter den Schmetterlingen die Nonne ist, dann verrät dieser Name, daß sich die Spinnerraupe ähnlich wie eine Nonne in ihre Zelle verkriecht, denn ihre Puppe findet man in den Runzeln und Ritzen der

Baumrinde. — Die Bachstelze wird auch Klosterfräulein genannt, weil sie in ihrem Gefieder die Farben weiß, grau und schwarz vereinigt.

Die Wurzel eines Farnes, des Engelsüß, hat einen süßlichen Geschmack. Nach der Legende des Volkes ist der Farn von Engeln zur Erde gebracht worden, damit er gegen Schlaganfall helfe. Daß zwei Doldengewächse auf die Namen „*Angelica*" (Brustwurz) und „*Archangelica*" (Engelwurz) getauft wurden, deutet man so, daß ein Engel und ein Erzengel die Heilkraft der nach ihnen benannten Pflanzen entdeckt haben sollen.

Es muß schon seine Bewandtnis haben, wenn Pflanzen und Tiere ausdrücklich „paradiesisch" sind. Einer der Paradiesvögel verrät mit seinem Namen *Paradisea apoda* seine ganze Geschichte. Denn nur aus dem Paradies können Vögel ohne Füße stammen (die Tierfänger hatten sie ihnen abgeschnitten). — Gewisse Labyrinthfische sind so schön, wie Fische im Paradies nur sein können. Sie tragen nämlich lebhafte und bunte Farben und oft seltsam veränderte Flossen und -anhänge. Manche der Paradiesfische wurden daher zu Freunden der Aquarienbesitzer. — Es braucht uns schließlich nicht zu wundern, daß begehrte und vortreffliche Früchte aus dem Paradies stammen sollen (z. B. „Paradiesapfel" = Tomate; „Paradiesfeige" = Banane).

f) Das Kreuz

Kreuzblume *Polygala;* -blütler *Cruciferen;* -gentiane *Gentiana cruciata;* -labkraut *Galium cruciata;* -dorn *Rhamnus cathartica.*

Kreuzkröte *Bufo calamita;* -otter *Vipera berus;* -schnabel *Loxia curvirostra;* -spinne *Araneus diadematus.*

Wir stoßen allenthalben bei Pflanzen- und Tiernamen auf das „Kreuz" als Namensbestandteil; viele fromme Geschichten und Legenden ranken sich um diese Lebewesen mit dem Kreuz.

Unter den Tieren zeigt eine Spinne das Abbild des religiösen Symbols. Zwei sich rechtwinklig schneidende, weiße Bälkchen bilden es auf dem Hinterleibsrücken der Kreuzspinne, des Tieres, das zugleich das schönste, kunstvoll gefügte Radnetz ausspannt zu Gottes Preis und Lob. — Einer Finkengattung, den Kreuzvögeln, gab der Schöpfer einen Schnabel, der sich zum Öffnen harter Nadelholzzapfen vortrefflich eignet. Die verlängerten Enden des gekrümmten Schnabels liegen nicht auf-, sondern nebeneinander, wenn der Schnabel geschlossen ist: sie bilden ein Kreuz. Mit diesem seltsamen Werkzeug werden die Schuppen der Zapfen längs aufgerissen, so daß die Samen zum Vorschein kommen. — Über die Rückenlinie der Kreuzotter läuft vom Kopf bis zum Schwanz, ein dunkles Zickzackband, das an den Körperflanken dunkle Flecke begleiten, und auf der Zeichnung des Kopfes läßt sich ein H- oder X-förmiges dunkles Gebilde erkennen. — Wie die Kreuzkröte zu ihrem Namen kam, ist nicht ersichtlich. — Dagegen verdient der Kreuzbock eine Erwähnung. Der Jäger bezeichnet so einen Sechserbock. Wenn nämlich Vorder- und Hintersprossen des Gehörns einander gegenüberstehen, bilden sie ein Kreuz.

Auch im Pflanzenreich begegnet man dem Kreuz recht häufig. „Kreuzweise gegenständig" ist ein fester Begriff der Bestimmungsbücher und die Ursache manchen „Kreuznamens". — Die Pflanzenfamilie Kreuzblütler (Cruciferen = Kreuzträger) ist allen voran zu nennen. Die „Kreuzblüte" ist bestimmt durch vier Kelchblätter, die im Winkel von 90° zueinander stehen, vier Blütenblätter füllen die Lücken aus. Bei dem Kreuzlabkraut bilden vier dreinervige Blättchen einen Quirl, in dessen Achsel kleine gelbe Blüten in Trugdolden stehen. So reihen sich hier Blütensträußchen am Stengel in vielen Etagen.

Früher hießen die Cruciferen auch Kreuzblumen. Heute gilt der Name nur noch einer besonderen Familie, den Kreuzblumengewächsen. Bei ihnen sucht man nach einem Kreuz vergebens. Manche behaupten, der Name rühre daher, daß die Pflanze in der Karwoche (Kreuzwoche) am besten entfaltet sei. — Zu den Faulbaumgewächsen gehört der Kreuzdorn. Sein Name kommt von seiner gegenständigen Verzweigung; die Zweige laufen in Dornen aus. Die Früchte sind die „Kreuzbeeren".

Es braucht nur erwähnt zu werden, daß es noch viele derartige „Kreuzpflanzen" gibt. Zu den Kreuzkräutern hat man auch schon die Einbeere und einen Enzian *(G. cruciata)* neben anderen gerechnet. Bei den Enzianblättern tritt die Kreuzstellung auf; andere Beobachter aber fanden, daß das Rhizom in der Mitte kreuzähnlich zerspalten sei. Auf diese Weise habe der Herr die heilkräftige, in Legenden oft erwähnte Pflanze besonders kennzeichnen wollen; er durchstach sie mit einem vierschneidigen Speer.

Das Kreuzkraut *(Senecio)* aber trägt kein Kreuz, es ist vielmehr als „Greiskraut" zu deuten. An den flugfähigen Samen sitzen kleine Flugapparate, Haarschöpfe aus grauweißen Pappushaaren geformt, wie das graue Haar auf dem Kopf eines alten Mannes. Es heißt übrigens auch „Baldgreis".

8. Der Ablauf der Zeit

a) Tag und Nacht

Tagfalter *Diurna, Rhopalocera;* -lichtnelke, Rote L. *Melandryum rubrum;* -pfauenauge *Vanessa io;* -raubvögel, Ordn. *Falconiformes*; -lilie *Hemerocallis;* -schläfer *Nyctibiidae;* Eintagsfliegen *Ephemeridae.*

Nachtaffen *Aotinae,* z.B. *Mirikina;* -falter, -schmetterlinge *Heterocera;* Nachtigall *Luscinia megarhynchus;* -katze *Noctifelis guigna;* -lichtnelke, Abend, *Melandryum album;* -pfauenauge, Fam. *Saturniidae;* -raubvögel, Eulenvögel *Strigidae;* -reiher *Nycticorax nycticorax;* -schwalbe, Ziegenmelker *Caprimulgus europaeus;* -jasmin *Nyctanthes arbor-tristis;* Königin der Nacht *Cereus grandiflorus;* -kerze *Oenothera;* -schatten *Solanum;* -viole *Hesperis matronalis.*

Abendfalke, Rotfußfalke *Falco vespertinus;* -segler, Fledermaus, *Nyctalus noctula.*

Es gibt wenig „Tag"-, aber viele „Nacht"tiere und -pflanzen unter den deutschen Namen unserer Lebewesen. Das ist verständlich. Denn unsere Pflanzen und Tiere sind, wenigstens soweit sie das Volk kennt und mit Namen versieht,

Licht- und Taglebewesen. Um so erstaunlicher für den unbefangenen Beobachter, daß einige dieses Prinzip durchkreuzen. Das Bestimmungswort in einem Kompositum muß dann davon Kunde geben.

Tag und Nacht ist ferner zur Bezeichnung eines Gegensatzes beliebt. Wir kennen und gebrauchen z. B. Tagraubvögel und Nachtraubvögel, Tagfalter und Nachtfalter, Tagpfauenauge und Nachtpfauenauge. Dabei sind diese Beziehungen zwar Trennungen nach Lebensgewohnheiten, aber keine scharfen Schnitte des Systems. Wir dürfen also diese volkstümlichen Namen, die zum Teil sogar von Fachleuten verwendet wurden, nur mit Vorbehalt übernehmen. Der Volksmund nennt alle Schmetterlinge Nachtfalter, die erst bei Eintritt der Dämmerung fliegen; der Wissenschaftler könnte sie nur definieren als Schmetterlinge, die keine keulenförmigen Fühler, das Privileg der Tagfalter, tragen. Nachtpfauenaugen gehören zur Gattung *Saturnia*, aber das Männchen des kleinen Nachtpfauenauges (*Saturnia pavonia)* fliegt auch am Tage. Den Tagraubvögeln werden heute die Eulenvögel (und nicht mehr die Nachtraubvögel) entgegengesetzt, denn das übergeordnete „Raubvögel" als Grundwort des Kompositums ist sogar irreführend, da es sich nur um konvergente Bildungen unter den Vogelgestalten handelt. Zudem sind die „Eulen" nur in der Hauptsache, aber nicht ausschließlich Dämmerungs- oder Nachttiere. Wenn man endlich der (Tag-) Schwalbe, die nur am Tage jagt, eine Nachtschwalbe entsprechen läßt, so begeht man vollends den Fehler, einen Seglervogel zum Singvogel zu stempeln. Besser wird also das Wort Nachtschwalbe vermieden und durch Ziegenmelker ersetzt. Da man aber die „Ziegenmelker" *(Caprimulgidae)* von den ihnen nahestehenden „Ziegenmelkerartigen" *(Caprimulgiformes)* trennen mußte, hat man einen Tagschläfer erfunden, dem wiederum der Nachteil anhaftet, daß er kein echter „Schläfer" *(Muscardinidae)* ist. So ist die deutsche Namengebung mit Mängeln behaftet.

Dagegen sind allgemeine Bildungen wie „Tagtiere", „Dämmerungstiere" und „Nachttiere" unverfänglich und verbinden sich mit einer klaren, wenn auch nicht systematischen Vorstellung. Ein Nachttier z. B. besitzt (unabhängig von Systemzugehörigkeit) unauffällige Farben, scharfe Sinne und eine geräuschlose Fortbewegung, ob es nun eine Fledermaus, ein Vogel, ein Schmetterling oder ein Halbaffe ist.

Unter den Blumen gibt es entsprechend „Tagblüher" (bei weitem die meisten) und „Nachtblüher", je nachdem, zu welchen Zeiten sie ihre Blüten öffnen.

Eine Taglilie z. B. ist eine Lilie, die uns die Pracht ihrer Blüte nur einen Tag zeigt. Unter den „Nachtpflanzen" sind zwei recht bekannte Gattungs- und Familiennamen, Nachtkerzen und Nachtschatten. Aber nur die ersten tragen ihren Namen mit vollem Recht. Die Blüten der *Oenothera* nämlich öffnen sich erst am Abend und blühen zwei Nächte. Zunächst wird der klebrige Pollen entlassen. In der zweiten Nacht verwelken die Staubgefäße, während dann erst die Narben voll ausgebildet sind. Am Zwischentag waren die Blüten freilich nur unvollkommen geschlossen. Da Nachtkerzen seit Hugo de Vries beliebte Objekte für Vererbungsfragen geworden sind, können nur unverdrossene Frühaufsteher Bestäubungsversuche an ihnen durchführen. Der merkwürdige Name

Nachtschatten dagegen läßt sich bis ins Althochdeutsche (nahtscato) zurückverfolgen. Ihm liegt nur insofern eine botanische Beobachtung zugrunde, weil uns die mit giftigen Vertretern reich gesegnete Gattung fast so unheimlich vorkommt (der Name ging wohl von dem gemeinen *Solanum nigrum* aus) wie die Dämonen der nächtlichen Dunkelheit.

Eine Königin der Nacht dagegen, nicht gefürchtet, sondern geliebt, ist ein Kaktus, der seine stattliche, weiße, duftende Blüte erst nach Eintritt völliger Dunkelheit nur für eine Nacht öffnet. Jeder Gärtner und Pflanzenfreund kennt dieses unvergeßliche Schauspiel, das wie eine Zeitrafferaufnahme anmutet und in wenigen, kaum 6 Stunden einer Nacht Werden und Vergehen sinnfällig zeigt. Man verspürt fast Trauer, wenn die eben entfaltete Pracht wieder dahinschwindet. Daher trägt ein indischer Nachtjasmin geradezu den Namen Trauerbaum. Auch er tut es nämlich der „Königin" unter den Nachtblühern gleich und hat gleich ihr große, weiße Blüten von starkem Duft, aber kurzem Leben.

Auch unter den Tieren gibt es eine ungekrönte, sogar uralte Königin der Nacht, unsere Nachtigall, die Nachtsängerin; denn die dritte Silbe dieses Wortes hängt sicher mit einem germanischen „galan" (singen) zusammen. Nachttiere sind auch Nachtreiher, Nachtkatze, Nachtaffe, um noch einige zu nennen.

Die Augen der Pfauen„schleppe" kehren auf den Flügeln mancher Schmetterlinge als Konvergenzbildung wieder. Wir kennen nämlich drei solcher „Pfauenaugen". Wir unterscheiden sie nach der Tageszeit, in der sie fliegen.

deutscher Name	deutsche Verwandtschaft	lateinischer Name	lateinische Verwandtschaft	Zeichnung
Tagpfauenauge	Fleckenfalter	*Vanessa io*	*Nymphalidae*	4 Augen
Abendpfauenauge	Schwärmer	*Sphinx ocellata*	*Sphingidae*	2 Augen
Nachtpfauenauge	Augenspinner	*Saturnia (Eudia)*	*Saturniidae*	4 Augen

„Abendtiere" gibt es noch mehr. Eine Fledermaus ist der Abendsegler und ein Tagraubvogel der sog. Abendfalke.

b) Monatsnamen

März: Märzbecher *Narcissus pseudonarcissus, Leucoium vernum etc.;* -blume *Taraxacum officinale, Anemone nemorosa, Anemone hepatica etc.;* -veilchen *Viola odorata;* -mücken, -fliegen *Bibionidae;* -ente, Wildente *Anas platyrhyncha.*

Mai: Maiblume, -kraut (viele Frühlingsblumen: *Maianthemum bifolium, Asperula odorata;* -fisch (verschiedene Heringsfische, z. B. Alse, Schnäpel); -forelle *Salmo trutta;* -glöckchen *Convallaria maialis;* -käfer *Melolontha vulgaris, M. hippocastani;* -kärpfling, Zahnkarpfen *Fundulus maialis;* -renke *Alburnus mento;* Maienröslein, Pechnelke *Viscaria vulgaris.*

Juni: Junikäfer *Phyllopertha horticola.*

Juli: Julikäfer *Anomala aenea.*

August: Augustblume *Gnaphalium aereum*, Augustnuß *Corylus avellana*.

Oktober, November, Dezember: „Rosen" (*Aster*-arten).

Wenigstens die Hälfte der Monatsnamen sind in unsere deutschen Tier- und Pflanzennamen eingewandert. Es ist kein Zufall, daß die dreisilbigen Monatsnamen dabei kaum beteiligt sind. Ihre Komposita wären zu unförmig. So haben die kurzen „März" und „Mai" den Hauptanteil. Vielleicht entspricht diese Tatsache auch unserer Frühlingssehnsucht. Nach langem Warten voller Hoffnung erwacht das Leben; dabei ist es wichtig, ausdrücklich den Zeitpunkt festzulegen.

Die ersten Blumen im Jahr sind Kinder des März (manche unbenannte schon im Februar). Als Märzblume werden der vielfach bezeichnete Löwenzahn, die Primel, das Buschwindröschen, der Huflattich usw. angesprochen; als ein Märzbecher läutet die Glocke des Schneeglöckchens und die Scheinkrone der falschen Narzisse; ein Märzgeschenk ist auch das wohlriechende Veilchen. Im ersten Frühjahr erscheinen Mücken von fliegenähnlicher Gestalt, bald Märzfliegen, bald Märzmücken genannt. Die fruchtbare Feldhäsin setzt im März ihre ersten Jungen (noch drei Würfe können im Laufe des Jahres folgen) und führt leider die Märzhasen einem ungewissen Schicksal entgegen. Auch die März- oder Wildente beginnt bereits im März ihr Brutgeschäft. Mancher Brut bringt ein Hochwasser oder Kälteeinbruch Verderben. Den Junghasen drohen gleiche Gefahren.

Mit den meisten Namen freilich beschenkt uns erst der Mai. Maiblumen und -kräuter sind viele Blumen des Frühjahrs, vor allem die der lichten Wälder, so Schattenblume, Maiglöckchen und Waldmeister. Die Birke schmückt sich mit jungem Laub; sie ist der Maienbaum. Eine merkwürdige klebrige Nelke, das Maienröslein, entfaltet ihre roten Blüten.

Der Maikäfer, der Liebling der Kinder, stellt sich ein, auf den Monat genau nach langer unterirdischer Wartezeit. Der Maiwurm, ein blauschwarzer, flugunfähiger Käfer, kriecht am Boden dahin. Das Herz des Anglers schlägt höher, denn in den Süßgewässern tummeln sich Maifische, Maiforellen und Mairenken, und der kleine Maikärpfling (oder Killifisch) trägt seine Flecken, die später zu Querbändern werden.

Die Laubkäfer fügen uns nicht nur mit ihren Maikäfern und deren Larven, den Engerlingen, Schaden zu. Sie lösen Juni-, später auch Julikäfer ab, wahrlich ein unbeliebtes Trio von Schädlingen. Es hat sogar in Nordamerika seine verhaßten Verbündeten, einen Mai- und einen Junikäfer (*Phyllophaga*).

Der Monat August läßt die Sandstrohblumen mit ihrem trockenhäutigen Hüllkelch voll erblühen, auch Augustblumen geheißen. Die ersten Haselnüsse reifen, sie werden Augustnüsse genannt. Die Strohblumen begleiten uns auch in die nächsten Monate und wetteifern mit den Astern, die erst wahre Herbstblumen sind. Die Astern aber haben in den verschiedenen Gegenden mancherlei Namen, und man kann an ihnen das Jahr zu Ende verfolgen. Sie heißen (nach MARZELL) in Tirol Oktoberrosen, im Samland Novemberrosen und in Westpreußen endlich Dezemberrosen.

Aber in allen „Kalendern", d. h. durch das ganze Jahr blüht die *Calendula*. Sie heißt nach dem ersten Tag des Monats, den Calendae. Sie mag darum den Jahresreigen beschließen.

c) Jahreszeiten

Frühling: Frühlingsfingerkraut *Potentilla verna;* -hungerblümchen *Erophila verna;* -knotenblume *Leucoium vernum;* -krokus *Crocus luteus, neapolitanus;* -platterbse *Lathyrus vernus;* -kreuzkraut *Senecio vernalis;* -wasserstern *Callitriche vernalis.*

Sommer: Sommeraster *Callistephus chinensis;* -türchen *Leucoium vernum;* -wurz *Orobanche.*

Herbst: Herbstaster *Aster*, Zuchtformen; -zeitlose *Colchicum autumnale.*

Winter: Wintergrün *Pirolaceae;* -lieb *Chimaphila umbellata;* -ling *Eranthis hiemalis.*

Sommer und **Winter:** -gerste *Hordeum vulgare;* -eiche *Quercus robur, Qu. petraea;* -goldhähnchen *Regulus ignicapillus, R. regulus;* -linde *Tilia platyphyllos, T. ulmifolia;* -roggen *Secale cereale;* -weizen *Triticum sativum.*

Wenn der Frühling ins Land zieht, schmücken sich Wiesen, Fluren und Wälder mit den ersten Blumen nach langen Monaten voller Schnee und Eis. Was Wunder, wenn sie freudig begrüßt werden und die Jahreszeit im Namen tragen! Am bekanntesten ist wohl der Frühlingskrokus, der dann seine violetten und orangegelben Blütentrichter öffnet. Zusammen mit der Frühlingsknotenblume, dem Märzbecher, löst er die Schneeglöckchen und Winterlinge, die allerersten des Jahres ab. Schon an den ersten Buchstaben ihrer lateinischen Gattungsnamen ,,Er-" *(Eranthis, Erophila)* lesen wir das griechische ἦρ = Frühling ab. Auf Äckern und Hügeln aber entfaltet sich das winzige Frühlingshungerblümchen, in den noch lichten Laubwäldern blüht die Frühlingsplatterbse, wie das Lungenkraut mit blauen und roten Blüten zugleich. Etwas später (aber im Herbst noch ein zweites Mal!) bildet das Frühlingskreuzkraut seine gelben Blütenköpfe aus. Auf Gräben und Tümpeln endlich wächst der zarte Frühlingswasserstern.

Die Tür des Sommers öffnet das Sommertürchen, das uns auch durch den ganzen Frühling begleitet hat. Eine ganze Familie heißt Sommerwurzgewächse. Sie umfaßt schmarotzende Pflanzen, die sich erst im Sommer, jedenfalls nicht vor Juni voll entfalten, weil sie einen saftführenden grünen Wirt verlangen. Denn erst ihm verdanken sie ihr überirdisches Leben. Manche ,,Sommerpflanzen" sind Partner eines jahreszeitlich späteren Vetters. So entsprechen sich Sommereiche und Wintereiche wie Sommerlinde und Winterlinde. Unsere kleinsten Vögel, die Goldhähnchen, leben bei uns in zwei Arten, dem Sommer- und Wintergoldhähnchen.

Das vorgesetzte ,,Sommer-" bezeichnet schließlich bei manchen unserer Kulturpflanzen die Pflanzen der Sommerkultur, weil ihnen nämlich andere, die kurz vor Wintereinbruch ausgesät werden, entsprechen; hier könnte man z. B. Sommerweizen, -gerste, -roggen, -raps nennen.

Der Sommer gleitet in den Herbst mit dem Altweibersommer, der oft als Herbstbeginn gilt. Der seltsame Name gehört dem Erzeugnis kleiner Spinnen (z. B. der Krabbenspinnen); die Fäden segeln gleich dünnen grauen Haaren (Name!) durch die Luft und gewähren oftmals den jungen Spinnentieren einen Flug, die dann auf den lockeren Knäueln reiten wie ein Ozeanüberquerer auf seinem winzigen Floß. Manche bringen die glückbringenden Fäden mit Maria in Verbindung und nennen sie viel schöner „Liebfrauenfäden“ oder gar „Marienseide“.

Die Herbstzeitlose ist eine zeitlose Pflanze; denn wenn sie schon im Herbst ihre bekannten, lilafarbenen Blütentrichter öffnet, damit das Ende der sommerlich warmen Zeit ankündigend, so beginnt sie doch erst nach einem halben Jahr erzwungener Winterruhe die grünen Laubblätter und Früchte zu entwickeln. In den Gärten blühen allenthalben die Korbblütler mit vielen Zierpflanzen, den Dahlien, Georginen, Zinnien, Studentenblumen usf. Am längsten von ihnen halten es aber sicher die Herbstastern aus, bis der erste Frost auch ihre späten Geschwister, die Winterastern auslöscht. Das Wintergrün ist eine Verwandte der Heide, die auch im Winter grüne Blätter behält.

Aber selbst wenn in der Natur das Leben scheinbar erloschen ist und die Laubbäume kahl dastehen, regt sich schon wieder junges Leben auf den frischgepflügten Feldern. Das Wintergetreide mit Winterweizen, -gerste und -roggen sprießt mit nur zentimeterlangen Trieben aus dem Boden, bis das weiße Laken des Schnees ihr Wachstum für einige Monate hemmt. Aber auch die zweikeimblättrigen Pflanzen gewinnen dieses Rennen mit der Jahreszeit, das ihnen der Mensch aufzwingt, wie etwa Winterraps, -zwiebeln und -kohl.

d) Feste des Jahres

Osterglocke *Narcissus;* Osterblume *Anemone hepatica;* Pfingstrose *Paeonia;* Pfingstnelke *Dianthus caesius;* Johanniskraut *Hypericum;* Johannisbeere *Ribes rubrum;* Johannisblume *Arnica;* Johanniswürmchen *Phausis splendidula;* Sonnwendkäfer *Amphimallus solstitialis;* Michaelisblüte *Colchicum autumnale;* Weihnachtsrose *Helleborus niger;* Weihnachtsstern *Poinsettia pulcherrima.*

Die kirchlichen Feste des Jahres kehren in vielen Pflanzennamen wieder. In den meisten Fällen geben die Namen damit die Zeit an, in der die Pflanzen ihre Blüten entfalten.

Folgen wir dem Verlauf des Jahres! Das Osterfest läutet die Osterglocke ein, die Narzisse mit ihren gelben oder gelbweißen Blüten und der gefärbten Nebenkrone. Die blaue Osterblume oder das „Österchen“ (eine eigenartige Verkleinerung!) ist das Leberblümchen.

Zum Pfingstfest schmückt sich die Paeonie mit ihren großen, meist gefüllten rosenähnlichen Blüten. Sie ist unsere Pfingst„rose“, während ihre echte Namensschwester erst später unsere Gärten ziert. Die Pfingstnelke, die auch als gefüllte Züchtungsform kultiviert wird und zur gleichen Zeit blüht, steht bei uns in ihrer wilden Stammform unter Naturschutz. Sie ist an Schönheit der Pfingstrose ebenbürtig, denn aus blaugrünem Laub erheben sich purpurrote Blüten in großer Pracht. Ein Pfingstveilchen gesellt sich ihnen bei.

Die Sonnenwende, der Johannistag, im Monat der reichen Naturentfaltung wird vielfach verherrlicht. Die Johannisbeere wird um den Johannistag (24. Juni) reif. Die St. Johanniskerze (Königskerze) steckt ihre stolze Blüte auf. Das Johanniskraut, das in Volksmedizin und Aberglauben eine gewichtige Rolle spielt, ist voll entfaltet; seinem roten Farbstoff, dem „Johannisblut“, wohnen besondere Zauberkräfte inne.

Der zweite Trieb der Pflanzen heißt Johannistrieb, eine Bezeichnung, die auch gelegentlich auf den Menschen übertragen wird. Eine besondere Überraschung bietet der harmlose Leuchtkäfer, dessen flügelloses Weibchen (Johanniswürmchen!) in den warmen Nächten sein Licht entzündet. Ein Verwandter des Maikäfers hingegen treibt Ende Juni sein Unwesen, der Sonnwendkäfer.

Die vielnamige Herbstzeitlose heißt auch Michaelisblüte; ihre Blüte am Michaelistag (29. Sept.) zeigt uns, daß der Herbst eingezogen ist. Am Niederrhein wird die „Michaelisgans“ verzehrt, und auch im Volksbrauch spielt der Tag mancherorts eine Rolle.

Zur Weihnachtszeit endlich schmückt sich eine herrliche Prachteuphorbie, die *Poinsettia,* mit ihren scharlachroten Sternen, die aus Hochblättern gebildet werden; sie heißt daher auch Advents- oder Weihnachtsstern. Die Weihnachts- oder Christrose blüht bereits um die Weihnachtszeit, manchmal mitten im Schnee, wie ein Blumenwunder. In den Häusern steht die geschmückte Fichte, der Weihnachtsbaum, und in heißen Ländern der anderen Erdhälfte singen die Weihnachtszikaden ihr schrilles unermüdliches Lied.

Das Jahr ist zu Ende.

e) Sterben und Tod

Totengräber (Aaskäfer) *Necrophorus*-Arten; -käfer (Schwarzkäfer) *Blaps mortisaga*; -kopf (Schwärmer) *Acherontia atropos*; -uhr (Klopfkäfer) *Anobium striatum*; -vogel (Steinkauz) *Athene noctua.*

Totenblume, z. B. *Calendula officinalis;* -strauch *Tarchonanthus camphoratus;* -trompete *Craterellus cornucopioides.*

Nicht oft ist der „Tod“ ein Bestandteil eines Namens. Solche Pflanzen und Tiere sind beliebte Objekte des Aberglaubens, und manchen von ihnen haftet sogar etwas Unheimliches an.

Jedermann kennt den Toten- oder Leichenvogel. Wahrlich ein furchterregender Name für den harmlosen Steinkauz! Er ist nämlich als Vertreter seiner Eulensippe ein nächtliches Tier und versteht geräuschlos dahinzufliegen. Da er ferner menschliche Bauten (Scheunen, Türme usw.) als Wohnort liebt und zudem einen besonderen Ruf ausstößt, war das Urteil des Volkes rasch gebildet. Er ruft nämlich ein „guhg, kwitt, kwiu“, das sich mit einiger Phantasie auch als „komm mit“ deuten läßt. Die Toteneule fordert also den kranken Menschen auf, ihm auf den Friedhof zu folgen.

Genauso unheimlich sind die Töne, die ein Käfer hervorbringt, der Klopfkäfer. Er heißt freilich — viel schöner — die Totenuhr. Seine Larven leben im Holz, auch in alten Möbeln, und der Käfer schlägt mit seiner Stirn von innen gegen das Holz, so daß es zeitweise geheimnisvoll klopft und tickt wie in einer Uhr. Sie mahnt an die Vergänglichkeit alles Irdischen und kündet den Tod eines Menschen an. Immerhin — es ist ein Tier, das Schaden stiftet, denn auf den Käfer gehen die Löcher alter „wurmstichiger“ Möbel zurück. Hier „stach“ kein Wurm, sondern der Klopfkäfer schlüpfte aus seinem Gefängnis.

Noch ein anderer Käfer, der Totenkäfer, beunruhigt abergläubische Menschen. Er kündigt auch den Tod an *(„mortisaga“)*. Denn das harmlose Tier ist schwarz und liebt dunkle Orte, moderndes Holz in Ställen und Kellern, ja, wie manche glauben, sogar das Sargholz auf den Friedhöfen. Im Holz lebt nämlich seine Larve.

Mit dem Geschäft eines Totengräbers wird treffend die Lebensweise eines dritten Käfers verglichen, der zu den Waldpolizisten gehört. Er verscharrt in Gemeinschaftsarbeit kleine Tierleichen in den weichen Boden und sichert damit seinen Larven eine üppige Speisekammer.

Ein Schmetterling, der größte unserer deutschen überhaupt, heißt Totenkopf. Sein Name rührt von der Zeichnung her, die man auf dem Rücken des Schwärmers erblickt: ein menschlicher Schädel mit zwei schwarzen Augenhöhlen und darunter einige gekreuzte Röhrenknochen. Aber auch der Totenkopf ist ein friedliches Tier, das sich unter anderem von dem Saft „blutender“ Bäume ernährt. Sein lateinischer Name jedoch ließe Schlimmes vermuten. Das Tier heißt nämlich nach dem Fluß der Unterwelt Acheron und nach der Parze Atropos, die den Lebensfaden abschneidet.

Der „Tod“ ist auch im Pflanzenreich zuhause. Manche Blumen nennt man Totenblumen; sie gehören zum Schmuck unserer Gräber. — Die Totentrompete ist ein gut schmeckender Speisepilz.

9. Erd- und Länderkunde

Zur näheren Bestimmung eines Lebewesens dient häufig der Wohnort. Er kehrt auch in zahllosen lateinischen Artnamen wieder *(hortensis, marinus, montanus, aquaticus, silvaticus etc.)*, die in der Lehnübersetzung oft zum Bestimmungswort eines Kompositums werden. Auf diese Weise sind viele Namen von Pflanzen und Tieren entstanden, sie spiegeln geradezu alle wichtigsten Bodenformen der Erde wider. Man kann sie danach unterscheiden, ob sie sich Begriffe wählen, die der unveränderten Erdoberfläche entstammen (wie Berg, Fluß, Bach, Strand, Wasser u. a.), oder ob sie sich auf die vom Menschen veränderte Erdoberfläche beziehen (wie etwa in Zusammensetzungen mit Feld, Garten, Mauer, Wiese und Zaun). Alle diese deutschen Namen bedienen sich allgemeiner Begriffe.

Daneben aber begegnen wir häufig auch speziellen geographischen Bezeichnungen. Viele Pflanzen und Tiere heißen nämlich noch genauer nach ihrer Herkunft. Sie bewahren dann die Namen von Ländern (Grönlandwal, Apfelsine), von Flüssen (Nilpferd, Fasan), von Inseln (Sardine, Kanarienvogel), von Gebirgen (Alpenmolch, Andenwolf) oder endlich auch Städten (Quitte, Zwetsche, Tarantel).

Die Namen werden recht vielgestaltig gebildet. Manche von ihnen lassen ihren geographischen Ursprung nicht mehr erkennen („Zwiebel aus Askalon“ ergibt Schalotte); andere von ihnen verschmelzem mit dem Grundwort, das der biologischen Systematik entstammt, zu einem Wort („Käfer aus Kolorado“ ergibt

Koloradokäfer); die meisten von ihnen — alle Lehnübersetzungen — setzen ein selbständiges Adjektiv mit geographischem Inhalt vor das Substantiv, das die biologische Verwandtschaft anzeigt („Elefant aus Afrika" ergibt afrikanischer Elefant).

Nicht alle Pflanzen und Tiere halten einer strengen Nachprüfung auf ihre angegebene Herkunft stand. Auch die geographischen Namen haben mitunter ihre Vergangenheit, manche sind irrtümlich, andere zufällig entstanden und trotzdem fixiert worden. Zum Beispiel hat der „Spanische Pfeffer" nicht Spanien, sondern das tropische Amerika zur Heimat. Aus seinen Früchten wird ein pfefferartiges Gewürz, der Paprika, gewonnen. Auch die grünen „Schoten" (die botanisch gesehen Beeren sind) werden als Gemüse gegessen. Paprika ist aber ein serbisches Wort (paprika), eine Verbindung zum lateinischen *piper* (= Pfeffer) ist dabei sicher anzunehmen. Da also diese Nutz- und Gewürzpflanze vielerorts angepflanzt wird, ist sie auch mehrfach benannt worden. Wir kennen sie auch als „Türkischen Pfeffer" und „Brasilienpfeffer".

a) Unveränderte Erdoberfläche

Die Aussagen der volkstümlichen Namen gelten mit Einschränkung.

Bach

Pflanzen: wachsen am Bachufer oder bevorzugen feuchte Standorte.

-nelkenwurz *Geum rivale;* -weidenröschen *Epilobium parviflorum;* -burgel *Peplis portula.*

Tiere: leben im Süßwasser oder an Bach- und Teichufer.

-amsel *Cinclus cinclus;* -flohkrebs *Gammarus pulex;* -forelle *Trutta fario;* -läufer *Velia currens;* -mücke (Schnake) *Tipula;* -neunauge *Lampreta planeri;* -stelze *Motacilla;* -saibling *Salmo.*

Berg

Pflanzen: wachsen vornehmlich in Gebirgswäldern.

-ahorn *Acer pseudoplatanus;* -aster *Aster amellus;* -erle *Alnus viridis;* -flockenblume *Centaurea montana;* -hähnlein *Anemone narcissiflora;* -hartheu *Hypericum montanum;* -hellerkraut *Thlaspi montanum;* -kiefer *Pinus montana;* -klee *Trifolium montanum;* -silge *Peucedanum oreoselinum;* -ulme *Ulmus scabra;* -weidenröschen *Epilobium montanum.*

Tiere: bevorzugen meist gebirgiges Gelände.

-eidechse *Lacerta vivipara;* -ente *Aythya marila;* -fink *Fringilla montifringilla;* -hänfling *Carduelis flavirostris;* -laubsänger, -laubvogel *Phylloscopus bonellii;* -mannl *Salamandra atra;* -molch *Molge alpestris;* -pieper *Anthus spinoletta;* -stelze *Motacilla cinerea;* -unke *Bombinator pachypus;* -zikade *Cicadetta montana.*

Eis

Pflanzen: eine Familie und Gattung der afrikanischen Wüste. Manche Arten z. B. *M. cristallinum*) mit glasperlenartigen Papillen auf den Blättern.

-blume (Mittagsblume) *Mesembryanthemum;* -krautgewächse *Aizoaceae.*

Tiere: vorwiegend Tiere der nordischen Länder und Meere. Der einheimische „Eisfalter“ hat den Namen daher, weil er als Raupe überwintert. Der „Eisvogel“ *(Alcedo atthis)* gehört nicht hierher; er ist der „Eisen“-vogel.

-bär *Thalarctos maritimus;* -falter *Limenitinae;* -fuchs *Vulpes lagopus;* -ente *Clangula hyemalis;* -hai *Laemargus borealis;* -möwe *Larus hyperboreus;* -sturmvogel *Fulmarus glacialis;* -taucher *Colymbus immer;* -vogel *Limenitis populi, L. sibylla;* -zander *Lucioperca volgensis.*

Erd(e)

Pflanzen: entfalten sich in Erdnähe, oder ihre genutzten Teile (Knollen, Früchte) wachsen in der Erde.

-apfel *Solanum tuberosum;* -beere *Fragaria;* -birne *Helianthus tuberosus;* -kratzdistel *Cirsium acaule;* -mandel *Cyperus esculentus;* -nuß *Arachis hypogaea;* -nüßchen *Lathyrus tuberosus;* -rauch *Fumaria officinalis;* -scheibe (Alpenveilchen) *Cyclamen europaeum;* -stern *Geaster.*

Tiere: wohnen in oder auf der Erde.

-amöbe *Amoeba terricola;* -aaskäfer *Silpha obscura;* -biene *Andrena;* -bock *Dorcadion fuliginator;* -bohrer (Nagetier) *Heliophobius;* -eule *Speotyto;* -ferkel *Orycteropidae;* -floh *Phyllotreta;* -hörnchen, zur Familie der *Sciuridae;* -hummel *Bombus terrestris;* -kröte *Bufo bufo;* -läufer *Geophilus longicornis;* -leguan *Liolaemus;* -molch *Salamandra;* -maus *Arvicola agrestris;* -otter *Atractaspis;* -raupe (Eulenraupen) z. B. *Agrotis;* -raken *Brachypteraciidae;* -salamander *Plethodon cinereus;* -schnake *Tipula;* -schwalbe *Riparia riparia;* -sittich *Pezoporus;* -wanze *Lygaeidae, Cydnidae;* -wolf (Hyäne) *Proteles cristatus.*

Felsen

Pflanzen: kommen auch an kargen, steinigen Standorten vor.

-blümchen *Draba;* -mispel, -birne *Amelanchier vulgaris;* -nelke *Tunica;* -röschen *Loiseleuria procumbens.*

Tiere: einige leben in karger, selbst steinreicher Gegend. Jedoch ist das kein einheitlicher Gesichtspunkt.

-barsch *Centropristes striatus;* -hase *Lepus saxatilis;* -huhn *Tetraogallus;* -känguruh *Petrogale;* -moko (Meerschweinchen) *Kerodon rupestris;* -pieper *Anthus spin. litoralis;* -pinguin *Eudyptes crestatus;* -schlange *Assala, Python sebae;* -schnecke *Helicigona;* -schwalbe *Ptyonoprogne rupestris;* -springer *Thysanura; Machilidae;* -taube *Columba livia.*

Fluß

Pflanzen: Namen fehlen. Siehe unter „Süßwasser“ und „Wasser“.

Tiere: leben im Süßwasser oder an Ufern von Binnengewässern.

-aal *Anguilla vulgaris;* -adler *Pandion haliaetus;* -bricke *Lampreta fluviatilis;* -delphin *Platanistidae;* -kiemenschnecke *Viviparidae;* -krebs *Potamobius fluviatilis;* -muschel *Unionidae;* -neunauge *Lampreta fluviatilis;* -napfschnecke *Ancylus fluviatile;* -perlmuschel *Margaritana margaritifera;* -pferd *Hippopotamus amphibius;* -schwein *Potamochoerus;* -regenpfeifer *Charadrius dubius;* -rohrsänger *Locustella fluviatilis;* -schwirl *Locustella fluviatilis;* -seeschwalbe *Sterna hirundo;* -uferläufer *Tringa hypoleucos.*

Meer

Pflanzen: mit recht verschiedenen Beziehungen zum Meer.

Viele „Meerespflanzen" heißen nach geschätzten Kulturgewächsen; wenige von ihnen wurzeln wirklich im Meer. Um den Meerrettich bemühen sich mehrere Deutungen. Es ist wohl kaum anzunehmen, daß es sich um einen „Mährrettich" handelt, d. h. um eine geringere Abart des Rettichs (Pferderettich nach „Pferdekümmel" gebildet). Man nimmt an, daß weder die Mähre noch das Meer, sondern der Komparativ mehr im Bestimmungswort vorliegt (= mehr, größer als der Rettich). Aber manche vermuten auch, daß die von weither, nämlich aus Südosteuropa zugewanderte Pflanze eben „über das Meer" zu uns kam, auch wenn es nicht so genau stimmt, wie etwa bei der Meerkatze und dem Meerschweinchen.

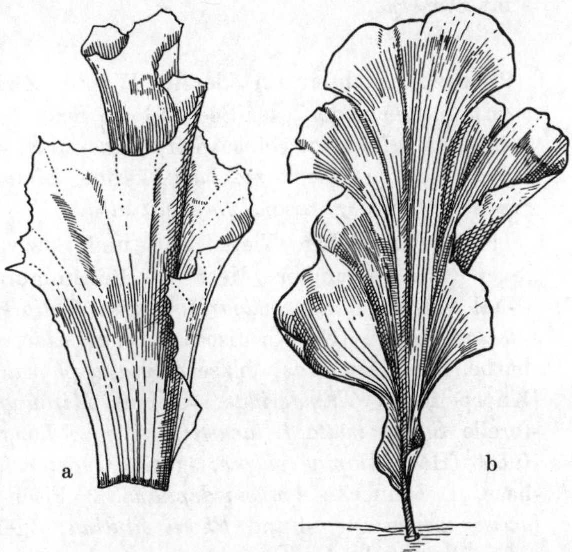

Abb. 33. Zweimal „Salat". a Endiviensalat *Cichorium endivia*; b Meersalat *Ulva lactuca*

Der Meersenf ist eine salzliebende Pflanze der europäischen Meeresküsten, wie der echte Senf den Kreuzblütlern zugehörig. Der Meerkohl, ein anderer Kreuzblütler, liebt den gleichen Standort; er ist der „Kohl des Meeresstrandes", denn seine Blätter und Wurzeln liefern Gemüse und Salat. Hinter der Meerzwiebel verstecken sich gleich mehrere zwiebeltragende Liliengewächse; die echte Meerzwiebel *(Urginea maritima)* wächst an sandigen Meeresufern.

Dagegen ist der Meersalat tatsächlich eine Pflanze des Salzwassers, freilich keine Kohlverwandte, sondern eine Grünalge, die ihre üppigen, salatähnlichen Thalluslappen entwickelt (Abb. 33). — Es gibt sogar eine Meerbohne. Es ist die Riesenhülse eines tropischen Kletterstrauches, die über das Meer verfrachtet und an ferne Küsten angeschwemmt wird. — Eine Meerdattel jedoch gehört überhaupt nicht ins Pflanzenreich, sondern ist eine Verwandte der Miesmuschel.

Meerbeerengewächse *Halorrhagidaceae;* -bohne, Samen von *Entada scandens;* -kohl *Crambe maritima;* -rettich *Cochlearia;* -salat *Ulva lactuca;* -saite *Chorda filum;* -senf *Cakile maritima;* -traube, -träubel *Ephedra vulgaris;* -wegerich *Plantago maritima;* -zwiebel *Scilla; Urginea.*

Tiere: wohnen im Meer oder in Küstengewässern (einige Ausnahmen).

-aal *Congridae, Conger vulgaris;* -assel *Idotheca baltica;* -brasse *Sparidae;* -dattel *Lithophaga lithophaga;* -echse (Leguan) *Amblyrhynchus cristatus;* -engel (Engelhai)

Rhina squatina; -forelle *Trutta trutta;* -grundeln, Fam. *Gobiidae;* -gurke *Holothurioidea;* -hand (Lederkoralle) *Alcyonium digitatum;* -hecht *Merluccius merluccius;* -katze, 1. Affe *Ceropithecus*, über das Meer aus Afrika gekommen, 2. Knorpelfisch *Chimaeride;* -leuchttierchen *Noctiluca miliaris;* -neunauge *Petromyzon marinus;* -es-milbe *Halacaridae;* -ohr *Haliotis;* -otter *Latax lutris*, in pazifischen Küstengewässern; -perlmuschel *Meleagrina margaritifera;* -schwein *Phocaena phocaena;* -schweinchen *Cavia cutleri*, von Peru über das Meer zu uns gelangt; -schildkröten *Cheloniidae;* -spinne *Hyas araneus; Maja squinada;* -stint *Osmerus.*

See

Pflanzen: wachsen am oder im Wasser. Zwischen Süß- und Salzwasser wird nicht unterschieden (der See und die See).

-ampfer *Delesseria;* -binse *Scirpus lacustris;* -dorn *Hippophaë;* -feder *Plumaria elegans;* -gras *Zostera marina;* -kanne *Limnanthemum nymphaeoides;* -kiefer *Pinus halepensis;* -rose *Nymphaea alba.*

Tiere: wasserlebige Tiere. Süß- und Salzwasser werden nicht unterschieden. „See-" wird gegenüber „Meer" als Bestimmungswort bevorzugt.

-aal (Leng) *Molva vulgaris;* -adler *Haliaetus albicilla;* -anemone *Anemonia sulcata;* -bader (Nashornfisch) *Naseus unicornis;* -bär *Arctocephalus ursinus;* -barbe, Fam. *Mullidae;* -blase *Physalia physalis;* -bulle *Cottus bubalis;* -drachen (Knorpelfisch) *Chimaeridae;* -elefant *Mirounga;* -feder *Pennatula phosphorea;* -forelle *Salmo trutta f. lacustris;* -flieger *Longipennes;* -frosch *Rana ridibunda;* -fuchs (Hai) *Alopias vulpes;* -gurke *Cucumaria planci;* -hahn, Fam. *Triglidae;* -hase, 1. Schnecke *Aplysia depilans*, 2. Fisch *Cyclopterus lumpus;* -hecht *Merluccius merluccius;* -hund *Phoca vitulina;* -igel *Echinoidea;* -jungfer *Calopteryx virgo;* -karausche *Cantharus;* -kuh, Ordn. *Sirenia;* -lachs (Köhler) *Gadus virens;* -laube (Uckelei) *Alburnus lucidus;* -leopard *Hydrurga leptonyx;* -lilie *Crinoidea;* -löwe *Eumetopias californianus;* -maus *Aphrodite aculeata;* -moos *Sertularia cupressina;* -nadel *Syngnathus acus;* -nelke *Metridium dianthus;* -otter *Latax lutris;* -papagei (Fisch) *Scarus cretensis;* -pferdchen *Hippocampus antiquorum;* -pocken *Balaniden;* -polyp *Octopus vulgaris;* -quappe *Brosmius brosme;* -raupe *Aphrodite aculeata;* -regenpfeifer *Charadrius alexandrinus;* -rinde *Membranipora membranacea;* -rose *Actiniaria, Urticina;* -saibling *Salmo salvelinus;* -scheide *Ascidiae, Ascidiella scabra;* -schildkröte *Chelonidae;* -schlange *Hydrophiidae;* -schmetterling (Fische) *Blennius ocellaris* -schwalbe *Sterna, Trigla hirundo;* -skorpion *Cottus scorpius;* -spinne *Maja squinado;* -stern *Asterias rúbens;* -stichling *Spinachia vulgaris;* -strandläufer *Calidris maritima;* -taucher *Colymbus;* -teufel *Lophius piscatorius;* -walze *Holothurioidea;* -wolf (Fisch) *Anarrhichas lupus;* -zunge *Solea solea.*

Stein

Pflanzen: gedeihen meistens auf kargen, selbst steinigen Böden (oder Härte!).

-beere *Rubus saxatilis;* -brech *Saxifraga;* -eibe *Podocarpus;* -eiche *Quercus petraea;* -klee *Melilotus;* -kraut *Alyssum saxatile;* -mispel *Cotoneaster;* -nuß *Coelococcus;* -pilz *Boletus edulis;* -quendel *Satureja acinos;* -röschen *Daphne cneorum;* -same *Lithospermum;* -schmückel *Petrocallis pyrenaica;* -schwamm *Lithistidae;* -täschel *Aethionema.*

Tiere: Das vorangesetzte „Stein-“ sammelt nach recht verschiedenen Gesichtspunkten. Nur einige Tiere sind Felsenbewohner. Oft zur Kennzeichnung eines Gegensatzes (Stein- und Baummarder, Stein- und Waldkauz).

-bock *Capra ibex ibex;* -bohrer (Klaffmuschel) *Saxicava rugosa;* -butt *Rhombus maximus;* -beißer (Fisch) *Cobitis taenia;* -adler *Aquila chrysaëtos;* -fliege, Ordn. *Plecoptera;* -forelle *Salmo trutta;* -greßling *Gobio uranoscopus;* -huhn *Alectoris;* -hummel *Bombus lapidarius;* -kauz *Athene noctua;* -krabbe *Lithodes maja;* -krebs *Astacus;* -kriecher *Lithobius forficatus;* -läufer *Lithobiidae;* -marder *Martes foina;* -picker *Agonus cataphractus;* -rötel *Monticola saxatilis;* -schmätzer *Oenanthe;* -sperling *Petronia petronia;* -wälzer *Arenaria interpres.*

Strand

Pflanzen: lieben Meeresstrand und Wattwiesen.

-distel *Eryngium maritimum;* -dorn (Sand-, See-) *Hippophaë rhamnoides;* -gerste *Elymus arenarium;* -hafer *Ammophila arenaria;* -kiefer *Pinus pinaster = P. maritima;* -ling *Litorella;* -nelke *Statice limonium;* -quecke *Agropyron junceum;* -roggen *Elymus arenarius;* -weizen *Agropyron junceum.*

Tiere: leben meist in der Nähe des Strandes.

-floh *Talitrus saltator;* -gräber (Maulwurfsratte) *Bathyergus;* -igel *Parechinus miliaris;* -krabbe *Carcinus maenas;* -läufer *Calidris;* -pieper *Anthus spinoletta petrosus;* -schnecke *Litorina litorea;* -wolf *Hyaena brunnea.*

Sumpf

Pflanzen: bewohnen sumpfige und feuchte Standorte.

-binse *Heleocharis;* -dotterblume *Caltha palustris;* -herzblatt *Parnassia palustris;* -kalla *Calla palustris;* -kiefer *Pinus palustris;* -lilie *Helobiae;* -moos *Sphagnum;* -porst *Ledum palustre;* -quendel *Peplis portula;* -ranunkel *Ranunculus aquatilis;* -rose *Limnanthemum nymphaeoides;* -segge *Carex acutiformis;* -schwertlilie *Iris pseudacorus;* -siegwurz *Gladiolus paluster;* -spierstaude *Filipendula ulmaria;* -vergißmeinnicht *Myosotis palustris;* -weidenröschen *Epilobium hirsutum;* -wolfsmilch *Euphorbia palustris;* -wurz *Epipactis,* z. B. *E. palustris;* -zypresse *Taxodium distichum.*

Tiere: leben vornehmlich an oder in Binnengewässern.

-biber *Myocastor coypus;* -bock *Limnotragus;* -deckelschnecke *Paludina vivipara;* -fliege *Nemotelus, Hydrellinae;* -hirsch *Odocoileus dichotomus;* -huhn *Porzana;* -läufer *Limicola falcinellus;* -kaninchen *Sylvilagus palustris;* -krokodil *Osteolaemus tetraspis;* -luchs *Felis chaus;* -meise *Parus palustris;* -ohreule *Asio flammeus;* -schildkröte *Emys orbicularis;* -schnecken *Lymnaeïdae;* -schnepfe *Capella gallinago;* -rohrsänger *Acrocephalus palustris.*

Süßwasser

Pflanzen: fehlen, stets nur mit „Wasser-“ allein bezeichnet.

Tiere: leben im Süßwasser, jedoch auch Verwandte im Meer. Gern „Süßwasser“ im Gegensatz zu „Meerwasser“ verwendet.

-fische (kein systematischer Begriff; Gegensatz Meeresfische); -muscheln (kein systematischer Begriff; Gegensatz Meeresmuscheln); -milbe *Hydrachnella;* -polyp *Hydra;* -schildkröte (Gegensatz Meeresschildkröte); -schwamm *Spongilliden:* -krebs (Fluß-) *Astacus fluviatilis.*

Teich

Pflanzen: leben an oder in Binnengewässern.

-binse *Scirpus lacustris;* -rose *Nuphar luteum;* -faden *Zanichellia palustris.*

Tiere: leben im oder am Wasser.

-fledermaus *Vespertilio dasycmene;* -frosch *Rana esculenta;* -huhn *Gallinula chloropus;* -läufer *Hydrometra stagnorum;* -molch *Triturus vulgaris;* -muschel *Anodonta cygnea;* -napfschnecke *Acroloxus lacustris;* -rohrsänger *Acrocephalus scirpaceus;* -schildkröte (Sumpf-) *Emys orbicularis;* -wasserläufer *Tringa stagnatilis.*

Wald

Pflanzen: bevorzugen schattige Standorte in waldreichen Gegenden.

-bingelkraut *Mercurialis perennis;* -binse *Scirpus silvaticus;* -erdbeere *Fragaria vesca;* -geißblatt *Lonicera periclymenum;* -geißbart *Aruncus silvester;* -hyazinthe *Platanthera bifolia;* -labkraut *Galium silvaticum;* -meister *Asperula odorata;* -rebe *Clematis;* -schlüsselblume *Primula elatior;* -veilchen *Viola silvestris;* -vögelein *Cephalanthera;* -wachtelweizen *Melampyrum silvaticum;* -ziest *Stachys silvaticus;* -zwenke *Brachypodium silvaticum.*

Tiere: leben gern in waldigen Gegenden.

-ameise *Formica rufa;* -ammer *Emberiza rustica;* -baumläufer *Certhia familiaris;* -bock (Käfer) *Spondylis buprestoides;* -gärtner *Blastophagus piniparda;* -eidechse *Lacerta vivipara;* -hähnchen (Singvogel) *Basileuterus;* -hund *Speothos venaticus;* -huhn *Tetraonidae;* -kauz *Syrnium aluco;* -laubsänger, -schwirrvogel *Phylloscopus sibilatrix;* -maus *Apodemus silvaticus;* -ohreule *Asio otus;* -portier *Satyrus hermione* und *S. alcyone;* -rapp (Ibis) *Geronticus;* -sänger *Parulidae;* -schnepfe *Scolopax rusticola;* -storch *Ciconia nigra;* -spitzmaus *Sorex araneus;* -wasserläufer *Tringa ochropus;* -wühlmaus (Rötel-) *Hypudaeus glareolus;* -ziege *Capricornis.*

Wasser

Pflanzen: leben am, im oder auf dem Süßwasser. Komposita mit „See-" oder „Süßwasser-" sind ungebräuchlich.

-ährengewächse *Hydrostachydaceae;* -aloe, für *Stratiotes aloides;* -ampfer *Rumex aquaticus;* -blattgewächse *Hydrophyllaceae;* -dost *Eupatorium cannabinum;* -falle *Aldrovandia vesiculosa;* -farn *Hydropteriden;* -feder *Hottonia palustris;* -fenchel *Oenanthe aquatica;* -hahnenfuß *Ranunculus aquaticus;* -hanf *Eupatorium cannabinum;* -helm *Utricularia vulgaris;* -hyazinthe *Eichhornia crassipes;* -knöterich *Polygonum amphibium;* -liesch *Butomus umbellatus;* -linse *Lemna;* -melone *Citrullus vulgaris;* -minze *Mentha aquatica;* -nabel *Hydrocotyle vulgaris;* -netz *Hydrodictyon;* -nuß *Trapa natans;* -pest *Helodea canadensis;* -pfeffer *Polygonum hydropiper;* -rose (See-) *Nymphaea;* -schierling *Cicuta virosa;* -schimmel *Saprolegnia;* -schlauch *Utricularia vulgaris;* -schwaden *Glyceria aquatica;* -schwertlilie *Iris pseudacorus;* -schweif *Hydrurus foetidus;* -stern *Callitriche.*

Tiere: leben an Ufern von Gewässern oder auch im Wasser selbst.

-amsel, -schmätzer *Cinclus cinclus;* -assel *Asellota,* zu den *Isopoda;* -bär *Macrobiotus;* -blüte *Palingenia longicauda;* -bock *Cobus unctuosus;* -fledermaus *Vespertilio daubentonii;* -floh *Cladocera;* -frosch *Rana esculenta;* -huhn (Bleß-) *Fulica atra;* -hund (Salmler) *Sarcodaces odoë;*- jungfer (Libelle), Ordn. *Odonata;* -käfer (Kolben-) *Hydrous piceus;* -kalb *Nematode, Gordius aquaticus;* -läufer 1. Insekt *Veliidae,* zu den *Rhynchota* und 2. Vogel, *Tringa nebularia*; -marder (Fischotter) *Lutra lutra;* -milben *Hydrachnellae, Halacaridae;* -minierfliege *Hydrellia;* -motten *Hydropsychidae;* -molch *Triturus;* -nadel *Ranatra linearis, Nepidae;* -natter *Natrix;* -pieper *Anthus spinoletta;* -ralle *Rallus aquaticus;* -ratte (Mollmaus) *Arvicola amphibius;* -reh *Hydropotes inermis;* -reiter *Hydrometra;* -schwein *Hydrochoerus;* -schmätzer, Fam. *Cinclidae;* -schneider *Gerridae;* -skorpion *Nepa cinerea;* -spinne *Argyroneta aquatica;* -spitzmaus *Neomys fodiens;* -springer *Hydropodura aquatica;* -star *Cinclus cinclus;* -springschwanz *Podura;* -treter *Phalaropus;* -wanze *Cryptocerata; Hydrocorisae;* -zikade *Sandaliorrhyncha.*

b) Durch den Menschen veränderte Erdoberfläche

Acker

Pflanzen: sind zum Teil Ackerunkräuter, zum Teil feldmäßig angebaute Nutzpflanzen und dienen dann häufig dazu, den Gegensatz Garten-Acker zu betonen.

-erbse *Pisum arvense;* -filzkraut *Filago arvensis;* -frauenmantel *Alchemilla arvensis;* -gänsedistel *Sonchus arvensis;* -gauchheil *Anagallis arvensis;* -glockenblume *Campanula rapunculoides;* -hahnenfuß *Ranunculus arvensis;* -hellerkraut *Thlaspi arvense;* -hohlzahn *Galeopsis ladanum;* -hornkraut *Cerastium arvense;* -hundskamille *Anthemis arvensis;* -klee *Trifolium arvense;* -kratzdistel *Cirsium arvense;* -krummhals *Lycopsis arvensis;* -mäuseschwänzchen *Myosurus minimus;* -minze *Mentha arvensis;* -rettich *Raphanus raphanistrum;* -ringelblume *Calendula arvensis;* -röte *Sherardia arvensis;* -schachtelhalm *Equisetum arvense;* -schotendotter *Erysimum cheiranthoides;* -senf *Sinapis arvensis;* -skabiose *Knautia arvensis;* -steinsame *Lithospermum arvense;* -straußgras *Agrostis spica venti;* -vergißmeinnicht *Myosotis intermedia;* -winde *Convolvulus arvensis.*

Tiere: halten sich oft auf Äckern auf. Die Armut an verbreiteten Namen ist auffällig.

-männchen *Motacilla alba alba;* -schnecke *Deroceras agreste.*

Feld

Pflanzen: wachsen auf Feldern oder an Feldrändern. Standort und Namen überschneiden sich mit „Acker-". Bei „Feld-" ist wohl mehr an Brachfeld, bei „Acker-" an bebautes Land gedacht.

-ahorn *Acer campestre;* -champignon *Psalliota campestris;* -rittersporn *Delphinium consolida;* -rüster *Ulmus campestris;* -salat *Valerianella olitoria;* -thymian *Thymus serpyllum.*

Tiere: werden in der Nähe des bebauten Landes und der Felder angetroffen.

-grille *Liogryllus campestris;* -hase *Lepus europaeus;* -heuschrecke *Acrididae;* -huhn *Perdicidae;* -hummel *Bombus agrorum;* -hüpfmaus *Zapus;* -lerche *Alauda arvensis;* -maus *Microtus arvalis;* -sandläufer *Cicindela campestris;* -skorpion *Buthus occitanus;* -sperling *Passer montanus;* -schwirl *Locustella naevia;* -spitzmaus *Crocidura leucodon;* -wespe *Polistes.*

Garten

Pflanzen: Zier-, Nutz- und (einige) Unkrautpflanzen des Gartens. Kennzeichnen oft einen Gegensatz (Garten- und Feldsalat; Garten- und Ackerrettich usw.).

-aster *Aster chinensis;* -kerbel *Anthriscus cerefolium;* -kresse *Lepidium sativum;* -lattich *Lactuca sativa;* -mangold *Beta vulgaris;* -nelke *Dianthus caryophyllus;* -nessel *Urtica urens;* -rettich *Raphanus sativus;* -salat *Lactuca sativa;* -salbei *Salvia officinalis;* -schierling (Hundspetersilie) *Aethusa cynapium;* -thymian *Thymus vulgaris;* -tulpe *Tulipa gesneriana.*

Tiere: werden oft in Gärten oder deren Nähe angetroffen.

-ammer *Emberiza hortulana;* -baumläufer *Certhia brachydactyla;* -grasmücke *Sylvia borin;* -haarmücke *Bibio hortulanus;* -hummel *Bombus hortorum;* -laubkäfer *Phyllopertha horticola;* -laubvogel, -spötter *Hippolais icterina;* -rotschwänzchen *Phoenicurus phoenicurus;* -schläfer *Eliomys quercinus;* -schnecke *Cepaea hortensis.*

Haus

Pflanzen: wachsen am Hause.

-pflaume *Prunus domestica;* -schwamm (Sammelname, z. B. *Merulius*); -wurz *Sempervivum.*

Tiere: Nutztiere des Menschen und wildlebende Tiere, die in der Nähe menschlicher Behausungen angetroffen werden.

-baumläufer *Certhia brachydactyla;* -bock *Hylotrupes bajulus;* -ente *Anas boschas;* -esel *Equus asinus;* -fliegen *Muscinae;* -gans *Anser anser;* -grille (Heimchen) *Gryllus domesticus;* -huhn *Gallus domesticus;* -hund *Canis familiaris;* -käfer (Diebs-), Fam. *Ptinidae;* -kaninchen *Lepus cuniculus;* -katze *Felis domestica;* -marder *Martes foina;* -maus *Mus musculus;* -milbe *Oudemansium domesticum;* -mutter (Schmetterling) *Agrotis pronuba;* -ratte *Mus rattus;* -rind *Bos taurus;* -rotschwänzchen *Erithacus ater, Phoenicurus ochruros;* -schaf *Ovis aries;* -schwalbe *Delichon urbica;* -schwein *Sus scrofa domesticus;* -skorpion *Euscorpius italicus;* -sperling *Passer domesticus;* -spinne *Tegenaria domestica;* -spitzmaus *Crocidura russula;* -taube *Columba;* -wanze (Bett-), *Cimex lectularius;* -ziege *Capra hircus.*

Mauer

Pflanzen: wachsen an Mauern.

-pfeffer *Sedum acre;* -raute *Asplenum ruta muraria.*

Tiere: Viele Tiere dieser Gruppe leben an steinigen Plätzen (?)

-assel *Oniscus asellus;* -biene *Osmia;* -eidechse *Lacerta muralis,* an sonnigen Mauern; -fuchs (Falter) *Pararge magaera;* -gecko *Tarentola mauritanica;* -läufer *Tichodroma muraria;* -segler *Apus apus,* in Gemäuern brütend; -wespe *Odynerus parietum,* nistet in Lehmwänden.

Wiese(n)

Pflanzen: wachsen auf natürlichen oder künstlich geschaffenen Wiesen.

-augentrost *Euphrasia pratensis;* -bärenklau *Heracleum sphondylium;* -bocksbart *Tragopogon pratensis;* -feste *Crepis biennis;* -flockenblume *Centaurea jacea;* -frauenmantel *Alchemilla vulgaris;* -fuchsschwanz *Alopecurus pratensis;* -glockenblume *Campanula patula;* -goldstern *Gagea pratensis;* -hafer *Arrhenatherum elatius;* -hornklee *Lotus corniculatus;* -kerbel *Anthriscus silvestris;* -klee *Trifolium pratense;* -knopf *Sanguisorba;* -knöterich *Polygonum bistorta;* -kohl *Cirsium oleraceum;* -kreuzblume *Polygala vulgare;* -kümmel *Carum carvi;* -lein *Linum catharticum;* -leinblatt *Thesium pratense;* -lieschgras *Phleum pratense;* -platterbse *Lathyrus pratensis;* -raute *Thalictrum;* -rispengras *Poa pratensis;* -salbei *Salvia pratensis;* -schaumkraut *Cardamine pratensis;* -schwingel *Festuca elatior;* -segge *Carex Goodenoughii;* -siegwurz *Gladiolus imbricatus;* -storchschnabel *Geranium pratense;* -wachtelweizen *Melampyrum pratense.*

Tiere: werden oft in der Nähe von Wiesen angetroffen.

-ameise *Lasius;* -eidechse (Berg-) *Lacerta vivipara;* -fliege *Geomyzinae;* -knarrer, -ralle (Wachtelkönig) *Crex crex;* -otter *Vipera ursinii;* -pieper *Anthus pratensis;* -schmätzer *Saxicola rubetra;* -schnake, Fam. *Limoniidae;* -spinner, Fam. *Lemoniidae;* -schaumzikade *Philaenus spumarius;* -weihe *Circus pygargus.*

Zaun (Abb. 34)

Pflanzen: wachsen an Zäunen.

Die Zaunwinde schmückt sich mit blendend weißen, großen Blütentrichtern (der bestäubende Windenschwärmer kann sie auch in der Dämmerung finden). Wenn ihr auch als der einzigen hier abgebildeten „Zaun"pflanze die Ranken fehlen, so verankert sich doch der biegsame, schwache Stengel mit linksherum verlaufenden Windungen genauso erfolgreich wie die Zaunrübe, die an jedem Blattansatz eine lange Wickelranke trägt. Übrigens ist die Zaunrübe der einzige giftige Zaungast (mit beiden Arten); ihre Wurzel ist rübenähnlich angeschwollen.

Die Zaunrebe, die mit ihrem üppigen Blattmosaik ganze Hauswände und Gartenlauben überzieht, wird auch Jungfernrebe genannt. Nicht, daß sie überhaupt keine Früchte brächte! Aber die trockenen blauschwarzen Beeren werden nur in Notzeiten von den Vögeln gefressen. Die saftigen Trauben der Weinrebe sind unvergleichlich besser.

Die Zaunwicke, unter den Zaunkletterern der letzte im Wettbewerb und der kleinste, liebt das Gebüsch und die Hecke noch mehr als ihre drei Namenspartner, die oft nicht hoch genug hinauskönnen. Anstatt der Endblättchen trägt sie kleine Ranken an ihren gefiederten Blättern.

Der Zufall beschert uns mit den drei Beispielen Rankenträger nebeneinander, an denen sich die drei verschiedenen Rankentypen erkennen lassen: Ranken entstehen durch Umwandlung von ganzen Sprossen (wilder Wein), von ganzen Blättern (die Blattranken der Zaunrübe) oder auch nur von Teilen der Blattspreite (Zaunwicke).

Zaunrebe *Parthenocissus vitacea, Ampelopsis quinquefolia;* -rübe *Bryonia alba;* -wicke *Vicia sepium;* -winde *Convolvulus sepium.*

Tiere: werden an Zäunen und Hecken angetroffen.

-ammer *Emberiza cirlus;* -eidechse *Lacerta agilis;* -grasmücke *Sylvia curruca;* -igel *Erinaceus europaeus;* -könig *Troglodytes troglodytes;* -schlüpfer *Troglodytes troglodytes.*

Abb. 34. Zaunpflanzen. a Zaunwinde *Convolvulus sepium*; b Zaunrübe *Bryonia alba*; c Zaunrebe *Ampelopsis quinquefolia*; d Zaunwicke *Vicia sepium*

c) Herkunft nach Ländern

Länder Europas

Pflanzen: Baltischer Enzian *Gentiana baltica*; böhmischer* Storchschnabel *Geranium bohemicum;* dänisches Löffelkraut *Cochlearia danica;* deutscher Enzian *Gentiana germanica;* Elsässer Haarstrang *Peucedanum alsaticum;* englischer Weizen *Triticum turgidum;* englisches Raygras *Lolium perenne;* englischer Ginster *Genista anglica;* französisches Filzkraut *Filago gallica;* irländisches Moos, Irish Moss *Chondrus crispus* u. a.; isländisches Moos *Cetraria islandica;* italienische Ochsenzunge *Anchusa italica;* lappländische Weide *Salix lapponum;* österreichische Kamille *Anthemis austriaca;* polnischer Weizen *Triticum polonicum;* schwedische Eberesche *Pirus suecica;* spanischer Pfeffer *Capsicum annuum;* spanisches Rohr, Rotangpalme *Calamus rotang;* Thüringer Malve *Lavatera thuringiaca;* Türkenbund, türkischer „Bund" *Lilium martagon;* ungarischer Enzian *Gentiana pannonica.*

* Die Adjektiva werden in der Biologie oft klein geschrieben, wenn sie nur lateinische Artnamen übersetzen und wenn die Lehnübersetzungen von der Umgangssprache nicht aufgenommen wurden. — Eine einheitliche Rechtschreiberegelung besteht nicht. Die Entscheidung, ob das Adjektiv unbedingt zum Namen gehört („Fleißiges" Lieschen) oder nicht („falsche" Narzisse), ist oft sehr schwer zu treffen.

Tiere: Deutsche Schabe *Blattella germanica*; deutsche Wespe *Vespa germanica;* europäische Sumpfschildkröte *Emys orbicularis;* Finnwal *Balaenoptera;* griechische Landschildkröte *Testudo graeca;* Hessenfliege *Cecidomyia destructor;* isländischer Strandläufer, Knutt *Calidris canutus;* Provence-Grasmücke *Sylvia undata undata;* schottisches Moorhuhn *Lagopus lagopus scoticus;* spanische Fliege *Lytta vesicatoria;* Tiroler Baumschläfer *Dryomys nitedula intermedius;* türkischer Affe, Magot, *Simia inuus;* Türkentaube *Streptopelia decaocto.*

Außereuropäische Länder

Pflanzen: Ägyptische Seerose, Lotosblume *Nymphaea lotus;* arabischer Schneckenklee *Medicago arabica;* Brasilkiefer *Araucaria angustifolia;* Brasilnuß, -kastanie *Bertholletia excelsa;* chinesischer Flieder *Syringa chinensis;* chinesische Kartoffel, Yamswurzel *Dioscorea batatas;* chinesischer Tee *Thea chinensis;* indische Kartoffel *Ipomoea batatas;* indische Seerose *Nelumbo nucifera;* japanische Quitte *Chaenomeles japonica;* Kaffernkorn *Andropogon sorhum;* Kaffernkartoffel, zu den *Ranunculaceen;* kanadische Goldrute *Solidago canadensis;* kanadische Wasserpest *Helodea canadensis;* Liberia-Kaffee *Coffea liberica;* Maryland-Tabak *Nicotiana latissima;* Ontario-Pappel *Populus candicans;* Panamaholz, -rinde *Quillaja saponaria;* persischer Flieder *Syringa persica;* sibirische Meerzwiebel *Scilla sibirica;* virginische Kresse *Lepidium virginicum;* virginischer Tabak *Nicotiana tabacum;* virginische Zaubernuß *Hamamelis virginica.*

Tiere: Afrikanischer Elefant *Laxodonta africana;* afrikanisches Nashorn *Diceros bicornis;* afrikanischer Strauß *Struthio camelus;* arabischer Hase *Lepus arabicus;* äthiopischer Igel *Paraechinus aethiopicus;* asiatischer Halbesel *Equus hemionus;* Bengalfuchs *Vulpes bengalensis;* Bengaltiger *Panthera tigris;* chinesischer Hase *Lepus sinensis;* chinesische Wollhandkrabbe *Eriocheir sinensis;* indischer Elefant *Elephas maximus;* indisches Flughörnchen *Pteromys volans;* indisches Nashorn *Rhinozeros unicornis;* indische Seekuh, Dugong, *Halicore;* japanischer Seelöwe *Zalophus japonicus;* Kaffernbüffel *Syncerus caffer;* Kanada-Biber *Castor canadensis;* Koloradokäfer *Leptinotarsa decemlineata;* neuholländischer Strauß *Dromaeus novae-hollandiae;* sibirische Drossel *Turdus sibiricus;* syrischer Goldhamster *Mesocricetus auratus;* tasmanischer Seebär *Arctocephalus tasmanicus.*

d) Herkunft nach Flüssen

Pflanzen und Tiere: Amazonenameise *Polyergus rufescens;* Amazonenpapagei *Chrysotis;* Elbbutt, Flunder, *Pleuronectes flesus;* Fasan, nach dem Phasis, Fluß in Kolchis, *Phasianus colchicus;* Gangesdelphin, Zahnwal, *Platanista gangetica;* Mississippi-Kaiman *Alligator mississippiensis;* Nilkrokodil *Crocodilus niloticus;* Nilpferd *Hippopotamus amphibius;* Orontium (Goldkeule, eine *Aracee* genannt nach Orontes, Fluß in Vorderasien); Rheinlanke *Coregonus;* Weichselampfer *Rumex ucranicus;* Wolgazander *Lucioperca volgensis.*

e) Herkunft nach Meeren und Seen

Pflanzen und Tiere: Bodenseefelchen *Coregonus wartmanni;* kaspischer Regenpfeifer *Charadrius asiaticus;* kaspische Weide *Salix acutifolia;* Mittelmeerhaarstern

Antedon bifida; Mittelmeerkrake *Octopus vulgaris;* Mittelmeer-Steinschmätzer *Oenanthe hispanica;* Nordseegarnele *Crangon vulgaris;* Nordseekalmar *Allotheutis subulata;* Nordseetaucher *Colymbus stellatus;* Ostseegarnele *Leander adspersus var. fabricii.*

Die Ringelrobbe *(Phoca hispida)* hat eine Anzahl Unterarten, die nach ihrem Vorkommen heißen: Baikalrobbe *P. h. sibirica;* Eismeerrobbe *P. h. hispida;* Kaspirobbe *P. h. caspica;* Ladogarobbe *P. h. ladogensis* u. a.

f) Herkunft nach Inseln

Cockburn, Insel im Eismeer, ergab den Namen einer *Globulariacee* (Kugelblumengewächses), von *Cockburnia.*

Cypern benannte das cyprische ,,Mufflon" *(Ovis ammon cypricus).* Die Zypresse kam von Cypern nach Griechenland.

Grönland kehrt wieder im Grönlandwal *(Balaena mysticetus)* und im grönländischen Seehund *(Phoca groenlandica).*

Island taufte eine Muschel *(Cyprina islandica);* eine Flechte, das isländische ,,Moos" *(Cetraria islandica)* und den isländischen Strandläufer *(Calidris canutus).*

Juan Fernandez, chilenische Insel im stillen Ozean, ergab den Namen einer dort beheimateten Palme, der *Juania.*

Kanarische Inseln, Kanaren, kehren mehrfach wieder: Kanariengras *(Phalaris);* Kanarienvogel *(Serinus canaria);* Kanarienglocke (das Glockenblumengewächs *Canarina*); kanarische Wolfsmilch *(Euphorbia canariensis).*

Madagaskar taufte den Tanrek *(Tenrec ecaudatus);* den Madagaskarigel und die ausgestorbene *Aepiornis*, den Madagaskarstrauß.

Malta, die britische Mittelmeerinselgruppe liefert Frühgemüse, unter anderem die Maltakartoffel. — Das Maltafieber geht auf den Erreger *Brucella melitensis* zurück. — Ein Malteserschwamm *(Cynomorium coccineum)* heißt nach den Inselbewohnern.

Maskarenen, Inseln östlich von Madagaskar, wurden von dem Portugiesen Pedro de Mascaranhas 1505 entdeckt. Nach ihm heißt auch die Apocynaceen-Gattung *Mascarenhasia.*

Molukken, die indonesischen Gewürzinseln, benannten die Trichtermelisse *Molucella.* — Die Molukkenkrebse (Pfeilschwänze, *Xiphosuren*) sind altertümliche Tiere, zur Spinnenverwandtschaft gehörend *(Limulus moluccanus).*

Sardinien kehrt im Namen zweier kleiner Speisefische wieder, der Sardelle *(Engraulis encrasicholus)* und Sardine *(Clupea pilchardus)*, beide Namen sind im Italienischen anzutreffen. — Deutung umstritten!

Sumatra, Java benennen Nashornarten, Sumatra-Nashorn *(Didermocerus sumatrensis)* und Java-Nashorn *(Rhinozeros sondaicus).*

g) Herkunft nach Gebirgen

Den Hauptanteil unter den Namen haben die Alpen, und viele Namen (von denen nur einige herausgegriffen werden) tragen ,,Alpen-" als Bestimmungswort eines Kompositums. Sie zeigen damit an, wie fremdartig und einmalig Flora und Fauna im mitteleuropäischen Lebensbereich erscheinen. — Namen nach anderen Gebirgen sind viel seltener.

Alpen

Pflanzen: Alpenaster *Aster alpinus;* -gänsekresse *Arabis alpina;* -fettkraut *Pinguicula alpina;* -glöckchen *Soldanella alpina;* -johannisbeere *Ribes alpinum;* -klee *Trifolium alpinum;* -kreuzkraut *Senecio alpinus;* -leinkraut *Linaria alpina;* -maßliebchen *Chrysanthemum alpinum;* -milchkraut *Mulgedium alpinum;* -rispengras *Poa alpina;* -rose *Rhododendron;* -sockenblume *Epimedium alpinum;* -veilchen *Cyclamen europaeum;* -vergißmeinnicht *Myosotis alpestris;* -waldrebe *Clematis alpina;* -wegerich *Plantago alpina.*

Tiere: Alpendohle *Pyrrhocorax graculus;* -fledermaus *Pipistrellus savii;* -hase, Schnee- *Lepus timidus;* -mauerläufer *Tichodroma muraria;* -meise *Parus atricapillus;* -molch *Molge alpestris;* -murmeltier *Arctomys marmota;* -krähe *Pyrrhocorax pyrrhocorax;* -ratte, Schneemaus *Microtus nivalis;* -salamander *Salamandra atra;* -schermaus *Arvicola terrestris;* -schneehuhn *Lagopus mutus;* -segler *Micropus melba;* -spitzmaus *Sorex alpinus;* -steinbock *Capra ibex;* -strandläufer *Calidris alpina*, in Gebirgstälern Skandinaviens.

Andere Gebirge

Pflanzen und Tiere: Andenwolf *Dasycyon hagenbecki;* Atlaszeder *Cedrus atlantica;* Himalayazeder *Cedrus deodara;* Juraviper *Vipera aspis;* Karpathenenzian *Gentiana carpatica;* Karpathenmolch *Triton montandoni;* Karpathenschneemaus *Microtus nivalis ulpius;* Karstotter *Vipera macrops;* Libanonzeder *Cedrus libani;* pyrenäische Kresse *Roripa pyrenaica;* pyrenäischer Mohn *Papaver pyrenaicum;* viele weitere Namen von Nutzhölzern. — **Berge:** Diptam (*Dictamnus*) nach dem Berg Dicte auf Kreta genannt; Monte Baldo-Segge *Carex baldensis; Parnassia* (Herzblatt) nach dem Berg Parnaß.

h) Herkunft nach Städten

Städtenamen werden recht vielseitig verwendet. Sie kehren in deutschen und lateinischen Pflanzen- und Tiernamen wieder, wie einige Beispiele zeigen sollen. Mancher entlehnte Name wurde fast bis zur Unkenntlichkeit abgeschliffen (Quitte, Zwetsche); andere wurden weniger verändert (Bergamotte, Mirabelle). Manche Namen treten als Bestimmungswörter in Komposita auf (Jerichorose, Aleppohirse), wieder andere in einem beigefügten Adjektiv (römische Kamille, Wiener Nachtpfauenauge). Unveränderte Städtenamen wurden mitunter zu lateinischen Gattungsnamen *(Gnidia, Eleusine)*. — Alte, heute ungebräuchliche Städtenamen entgingen so ihrer Vergessenheit (Christiania, Angora).

Aleppo (Stadt in Nordsyrien): -beule, verursacht durch *Leishmania tropica*, auch Bagdad-, Delhi- und Nilbeule genannt. — -hirse, Sorghum. — -kiefer *Pinus halepensis.* — -nuß *Pistacia vera.*

Angora (früherer Name von Ankara, Türkei): -kaninchen, -katze, -schaf, -ziege usw., langhaarige Zuchtformen.

Askalon (Stadt in Palästina, heute Askalan): ergibt das deutsche „Schalotte“, aus lateinisch *cepa ascalonia* = Zwiebel aus Askalon entstanden; durch Kreuzfahrer nach Deutschland gelangt.

Arequipa (Ort in Peru): Nach dem Fundort wird die Pflanzengattung *Arequipa* (Kaktusgewächs) genannt.

Bergama (türkische Stadt, das alte Pergamon): Bergamotte heißt eine Birnensorte, die von Kleinasien über Italien zu uns kam.

Bergamo (Stadt in Oberitalien): Eine Pomeranzenart, die Bergamo-Zitrone *Citrus Bergamia*, liefert das „Bergamotteöl".

Christiania (bis 1925 Name der norwegischen Hauptstadt Oslo): Wir kennen aus Guyana eine Gattung der Lindengewächse namens *Christiania*.

Damaskus (Hauptstadt von Syrien): ergab den Namen „Zwetsche", aus Damascenus (*davascenus* im vulgären Latein), also „Pflaume aus Damaskus". Es wird daraus im Englischen „damask plum". — *Nigella damascena* (türkischer Schwarzkümmel) stammt aus Kleinasien.

Eleusis (Stadt in Griechenland): ergab den Gattungsnamen für die tropische Fingerhirse *Eleusine*.

Florenz (Stadt in Oberitalien): Nach ihrem Anbaugebiet wird die florentinische Schwertlilie *(Iris florentina)* genannt.

Gnidus (Stadt auf Kreta): Nach ihr heißt eine *Thymelaeaceen*-Gattung *Gnidia*.

Jakobinia (Stadt bei Bahia, Brasilien): taufte eine (zu den *Acanthaceen* gehörende) Pflanzengattung *Jakobinia*.

Jalapa (Stadt in Mexiko): Mit der Wunderblume (*Mirabilis jalapa*) werden gern Vererbungsversuche durchgeführt; sie stammt aus Mexiko.

Jericho (antike Stadt im Jordantal): Die Jerichorose (*Anastatica hierochuntica*) wächst im östlichen Mittelmeergebiet, jedoch nicht bei Jericho.

Korinth (griechische Stadt): Die „Korinthen", getrocknete Weinbeeren, werden aus dem griechischen Hafen ausgeführt. Die „Rosine" wurde nach dem französischen „raisin de Corinthe" gebildet (16. Jahrh.).

Kydonia (Stadt auf Kreta): Die „kydonischen" Früchte wurden zu unseren „Quitten" (Gattung *Cydonia*); sie sind jedoch kleinasiatischen Ursprungs.

Matucana (Ort in Peru): Nach dem Fundort heißt eine Kakteengattung *Matucana*.

Para (Hafenstadt und Land in Brasilien): führt als Handelsartikel die Paranuß *(Bertholletia excelsa)* aus.

Paris: Nach dem Vorkommen heißt ein Pariser Labkraut (*Galium parisiense*); das große Hexenkraut heißt nach Lutetia Parisiorum auf lateinisch *Circaea lutetiana*.

Punica (alter Name für Karthago): „punische Früchte" sind also „Punica". Heute ist *Punica granatum* der lateinische Name für Granatapfel.

Rom: Die römische Kamille heißt (*Anthemis nobilis*) nach der italienischen Hauptstadt.

Salzburg (Stadt in Österreich): Wir kennen einen Salzburger Augentrost *(Euphrasia salisburgensis)*.

Sisal (Hafenstadt in Mexiko): Sisal (*Agave sisalana*) wird aus dem gleichnamigen Ort ausgeführt.

Tarent (Stadt in Unteritalien): Aus dem italienischen „tarantola“ wird unsere Tarantel (17. Jahrh.), im mlat. *tarentula.* — Auch der Mauergecko *(Tarentola mauritanica)* heißt nach der gleichen Stadt.

Waldheim (Stadt in Deutschland): kehrt in *Waldheimia flavescens,* einem Gattungsnamen der fossilen Armfüßler, wieder.

Wien: Ein schöner Augenspinner ist das Wiener Nachtpfauenauge (*Saturnia pyri*).

10. Zahl und Farbe

Von den Eigenschaften, die einen Gegenstand auszeichnen, spielen Farbe und Zahl eine besondere Rolle. Sie sind vom Leben unabhängig, denn auch tote Dinge lassen sich zählen und haben eine Farbe. Sie bestehen aber auch unabhängig vom Menschen und haben zunächst auf ihn keinen Bezug. Sie gewinnen ihn erst durch unsere Definition. Wir zählen, d. h. wir vergleichen Teile miteinander nach ihrer Anzahl, indem wir ihre Gesamtheit überblicken und in eine Ordnung einreihen. Wir unterscheiden Farben, d. h. wir ordnen Sinneseindrücke, die nur das Auge vermittelt, nach einer vereinbarten Skala, die von Rot bis Blau reicht, wenn wir etwa eine zu definierende physikalische Ordnung wählen. — Die Pflanzen- und Tiernamen benutzen die Hilfsmittel der Stückzahl und Farbe sehr gern. Der Namenschöpfer hat in großer Zahl Komposita geprägt, bei denen vor das Grundwort ein unterscheidendes Zahlwort oder Farbadjektiv tritt.

a) Die Zahl

Das LINNÉsche System hat eine erste brauchbare Gliederung in die Vielfalt der Lebewesen gebracht; es verlangte in der Botanik das Zählen von Staubgefäßen. Von dieser ersten Einteilung der Blütenpflanzen machen wir auch heute noch teilweise Gebrauch. Denn die wechselnden Zahlenverhältnisse, wie sie uns am schönsten in den Blüten der Samenpflanzen begegnen, fordern zum Zählen geradezu heraus. In den Bestimmungsbüchern wird die Zahl von Blütenblättern, Kelchblättern, Staubblättern, Samen und Keimblättern verlangt. Bei den Tieren aber können Augen, Kiemenlöcher, Flossen, Beine, Körperringe und noch vieles mehr gezählt werden. Das hat sehr häufig seinen Niederschlag auch in den lateinischen Gattungs- und Artnamen gefunden.

Wie weit aber ist die Zahl in den deutschen Pflanzen- und Tiernamen verwendet worden? Wo zählt auch das Volk, unaufgefordert von der Wissenschaft und Bestimmungstabelle?

Es gibt 2 Zahlbereiche zu unterscheiden: die Reihe von Eins bis Neun und die Zehnerpotenz. — Endlich muß auch der unbestimmte Zahlbegriff untersucht werden.

Die Reihe von Eins bis Neun

Etwa 30 bis 40 Pflanzen und Tiere tragen in der ersten Silbe des Namens eine einstellige Zahl, eine Zahl von Eins bis Neun. Mehr als Neun wird vom Volk nicht mehr gezählt, höchstens vom Wissenschaftler zur Unterscheidung schwierigerer Verwandtschaftskreise.

Die Pflanzennamen (Abb. 35):

Dreizack *Triglochin;* Dreizahn *Sieglingia decumbens;* Einbeere *Paris quadrifolia;* Einblatt *Microstylis monophyllos;* Einkorn *Triticum monococcum;* Fünfaderblatt *Plantago maior;* Fünffaden *Pentastemon;* Neunkraft *Petasites;* Siebenfingerkraut *Potentilla thuringiaca;* Siebenrippe *Plantago lanceolata;* Siebenstern *Trientalis europaea;* Vierling *Moenchia erecta;* Vierzahn *Tetraphis pellucida;* Zweiblatt *Listera;* Zweizahn *Bidens;* Zwölfgötterblume *Dodekatheon.*

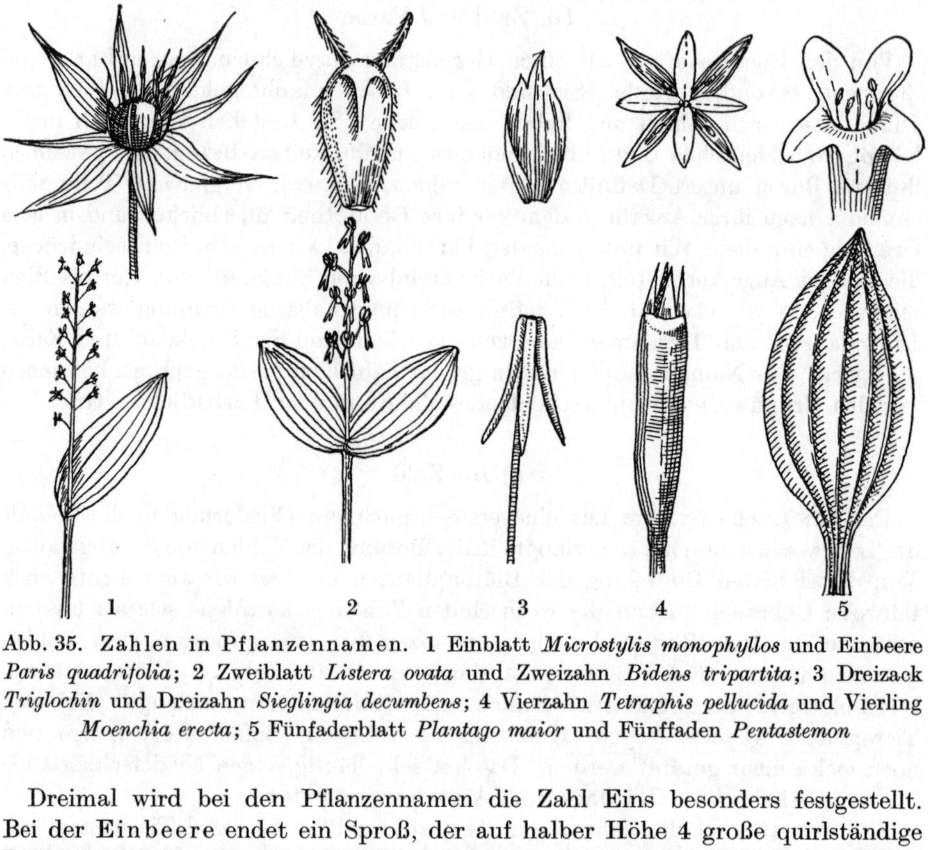

Abb. 35. Zahlen in Pflanzennamen. 1 Einblatt *Microstylis monophyllos* und Einbeere *Paris quadrifolia*; 2 Zweiblatt *Listera ovata* und Zweizahn *Bidens tripartita*; 3 Dreizack *Triglochin* und Dreizahn *Sieglingia decumbens*; 4 Vierzahn *Tetraphis pellucida* und Vierling *Moenchia erecta*; 5 Fünfaderblatt *Plantago maior* und Fünffaden *Pentastemon*

Dreimal wird bei den Pflanzennamen die Zahl Eins besonders festgestellt. Bei der Einbeere endet ein Sproß, der auf halber Höhe 4 große quirlständige Laubblätter trägt, in einer einzelnen giftigen, schwarzen Beere; eine Orchidee, das Einblatt besitzt ein einziges Laubblatt, neben dem sich eine lange Traube von kleinen Blüten erhebt; ein Weizen mit nur 2 Ährchenzeilen ist das Einkorn, es entwickelt sich nur die unterste Blüte der meist dreiblütigen Ährchen. Latinisiertes Griechisch sind die Einkeimblättrigen (Monocotylen) und die Zweikeimblättrigen (Dicotylen).

Beim Zweizahn, einer Composite, tragen die Früchte an der Spitze 2 mit Widerhäkchen besetzte Borsten, mit denen sie sich leicht festhängen können. Das Zweiblatt, eine grünblühende Orchidee, umrahmt mit 2 Blättern den Blütenstand.

Die Früchte des Dreizack setzen sich aus 3 Teilfrüchtchen zusammen, die Fruchtkapsel hat 3 Zacken. Der Dreizahn ist ein Rispengras, dessen Deckspelze an der Spitze in 3 Zähnchen ausläuft.

Ein idealer Vierling ist eine kleine Nelke. Zwischen den 4 Zipfeln des Kelches stehen 4 kleinere Blütenblätter, zwischen ihnen 4 Staubgefäße, dabei also noch die Viergestalt der Kreuzblüte übertreffend, bei der immerhin die Zahl der Staubblätter 6 beträgt. Ein kleines Laubmoos heißt Vierzahn, weil seine Kapsel 4 längsgerippte Peristomzähnchen besitzt. — Lateinische Artennamen mit den Vorsilben *tetra-* und *quadri-* sind nicht selten, aber geläufige deutsche Namen mit Vier- gibt es für sie nicht.

Der Breitwegerich trägt an den eiförmig gerundeten, großen Blättern meist 5 (seltener 7) Adern und heißt daher auch Fünfaderblatt. Die Gartenblume Fünffaden aber wird nach den 5 Staubblättern genannt, von denen nur 4 Pollen erzeugen.

Die Zahl Sechs kennt keine verbreiteten deutschen Pflanzen- und Tiernamen, obwohl es bei den Einkeimblättrigen genug auffällige Blüten mit sechszähligen Blattorganen und bei den Insekten (auch Hexapoden genannt) die größte Artenzahl der Lebewesen überhaupt gibt.

Dagegen ist die Zahl Sieben wieder zahlreich vertreten. Der schmalblättrige Spitzwegerich zerschneidet seine Blattfläche durch meist 7 parallele Rippenstreifen, er heißt daher auch Siebenrippe. Der Siebenstern schmückt sich mit 7 Blütenblättern, der klassischen Mathematik von den regelmäßigen Vielecken zum Trotz; ein Siebenfingerkraut baut seine Blatthand aus 7 Teilblättchen auf, die fünffingerige Idealhand leugnend. Deutsche Namen mit der Zahl Acht fehlen. Aber die Silberwurz *(Dryas)* entfaltet ihre achtblättrige, weiße Rose so schön und überraschend, daß sie wenigstens in dem LINNÉschen Artnamen „*octopetala*" verankert wurde.

Der Pestwurz wohnte nach der Volksmeinung eine gewaltige pestheilende Kraft inne, aber ihr alter Name Neunkraft will den Ton nicht auf das Zahlwort legen. Es soll nicht gezählt werden, sondern die Neun will die heilige Zahl dreimal Drei ausdrücken (ähnlich wie es beim Neuntöter der Fall ist).

Die Tiernamen:

Goldene Acht *Colias hyale;* Dreibart *Triarthra;* Dreikantwurm *Pomatoceros triqueter;* Dreilappkrebse *Trilobiten;* Dreizehenmöwe *Rissa tridactyla;* Dreizehenspecht *Picoides tridactylus;* Eintagsfliegen *Ephemeriden;* Einhöckerkamel *Camelus dromedarius;* Einhorn *Notoxus;* Einhufer *Equiden;* Einpaarfüßler *Chilopoda;* Neunauge *Petromyzon;* Neuntöter *Lanius collurio;* Siebenpunkt *Coccinella septempunctata;* Siebenschläfer *Glis glis;* Vierfleck *Libellula quadrimaculata;* Vierkiemer *Tetrabranchiata;* Zweiflügler *Dipteren;* Zweikiemer *Dibranchiata;* Zweipunkt *Adalia bipunctata.*

Früher war das Einhorn, ein merkwürdiges Fabelgeschöpf von Pferdegestalt mit einem langen Horn auf der Stirn, im Volke weithin bekannt. Heute kommt der Name Einhorn einem Käfer zu, den nur wenige kennen, und nur gelegentlich wird auch das indische Nashorn mit dem gleichen Namen bezeichnet. Den

Einhufern und Einpaarfüßlern geht es nicht anders als dem Einhöckerkamel und der Eintagsfliege. Diese Namen sind Lehnübersetzungen und höchstens durch den Gebrauch in den Schulen in weiteren Kreisen bekannt geworden. — Auch der Zweipunkt ist wie das Einhorn ein kleiner Käfer mit 2 Punkten auf den Flügeldecken und noch kleiner als sein 7 Punkte tragender Vetter. Die Zoologen steuern noch die übersetzten Zweiflügler bei, zu denen bekanntlich unsere Stubenfliege gehört, und die Zweikiemer, wie eine Ordnung bei den Kopffüßlern genannt wird.

Nur der Fachmann kennt den Dreibart, einen kleinen Krebs, der am Kopfende 2 lange gekrümmte Ruder und am Körperende einen langen Dorn entwickelt. Der Dreizehenspecht, der in den Alpen heimisch ist, besitzt statt 4 nur 3 Zehen und hat in der Dreizehenmöwe ein Gegenstück. Der dreistachlige Stichling *(Gasterosteus aculeatus)* hat einen kleinen Bruder, den kleinsten Fisch unseres Landes überhaupt, den neunstachligen Stichling *(G. pungitius)*.

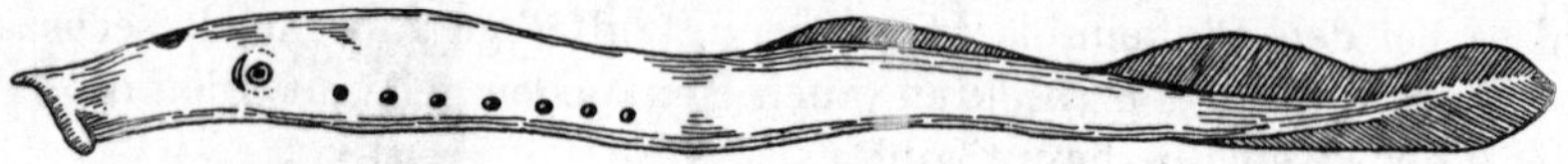

Abb. 36. Zahlen in Tiernamen. Neunauge *Petromyzon*

Die Trilobiten, eigenartige ausgestorbene Krebse, sind unter den Namen Dreilappkrebse kaum bekannt geworden. Aber vielleicht sind die dreikantigen, weißen Kalkröhren dem Strandwanderer schon aufgefallen, mit denen sich der meerbewohnende Dreikantwurm auf Steinen oder Holz ansiedelt.

Eine Libelle trägt 4 Flecke auf ihren 4 Flügeln und heißt daher auch Vierfleck. Vierkiemer und Vierfüßler dagegen sind übersetztes Latein und bürgern sich kaum ein. — Die Zahlen Fünf und Sechs treten in deutschen Tiernamen nicht auf, eigentlich bemerkenswert, da wir im Körperbau der Tiere die Zahl Fünf (z. B. bei den Stachelhäutern) und die Zahl Sechs (z. B. bei den Insekten) sehr häufig antreffen. Dagegen ist die Zahl Sieben gleich zweimal vertreten. Ein kleiner Kugelkäfer, ein Liebling des Volkes, trägt auf den roten Flügeldecken 7 schwarze Punkte, der Siebenpunkt. Zu den Schlafmäusen rechnen wir den Siebenschläfer, der in rauhen Gebirgsgegenden bereits im August in den Winterschlaf verfällt und erst im April wieder aufwacht; er schläft 7 Monate des Jahres. — Ein Schmetterling hat sich auf seine Hinterflügel eine Zahl gemalt: die Acht. Er heißt daher Goldene Acht.

Die neun „Augen" des Neunauges sollen tatsächlich gezählt werden (Abb. 36)! Wenn man es nur könnte! Auf jeder Körperflanke sind 7 Kiemenlöcher und ein Auge, das neunte „Auge" stellt die unpaare Nase dar, die aber nur als Grube auf der Kopfmitte ausgebildet ist. Sie muß demnach doppelt gezählt werden, wenn man nicht — noch ungenauer! — das runde Maul als 18. „Auge" deutet. Es stimmen also weder die „Augen" noch die Zahl! — Der Neuntöter ist unablässig bemüht, sich eine Speisekammer anzulegen, indem er seine kleinen Opfer auf Dornen aufspießt und anhäuft. Wer kann die kleinen Tierleichname zählen? Drei mal drei, um es rund zu sagen! Wir sagen bekanntlich auch:

Der Neunmalkluge habe die Weisheit mit Löffeln gefressen, und meinen, daß dieser Lebenskünstler neunmal, d. h. um vielmal klüger sein will als seine Mitmenschen (ob er es tatsächlich ist, steht dahin).

Die Zehnerpotenz

Alles, was die heilige Zahl „Neun“ überschreitet, wird vom Volk nicht mehr gezählt. Es gibt schon keinen deutschen Namen mit Zehn als Vorsilbe. Dabei kennen wir einen geradezu idealen Vertreter der Zahl Zehn. Er stammt freilich aus Nordamerika. Die gemeine Kermesbeere *(Phytolacca decandra)* wird oft bei uns kultiviert. Sie hat 10 Staubgefäße, einen aus 10 Blättern gebildeten Fruchtknoten mit 10 Narben, aus dem eine 10rippige beerenartige Frucht von schwärzlich-purpurner Farbe entsteht.

Nur LINNÉ läßt noch zwischen 12—19 Staubgefäßen (bei seinen *Dodecandria*) oder 20 und mehr Staubgefäßen *(Icosandria)* unterscheiden. Sein Systemvorschlag ist längst verlassen, und die modernen Botaniker nennen alles, was mehr ist als 10 (sie lassen gerade noch die 10 Staubgefäße der Schmetterlingsblütler zählen) eben — mathematisch unrichtig — unendlich. — Ein Zählobjekt mit einer Stückzahl über 9 ist also uninteressant. Sogar die wunderschöne Zwölfgötterblume kennt nur der Gärtner. Man sagt für alle größeren Zahlen zwar nicht „unendlich“ wie die Bestimmungstabellen (schon weil es sich nicht leicht spricht), sondern bildet höchstens noch Zusammensetzungen mit Viel- (wie etwa Vielfraß, -mund, -borste).

Die Pflanzennamen:

Milliardenkraut *Stellaria media;* Tausendblatt *Myriophyllum verticillatum;* Tausendgüldenkraut *Erythraea centaurium;* Tausendkorn *Herniaria glabra;* Tausendschönchen *Bellis perennis.*

Die Zahl Zehn wird für die Pflanzen nicht benutzt, aber auch die Zahl Hundert nur selten; sie wird genauso übersprungen. Denn die „Zentifolie“ (hundertblättrige Rose) stammt aus dem Latein.

Dagegen ist die Zahl Tausend beliebt. Ein in allen Sätteln gerechter Lebenskünstler ist ein Tausendsasa (kein Hundertsasa) oder Tausendkünstler, man schickt im Überschwang des Gefühls nicht 100, sondern 1000 Grüße.

Die mit Tausend- als Vorsilbe verbundenen Pflanzen- und Tiernamen verdanken das Zahlwort sehr verschiedenen Umständen. Das Tausendgüldenkraut hätte mit mehr Recht, aber immer noch unrichtig Hundertgüldenkraut geheißen. Denn „*centaurium*“ (der lateinische Artname) ist das Wundkraut, mit dem nach PLINIUS der Kentaur CHIRON geheilt wurde; der Pferde-Mensch-Chimäre war ein Pfeil des HERKULES auf den Fuß gefallen. Aber mit dem Kentaurkraut wußte man wenig anzufangen. (Es war übrigens, wie wir wissen, nicht das Tausendgüldenkraut von heute, sondern eine etwa meterhohe, mohnähnliche Pflanze, die PLINIUS meinte.) Daher faßte man fälschlich das Wort als eine Verbindung von *centum* (hundert) und *aureus* (golden) auf. Unser heutiger Name beruht also auf einem Irrtum. Das Hundertgüldenkraut (aus dem 15. Jahrhundert bekannt) mußte sich schließlich eine Multiplikation mit 10 gefallen lassen.

Um den Namenswirrwarr zu vervollständigen, hat man noch eine ganz andere Pflanzengattung, die Flockenblumen, mit demselben Namen „*Centaurea*" versehen; man dichtet ihr dieselbe Kentaurgeschichte an. – Genauso wird bei dem Tausendschönchen nicht gezählt. Es ist eine so schöne Blume, daß man ihre Schönheit auch mit allen sprachlichen Mitteln ausdrücken muß. Tausendmal schön ist eben wirklich sehr schön (Frau Königin, Ihr seid die Schönste hier, aber Schneewittchen ... ist tausendmal schöner als Ihr). Das dieser Blume zugedachte Adjektiv wurde später als Hauptwort verselbständigt. – Das Tausendblatt hat seinen Namen natürlich von den stark fiederspaltig zerschlissenen Blattspreiten. Aber es gibt noch ein zweites „Tausendblatt". Die „Garbe mit den 1000 Blättern" *(Achillea millefolium)* wird für gewöhnlich Schafgarbe genannt, obwohl der andere Name treffend das Merkmal der stark aufgeteilten Blätter kennzeichnet. – Bleibt schließlich noch das offizinelle Bruchkraut zu erwähnen, das auch Tausendkorn heißt. Es ist tatsächlich müßig, die zu Bündelchen in den Blattachseln gehäuften „Körnchen" zählen zu wollen. Es verdankt dieser Unzahl von Samen seine weite Verbreitung auf Triften und Brachäckern.

Wegen der vielen Samen ist die Vogelmiere auch schon, stark übertrieben, Milliardenkraut genannt worden.

Die Tiernamen:

Nur ein einziger Tiername mit einer Zahl über Neun ist im Volk bekannt: der Tausendfuß. Er gibt dafür gleich 3 Klassen der Röhrenatmer, gewissen Gliederfüßlern *(Myriopoden)* den Namen. Jedoch ist 1000 in jedem Fall übertrieben, selbst bei den sog. *Diplopoden*, den „Doppelfüßlern", die an jedem Abschnitt des vielgeringelten Körpers zwei kleine Beinpaare tragen. Die sog. *Chilopoden* nämlich, eine andere Klasse, haben nur ein Beinpaar im Abschnitt. Deshalb aber stimmt für sie genauso wenig die Bezeichnung Hundertfüßler, die diese Eigenart andeutet. – Der Kartoffelkäfer *(Leptinotarsa decemlineata)* hat 10 schwarze Längsstreifen auf den Flügeldecken, wie sein lateinischer Artname angibt. Der deutsche Name bezieht sich darauf nicht.

Die Zahlskala der Pflanzen- und Tiernamen ist also merkwürdig. Es wird nur in dem Zahlenbereich Eins bis Neun tatsächlich gezählt. Einige Potenzen von Zehn werden zur Namensbildung benutzt, mit Vorliebe die Zahl Tausend. Wir zählen also abgesehen von den übersetzten und entlehnten Namen mit den Zahlen Eins, Zwei, Drei, Vier, Fünf, Sieben, Neun, Hundert und Tausend.

Allgemeine Zahlwörter

Doppelgranate *Cyphinus;* Doppelkegel *Diploconus;* Doppelkrone *Peripanicium;* Doppelschnepfe *Capella media;* Doppelschwänzchen *Campodea staphylinus;* Doppeltier *Diplozoon paradoxus;* Halbaffen *Prosimiae;* Halbflügler *Heteroptera;* Halbschwärmer *Thyrididae;* Vielborster *Polychaeten;* Vielfraß *Gulo gulo;* Vollfliege, Fam. der *Musciden;* Wenigborster *Oligochaeten;* Wenigflügler *Pauropoda.*

Die Zahl Zwei wird unbestimmt in vielen Zusammensetzungen durch das vorgesetzte „Doppel-" ausgedrückt (Abb. 37). Allen voran ist das seltsame Doppeltier zu nennen. Es ist ein Zwillingslebewesen von zwei kreuzweise zusammengewachsenen Saugwürmern, das in den Kiemen von Süßwasserfischen angetroffen wird. Ein Doppelschwänzchen ist ein urtümliches Insekt, dessen Körper in 2 Anhängseln, „Schwänzchen", endet, die der Fachmann Raife oder Griffel nennt. Unter den meerbewohnenden Strahlentierchen *(Radiolarien)*, die ein zierliches, aus Kieselsäure gebildetes Skelett tragen, fallen Formen auf, bei denen Gitterkugeln und Stachelkronen paarweise aufeinander gesetzt sind. Solche Doppelformen hat man wohl auch schon Doppelkrone, Doppelkegel oder Doppelgranate genannt, wenn man schon den wissenschaftlichen Namen verdeutschen will. Natürlich können diese Namen nie Allgemeingut werden. —

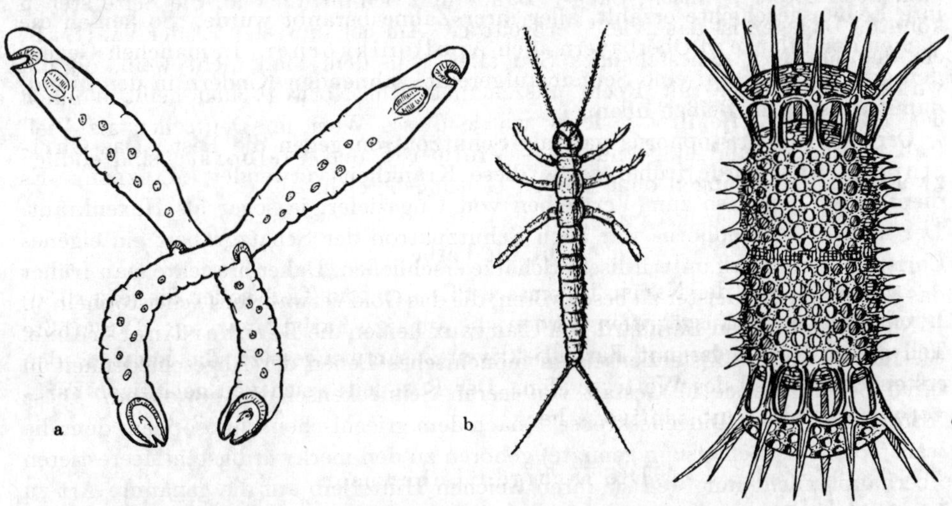

Abb. 37. „Doppelte" Lebewesen. a Doppeltier *Diplozoon paradoxus*, 10:1; b Doppelschwänzchen *Campodea staphylinus*, 50:1; c Doppelkegel *Diploconus*

Die *Diplokokken*, eine Bakterienform, bei denen nur Paarlinge angetroffen werden — gleichsam wie zwergenhafte Doppelbrötchen gestaltet — könnten „Doppelkokken" heißen, weil auch der Typus der einfachen Kokken bekannt ist. Aber dieser Name hat sich genauso wenig durchgesetzt. Wenn eine Schnepfenart auch Doppelschnepfe heißt, will der Fachmann damit andeuten, daß es sich um einen vermittelnden Arttypus handelt (s. der lateinische Artname *media*).

Andere allgemeine Zahlen kann man paarweise koppeln, weil sie Gegensätze ausdrücken: „halb" entspricht einem „voll" und „wenig" einem „viel". Von den Halbaffen sind die Affen stark unterschieden, schon weil sie neben platten Nägeln auch Krallen an den Fingern tragen und in der Schädelanatomie (Augenhöhlen!) nur „halbe" Affen sind. Die Waschbären sind nur „halbe" Bären, weil sie kleiner sind als ihre Vettern und auch andere Backenzähne besitzen; Halbhufer sind dagegen Verwandte der Nagetiere, deren Krallen kurz und fast hufähnlich entwickelt sind; aber eine breite Kluft des Systems trennt sie von den echten Huftieren. Halbflügler, d. h. unsere Wanzen, hießen wohl besser

Ungleichflügler, und Schwärmer, die keine richtigen sind, werden wohl auch Halbschwärmer genannt. Aber die Namen dieser Halbwesen kennt nur der Fachmann. Mit der Vollfliege ist es nicht anders. Vielleicht verdankt sie nur der Tatsache ihre Entstehung, daß eine Unterfamilie den Namen ,,echte Fliegen" trägt. So sind endlich auch Halb- und Vollschmarotzer unter den Pflanzennamen, die von dem Vorhandensein oder Fehlen des Chlorophylls abhängen, nur Kunstschöpfungen, die sich kaum einbürgern dürften.

Mit ,,wenig" sind keine Namen zusammengesetzt, wenn wir von den Wenigfüßlern absehen, einem Verlegenheitsnamen für gewisse Tausendfüßler, denen man noch Zwerg-, Pinsel-, Saug-, Band- und Schnurfüßler an die Seite stellen könnte. Dagegen ist das ,,viel" verbreiteter. Am bekanntesten ist der Vielfraß, ein den Mardern nahestehendes Säugetier, von dem man nicht weiß, ob ihn wirklich sein Name mit Recht auszeichnet. Im Norwegischen heißt nämlich der ,,Bergkater" fjeldfross; sicher wurde dieses Wort im Deutschen als Vielfraß verstanden und umgeändert. — Vielmund und Vielborste sind endlich zwei Lehnübersetzungen ohne großen Geltungsbereich.

b) Die Farbe

Aus der Vielfalt der Namen für unsere Pflanzen und Tiere sollen die (etwa 150) Bezeichnungen herausgegriffen werden, die auf eine Farbe hinweisen. Der größte Teil dieser Namen ist mit Farbadjektiven zusammengesetzt, die meistens den ersten Bestandteil des Wortes bilden. Der Rest leitet sich von geläufigen Farbvorbildern (also Substantiven) her.

Die farbigen Lebewesen

Die farbigen Pflanzen (mit Adjektiven gebildete Namen):

Die Palette umfaßt die acht einsilbigen Adjektiva blau, braun, gelb, grün, grau, rot, schwarz und weiß. Dabei ist festzustellen, daß zwei- und dreisilbige Farbnamen (lila, violett, rosa usw.) aus verständlichem Grunde so gut wie nicht verwendet werden. Eine Ausnahme bildet purpurn, das jedoch fast nur bei den Tiernamen vorkommt.

Blau: -algen *Cyanophyceae;* -beere *Vaccinium myrtillus;* -gummibaum *Eucalyptus globulus;* -stern *Scilla bifolia;* -tanne, -fichte *Picea pungens.*

Braun: -algen *Phaeophyceae;* -kohl *Brassica oleracea;* -klee *Trifolium spadiceum;* -rost *Puccinia;* -wurz *Scrophularia;* B. Streifenfarn *Asplenium trichomanes.*

Gelb: -ling *Cantharellus cibarius;* -klee *Medicago lupulina;* -rost *Puccinia glumarum;* G. Anemone *Anemone ranunculoides;* G. Fingerhut *Digitalis lutea;* G. Goldstern *Gagea lutea;* G. Lupine *Lupinus luteus;* G. Narzisse *Narcissus pseudonarcissus;* G. Teichrose *Nuphar luteum;* Gilbweiderich *Lysimachia vulgaris.*

Grau: -erle *Alnus incana;* -kresse *Berteroa incana.*

Grün: -algen *Chlorophyceae;* -erle *Alnus viridis;* Immer- *Vinca minor;* Sin- *Vinca minor:* Winter- *Pirola.*

Rot: -algen *Rhodophyceae;* -buche *Fagus silvatica;* -dorn *Crataegus;* -kohl *Brassica oleracea;* -tanne *Picea excelsa;* R. Hartriegel *Cornus sanguinea;* R. Heinrich *Albersia blitum;* R. Johannisbeere *Ribes rubrum;* R. Rübe *Beta vulgaris;* R. Taubnessel *Lamium purpureum;* Ackerröte *Sherardia arvensis;* Färberröte *Rubia tinctoria.*

Schwarz: -dorn *Prunus spinosa;* -erle *Alnus glutinosa;* -kiefer *Pinus nigra;* -kümmel *Nigella;* -nessel *Ballota nigra;* -pappel *Populus nigra;* -wurz *Symphytum officinale;* -wurzel *Scorzonera;* S. Johannisbeere *Ribes nigrum;* S. Senf *Brassica nigra.*

Weiß: -buche *Carpinus betulus;* -birke *Betula verrucosa;* -dorn *Crataegus;* -klee *Trifolium repens;* -kohl, -kraut *Brassica oleracea;* -moos *Leucobryum glaucum;* -tanne *Abies pectinata;* -wurz *Polygonatum;* W. Senf *Sinapis alba;* W. Taubnessel *Lamium album.*

Viele Pflanzen werden dann ausdrücklich mit ihrer Farbe genannt, wenn man sie von verwandten, anders gefärbten Formen unterscheiden muß. Natürlich sind die meisten Pflanzen, ausnahmslos die assimilationstüchtigen, grün. Daher ist die Vorsilbe „grün“ selten. Erscheinen jedoch Blätter oder Thalli von Pflanzen in anderen Farben als grün, so ist das Chlorophyll meist durch anders gefärbte Farbstoffträger nur überdeckt. Daher mußten neben den Grünalgen die Rot- und Braunalgen unterschieden werden. Die Blaualgen, die besser „blaugrüne Algen“ hießen, nehmen es mit der Farbe nicht zu genau. Es gibt auch „rote Blaualgen“. Das ist aber nicht verwunderlich, wenn man weiß, daß gleich 4 Farbstoffe in wechselndem Mengenverhältnis diese Algen anfärben: ein grüner (Chlorophyll); ein gelber (Karotin); ein blauer (Phykozyan) und ein roter (Phykoerythrin).

Wenn man die Rotbuche von der Weißbuche unterscheidet, darf man es mit der Farbbezeichnung nicht streng nehmen. Gemeint sind bekanntlich die Farben von Rinde und Holz, die sich aber weit weniger unterscheiden als Rot und Weiß; selbst rötlich und weißlich wäre noch zuviel. Ähnlich verhält es sich mit Rot- und Blautanne (die keine Tannen, sondern Fichten sind) und der Weißtanne. Noch zweifelhafter wird die Unterscheidung der *Crataegus*-Arten von dem Schlehdorn. Denn bei Rot- und Weißdorn ist die Blütenfarbe gemeint, aber bei der Schlehe, dem Schwarzdorn, ist an die Rindenfarbe gedacht. Auch das Namentrio der Erlen (Grün-, Grau- und Schwarz-) soll drei ähnliche Pflanzen unterscheiden helfen.

Wir kennen bei den Johannisbeeren drei Farbformen (weiß, rot und schwarz), obwohl wir hierbei nur zwei verschiedene Arten benennen. Wir verwenden in der Küche den Rot-, Weiß- und Braunkohl, alles Angehörige derselben vielgestaltigen Art. Dabei sollte es aber besser statt Weißkohl Grünkohl heißen, leider kämen wir dabei mit dem rechtmäßigen Grünkohl (Krauskohl) in Konflikt.

Es gibt nur das Weiß in einer Blüte. Der Weißkohl trägt natürlich genauso das Blattgrün wie das Weißmoos. Diese Pflanze ist nämlich auch in trockenem Zustand grün, wenn auch, wegen der luftführenden Zwischenzellen, weißlich-grün, während sie bei feuchtem Wetter ihre „Uhrglaspolster“ mit einem leuchtenden, dunklen Grün schmückt. Auch unsere panaschierten (weißbunten) Formen vieler Gartenpflanzen sind zwar teilweise tatsächlich chlorophyllfrei, aber an den ungefärbten Stellen mehr gelblich oder gelb als weiß.

Man hat früher sehr genau die unterirdischen Teile der Blütenpflanzen untersucht; viele Wurzeln sind offizinell geblieben bis heute. Unter den etwa 25 Pflanzen, die die Endsilbe -wurz tragen, befinden sich Blut-, Schwarz-, Silber- und Weißwurz. Sie sind zumeist nach der Farbe der Wurzelrinde genannt. Neben der Schwarzwurz, dem Beinwell, ist auch eine Schwarzwurzel bekannt, ohne daß beide miteinander verwandt wären.

Vom „Rost", einem gefürchteten Getreideschädling, sind gleich drei „Farbformen" bekannt, ein Braunrost, ein Schwarzrost und ein Gelbrost. Das Beispiel zeigt, daß dem Wort „Rost" allerlei Farben innewohnen, die man durch „Rösten" erhält und daß es nicht nur die Farbe des Rostes (gemeint ist der Eisenrost) anzeigt.

Die farbigen Pflanzen (nach Farbträgern gebildete Namen):

Durch Vergleiche mit gut bekannten Farbträgern werden neue Farbqualitäten gefunden. Ein bestimmter roter Farbton erinnert an das Blut, ein rotstichiges Gelb an das Gold, ein helles, metallisch schillerndes Grau an das Silber. Besonders das edle Gold erfreut sich hier wie auch sonst großer Beliebtheit. Das in der Blütenfarbe der Samenpflanzen häufig wiederkehrende Gelb wird auch mit dem Gelb des Eidotters und der Butter verglichen. Das Weiß findet in der Milch und im Schnee ein bekanntes Vorbild. Ein leuchtendes Rot oder Gelbrot mag an das Feuer erinnern.

Blut: -s'auge *Comarum palustre;* -buche *Fagus silvatica;* -hasel *Corylus avellana;* -klee *Trifolium incarnatum;* -s'tropfen *Adonis autumnalis;* -weiderich *Lythrum salicaria;* -wurz *Potentilla tormentilla.*

Butter: -blume *Taraxacum;* -pilz *Boletus luteus.*

Dotter: Hohl- *Myagrum perfoliatum;* Lein- *Camelina sativa;* Sumpf-blume *Caltha palustris;* Schoten- *Erysimum.*

Feuer: -bohne *Phaseolus multiflorus;* -lilie *Lilium bulbiferum;* -schwamm *Polyporus fomentarius.*

Gold: -distel *Carlina vulgaris;* -feste *Crepis aurea;* -fingerkraut *Potentilla aurea;* -flieder *Forsythia suspensa;* -haar *Aster linosyrus;* -hahnenfuß *Ranunculus auricomus;* -klee *Trifolium strepens;* -lack *Cheiranthus cheiri;* -nessel *Galeobdolon luteum;* -regen *Cytisus*; -rute, -raute *Solidago;* -stern *Gagea.*

Milch: -kraut *Glaux maritima;* -lattich *Mulgedium;* -pilz, -reizker *Lactarius*; -stern *Ornithogalum;* Wolfs- *Euphorbia.*

Schnee: -ball *Viburnum;* -beere *Symphoricarpus racemosus;* -glöckchen *Galanthus nivalis;* -heide *Erica carnea.*

Silber: -blatt *Lunaria;* -distel *Carlina acaulis;* -fingerkraut *Potentilla argentea;* -gras *Weingaertneria canescens;* -pappel *Populus alba;* -weide *Salix alba;* -wurz *Dryas octopetala.*

Bei einer Gruppe von Samenpflanzen, den durch Mutation entstandenen „Blutformen", ist neben dem Blattgrün noch ein anderer roter Farbstoff zugegen, so bei Blutahorn, Blutbuche, Bluthasel und Blutberberitze. Dadurch werden die sonst grünen Blätter dunkler. Meist schimmert das Grün noch durch wie bei der Blutbuche; bei der Bluthasel macht es jedoch einer dunkelroten Farbe Platz. — Blutsauge, Blutklee und Blutweiderich gehören jedoch nicht in diese Reihe. Ihre rot gefärbten Blütenstände gehören Pflanzen, die Blätter tragen mit gewöhnlichem Grün. Übrigens ist das Rot des Blutes nur schlecht nachgeahmt. Die Blüte des Blutsauges trifft es noch am besten.

Die feuerroten Blüten gewisser Bohnen und Lilien verliehen diesen Gartenpflanzen den Namen (Feuerbohne, Feuerlilie). Dagegen stellte man früher aus dem Feuerschwamm den leichtbrennenden Zunder her, er hat also wirklich direkt etwas mit dem Feuer zu tun. Er hätte aber auch Blutschwamm heißen können; denn seine watteähnliche Masse wurde früher von den Chirurgen zum Abtupfen des Blutes benutzt.

Der Schneeball mit seinen weißen, kugeligen Blütenständen ahmt vortrefflich sein winterliches Vorbild nach; die Schneebeere heißt wohl nicht nach der weißen Farbe ihrer Beerenfrüchte, sondern danach, daß selbst noch zur Winterszeit diese Früchte an dem Gartenstrauch hängen bleiben. Schneeglöckchen und Schneeheide vermögen sich schon zu entfalten, wenn der Schnee im Frühjahr zu weichen beginnt. — Manche „Milchpflanzen" dagegen führen ihren Namen nicht wegen weißer Früchte oder Blüten, sondern wegen ihres gefärbten Zellsaftes, so Milchlattich und Wolfsmilch, wobei jedoch die „Milch" durchaus nicht, wie üblich, weiß gefärbt zu sein braucht. Denn der Reizker mit seinem orangegelben Milchsaft heißt auch Milchpilz.

Eine ganze gleitende Farbskala von rot bis blau durchläuft das weitverbreitete Anthozyan, das vor allem die Blüten der Samenpflanzen mannigfach anfärbt. Es liefert die Farbe des Blausterns, des Blutklees, des Rotdorns und des Rotkohls.. Die Farbe ist echt im Zellsaft gelöst. Das Karotin dagegen ist ein geformter gelber Farbträger (seltener sind im Zellsaft gelöste gelbe Farbstoffe). Es bedingt gelbe, „goldene", dotterähnliche und manche rote Farbtöne. Es zaubert das Gold in die gelben Blütentrauben des Goldregens, in die Goldnessel und in den Gilbweiderich, damit man ihn umso leichter auch durch den Namen vom Blutweiderich trennen kann. Vorbilder für die gelbe Farbe sind Gold, Dotter und Butter. Sonderbar ist, daß „Dotter" meist den Namen beschließt (Anklang an Eidotter?). Die „Sonne" als Farblieferant für gelb gehört nur eingeschränkt hierher (Namen wie Sonnenblume, -hut, -auge usw.); sie birgt nämlich in sich zugleich noch mehr, etwa „runde Scheibe, von einem Strahlenkranz umgeben".

Die farbigen Tiere (mit Adjektiven gebildete Namen):

Blau: -drossel, -merle *Monticola solitarius;* -felchen *Coregonus wartmanni;* -hai *Carcharias glaucus;* -kehlchen *Erithacus cyanecula;* -meise *Parus caeruleus;* -rake *Coracias garrulus;* -wal *Balaenoptera musculus.*

Braun: -bär *Ursus arctos;* -fisch *Phocaena phocaena;* -kehlchen *Saxicola rubetra;* -kopfammer *Emberiza icterica.*

Gelb: -bauchunke *Bombina variegata;* -halsmaus *Apodemus flavicollis;* -rand *Dytiscus marginalis;* -spötter *Hippolais icterina;* -schnabeltaucher *Colymbus adamsii;* G. Wiesenameise *Lasius flavus.*

Grau: -ammer *Emberiza calandra;* -gans *Anser anser;* -schnäpper *Muscicapa;* -papagei *Psittacus erithacus;* -specht *Picus canus;* -würger, Raubwürger *Lanius excubitor.*

Grün: -affe *Cercopithecus sabaeus;* -fink *Chloris chloris;* -specht *Picus viridis.*

Purpur: -reiher *Ardea purpurea;* -rose *Actinia equina;* -stachelschnecke *Murex brandaris;* -stern *Echinaster sepositus.*

Rot: -auge *Scardinius erythrophthalmus;* -barsch *Acerina cernua;* -drossel *Turdus musicus;* -feder *Scardinius;* -fuchs *Vulpes vulpes;* -halstaucher *Podiceps griseigena;* -hirsch, -wild *Cervus elephas;* -kehlchen *Erithacus rubecula;* -rückenwürger *Lanius collurio;* -schenkel *Tringa;* -schwänzchen *Phoenicurus;* -specht *Dendrocopus maior;* R. Ordensband *Catocala nupta;* R. Waldameise *Formica rufa;* R. Wassermilbe *Hydrachna geographica.*

Schwarz: -drossel *Turdus merula;* -halstaucher *Colymbus nigricollis;* -käfer *Tenebrionidae;* -kehlchen *Saxicola torquata;* -plättchen *Sylvia atricapilla;* -specht *Dryocopus martius;* -stirnmaki *Lemur mongoz;* -storch *Ciconia nigra;* S. Wegameise *Lasius niger.*

Weiß: -felchen *Coregonus fera;* -fisch *Leuciscus;* -kehlchen *Acrocephalus schoenobaenus;* viele Vögel.

-ling: Bläu- *Lycaena;* Gelb- *Colias;* Grün- *Chloris chloris;* Weiß- *Pieris.*

Die meisten „farbigen“ Tiere heißen nach der einheitlichen Farbe der gesamten Körperoberfläche. Der Bär ist braun (Braunbär), die Amsel ist schwarz (Schwarzdrossel), der Riesenwal ist blau (Blauwal). Manche Tiere lassen sich aber auch nach einzelnen, deutlich gefärbten Körperteilen nennen. Der Goldafter ist ein Schmetterling mit einem goldgelben Leibesende, die zwei Goldhähnchen tragen auf dem Scheitel einen leuchtendgelben oder -roten Farbstrich, unsere Lieblinge sind Rotschwänzchen und -kehlchen.

Bei einigen Tieren muß die Farbvorsilbe angefügt werden, weil es zwei oder drei, beim Specht sogar noch mehr nahe Verwandte gibt, die sich vor allem durch die Färbung ihres Gefieders unterscheiden. Der Grauammer entspricht die Goldammer, der Silberfasan lehnt sich an den Goldfasan an, der Goldfisch (übrigens nicht eindeutig) hat das Silberfischchen als Gegenspieler, vielleicht ist auch an die gewöhnlich silbrig glänzenden Fischschuppen gedacht. Aber es ist nicht ein kleiner Fisch, sondern ein flügelloses Kerbtier. Wir kennen unter den Süßwasserfischen Blaufelchen und Weißfelchen. Der Jäger unterscheidet Schwarz- und Rotwild.

Hauptmerkmal in der großen Familie der Spechte sind die Farben. Denn wir kennen Grün-, Grau- und Schwarzspecht, während nur der größte Buntspecht (es gibt außer ihm einen kleinen und einen mittleren) den Namen Rotspecht trägt. Zu den Singvögeln mit einem bunten Kehlfleck rechnen wir sogar Vertreter von fünf Farben: Wir unterscheiden Rot-, Braun-, Schwarz-, Blau- und Weißkehlchen.

Von den mit grauer Farbe gezierten Lebewesen tragen nur einige Vogelnamen die Vorsilbe „grau". Ein weiterer Name hat sich getarnt. Die Grasmücke hat nichts mit „graugeschmückt" zu tun; sie ist die „Grasschlüpferin".

Mehrsilbige Farbadjektiva werden kaum benutzt. Nur das „purpurn" tritt in einigen Tiernamen auf. Bei der Stachelschnecke mit vollem Recht. Denn sie lieferte einst den Purpurfarbstoff der Königsmäntel. Auch ein anderes Meerestier, eine sog. Aktinie, heißt nach ihrer Farbe: Purpurrose (auch Erdbeerrose). „Purpurpflanzen" dagegen sind selten. Der Hasenlattich *(Prenanthes)* hat purpurne Randblüten, daher kennen wir ihn auch als Purpurlattich.

Die farbigen Tiere (nach Farbträgern gebildete Namen):

Blut: -egel *Hirudo medicinalis;* -hänfling *Acanthis cannabina;* -laus *Eriosoma lanigerum;* -tröpfchen *Zygaena;*

Feuer: -käfer *Pyrochroidae;* -kröte *Bombina;* -molch *Triturus alpestris;* -salamander *Salamandra salamandra;* -wanze *Pyrrhocoris apterus;* -vogel *Chrysophanus virgaureae.*

Gold: -after *Euproctis chrysorrhoea;* -ammer *Emberiza citrinella;* -auge *Chrysopa;* -augenbremse *Chrysopa caecuticus;* -butt *Pleuronectes platessa;* -fasan *Chrysolophus pictus;* -fisch *Carassius;* -fliege *Chrysomyia;* -hähnchen *Regulus;* -hamster *Mesocricetus auratus;* -jungfer *Cordulia aenea;* -laufkäfer, -schmied *Carabus auratus;* -orfe *Idus melanotus;* -regenpfeifer *Charadrius apricarius;* wespe *Chrysis.*

Silber: -fasan *Gennaeus nycthemerus;* -fischchen *Lepisma saccharina;* -löwe *Panthera concolor;* -möwe *Larus argentatus;* -reiher *Egretta alba.*

Schnee: -eule *Nyctea scandiaca;* -ammer *Plectrophenax nivalis;* -fink *Montifringilla nivalis;* -floh *Boreus;* -gans *Anser caerulescens;* -huhn *Lagopus mutus;* -hase *Lepus timidus;* -maus *Microtus nivalis.*

Zitrone: -n'falter *Gonopteryx rhamni;* -n'stelze *Motacilla citreola;* -n'zeisig *Carduelis citrinella.*

Wahrlich eine bunte Arche Noah! Nur einige Beispiele sollen herausgegriffen und kurz erläutert werden. — Einen Namen besonderer Art trägt ein kleiner Schmetterling, er heißt nämlich nach den roten Flecken auf den Vorderflügeln Blutströpfchen. Vielleicht kann auch dieser Name von der Eigenschaft des Tierchens abgeleitet werden, bei Berührung gelbe Blutströpfchen an den Beingelenken austreten zu lassen. Die Blutlaus dagegen enthält einen blutroten Körpersaft, den sie freilich nicht freiwillig abgibt.

Nur ein „Farbentier" heißt nach der Nahrung, der Blutegel.

Die Vorstellung von der Goldfarbe, die sich bei den Pflanzen durchgängig mit leuchtendgelb verbindet, schwankt bei den Tieren sehr. Zwischen dem Gelb der Goldammer, dem Rot des Goldfisches, dem braunen Fell des Goldhamsters, dem gelbgrün metallisch schillernden Glanz des Goldlaufkäfers sind wahrlich große Unterschiede. „Goldtiere" sind recht häufig.

Auffällig rote Farbflecke zeichnen die „Feuertiere“ aus. Beim Salamander sind es freilich goldgelbe Male auf schwarzem Grund. Daß man früher dem harmlosen Tier die Fähigkeit andichtete, Feuer zu löschen, hängt wohl auch mit dem Aussehen zusammen (Signaturlehre ?). Für gelbe Farbtöne ist bei den Tiernamen eine Zusammensetzung mit „Butter“ oder „Dotter“ (wie bei den Pflanzen) nicht üblich, dafür tritt als neuer gelber Farbträger die Zitrone auf.

Ein Teil der „Schneetiere“ hat seinen Namen nach der Körperfarbe, ein anderer nach dem Vorkommen. In manchen Vertretern erblicken wir Eiszeitrelikte, da sie in nordischen Ländern und in den höheren Lagen der Alpen vorkommen. Die „Schneetiere“ der Alpen färben ihr Fell bzw. Gefieder im Jahr zweimal um und passen sich der Umwelt an.

Lebewesen mit Tarnfarben

Albe *Leuciscus;* Alber *Populus alba;* Bär *Ursus arctos;* Biber *Castor fiber;* Elbs *Cygnus;* Forelle *Trutta;* Hase *Lepus;* Kreuzkraut *Senecio vulgaris;* Feh *Sciurus;* Weizen *Triticum.*

Das farbige Kleid mancher Tiere und Pflanzen ist nur vom Sprachkundigen zu entdecken. Es sind Lebewesen mit Tarnfarben, und sie bewahren meist altes Sprachgut.

Das Weiß hat dabei den Hauptanteil. Denn das lateinische Eigenschaftswort *albus* führte zu einer ganzen Anzahl von selteneren Farbnamen:

Albe, Albel (= Weißfisch), lat. *albula*, mhd. albel: Fisch mit hellem Schuppenkleid.

Alber (= Weißpappel), ahd. albari, mhd. alber(boum): Baum mit heller Rinde.

Elbs (= Schwan), mhd. elbiȥ, albiȥ: Vogel mit weißen Federn.

Ein „Albino“ (vielleicht das spanische albino = weißlich) ist ein Lebewesen, das sich durch Pigmentmangel auszeichnet; „Albumin“ ist ein „Eiweiß“stoff. — Auch aus dem „Weizen“ schaut wohl das kaum veränderte Weiß. Denn er liefert das Getreidekorn, mit dem man, im Vergleich zu anderen Körnerlieferanten, ein weißes und kein graues Mehl erzeugen kann.

Grau dagegen kann man aus dem „Kreuzkraut“ herauslesen, das viel besser „Greiskraut“ hieße und mit Kreuz nichts zu tun hat. Sicher kann man eine sprachliche Verknüpfung unseres „Hasen“ mit dem lateinischen *canus* (= grau) erkennen. Damit würden wir Meister Lampe als „Grauen“ bezeichnen.

In der Tierfabel wird für Meister Petz auch Braun gebraucht. Sicherlich bedeutet „Bär“ zugleich „Brauner“, denn die beiden Worte lassen sich auf die indogermanische Wurzel *bher (= braun) zurückführen. Als ein doppelbraunes, d. h. dunkelbraunes Tier wird der „Biber“ angesprochen.

Manche Sprachwissenschaftler erblicken in der „Schlehe“, wie wir eine bekannte, bläulich bereifte Frucht bezeichnen, ein Wort, das mit dem slawischen sliva (= Pflaume) verwandt ist und soviel wie „Bläuling“ heißen könnte. — Getarnte Farbnamen tragen auch „Forelle“ und „Feh“, der Fisch mit den Farbklecksen und das Eichhorn mit dem bunten Fell, wie man aus ihrer Wortverwandtschaft ablesen kann.

11. Gegensätze

Unter den Pflanzen und Tieren gibt es mancherlei Namenspaare. Gegensätze werden durch sie ausgedrückt in der Farbe (schwarz und weiß), in der Form (rund und spitz), im Wert (echt und falsch), im Geschlecht (Mann und Weib) und im Lebensraum (Wasser und Land).

Als äußere Form der Namen wird gern der Gattungsname mit einem vorangestellten unterscheidenden Adjektiv gewählt. Nur zur Kennzeichnung des Geschlechtsgegensatzes bedient sich die Sprache besonderer Mittel (Suffixe -in und -ich, Wahl des Artikels usw.).

a) Falsch und echt (Abb. 38)

Falsche Akazie *Robinia pseudacacia* und echte A. *Acacia catechu;* falscher Jasmin *Philadelphus coronarius* und echter J. *Jasminum odoratissimum;* falsche Kamille *Matricaria inodora* und echte K. *Matricaria chamomilla;* falscher Mehltau *Peronosporaceen* und echter M. *Erysiphaceen;* falsche Narzisse *Narcissus pseudonarcissus* und echte N. *Narcissus poeticus.*

Einige Pflanzen unserer Flora tragen einen Namen, bei dem ausdrücklich bemerkt wird, daß sie ihn zu Unrecht führen. Das Eigenschaftswort „falsch" steht nämlich vor dem Namen des Vorbildes; man weiß also um den Irrtum.

Zwischen Original und Nachahmer besteht die größte Kluft beim Jasmin. Er ist ein Strauch des Mittelmeeres. Der falsche Bruder aber gehört nicht einmal in die Familie des Vorbildes (Ölbaumverwandte), sondern zu den Steinbrechgewächsen. Der falsche Jasmin wirft mancherlei Fragen auf! Denn sein legitimer (2.) Name „Pfeifenstrauch" wird erst recht mißverstanden und ist genauso unberechtigt gewählt. Dieser letzte Name ist für einen anderen Strauch *(Aristolochia sipho)* viel angebrachter, weil dieser die kleinen, pfeifenförmigen Blüten wirklich trägt, die man beim falschen Jasmin vergebens sucht. *Philadelphus* schmückt sich also gleich zweimal mit fremden Federn! Beide Male ohne Erfolg, ob man ihn nun „Jasmin" oder „Pfeifenstrauch" nennen mag. — Eine andere Frage ist, warum sich ausgerechnet der Name „Jasmin" mit dem Zierstrauch aus Südeuropa verbindet. Wer Jasmin meint, denkt an den Duft und weniger an die Blüten. Der Duft des Jasmin ist vornehm und zurückhaltend, dem Philadelphusstrauch entströmt ein fast aufdringlicher Geruch. Die Blüte des Jasmins ist goldgelb und birgt zwei Staubgefäße, die andere Blüte ist weiß und enthält viele Staubblätter. — Da darf man immerhin schon mit mehr Berechtigung Akazie und Robinie, die falsche Akazie, in einem Atemzug nennen! Sie gehören wenigstens beide in dieselbe Verwandtschaft der Leguminosen, jedoch in zwei verschiedene Familien, zu den Mimosen *(Acacia)* und Schmetterlingsblütlern *(Robinia).*

Die „Fälschung" der Kamille ist noch besser gelungen! Beide Arten sind nämlich sogar Angehörige derselben Gattung *Matricaria.* Da aber die eine offizinell ist, muß sie von der falschen unterschieden werden. Der Unterschied liegt im Geruch. Die falsche Kamille ist geruchlos, die echte Kamille zeichnet ein angenehmer aromatischer Duft aus. Auch die Blüten sind verschieden: Der Blütenboden ist einmal hohl und kegelförmig gewölbt, im anderen Falle mit

Abb. 38. Falsch und echt. a Falscher Jasmin *Philadelphus coronarius* und echter Jasmin *Jasminum odoratissimum*; b falsche Kamille *Matricaria inodora* und echte Kamille *Matricaria chamomilla*

Mark gefüllt und halbkugelig ausgebildet. Die Blütenblätter der Kamille sind oft nach hinten umgeschlagen, die des falschen Partners flach ausgebreitet. Die geruchlose Kamille ist auch sonst ein „falscher" Verwandter. Sie geht gelegentlich eine Ehe ein mit der legitimen Schwester. Ja, es gibt sogar Bastarde zwischen ihr und der nahestehenden Gattung Hundskamille *(Anthemis)*!

Zu den „falschen" Doppelgängern gehört auch eine beliebte Gartenblume, die Narzisse. Die echte hat eine weiße Blütenhülle und eine niedrige Nebenkrone, die unechte aber trägt in einer hellgelben Blütenhülle eine Nebenkrone von der Gestalt eines Schüsselchens. — Die Wasserschwertlilie *(Iris pseudacorus)* endlich ist ein falscher Kalmus *(Acorus calamus)*. Freilich könnte man beide nur verwechseln, solange noch keine Blüten vorhanden sind.

Es gibt sogar echte und falsche Schmarotzer! Bei einem Parasiten unserer Kulturpflanzen (Wein, Getreide, Apfel usw.), dem Meltau (der mit mehr Berechtigung Mehltau heißen sollte), gibt es falsche und echte Meltau-Pilze. Bei den falschen ist das sichere Krankheitszeichen, ein mehlstaubähnlicher Belag auf der Pflanze, nur undeutlich ausgeprägt und tritt gegenüber anderen Merkmalen (z. B. bei der Kartoffel faules Kraut) zurück.

b) Spitz und rund (Abb. 39)

Spitzahorn *Acer platanoides* und Bergahorn *A. pseudoplatanus;* spitzes Silberblatt *Lunaria rediviva* und stumpfes Silberblatt *L. annua;* Spitzwegerich *Plantago lanceolata* und Breitwegerich *P. maior;* Spitzmorchel *Morchella conica* und Speisemorchel *M. esculenta.*

Mitunter müssen wir mit dem Namen einer Pflanze ausdrücklich angeben, daß wir die spitze Form meinen, wenn es nämlich daneben auch eine stumpfe bzw. runde Form gibt.

Am bekanntesten von den drei häufigen Ahornarten ist der Spitzahorn mit den grobgezähnten lappigen Blättern. Die Blätter des Feldahorns sind wesentlich kleiner, und der Bergahorn hat zwar gleich große gelappte Blätter, aber die Lappen sind rundlich geschwungen, und die feine Zähnelung beeinflußt die Spreitenform nicht (im Gegensatz zum Spitzahorn).

Die Früchte des Silberblattes lassen nach der Samenreife die silbrig glänzenden Scheidewände der Schotenfrüchte an den Pflanzen zurück und sind daher als „Dauerblumen" (gleich *Statice, Helichrysum* usw.) beliebt. Die Schoten des spitzen Silberblattes sind mehr als doppelt so lang wie breit, und ihre Enden sind beiderseits spitz ausgezogen. Das stumpfe (oder runde) Silberblatt trägt „Silbermünzen" an den trockenen Stengeln, die daher auch „Peterspfennige" und „Judassilberlinge" heißen.

Der Spitzwegerich wird von dem breitblättrigen Wegerich unterschieden (der dritte, der mittlere W., vermittelt gleichsam zwischen beiden Blattgestalten). Während aber der breitblättrige Wegerich eine vom Blattstiel abgesetzte Spreite besitzt, gehen bei den anderen Arten die Blattflächen in die Stiele gleitend über. Die Zahl der Blattrippen (Siebenrippe und Fünfader) erlaubt keine scharfe Trennung.

Selbst auf die Sporenpflanzen greift die Unterscheidung spitz-rund über, wie das Beispiel der Morchel zeigen mag.

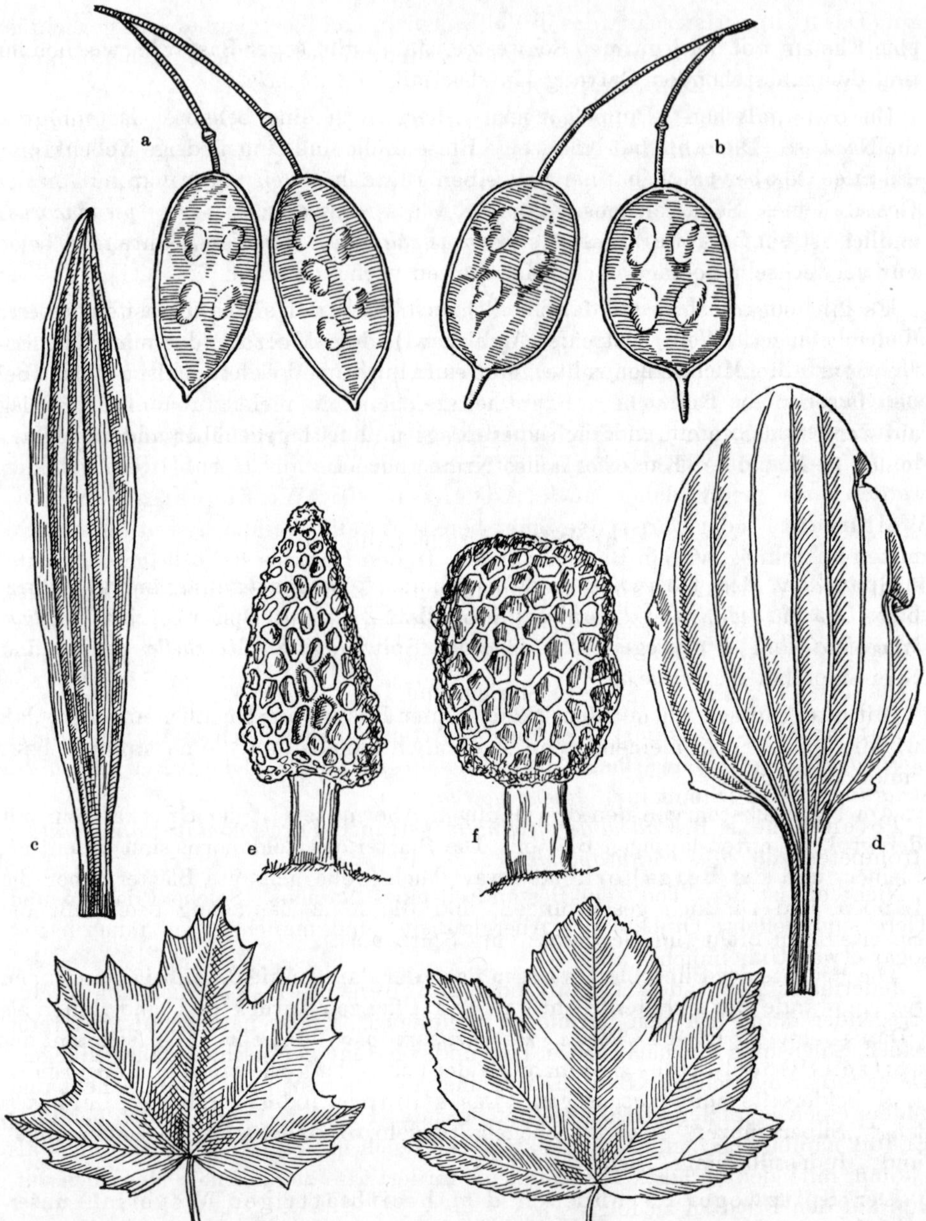

Abb. 39. Spitz und Gegenteiliges. a Spitzes Silberblatt *Lunaria rediviva* und b stumpfes Silberblatt *L. annua*; c Spitzwegerich *Plantago lanceolata* und d Breitwegerich *P. maior*; e Spitzmorchel *Morchella conica* und f Speisemorchel *M. esculenta*; g Spitzahorn *Acer platanoides* und h Bergahorn *A. pseudoplatanus*

c) **Hundspflanzen und andere** (Abb. 40)

Echte Kamille *Matricaria chamomilla* und Hundskamille *Anthemis arvensis;* echte Petersilie *Petroselinum sativum* und Hundspetersilie *Aethusa cynapium;* echte Rauke *Sisymbrium officinale* und Hundsrauke *Erucastrum;* echte Rose *Rosa* und Hundsrose *Rosa canina;* echtes Veilchen *Viola odorata* und Hundsveilchen *Viola canina.*

Nicht alle Hunde sind Rassehunde! ,,Hund-" als Vorsilbe für einen Pflanzennamen bezeichnet sogar fast immer den minderwertigen Partner, wenn zwei nahe Verwandte verglichen werden. Übrigens mag sich der Rassehund mit der Rassekatze trösten, denn der Katze geht es nicht viel anders (z. B. Katzenminze für die Verwandte der echten Pfefferminze). Selbst das Pferd muß sich den Roßkümmel *(Siler trilobum)* gefallen lassen und die Pferdebohne *(Vicia faba)*, für die doch, wenn schon geringschätzig geurteilt werden soll, die Saubohne angebrachter wäre.

Manche ,,Hundspflanzen" entfernen sich indessen wirklich so sehr von dem Ideal, daß sie der Systematiker sogar in neue Gattungen einweist. Von der edlen Kamille ist die Hundskamille durch das bekannte Merkmal des Blütenbodens leicht zu unterscheiden. Der eine Blütenboden ist kegelförmig vorgewölbt und besitzt keine Spreublätter zwischen den Röhrenblüten, der Blütenboden der Hundskamille ist viel flacher und trägt Spreublätter.

Bei der Hundspetersilie besteht zu der echten Petersilie (ja sogar zu einem weiteren Doldengewächs, dem Kerbel) große Ähnlichkeit. Am einfachsten sind beide Pflanzen durch den Geruch zu unterscheiden. Wenn man ein Blättchen zwischen den Fingern zerreibt, duftet die Petersilie würzig; der gleisnerische ,,Hund", die Gleiße, hingegen unangenehm, vielleicht an Zwiebeln erinnernd. Gleiße kommt von glänzen, aber der Glanz der Blätter ist kein sicheres Merkmal! Der ,,Hund" ist tatsächlich gefährlich, denn er ruft nach dem Genuß Vergiftungserscheinungen hervor. Deshalb achte man bei blühenden Pflanzen nur auf das Hüllchenmerkmal. Unter den Döldchen der falschen Petersilie trifft man nämlich drei lange zugespitzte Blättchen an, sie hängen an der Außenseite herab. Die echte Schwester dagegen besitzt dafür viel kleinere Hüllchenblättchen, die in ähnlicher Gestalt auch als Hüllblätter ausgebildet sind (diese entbehrt die Gleiße völlig). Wenn man aber weiß, daß das Suppengewürz grünlichgelb, der Giftpartner dagegen weiß blüht, dürften vollends keine Verwechslungen möglich sein.

Beim echten duftenden Veilchen pflückt man Blüten und Blätter einzeln (denn die gestielten Blüten sind grundständig). Das geruchlose Hundsveilchen dagegen trägt seine Blüten in den Achseln von Stengelblättern. Man pflückt also gleich Sträußchen, bei denen Blätter und Blüten an einem Stiel stehen. Viele Formen der sortenreichen edlen Gartenrose unterscheiden sich von der Hundsrose (auch Heckenrose genannt) vor allem durch die gefüllten Blüten.

Die Rauken schließlich werden an dem Bau der Schoten erkannt. Bei der Hundsrauke sind kegelähnliche ,,Schnäbel" an den Früchten. Die Rauke dreht übrigens den Spieß um: die ,,Hunds"pflanze ist hier nicht die geringere, denn sie ist viel seltener als das artenreiche, verbreitete *Sisymbrium*-Geschlecht.

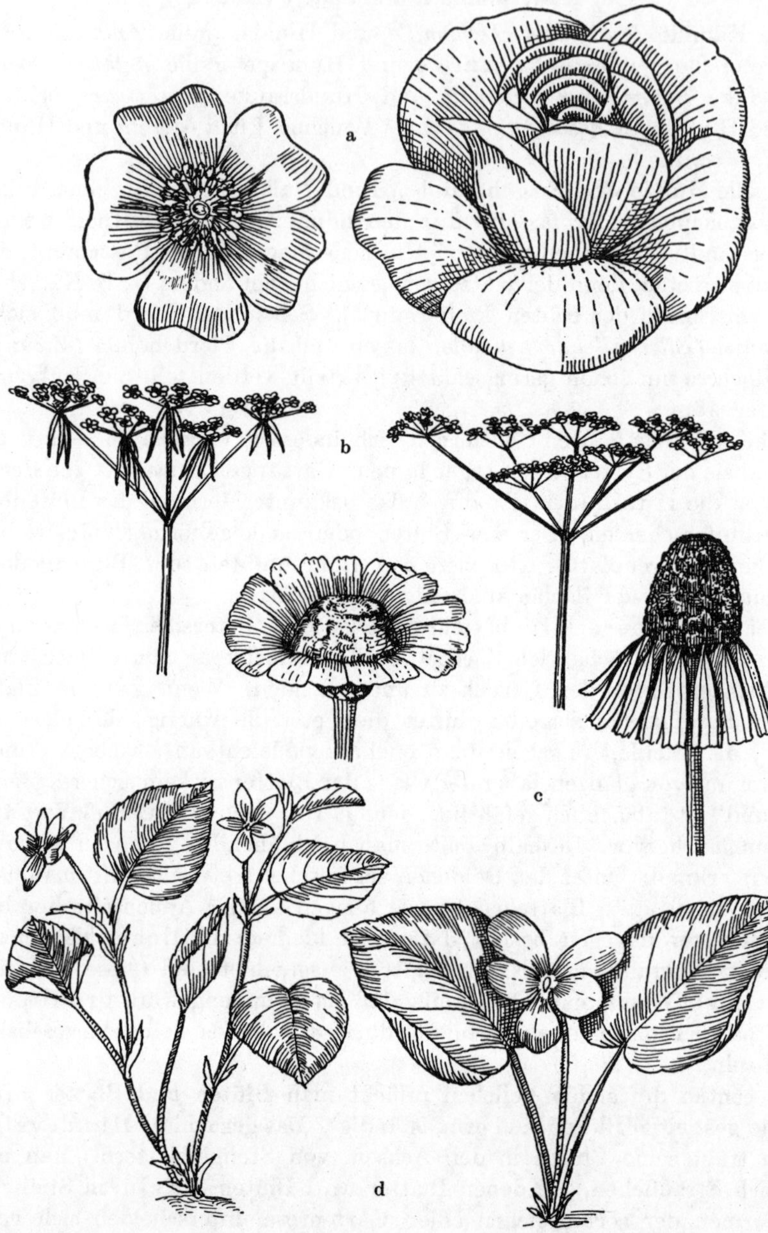

Abb. 40. „Hund" für unechte Pflanzen. a Hundsrose *Rosa canina* und echte Rose *Rosa spec.*; b Hundspetersilie *Aethusa cynapium* und echte Petersilie *Petroselinum sativum*; c Hundskamille *Anthemis arvensis* und echte Kamille *Matricaria chamomilla*; d Hundsveilchen *Viola canina* und echtes Veilchen *Viola odorata*

d) Weiß und schwarz

Weiße Maulbeere *Morus alba* und schwarze M. *Morus nigra;* weiße Johannisbeere *Ribes rubrum*(!) und schwarze J. *Ribes nigrum;* weißer Pfeffer und schwarzer P. *Piper nigrum;* weißer Senf *Sinapis alba* und schwarzer S. *Brassica nigra;* Weißdorn *Crataegus* und Schwarzdorn *Prunus spinosa;* Weißwurz *Polygonatum* und Schwarzwurz *Symphytum officinale;* weißer Storch *Ciconia ciconia* und schwarzer S. *Ciconia nigra.*

Das „schwarze Schaf" (1. Moses 30, 32) in einer Herde von lauter weißen ist genauso auffällig wie der „weiße Rabe" unter lauter schwarzen Rabenvögeln. Beide Farbbeispiele drücken die Ausnahme gegenüber der Regel aus und geben den gleichen Sachverhalt wieder, ob wir nun den Vogel oder das Säugetier zum Vergleich verwenden. Es gibt aber auch Schwarz-Weiß-Paare, bei denen beide das gleiche Gewicht haben und einen echten Gegensatz bilden.

Die zwei Farbformen des Pfeffers stammen von ein und derselben Pflanze ab, einem Strauch, der in Ostindien wächst und den alten lateinischen Namen *Piper* trägt. Seine Früchte sind die bekannten kugeligen Körner und stehen in lockeren Ähren. Wenn sie sich zu röten beginnen, werden sie eingeerntet. Das Fruchtfleisch schrumpft ein, und die Fruchtwand färbt sich grauschwarz (schwarzer Pfeffer). Wenn man hingegen bei den vollreifen Früchten das Fruchtfleisch entfernt, hat man damit künstlich weißen Pfeffer erzeugt.

Die beiden Senfarten dagegen sind zwei verschiedene Pflanzen, Kreuzblütler, die sich also immerhin im System nahestehen. Beider Samen werden zu gleichen Zwecken verwendet, denn sie enthalten dieselben Senfölglykoside. Die wirksamen schwarzen Samen kann man zu hautreizenden Pflastern verarbeiten, die weißen (besser gelblichweißen) Senfkörner dagegen werden im Haushalt vielfach, z. B. für Senfgurken verwendet. Auch zur Bereitung des Senfes, worunter man also nicht nur die Senfpflanze versteht, werden weiße Senfkörner benutzt.

Viele wundern sich, wie der Senf zur Bedeutung „Mostrich" kommt. Auch das französische „moutarde" scheint keine sprachliche Verknüpfung zu liefern. Die zerkleinerten Senfkörner wurden im Mittelalter mit Most angerieben. Daraus entstand mhd. most-hart oder mostert; heute sagen wir Mostrich dazu. Den Namen dieses Genußmittels entlehnten die Italiener als „mostarda".

Nahe verwandte „Farbpaare" sind weiße und schwarze Johannisbeere, aber auch die weiße und schwarze Maulbeere. Dagegen haben Weißdorn und Schwarzdorn, zwei Rosengewächse, nur so viel miteinander gemeinsam, daß sie Dornen tragen. Denn den einen Strauch zieren Blüten von weißer Farbe, der andere aber heißt nach seiner schwarzen Stengelrinde, obwohl er auch weiße Blüten trägt! Die Farbnamen sind also hier wenig glücklich.

Weißwurz, eine geheimnisumwitterte Pflanze des Märchens und Aberglaubens, hat einen fast weißen Wurzelstock; bei der Schwarzwurz, einer alten Heilpflanze, sind alle unterirdischen Teile auffällig schwarzgefärbt, ähnlich wie bei der Schwarzwurzel, der bekannten Gemüsepflanze.

Wenn man den Klapperstorch des Volkes besser als weißen Storch bezeichnet — und das mit Recht, denn er schmückt sich abgesehen von den schwarzen

Schwanzfedern mit einem weißen Federkleid —, so kann man seinen seltenen Vetter, den Waldstorch, auch schwarzen Storch nennen, denn er hat einen braunschwarzen Federmantel umgehängt, unter dem nur eine weiße Leibunterseite hervorschimmert.

e) Mann und Weib

Pflanzen

Kornelkirsche ♂ *Cornus mas* und Hartriegel ♀ *Cornus sanguinea;* Wurmfarn ♂ *Aspidium filix mas* und Frauenfarn ♀ *Athyrium filix femina;* Mannsknabenkraut ♂ *Orchis masculus* und kleines Knabenkraut ♀ *Orchis morio;* Hanf, Femel ♂ und Maskel ♀ *Cannabis sativa.*

Die Frau wird im Pflanzennamen weit häufiger verwendet als der Mann. Denn gleich drei Frauen, Venus, Freia und Maria, werden verherrlicht. Der Mann ist weit seltener, und weder Gott noch Gottheit verbergen sich hinter dem „Gundermann“ der Pflanzen und dem „Ackermann“ der Tiere. Nur eine Anzahl Heinriche, Kobolde und Naturgeister, die auch den „Heinzelmann“ schufen, leben in Pflanzennamen wie Stolzer und Guter Heinrich weiter.

Dafür kommen einige „Ehepaare“ vor. Wir kennen z. B. ein Farnpaar, durch „*mas*“ und „*femina*“ nach seinem Geschlecht unterschieden; der eine Farn, dem Manne entsprechend, derber in seiner Ausprägung, weniger empfindlich, mit größeren Spreuschuppen „behaart“, der andere zarter und mit stärker aufgeteilten Blättern. Wurmfarn und Frauenfarn nennen wir sie heute. „Farnmännlein“ und „-weiblein“ nannten sie die alten Botaniker.

Der männlichen Kornelkirsche entspricht eine weibliche. Früher hieß sie tatsächlich *Cornus femina*, heute wird sie *C. sanguinea* genannt. Der Geschlechtsname geht wohl auf die verschiedene Härte des Holzes zurück. Manche meinen auch, das „*mas*“ sei deshalb gewählt, weil die meisten Blüten der Kornelkirsche nur männlich seien, d. h. nur Staubblätter besäßen. — Einem kleinen Knabenkraut mit lockeren, wenigblütigen Ähren entsprach bei den alten Botanikern ein anderes, das männliche, dessen verlängerte Blütenähren reich mit Blüten geschmückt sind.

Der Sturmhut *(Aconitum napellus)* hat auch den Namen „Venuswagen“. Unter seinem Helm versteckt er zwei Honigblätter, die mannigfach ausgedeutet werden. Man sieht in ihnen ein zusammengehöriges Paar: Adam und Eva, Hans und Grete, Vater und Mutter, Hähnchen und Hühnchen.

Der Hanf ist eine zweihäusige Pflanze. Die männlichen Pflanzen heißen Femel *(femina!)*, weil sie schwächer entwickelt sind. Die weiblichen Exemplare werden Maskel, auch Mastel *(masculus!)* genannt. Um die Qualität zu verbessern, wird der Hanf „gefemelt“, d. h. die männlichen Pflanzen werden entfernt. Ein wahrhaft seltsames Verbum, das noch obendrein die Geschlechtsbeziehung umkehrt!

Tiere

Bei den Tieren gilt ein einfaches Rezept, wenn der Sippenname dem weiblichen Geschlecht angepaßt werden soll: die Endung -in. Aber man entdeckt, daß nur gleichwarme Tiere die Verwandlung erfahren können. Das angehängte

-in ist viel häufiger bei Säugetieren als Vögeln anzutreffen. Es wird z. B. stets bei den hundeartigen Raubtieren verwendet, die auch zugleich die einzigen „Schnauzentiere" sind. Wir sprechen etwa von Hündin; das Wort wird der Fähe vorgezogen, wie ursprünglich der weibliche Fuchs hieß (mhd. fohin). Aber auch Häsin, Äffin usw. werden durchaus gebraucht. Merkwürdig bleibt die Kalbin: wir geben dem geschlechtsuntüchtigen Jungtier (Kalb) die weibliche Endung, um anzudeuten, daß es sich um ein noch jugendliches Weibchen handelt. Besondere Umstände liegen bei der Hindin vor, bei der die „Ungehörnte", die mittelhochdeutsche „Hinde", noch zusätzlich die geschlechtsbestimmende Endung erhält.

Das Suffix -in hinter einem Vogelnamen (der dann selbst männlichen Artikel hat) wird gern teils scherzhaft gebildet, teils dichterisch gebraucht, denn es ist meist ungewöhnlich, z. B. in der Endzeile des Kinderliedes „. . . nein, es ist Frau Störchin".

Die Sprache muß auch gelegentlich die umgekehrte Aufgabe lösen. Das männliche Tier soll bezeichnet werden. Meist flüchtet sich die Sprache zu dem nie versagenden Kompositum. Bei manchen Säugetiermännchen wird der -bock angehängt (Ziegen-, Geiß-, Rehbock), bei den Vogelmännchen dagegen der -hahn, der durchaus nicht nur der Ordnung der Hühnervögel (Auer-, Birkhahn) vorbehalten bleibt. Denn wir sagen auch z. B. Amsel- und Finkenhahn zu einem Singvogel. Ein anderes Mittel, einen Vogel zu vermännlichen, ist das Suffix -ich. Aber wenn wir Täuberich, Enterich, Gänserich usw. sagen, so wissen wir doch, daß dergleichen -ich-Wörter recht verschiedener Herkunft sein können. Enterich geht z. B. auf den „Entendrachen" zurück (ahd. anutrehho).

Als Besonderheit mag noch erwähnt werden, daß die männliche Biene als Männchen den weiblichen Artikel benutzt. Imker haben daher schon vorgeschlagen, statt die Drohne richtiger der Drohn zu sagen. Es gibt aber im Deutschen bereits das Wort „der Drohn" zur Bezeichnung eines alten Flächenmaßes. Manche Imker gebrauchen auch die Biene und der Bien nebeneinander. „Der" Bien kann als eine Begriffserweiterung aufgefaßt werden, denn er bezeichnet das schwärmende Bienenvolk.

f) Wild und zahm

Ein großer Teil der Lebewesen tritt zu dem Menschen in engere Beziehung. Tiere werden zu seinen Haustieren, Pflanzen zu Kulturpflanzen. Die Ausgangsformen sind dabei in den meisten Fällen bekannt. Der Verwandtschaftsgrad von Wild- und Kulturform ist jedoch recht verschieden: manche Paare gehören getrennten, andere den gleichen Arten an, wobei es der Willkür des ordnenden Menschen überlassen bleibt, ob Varietäten, Formen oder Arten unterschieden werden sollen.

Die Stammformen tragen übereinstimmend die Vorsilbe Wild- oder auch das Adjektiv „wild". Dadurch kommt der Zusammenhang zur Kulturform zum Ausdruck. Die Nutzformen werden verschieden gekennzeichnet: bei den Tieren ist die Vorsilbe Haus- beliebt, bei den Pflanzen wird oft ein „echt" vorgesetzt, wenn man nicht ein besonderes Zuchtergebnis hervorheben will, z. B. Zucker in Zuckerrübe.

Beispiele für Pflanzen

Wildform	Kulturform
Wilder Wein *Vitis silvestris* kleine, saure Beeren	Edler Wein *Vitis vinifera* große, süße Beeren
Wilder Lein *Linum angustifolium* dünne Stengel, geringe Fasern	Echter Lein *Linum usitatissimum* dicke Stengel, feste Fasern
Wilde Möhre *Daucus carota* holzige Wurzel	Echte Möhre *Daucus carota* fleischige Wurzel
Wilde Rübe *Beta vulgaris* geringer Zuckergehalt	Zuckerrübe *Beta vulgaris* hoher Zuckergehalt
Wildkartoffel *Solanum*-Arten kleine Knollen, große Ausläufer	Eßkartoffel *Solanum tuberosum* große Knollen, kleine Ausläufer

Beispiele für Tiere

Wildform	Kulturform
Wildpferd *Equus przewalskii*	Hauspferd *Equus caballus*
Wildschwein *Sus scrofa*	Hausschwein *Sus scrofa*
Wildente *Anas platyrhyncha*	Hausente *Anas domestica*
Wildschaf *Ovis musimon*	Hausschaf *Ovis aries*
Falbkatze *Felis silvestris*	Hauskatze *Felis domestica*
Wolf *Canis lupus*	Haushund *Canis familiaris*

g) Wasser und Land

Seehase, Lump *Cyclopterus lumpus;* Seehund *Phoca vitulina;* Seemaus *Aphrodite aculeata;* Seepferdchen *Hippocampus antiquorum;* Seeskorpion *Cottus scorpius;* Meerschwein *Phocaena phocaena;* Meerwolf *Cystophora proboscidea.*

Die vielgestaltige Tierwelt des Meeres und der Meeresküsten macht viele Namen erforderlich. Trotzdem wurden diese nur selten neu geschaffen. Es geschah bei den nutzbaren und großen Tieren des Meeres, den Robben und Fischen, für die sich nicht nur Seefahrer und Küstenbewohner interessierten. Bei weitem die meisten Formen aber blieben unbenannt und werden vom Fachmann nur mit Lehnübersetzungen angesprochen.

Als man im Meere Säugetiere entdeckte (Zeit des Robbenschlagens), verglich man sie mit geläufigen Säugern des Landes. So entstanden deutsche Komposita nach zwei Bildungsgesetzen:

vor den Landsäuger tritt das Wort „See-" (selten „Meer-") als Bestimmungswort;

vor das Wort „-robbe" tritt der Name des Landsäugers als Bestimmungswort und bezeichnet den Sippenverband.

So entstanden u. a.:

See-Elefant und Elefantenrobbe *(Cystophora, Macrorhinus)*,
Seelöwe und Löwenrobbe *(Eumetopias californianus)*,
Seebär und Bärenrobbe *(Arctocephalus ursinus)*.

Die Färbung des sammetähnlichen Seebärenfelles, des Robbenpelzes „sealskin“, erinnert an das dunkle Braun des Braunbären, das jedoch besonders bei älteren Tieren auch abändert; die Elefantenrobbe wird durch eine rüsselähnlich verlängerte Nase mit dem Dickhäutervorbild verknüpft usw.

Ein kleiner Zahnwal ist das Meerschwein, vielleicht weniger seines Kopfes wegen so genannt, als seiner gedrungenen, rundlichen Körperformen. Manche Schiffer nennen die Elefantenrobbe gelegentlich auch Meerwolf. — Die systematisch bemerkenswerte Seekuh hat ihren Namen von dem weiblichen Tier der Rindsfamilie. Die einseitige Bevorzugung des weiblichen Geschlechts ist häufiger. Wir sprechen auch von der Kuhantilope *(Alcelaphinen)*, und die Schafstelze *(Motacilla flava)* heißt auch Kuhstelze. Denn unter den Weidetieren, deren Nähe sie sucht, sind viele Kühe, aber nur selten Stiere, von Jungtieren abgesehen.

Weitere Landsäuger schwimmen als Fische durch das Weltmeer. Seehase ist in der Tat ein seltsamer Name für ein häßliches, plumpes, mit Knochenhöckern statt Schuppen gepanzertes Fischgeschöpf, das die Dänen viel treffender „Seekröte“ (havpadde) nennen. Vielleicht will man den Fisch mit einem Hasen vergleichen, der sich bewegungslos in sein Lager drückt? Er hat eine runde Saugscheibe zwischen den Brustflossen und verharrt oft regungslos auf einer felsigen Unterlage.

Der Kopf des Seepferdchens ist tatsächlich dem eines Pferdes nicht unähnlich. — Der gefräßige Seeskorpion ist endlich ein Fisch mit einer bizarren, gedrungenen und bunt gestreiften Gestalt. Sein Name macht Spinnentiere zu Wasserbewohnern und Flossenträgern. Dem Namengeber schwebte indes nur sehr unbestimmt ein räuberisches, kleines Ungeheuer vor. Denn sonst hinkt der Vergleich.

Noch ein letzter Landsäuger im Meer soll erwähnt werden, die Seemaus, die in mancherlei Gestalt als Rochen- oder Haifischei oder auch als Ringelwurm im Meer angetroffen wird (s. auch S. 52).

12. Wissenschaft als Vorbild

a) Astronomie: Vorbilder am Himmel

Sonne

Sonnenbarsche *Centrarchidae;* -blume *Helianthus annuus;* -hut *Rudbeckia;* -röschen *Helianthemum;* -rose *Heliactis bellis;* -stern *Solaster papposus;* -tau *Drosera.*

Weitaus die meisten Pflanzen und Tiere, die sich von der Sonne den Namen leihen, weisen an ihrem Körper eine sonnenähnliche Form auf. Die Pflanzen tragen die „Sonnen“, meist mehrere zugleich, in der Gestalt ihrer Blüten und -stände. „Sonnentiere“ dagegen bilden mit dem ganzen Körper eine Kugel oder runde Scheibe, deren Oberfläche oder Rand mit „Strahlen“ besetzt sind.

Eine artenreiche Pflanzenfamilie regt immer wieder zu diesem Vergleich an: bei den Körbchenblütlern sind die Röhrenblüten zu einer gelben Scheibe vereinigt, die von dem Strahlenkranz der zungenförmigen, oft auch noch gelben

Randblüten umstellt wird. Die schönste und größte Sonne unter ihnen ist die Sonnenblume. Aber für viele Vertreter derselben Sippe gibt es noch andere Sonnennamen: die Sonnenaugen, Sonnenhüte, Sonnenbräute, Sonnenflügel und wie sie heißen mögen. Andere „Sonnenpflanzen", wie etwa das Sonnenröschen, öffnen ihre Blüten nur, wenn die Sonne scheint; wieder andere folgen mit ihren Blüten der Sonne, damit die Strahlen sie immer voll treffen. Nur der Sonnentau, eine fleischfressende Pflanze unserer Moore, macht eine Ausnahme. Er läßt nämlich die klebrigen Tröpfchen auf den zahlreichen blattbürtigen Drüsenhaaren in der Sonne funkeln, daß man glaubt, Tautropfen zu sehen.

Vor allem ahmen radial-symmetrische Tiere die Sonne nach. Zu den einzelligen Wurzelfüßlern gehört das Sonnentierchen, ein winziges Geschöpf des Süßwassers. Es schwebt, kaum so groß wie ein Stecknadelkopf, im Wasser, weil es um den kugelförmigen Körper nach allen Seiten seine hauchdünnen Scheinfüßchen ausstreckt, gleich einer Zwergsonne, die von feinen Strahlen umsäumt wird. — Eine besonders schöne, farbenprächtige Seerose wird nach ihrem Tentakelkranz auch Sonnenrose (oder scherzhaft auch Seemannsliebchen genannt), und ein Seestern mit 13 Armen ist unser Sonnenstern, die Sonne unter den Stachelhäutern.

Mond

Mondfleck, -vogel *Phalera bucephala;* -fisch *Orthagoriscus mola;* -(horn)käfer *Copris lunaris;* -raute *Botrychium lunaria;* -viole *Lunaria annua.*

Die Pflanzen steuern zu den „Mondpflanzen" zwei Vertreter bei. Die Mondraute, ein eigenartig gebauter Farn, war stark im Aberglauben des Volkes verankert und auch bei den Alchimisten begehrt. Sie ist das „Kraut des Mondes", nicht nur, weil die halbmondförmigen Fiederblättchen an den Erdtrabanten erinnern. Nach dem Aberglauben soll das Kraut mit den Phasen des Mondes zu- und abnehmen und dann auch Blätter von unterschiedlicher Gestalt erzeugen! Beim Silberblatt, der Mondviole, dagegen, hat der Vollmond Pate gestanden. Diese Gartenzierpflanze entwickelt rundliche Schötchen, deren durchscheinende Scheidewände noch lange silbern leuchten und an der Pflanze hängenbleiben, wenn die runden Samen längst ausgestreut sind. Das Violett der Blüten kehrt bei den Veilchen wieder, daher die „Viole". — Wenn man die Luzerne auch Mondklee (neben Monatsklee) nennt, so spielt man wohl darauf an, daß das beliebte Futterkraut des Orients mehrere Male jährlich geschnitten werden kann. Monatsspannen zwischen zwei Ernten sind freilich zu eng, man rechnet mit drei Schnittfolgen im Jahr. — „Mondpflanzen" sind wohl auch einige Nelken, die nur spät oder gar erst nachts blühen, denn sie heißen „Silene" (von *σελήνη* = Mond).

Zu den Zahnspinnern gehört ein Schmetterling, der Mondvogel, auch Mondfleck heißt. Er trägt nämlich am Außenende der Vorderflügel einen gelben mondförmigen Fleck. — Unter den Mistkäfern tummelt sich auch ein Mondkäfer (auch Mondhornkäfer). Der glänzendschwarze Käfer hat einen Kopfschmuck, der einem Halbmond ähnlich sieht und in der Mitte tief eingeschnitten ist.

Ein wundersamer Geselle unter den Fischen ist der Mondfisch, der mit gleichem Recht auch Sonnenfisch heißt. Einem Vollmond gleicht der runde, hochrückige Leib, der sogar der Rundung wegen auf eine Schwanzflosse verzichtet und lächerlich kleine Brustflossen trägt.

Sterne (Abb. 41)

Blaustern *Scilla bifolia;* Erd- *Geaster granulosus;* Gold- *Gagea lutea;* Milch- *Ornithogalum umbellatum;* Sieben- *Trientalis europaea;* Wasser- *Callitriche stagnalis;* Sterndolde *Astrantia maior;* -miere *Stellaria holostea.*

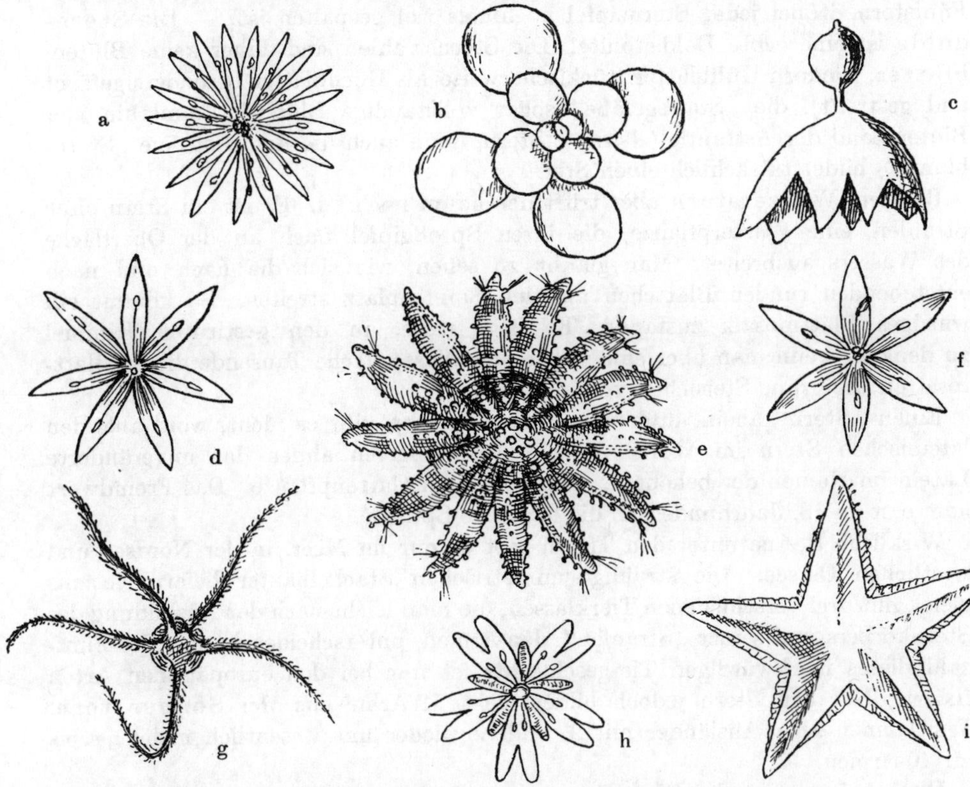

Abb. 41. Pflanzliche und tierische Sterne. a Sterndolde *Astrantia maior*; b Wasserstern *Callitriche stagnalis*; c Erdstern *Geaster granulosus*; d Siebenstern *Trientalis europaea*; e Sonnenstern *Solaster papposus*; f Goldstern *Gagea lutea*; g Schlangenstern *Ophiura albida*; h Sternmiere *Stellaria holostea*; i Kammstern *Astropecten irregularis*; b vergrößert, e, h und i verkleinert

Eine der originellsten Pilzgestalten überhaupt ist der Erdstern, ein Bovistverwandter. Seine umschließende Hyphenrinde ist nämlich doppelt ausgebildet. Die äußere Lage platzt auseinander und bildet (an einen Lebkuchenstern erinnernd) sternähnliche Zipfel aus, die sich dem Erdboden anschmiegen. Die innere Peridienschicht dagegen formt den kugeligen „Bauch" des Pilzes und öffnet sich, ähnlich wie ein Bovist, mit einem Loch, aus dem dann die Sporen entweichen können.

Mit einem Stern verbindet sich die Vorstellung von einem Gebilde, bei dem von einem Zentrum her spitz auslaufende und radial angeordnete Zipfel oder Lappen ausgehen. Die „Strahlen" sind in den meisten Fällen die Blütenblätter einer Blütenpflanze. Zu den sechsstrahligen Sternen gehören die von den Einkeimblättrigen entlehnten Beispiele: Blau-, Gold- und Milchstern. Der Siebenstern dagegen ist als Primelgewächs eine zweikeimblättrige Pflanze, genau wie die Miere mit ihrer sternförmigen Blüte. Bei ihr haben wir einen Fünfstern, wobei jeder Sternzipfel nochmals tief gespalten ist. — Die Sterndolde ist eine echte Doldenblüte. Die Sternstrahlen sind daher keine Blütenblätter, sondern Hüllblätter (tückischerweise als Hochblätter besonders gefärbt und gestreift), die „Staubgefäße" sogar vollständige Blüten! Immerhin, der Blütenstand der Astrantie (*Aster* = Stern, denn auch die Aster ist eine „Sternblume") bildet tatsächlich einen Stern.

Bei dem Wasserstern aber trifft das kaum noch zu. Er ist ein Stern ohne Strahlen, eine Wasserpflanze, die ihren Sproßgipfel flach an der Oberfläche des Wassers ausbreitet. Man glaubt zu sehen, wie sich die nach und nach entstehenden runden Blättchen um den Sonnenplatz streiten. So kommt ein winziges Blattmosaik zustande. Es liegt nahe, an den gestirnten Himmel zu denken, wenn man über eine spiegelnde Wasserfläche Tausende dieser Blattrosetten wie grüne Sternchen verteilt sieht.

Einen „Stern" allein unter den Pflanzennamen gibt es nicht, wohl aber den lateinischen Stern im Worte Aster. Die wenigsten ahnen das unveränderte Latein im Namen der beliebten, anspruchslosen Gartenpflanze. Das Fremdwort kam erst im 18. Jahrhundert in die deutsche Sprache.

Wirkliche Sterne unter den Tieren gibt es nur im Meer, in der Nordsee und westlichen Ostsee. Die strahlig-symmetrischen Stachelhäuter liefern sie uns gleich mit drei verschiedenen Tierklassen, die man leicht nach der Ausbildung des Sternkörpers und seiner „Strahlen", den Armen, unterscheiden kann. Die Fünfzahl dieses merkwürdigen Tiergeschlechts ist nur bei den europäischen Arten fixiert. Nur ein Stern jedoch bildet meist 13 Arme aus, der Sonnenstern. Wir kennen aber Ausländer mit 9, andere wieder mit wesentlich mehr, ja bis zu 40 Armen.

Das wenigste sagt das Wort Seestern aus, denn Seesterne sind sie alle, d. h. Freunde des Salzwassers und der See. Das Wort Meerstern (das es tatsächlich auch gibt) wäre aber treffender. Von den „Seesternen" werden die Schlangensterne getrennt, die im Gegensatz zu jenen eine scharf abgesetzte runde Mundscheibe und fünf schlangenähnlich langgestreckte, mitunter zerbrechliche Arme besitzen. — Kammstern und Sonnenstern dagegen sind echte Seesterne. Der eine von ihnen heißt Kammstern, weil seine Ränder dicht mit Kalkstacheln besetzt sind, die geordnet wie kleine Kammzinken stehen. Der andere heißt Sonnenstern, weil er einer untergehenden Sonne mit ihrem Strahlenkranz ähnelt, denn seine Scheibe ist rot, und seine 13 Arme sind sogar rot und gelb gebändert.

Haarsterne — Seelilien wäre wohl besser — dagegen sind zartgliedrige Kinder anderer Meere. Auf einem festgewachsenen Stiel sitzt ein sternähnlicher Kranz von feinen verzweigten Armen. — Ein besonderer Stern taucht am Himmel der Stachelhäuter mitunter auf wie am gestirnten Himmel über uns auch: ein Komet. Man bezeichnet damit einen Seestern, bei dem an der Trennungsstelle eines abgelösten Armes vier kleine Arme zu sprießen beginnen. Denn es sind regenerationsfreudige Sterne, die der Stachelhäuter!

Eine Meeresschnecke heißt auch Sternschnecke, weil ihre Kiemen sternähnlich den After des Tieres umsäumen. — Wenn endlich eine bestimmte Koralle auch Sternkelchkoralle genannt wird, dann deshalb, weil man sich bemühte, das lateinische *Astroides calycularis* inhaltsgetreu zu übersetzen.

b) Mathematik: Geometrische Begriffe

Ebene Geometrie

Dreiecksmuschel *Donax vittatus.*

Eberraute *Artemisia abrotanum;* Edel- *Artemisia laxa;* Geiß- *Galega officinalis;* Mauer- *Asplenum ruta muraria;* Mond- *Botrychium lunaria;* Wiesen- *Thalictrum spec.;* Raute *Ruta graveolens.*

Kein Wunder, daß in den Pflanzen- und Tiernamen des Volkes Begriffe der ebenen und räumlichen Geometrie oft durcheinander geworfen werden! Wenn man für die Blattform Bezeichnungen wie dreieckig, viereckig, kreisförmig und quadratisch noch gelten lassen kann, so treten bei der räumlichen Ausdehnung Schwierigkeiten auf. So kann z. B. eine Muschel „dreieckig" sein, wenn man die Schalen an der gewölbten Fläche betrachtet, aber „herzförmig", wenn man sie um 90° dreht, so daß man auf die Schalenränder schaut. Die Schalenform der „gebänderten" Dreiecksmuschel ist schief dreieckig (von der Fläche!).

Ein Tagfalter trägt auf weißem Grund eine schwarze Fleckenzeichnung. Kann er treffender heißen als Damenbrett oder Brettspielfalter? Denn die Felder sind quadratisch. — Eine wunderschöne Gartenblume, die zu den Lilien gehört, entfaltet am Stengelende eine nickende, purpurfarbene Blüte, die eng hell-dunkel gefleckt ist wie ein Schachbrett; sie heißt daher Schachblume.

Besonders gern wird bei den botanischen Namen die Raute verwendet. Ursprünglich war es der Name für eine sehr geschätzte Nutzpflanze mit rautenförmigen Blättern. Da aber diese Blattform des kleinen schiefwinkligen, gleichseitigen Vierecks häufiger auftritt, gibt es eine ganze Anzahl von -rauten in unserer Flora. Mondraute und Mauerraute, zwei Farne, tragen berechtigt diesen Namen, denn sie besitzen zerteilte und gespaltene Blätter noch deutlicher als das Namensvorbild. Bei anderen „Rauten" ist der Vergleich nicht immer glücklich. Es wäre etwa an Geiß-, Wiesen- und Edelraute zu erinnern.

Räumliche Geometrie

Doppelkegel *Diploconus;* Feuerwalze *Pyrosoma atlanticum;* Kegelrobbe *Halichoerus grypus;* Kegelschnecken *Conidae;* Seewalzen *Holothurioidea;* Walzenechsen *Scincidae;* Würfelnatter *Natrix tesselata.*

Kugelalge, -tierchen *Volvox globator;* -blumen *Globulariaceen;* -distel *Echinops;* -fische *Tetrodontoidei;* -gürteltier *Tolypeutes;* -knabenkraut *Orchis globosa;* -muscheln *Sphaeridae;* -tausendfuß *Glomeris.*

Goldkugel *Trollius europaeus;* Strahlen-, Stern-, Netz- *Radiolaria.*

Von den Begriffen der räumlichen Geometrie wird die Kugel am häufigsten in das Reich der biologischen Namen genommen. In der Botanik fordern die kugeligen Blüten oder Blütenstände den Vergleich geradezu heraus. Blütenkugeln sind im ganzen System zuhause. Bei der Goldkugel z. B. bilden eine Anzahl gewölbter goldgelber Blätter eine kugelige Blütenhülle; die Kugeldistel, ein Korbblütler, trägt — ähnlich wie ein zusammengerollter Igel — einen kugelrunden Stachelkopf, der sich wiederum aus einer Unzahl von kleinen, jedoch jetzt nur einblütigen Blütenkörbchen zusammensetzt. — Zu einer eigenen Familie schließen sich wiederum andere „Kugelblüher" zusammen, die Kugelblumengewächse. Sie schmücken sich mit bescheidenen blauen Bällchen auf kleinen Schäften und sind anspruchslose Bewohner der Alpen und Kalkberge. — Selbst unter den Orchideen gibt es ein Kugelknabenkraut.

Einer Kugelform nähern sich jedoch vor allem viele kleine und kleinste Lebewesen des Wassers (Abb. 42). Allen voran ist wohl das Kugeltierchen zu nennen, eine seltsame koloniebildende Alge, deren grüne Kugeln im Süßwasser auf- und niedersteigen, sich drehend und wälzend. Dabei sind oft noch kleinere Kugeln im Innern einer solchen Mutterkugel; sie vermehren den „Wälzling" auf ungeschlechtliche Weise, wenn sie später frei werden.

Noch schönere Kugeln leben freilich im Meer. Sie gehören dem unerschöpflichen Reichtum der Strahlentierchen an, die HAECKEL für uns entdeckte. Wie will man schon die zierlichen Gebilde, in denen man mitunter Glocken, Helme, Kronen zu sehen glaubt, und die mannigfachen, zarten Gitter- und Gerüstwerke mit deutschen Namen benennen? Wir beobachten unter ihnen Netzkugeln, Strahlenkugeln, Sternkugeln und Gitterkugeln.

Manche Weichtiere bauen sich ein kugeliges Haus. Eine ganze Muschelfamilie heißt danach: Kugelmuscheln; eine Schneckenfamilie der Tropen eifert ihnen hierin nach. Sie sind immer kugelig. Es liegt hingegen im Belieben anderer Tiere, ob sie zur Kugel werden oder nicht. So vermögen z. B. die Kugelfische Luft in ihrem Magen aufzunehmen und sich dadurch kugelähnlich aufzublähen. Andere Tiere wiederum werden dadurch zu einem runden Ball, daß sie sich einringeln und ihre Oberfläche so weit als möglich verringern als Schutzmaßnahme gegen etwa nachstellende Feinde (Schreckstellung) oder gegen Wärmeverlust. Wir erwähnen das Kugelgürteltier und den Kugeltausendfuß.

Die Stereometrie ist noch mit Walze, Würfel und Kegel in die Biologie eingewandert.

Die Seegurken werden auch Seewalzen genannt. Es sind eigenartige Stachelhäuter, die einen wurst- oder gurkenähnlichen Körper ohne freie Arme besitzen. Die Zylinderform kehrt auch bei einem anderen Meerestier wieder, dem wir ein prächtiges Meeresleuchten verdanken. Sie wetteifern mit den Leuchtquallen und dem Heer der leuchtenden Einzeller. Wir nennen sie Feuerwalzen, und man rechnet sie zu den Seescheiden, den merkwürdigen Manteltieren. Endlich sollen noch die Walzenechsen erwähnt werden. Diese Eidechsen, Skinke geheißen, sind mit ihrem runden Körperquerschnitt oft „Schlangen mit Beinen". Sie zeigen nämlich alle Übergänge (etwa die Erzschleichen) zwischen diesen beiden Klassen der Reptilien. Andere von ihnen haben dicke, kurz auslaufende Schwänze; der „Sandfisch" Nordafrikas *(Scincus officinalis)* gibt seinen sonderbaren Bau im Namen wieder.

Der Würfel kehrt in der wasserliebenden Würfelnatter wieder. Man meint dort die Zeichnung auf der Rückenseite der Schlange. Mit etwas Phantasie kann man nämlich den dunklen Flecken auf der hellbraunen Oberseite Quadrat-

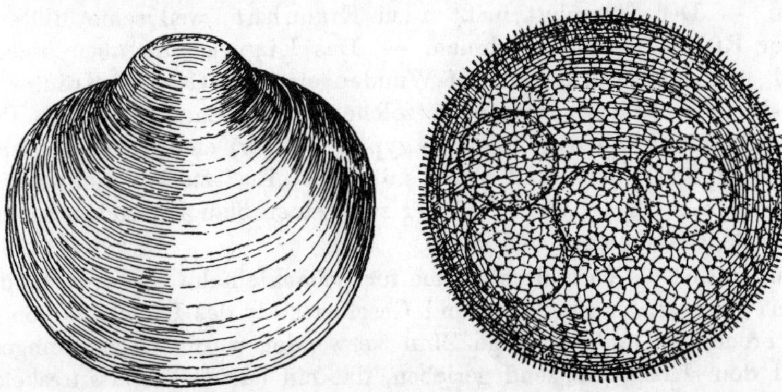

a b

Abb. 42. „Kugeln". a Kugelmuschel *Sphaerium*, 3:1; b Kugeltierchen *Volvox globator*, 40:1

form zusprechen; auch die gelbe Unterseite trägt ähnliche schwarze Flecke. — Natürlich fällt unter den Seehunden die abweichende Gestalt eines Verwandten auf, der nicht den rundlichen Kopf mit der kurzen Schnauze unseres häufigsten, des gemeinen Seehundes trägt. Wenn aber der Kopf langgestreckt ist, fast wie bei einem Hund und in einer langen Schnauzenpartie ausläuft, so kann man von einer Kegelrobbe sprechen. — Eine Kegelschnecke endlich erklärt man leicht mit dem Bau ihres Hauses. Genau gesehen ist es ein Doppelkegel, denn an dem einen Ende erheben sich stumpfkegelig die spiraligen Umläufe. — Übrigens gibt es unter den ebenfalls meerbewohnenden Strahlentierchen einen Doppelkegel, der diesen Namen mit mehr Recht führt als das Weichtier.

c) Chemie: Elemente und Verbindungen

Elemente

Eisenholz *Sideroxylon inerme;* Eisenhut *Aconitum;* Eisenkraut *Verbena*, aber auch andere Pflanzen; Goldbarsch, vieldeutig, z. B. *Ambassis;* Goldlack *Cheiranthus cheiri;* Goldmull *Chrysochloridae;* Goldpflaume *Chrysobalanus;* Goldprimel *Gregoria;* Goldwespen *Chrysididae;* Kupfernatter *Coronella austriaca;* Kupferglucke *Gastropacha quercifolia;* Kupferstecher *Pityogenes chalcographus;* Messingkäfer *Niptus hololeucus;* Schwefelkopf *Hypholoma fasciculare;* Zinnkraut *Equisetum.*

Nur 7 von den 101 chemischen Elementnamen sind ins Pflanzenreich eingezogen, fast nur Metalle. Drei Metallnamen wurden dabei mehrfach übernommen; zwei ihrer Farbe wegen, Gold und Silber, das Eisen wegen seiner Härte.

Das Gold wird nur als Farbträger im Kompositum recht häufig benutzt. Dabei ist ein gelber Farbton innerhalb weiter Grenzen gemeint, ähnlich wie auch das Gold von hellgelb bis rotgelb abändert. Nur einige Beispiele wurden herausgegriffen. Für das Silber gilt ähnliches (vgl. S. 143).

Wenn wir vom Eisenholz sprechen, meinen wir das eisenharte Holz eines süd- und ostafrikanischen Baumes. Man kann es zum Brücken- und Schiffsbau verwenden. — Der Sturmhut heißt auch Eisenhut, weil seine Blüten den Helm einer Ritterrüstung nachahmen. — Das Eisenkraut aber bezeichnet das Metall, mit dem man im Kampf Wunden erzeugt. Gewisse Kräuter, etwa der Saft des Eisenkrautes, vermögen solche Wunden zu heilen. Die Pflanze spielte im Aberglauben vieler Völker (Ägypter, Perser) eine Rolle. — Der Eisvogel *(Alcedo atthis)* hat wohl nichts mit dem „Eis" zu tun, sondern ist ein abgekürzter „Eisenvogel". Sein Gefieder zeigt einen blauglänzenden Schimmer, wie er auch dem Eisen eigen sein kann.

Das Zinnkraut — ein anderer Name für Schachtelhalm — hat sich aus der Zeit zu uns gerettet, als für Teller und Geschirr statt des Porzellans von heute das unzerbrechliche und ungiftige Zinn verwendet wurde. Das Zinngeschirr wurde mit dem Kraut glänzend gerieben, das ein hartes Kieselsäureskelett in seinem Innern birgt.

Unsere Glattnatter wird auch Kupfernatter genannt, vielleicht, weil sie auf der Oberseite braun, d. h. kupferfarben gefärbt sein kann. — Ein Borkenkäfer, der mit seinem Vetter, dem Buchdrucker, in der Zerstörung der Fichten wetteifert, ist der Kupferstecher.

Unsere Grasnelke *(Armeria)* gehört zu den Bleiwurzgewächsen *(Plumbaginaceen)*; es ist eine wichtige Verwandtschaft, der vor allem begehrte tropische Nutzpflanzen angehören. Ob bei dem karpfenähnlichen Fisch „Blei" *(Abramis brama)* eine Verbindung zum gleichlautenden Metall führt, ist ungewiß. Immerhin hat er bleigraue Flossen.

Das gelbe Pulver der Schwefelblüte scheint vom Himmel gefallen zu sein, wenn man unter blühenden Kiefern den Boden mit einem gelben Hauch von Pollen bedeckt sieht. Schwefelregen sagt der Laie dazu, denn solchen Pollenüberschuß brauchen manche Windblütler, um die Bestäubung sicherzustellen. — An alten Baumstümpfen reckt der gesellige Schwefelkopf seine Hütchen in die Höhe. Er ist ein ungenießbarer Ständerpilz mit schwefelgelben Fruchtkörpern.

Verbindungen

Essigbaum *Rhus typhina;* Essigbecher *Acetabularia mediterranea;* Gipskraut *Gypsophila;* Glasflügler *Sesien;* Glaskraut *Parietaria officinalis;* Glaskrebs *Leptodora;* Glasschmalz *Salicornia herbacea;* Glasschnecken *Vitrinidae;* Glasschwamm *Hyalonema sieboldi;* Pechnelke *Viscaria vulgaris;* Salzkraut *Salsola kali;* Salzschwaden *Atropis;* Seifenkraut *Saponaria officinalis.*

Allen voran ist das Glas zu nennen, der harte wasserklare, durchsichtige Werkstoff. Man hat nach ihm z. B. die Glasaale getauft. Unsere dunkelgefärbten Aale machen bekanntlich eine lange und merkwürdige Entwicklung durch. Jedenfalls wandern sie in großer Zahl, aus dem Meer kommend, als glasähnlich durchsichtige Tierchen in die Flüsse ein. Kaum weniger seltsam sind die Glasflügler. Es sind Schmetterlinge, die fast an Wespen erinnern. Man könnte meinen, daß in ihre langen, schmalen Flügel winzige durchsichtige Fensterscheiben eingesetzt worden seien. Der Hornissenschwärmer, der größte einheimische Vertreter dieser Sippe, gilt als Paradebeispiel einer Mimikry. — Ein Blattfußkrebs ist der besonders durchsichtige Glaskrebs, ein schalenloses Tierchen von geradezu phantastischem Aussehen. — Eine Glasschnecke besitzt natürlich ein Haus, dünn und transparent, wie aus Glas gefertigt. — Der Glasschwamm Japans benötigt sogar für sein kunstvolles Skelett denselben Rohstoff wie das richtige Glas auch, nämlich Kieselsäure.

Auch „Glaspflanzen" sind bekannt. Man meint damit Pflanzen, deren saftreiche Stengel durchschimmern, ähnlich wie grüngefärbtes Glas. Das Glaskraut mit glasartig glänzenden Blättern (eine andere Deutung) wächst an Mauern oder Zäunen. — Der Glasschmalz dagegen, treffender auch „Queller" genannt, ist ein Bewohner des Wattenmeeres und eine ausgesprochene Salzpflanze. Seine Blätter und fleischigen Sprossen erinnern im Aussehen an manche Kakteen. — Wenn eine solche Pflanze Salzboden verträgt (wir sagen gern „liebt"), trägt sie oft diesen Sondergeschmack im Namen. Wir erinnern an Namen wie Salzschwaden, ein Süßgras; an das Salzkraut des Meeresstrandes, mit „Salsola kali" vom Fachmann deutlich gekennzeichnet; an die Salzmiere *(Honkenya peploides)*.

Bei den Nelkengewächsen begegnen wir gleich einer Anzahl solcher Pflanzen, die die Chemie benennt. Der Name Gipskraut galt ursprünglich einer Pflanze, die gern auf Gipsböden wächst. Das freilich gilt nicht für das Schleierkraut *(G. paniculata)*, der bekanntesten Art, wenngleich manche behaupten, ihre zahlreichen, weißen Blütchen ergäben den Anschein, als habe man (ausgerechnet!) Gipsmehl über die Pflanze gestreut. — Eine andere Nelkenverwandte heißt Seifenkraut. Wirklich mit Recht. Denn alle Teile, vor allem die Wurzel, schäumen auf, wenn man sie im Wasser reibt. — Zu den alten Zierpflanzen gehört die Pechnelke. Sie trägt an ihrem Stengel braune, klebrige Leimgürtel, sogar mehrere übereinander, um unerwünschten, emporkletternden Insekten den Zutritt zu den Blüten zu verwehren. Sie erinnern damit an die Leimringe, mit denen wir Schädlinge von unseren Obstbäumen fernzuhalten versuchen. — Die amerikanische Pechkiefer *(Pinus rigida)* ist gleichfalls kein Pechlieferant, ihr wahrer Wert liegt in ihrem ausgezeichneten „Pitchpine"-Holz.

Daß viele Pflanzen nach den Produkten heißen, die sie liefern, ist selbstverständlich. Daher sollen Gummibaum, Zuckerrübe, Maggikraut usf. nur angeführt werden. Oft gelten bei ausländischen Drogen und Nutzstoffen die Namen der Produkte für die Pflanzen selbst (mitunter durch das farblose -strauch ergänzt), etwa bei Rizinus, Zimt, Vanille, Ingwer usw.

Nur an den Essig soll hier noch erinnert werden. Die Botaniker kennen einen Essigbaum. Sein Saft freilich übertrifft den stärksten Essig an Wirkung; er ist giftig und verursacht schwere Hautentzündungen. — Das Gefäß, in dem man Essig aufbewahrt, verschaffte zwei Pflanzen einen Namen. Unsere gelbe Teichrose *(Nuphar)* heißt der Blüten wegen auch Essigkrügle; ihr alter deutscher Name „Kandel" (= Kanne) deutet auf das gleiche hin. Eine zierliche Kalkalge des Mittelmeers wird zum Essigbecher, weil sie auf dünnen Stielen kleine „Gefäße" trägt. — Essigälchen sind kleine Fadenwürmer, die in verdorbenem Essig leben; Essigfliegen — wie man gewisse Taufliegen *(Drosophilidae)* nennt — bevorzugen gärende und faulende pflanzliche Nährböden.

13. Namen nach pflanzlichen und tierischen Begriffen

Die systematischen Einheiten des Fachbiologen (Familie, Gattung, Klasse usw.) fassen die Lebewesen nach ihrer natürlichen Verwandtschaft zusammen. Aber wir kennen auch biologische „Sammelbegriffe", die sich nicht an die Grenzen der wissenschaftlichen biologischen Systematik halten. Es gelingt oft nicht, sie einwandfrei zu definieren, denn ihr Wortinhalt schwankt mitunter innerhalb großer Grenzen. Zudem besteht noch oft eine Diskrepanz zwischen Fach- und Umgangssprache.

a) Pflanzliches

Baum, -baum: Verholzte, ausdauernde Pflanze, die wenigstens einige Meter hoch ist und einen tragenden, freistehenden Hauptstamm besitzt. In Komposita (als Grundwort) gern für ausländische Kultur- und Gartenpflanzen verwendet. Bei deutschen Pflanzen zur näheren Kennzeichnung, z. B. statt Vogelbeere Vogelbeerbaum.

Bux- *Buxus sempervirens;* Feigen- *Ficus carica;* Gewürznelken- *Eugenia aromatica;* Granat- *Punica granatum;* Gummi- *Ficus elastica;* Lebens- *Thuja;* Kakao- *Theobroma cacao;* Mandel- *Amygdalus communis;* Maulbeer- *Morus nigra, M. alba;* Öl- *Olea europaea.*

Baumalgen (an Bäumen wachsende Algen, wie *Pleurococcus*); -farn *Cyatheaceae*, baumförmige Farne der Tropen; -wolle *Gossypium herbaceum.* Viele Tiernamen.

Beere, -beere: Eine Schließfrucht, die eine fleischige, saftreiche Fruchtwand und im allgemeinen nur einen Samen besitzt. Das Wort umfaßt jedoch im Sprachgebrauch recht ungenau auch Sammelfrüchte, Scheinfrüchte, Zapfenfrüchte und anderes.

Blau-, Heidel-, Schwarz- *Vaccinium myrtillus;* Brom- *Rubus fruticosus;* Ein- *Paris quadrifolia;* Erd- *Fragaria vesca;* Him- *Rubus idaeus;* Johannis- *Ribes rubrum;* Kermes- *Phytolacca americana;* Krähen-, Rausch- *Empetrum nigrum;* Maul- *Morus;* Mehl- *Sorbus aria;* Moos- *Vaccinium oxycoccus;* Preißel- *Vaccinium vitis idaea;* Schnee- *Symphoricarpus racemosus;* Stachel- *Ribes grossularia;* Trunkel- *Vaccinium uliginosum;* Teufels- *Atropa belladonna;* Vogel- *Sorbus aucuparia.*

Beerentang (die tropische Meeresalge *Sargassum* mit beerenähnlichen, gestielten Schwimmblasen).

Blume, -blume: Sehr weit gefaßter Begriff. Krautige Pflanzen, die eine auffällige Blüte (oft auch einen Blütenstand) besitzen. Nur Blütenpflanzen.

Butter- *Taraxacum, Ranunculus etc.;* Dotter- *Caltha palustris;* Flocken- *Centaurea;* Gänse- *Bellis perennis;* Gaukler- *Mimulus luteus;* Glocken- *Campanula;* Hungerblümchen *Erophila verna;* Jehovablümchen *Saxifraga umbrosa;* Kokarden- *Gaillardia;* Korn- *Centaurea cyanus;* Kreuz- *Polygala;* Kuckucks- *Platanthera* u. a.; Kugel- *Globularia;* Kuh- *Vaccaria pyramidata*, viele andere Pflanzen; Laugen- *Cotula coronopifolia;* Leberblümchen *Anemone hepatica;* Mai- *Convallaria maialis, Polygonatum;* Marien- (vielseitig verwendet); Passions- *Passiflora;* Ringel- *Calendula;* Schach- *Fritillaria meleagris;* Schatten- *Majanthemum bifolium;* Schellen- *Adenophora liliifolia;* Schleifen- *Iberis;* Schlüssel- *Primula;* Schwanen- *Butomus umbellatus;* Socken- *Epimedium alpinum;* Sonnen- *Helianthus;* Stroh- *Helichrysum arenarium;* Troll- *Trollius europaeus;* Wucher- *Chrysanthemum.*

Blumenbinse *Scheuchzeria palustris;* -kohl (Spielart von *Brassica oleracea*, obere Blätter „blumenähnlich“ umgewandelt); -rohr (*Canna* des tropischen Amerika, ein „Rohr“ mit herrlichen Blüten).

Blüte, -blüte: Als Grundwort in Komposita, um eine massenhafte, flächige Entwicklung einer niederen Pflanze anzudeuten. Ausnahme: Muskat**blüte** gleich Samenmantel der Frucht des Muskatbaumes *(Myristica fragrans).* — Wasserblüte *(Palingenia longicauda)* für das massenhafte Auftreten der Eintagsfliege; Loh- *(Fuligo varians;* wenn auf der Lohe der Pilz auftritt, sagt der Gerber, daß die Lohe „blühe“); See- (*Trichodesmium erythraeum* und andere Algen); Wasser- (*Cyanophyceen, Chlorophyceen* auf der Oberfläche eines Teiches).

Vergleiche auch übertragen „Blüte“ in der Mineralogie (etwa in „Kobaltblüte, Ausblühung“), in der Medizin („Effloreszenz“), in der Pharmazie („Flores“).

Distel, -distel: Pflanzen, die am Stengel und (vor allem) an den Blättern Stacheln tragen. Gehören in der Hauptsache mit mehreren Gattungen den Korbblütlern an (sog. „echte“ Disteln sind aber nur die Gattungen *Carduus* und *Cirsium*), greifen jedoch auch auf einige andere Gattungen über (z. B. Kardengewächse, Doldengewächse, Froschbißgewächse).

Acker-, Brach-, Kohl-, Wald-, Wolldistel *(Cirsium);* Berg-, Kletten-, Stacheldistel *(Carduus).*

Esels- *Onopordon acanthium;* Bitter-, Heil- *Cnicus benedictus;* Färber- *Carthamus tinctorius;* Karden-, Weber- *Dipsacus fullonum;* Kugel- *Echinops sphaerocephalus;* Marien- *Silybum marianum;* Silber- *Carlina acaulis;* See- (Krebsschere) *Stratiotes aloides;* Stern- *Centaurea;* Strand- *Eryngium maritimum.*

Dorn, -dorn: Der Botaniker scheidet Dorn von Stachel. Beide stechen und überragen die Oberfläche der Pflanze. Der Dorn ist aber verholzt, während ein Stachel nur eine Oberhautbildung darstellt. Das Volk scheidet nicht so streng. Die „Rose ohne Dornen“ ist genau genommen eine Rose ohne Stacheln. Eine Dornenhecke kann auch eine Stachelhecke sein, je nach den Pflanzen, die sie bilden. Dabei sind die Dornen recht verschiedenen Ursprungs: umgebildete Sprosse wie beim Weißdorn, oder Blätter wie bei dem Sauerdorn.

An- (*Marrubium vulgare;* kein „Dorn", ein alter Sammelname für verschiedene Lippenblütler); Bocks- (*Lycium hamilifolium;* dornige Zweige); Christus- (*Gleditschia triacanthos;* mit der Dornenkrone legendär verknüpft); Feuer- (japanische Quitte, *Cydonia japonica;* feuerrote Blüten); Gaspel- (*Ulex europaeus;* die Dornen werden mit dem Nagel an der Schnalle, Gaspel, verglichen); Kreuz- (*Rhamnus cathartica;* die dornigen Zweigenden sind oft kreuzförmig gestellt); Mäuse- (*Ruscus aculeatus;* seine Stacheln sollen die Mäuse von Speck und Käse fernhalten); Sand-, See- (*Hippophaë rhamnoides;* Dornstrauch auf sandigem Boden); Sauer-, Drei- (*Berberis vulgaris;* Beeren von säuerlichem Geschmack, Dornen zu dreien angeordnet); Schoten- (*Robinia pseudacacia;* ein Baum mit Dornen, der Hülsen trägt); Schwarz- (*Prunus spinosa;* nach der Rindenfarbe); Weiß- (*Crataegus;* eine rotblühende Variante heißt Rotdorn).

Frucht, -frucht: Der Teil der Pflanze, der die Samen enthält und meist aus dem Fruchtknoten der Blüte hervorgeht. Eine Befruchtung ist nicht immer notwendig.

Hack- (Pflanzen mit wertvollen unterirdischen Teilen, z. B. Zuckerrübe und Kartoffel); Öl- (Nutzpflanzen, die fette Öle liefern); Süd- (eßbare Früchte der Tropen).

Fruchtfäule (Pflanzenkrankheiten, durch die Früchte faul werden, z. B. „*Monilia*", *Fusarium*, *Gloeosporium*).

Futter: wird vielseitig gebraucht. Hier die pflanzliche Nahrung, die Tiere zum Leben brauchen.

Futterklee (z. B. Rotklee, *Trifolium pratense*); -roggen (Grünroggen, *Secale cereale*, wird unreif verfüttert); -rübe (Runkelrübe, *Beta vulgaris*).

Gras, -gras: Einkeimblättrige Pflanzen mit schmalen, parallelnervigen Blättern. Es gibt auch Ausnahmen, z. B. heißt die Gartennelke, *Dianthus caryophyllus*, auch „Grasblume", da sie grasähnliche Blätter hat.

Futter- (Gräser, die in frischem Zustand oder getrocknet als Viehfutter dienen); Ober- (Gräser, die mehr Halme als Blätter entwickeln, Wiesengräser); Sauer- (nicht zu den Gräsern, Gramineen, sondern Riedgräsern, Cyperaceen, gehörend, daher auch Schein- oder Halbgräser); Süß- (Gräser schlechthin, Gramineen. „Süß", d. h. für Tiere wohlschmeckend, Gegensatz Riedgräser der „sauren" Wiesen); Unter- (Gräser, die mehr Blätter als Halme entwickeln, Weidegräser); See- (kein Gras, ein Laichkrautgewächs mit grasähnlichen Blättern, *Zostera*).

Kraut, -kraut: Wortinhalt wird verschieden abgegrenzt. Denn wenn H. Paul darunter nur breitblättrige, niedere, saftige Pflanzen verstehen will (die Gräser, Bäume und Sträucher sind auszunehmen), so gibt es z. B. keine botanische Grenze zwischen Stauden von Kraut- und Strauchhöhe. Die Erklärung von Mackensen (Kraut = Pflanze mit jährlich absterbendem Stengel) ist nicht eindeutiger. Es gibt Annuellen, die keine Kräuter sind, z. B. die Sonnenblume, und Kräuter, die perennieren.

Basilien- *Ocimum basilicum;* Benedicten- *Cnicus benedictus;* Bingel- *Mercurialis;* Bilsen- *Hyoscyamus niger;* Bisam- *Adoxa moschatellina;* Bohnen- *Satureja hortensis;* Brachsen- *Isoëtes;* Bruch- *Herniaria;* Christophs- *Actaea spicata;* Eisen- *Verbena officinalis;* Farn- (Klasse der Farne, *Filicinae*); Gurken- *Borrago officinalis;* Habichts- *Hieracium;* Heide- *Ericaceen;* Herkules- *Heracleum;* Hexen-

Circaea; Johannis- *Hypericum;* Kleb- *Galium aparine;* Knaben- *Orchis;* Kreuz- *Senecio;* Knopf- *Galinsoga parviflora;* Laich- *Potamogeton;* Läuse- *Pedicularis;* Leim- *Silene;* Lein- *Linaria;* Lungen- *Pulmonaria;* Milz- *Chrysosplenium;* Ruhr- *Gnaphalium;* Scharbocks- *Ranunculus ficaria;* Schell- *Chelidonium maius;* Tausendgülden- *Erythraea.*

Nadelhölzer: Fallen mit den Coniferen (nacktsamige Pflanzen) des Systems zusammen, obwohl der Name (nämlich verholzte, nadeltragende Pflanzen) auch andere Pflanzen (z. B. Heide, Ginster u. a.) umfaßt. Die „Zapfenträger" (als Übersetzung der Coniferen) haben sich nicht eingeführt; es bestünden auch begriffliche Schwierigkeiten z. B. bei der Eibe und dem Wachholder („Beeren?").

Obst, -obst: Früchte von ausdauernden, meist holzigen Gewächsen, die als Nahrung dienen. Sie brauchen nicht zubereitet zu werden, sie werden auch roh verzehrt. Durchaus nicht nur fleischige, saftreiche Früchte. In Plantagen und Gärten angebaut, nicht wildwachsend.

Beeren- (Pflanzen mit wohlschmeckenden Beeren; Steinbrechgewächse, Saxifragaceen und Rosengewächse, Rosaceen, u. a.); Kern- (Unterfamilie der Rosengewächse, Pomoideen, in der Fruchtart des Apfels); Schalen- (Obst in harten Schalen, wie Nüsse, Maronen usw.); Stein- (Unterfamilie der Rosengewächse, Prunoideen, in der Fruchtart der Pflaume); Trocken- (Dörrobst, durch Trocknen haltbar gemachtes Obst, wie Feigen, Pflaumen, Rosinen usw.); Tropen- (Südfrüchte, wie Bananen, Apfelsinen usw.).

Obstfäule (die Fruchtfäule des Obstes); -made (Schmetterlingsraupen, von *Carpocapsa*, *Argyresthia*, *Laspeyresia* usw.).

Pflanze, -pflanze: (Blattgrün ist kein Erkennungsmerkmal.) Im Volk versteht man darunter gewöhnlich nur die höheren, d. h. chlorophylltragenden, blütentragenden Pflanzen. Flechten und Bakterien z. B. werden nicht als „gewöhnliche Pflanzen" empfunden. Auch die freie Ortsbewegung wird ihnen nicht zugestanden.

Futter- (Pflanzen, aus denen man Futter für Haustiere gewinnt, ohne nähere Bestimmung, was verwertbar ist, ob Wurzeln, Früchte, grüne Teile usw.); Sinn- (*Mimosa*, berührungsempfindlich); Tabak- (*Nicotiana tabacum;* die ganze Pflanze gegenüber den genutzten Einzelteilen. Als Beispiel für viele andere gleicher Art!); Stein- (ökologischer Begriff, Pflanzen in Steinbeeten, Alpinen); Ramie- (*Boehmeria nivea*, verwertbare Bastfasern).

Salat, -salat: Wort wird doppelt verwendet: 1. weiche, mit Gewürzen zubereitete, roh zu genießende Blätter (unter anderem Endivie *Cichorium endivia*, Rapünzchen *Valerianella olitoria*, Kopfsalat *Lactuca sativa* usw.). 2. gekochte oder rohe, auf ähnliche Art zubereitete zerkleinerte, fleischige Pflanzenteile, insbesondere Wurzeln oder Knollen (Sellerie-, Gurken-, Kartoffel-).

Strauch, -strauch: Verholzte ausdauernde Pflanze. Höhe geringer als beim Baum. Kein Hauptstamm, sondern eine Anzahl gleichstarker Einzeltriebe, die sich oft buschähnlich verzweigen (Strauchwerk). Hin und wieder auch der Name für den jugendlichen Baum. Im Kompositum für ausländische Kulturpflanzen beliebt.

Dorn- (ohne nähere Bestimmung, oft *Rosa*); Gagel- *Myrica gale;* Gewürz- *Calycanthus floridus;* Haselnuß- *Corylus avellana;* Himbeer- *Rubus idaeus;*

Kaffee- *Coffea arabica;* Koka- *Erythroxylon coca;* Lorbeer- *Laurus nobilis;* Maniok- *Manihot utilissima;* Pfeifen- *Philadelphus coronarius;* Rosen- *Rosa;* Schlehen- *Prunus spinosa;* Tee- *Thea sinensis;* Wachholder- *Juniperus.*

Straucherbse *Cajanus indicus;* -flechte (Gruppe von Flechten, *Lichenes*, die nach ihrer Wuchsform heißt).

Stock, -stock: Mehrdeutiger Begriff, z. B. Baumstumpf; Bienenstock; walzenförmiges Gebilde aus Holz. Pflanzen, die mit Vorliebe nur die Hauptachse („Stock") entwickeln oder durch Gärtner und Züchter diese Wuchsform erhalten.

Blumen- (Topfblumen ohne nähere Bestimmung); Reb-, Wein- *(Vitis vinifera);* Rohr- (meist Bambusrohr, *Bambuseae*); Rosen- *(Rosa).*

Unkraut: Aus dem „Kraut" hergeleitet. Es bedeutet das Kraut, das in den Pflanzungen und Anlagen des Menschen, seinen Gärten und Äckern unerwünscht und wertlos ist. Außerhalb des Nutzlandes gibt es kein Unkraut. Unkraut ist also ein wertender Begriff. — Ähnlich gebildet ist das Wort „Unlauch" (ma.) für Zwiebel, d. h. ein Lauch, der aus der Reihe tanzt, oder „Unvogel", einer alten österreichischen Bezeichnung für Pelikan.

Wurzel, -wurzel, -wurz: Pflanzen mit auffälligen unterirdischen Teilen (Wurzelstock, Rhizom), zum Teil offizinell und als Drogen mit „Radix" oder „Rhizoma" benannt. Oft bei Orchideen anzutreffen. Das kürzere „-wurz" wird bevorzugt.

Blut- (*Potentilla tormentilla, Rhizoma Tormentillae;* im Querschnitt des Wurzelstocks eine blutrote, sternförmige Zeichnung, Volksmittel bei Wundbehandlungen); Braun- (*Scrophularia;* besitzt braungefärbte Blüten); Brustwurz *(Angelica silvestris);* Dreh- (*Spiranthes;* Blütenähre schraubenähnlich gedreht); Eberwurz *(Carlina acaulis, Radix Carlinae);* Engel- *(Angelica archangelica, Radix Angelicae;* wohltätige Wurzel); Feig- (*Ranunculus ficaria;* wegen der feigwarzenähnlichen Knöllchen); Glanz- *(Liparis Loeselii);* Gems- *(Doronicum);* Haferwurzel *(Tragopogon porrifolius);* Haus- (*Sempervivum;* früher apotropäisch auf Mauern und Dächer gepflanzt); Heil- *(Seseli libanotis);* Hirsch- *(Peucedanum cervaria);* Korallen- (*Coralliorrhiza innata;* Wurzelstock korallenartig verzweigt); Meister- (*Peucedanum ostruthium, Radix Imperatoriae;* Wurzel mit großer Heilkraft); Moos- *(Goodyera repens);* Mutter- (1. *Ligusticum mutellina,* 2. *Ostericum palustre;* Volksmittel gegen Frauenkrankheiten); Nelken- (*Geum;* Wurzel riecht nach Nelken); Nest- (*Neottia nidus avis;* Wurzelstock nach Art eines Vogelnestes gestaltet); Nies- (*Helleborus;* gepulverte Wurzel war früher ein Mittel, niesen zu machen); Rosen- *(Sedum roseum);* Schlangen-, Otter- (*Polygonum bistorta;* Wurzelstock schlangenähnlich gekrümmt); Schmeer- *(Tamus communis);* Schwalben- *(Vincetoxicum officinale, Rhizoma Vincetoxici;* nach der Gestalt der Früchte); Schwarz- (*Symphytum officinale;* unterirdische Teile sind schwarz); Schwarzwurzel (*Scorzonera;* schmackhafte, schwarzrindige Wurzel); Schuppen- (*Lathraea squamaria;* unterirdische Teile beschuppt); Siegmars- *(Malva alcea);* Sieg- *(Gladiolus);* Silber- *(Dryas octopetala);* Sommer- (*Orobanche;* entwickelt sich erst nach Sommerbeginn); Sumpf- *(Epipactis);* Weiß- (*Polygonatum;* Wurzelstock mit weißlicher Rinde); Zahn- *(Dentaria).*

b) Tierisches

Aal, -älchen: Tiere mit langgestrecktem, schlangenähnlichem Körperbau, vor allem Fische recht verschiedener Verwandtschaft. Älchen sind Angehörige der Fadenwürmer, unter ihnen manche Schädlinge für Pflanzen. Dem Begriff haftet etwas Unheimliches an. (Die Vermehrung des Aales blieb lange Zeit geheimnisumwittert.)

Glas-, Gelb-, Steig- und Blankaal, Entwicklungsstufen von *Anguilla vulgaris;* Meer- *Congridae,* z. B. *Conger conger;* Sand- *Ammodytes;* Stein- (Dornhai) *Acanthias vulgaris;* Zitter- *Electrophorus electricus.*

Essigälchen, Kleister- *Anguillula aceti;* Rüben- *Heterodera schachtii;* Stengel- *Ditylenchus dipsaci;* Weizen- *Tylenchus scandens.*

Aalmolch *Amphiuma means;* -mutter *Zoarces viviparus;* -raupe *Lota lota.*

Auge, -auge: Runde, farbige, augenähnliche Flecke. Häufiger zur Beschreibung von Schmetterlingsflügeln. Unter „Augen" im Pflanzenreich werden auffällig gefärbte Blüten oder -stände verstanden; in der lateinischen Terminologie oft durch ein angehängtes *-opsis* zu erkennen.

Neun- *Petromyzon;* Ochsen- *Epinephele jurtina, Coenonympha pamphilus* (Falter); Pfauen- *Vanessa io;* Bluts- *Comarum palustre;* Mädchen- *Coreopsis;* Rinds- *Buphthalmum salicifolium;* Teufels- *Adonis.*

Augenfalter, Fam. *Satyridae;* -fliegen, Fam. *Conopidae;* -spinner *Saturniidae;* -tierchen *Euglena;* -trost *Euphrasia;* -wurz (früher gegen Augenkrankheiten gebraucht, z. B. Baldrian). — *Calliopsis, Codonopsis, Coreopsis, Galeopsis, Lycopsis* etc.

Bär: Zunächst nur der Braunbär; ma. für Namen männlicher Haustiere (z. B. Eber) als Sinnbild der Stärke. Im Kennwort des Kompositums wird oft auf das sehr dichte, harthaarige Fell des Bären angespielt. Familie der Raubtiere *Ursidae.*

Bärenkrebs *Scyllarus arctus,* harter dicker Panzer; -maki *Arctocebus;* -robbe *Arctocephalus ursinus;* -spinner *Arctiidae,* Raupen bürstenähnlich dicht behaart; Bärtierchen *Tardigrada.*

Bärenklau *Heracleum, Acanthus;* -lauch *Allium ursinum;* -traube *Arctostaphylos;* -lapp *Lycopodium;* -schote *Astragalus glycyphyllus.*

Blind-: Tiere, die Augen völlig entbehren (oder weitgehend zurückgebildete Augen besitzen), jedoch in Verwandtschaftsgruppen, deren Vertreter sonst Augen tragen. Einige Ausnahmen, z. B. Blindschleiche (Beobachtungsfehler!).

Blindbremse *Chrysozona pluvialis;* -mäuse *Spalacinae;* -schlange *Typhlopidae;* -schleiche *Anguis fragilis;* -springer (Springschwanz) *Onychiuridae;* -wanzen, Fam. *Capsidae;* -wühlen *Gymnophiona.* — Blindbaum, Gattung *Excoecaria,* Milchsaft soll Erblindung hervorrufen.

Bock, -bock: Männliche Tiere bei geweih- und horntragenden Wiederkäuern mittlerer Größe (Rinder z. B. ausgenommen). Mundartlich auch für männliches Kaninchen. Als Bockmerkmal wird der Kopfschmuck empfunden; daher auch „Bock"käfer *(Cerambycidae)* mit langen, gekrümmt getragenen Fühlern. Eine Ausnahme bildet der Holz„bock". Männliche Tiere allein: Gems-, Reh-, Schaf-, Ziegen- usw. Beide Geschlechter: Gabel-, Spring-, Steinbock usw.

Gabel- *Antilocapra americana;* Gems-, Gams- *Rupicapra rupicapra;* Schaf- *Ovis aries;* Stein- *Capra ibex ibex;* Pferde- *Hippotraginae;* Ried- *Redunca;* Wasser- *Adenota* usw.

Eichen-, Held- *Cerambyx cerdo;* Haus- *Hylotrupes bajulus;* Holz- (Zecke) *Ixodes;* Moschus- *Aromia moschata;* Pappel- *Saperda carcharias,* usw.

Glucke, -glucke: Vieldeutiger Begriff. Zunächst die weiblichen Hühnervögel mit auffälligem Brutpflegeinstinkt und -gehabe. Dann auf den dick aufgeplusterten Vogel angewendet, der die Jungen schützt (Krause Glucke!).

Krause Glucke *Sparassis ramosa, Clavaria crispa* (Pilze); Glucken *Lasiocampidae, Lymantriidae,* dickleibige Schmetterlinge.

Hahn, -hahn, -hähnchen: Name eines männlichen Vogels, vom männlichen Haushuhn hergeleitet. Dann auf alle Hühnervögel *(Galli)* ausgedehnt. Endlich auch für einige männliche Singvögel mit bekanntem Ruf (Finken-) oder Gesang (Kanarien-) verwendet. In der Verkleinerung „-hähnchen" vielfach gebraucht, ohne einheitliche Gesichtspunkte (z. B. gern bei Schädlingsinsekten).

Knurrhahn (*Trigla hirundo,* Meeresfisch).

Berghähnchen (*Anemone narcissiflora,* Waldblume); Gold- (*Regulus,* Singvogel) Lilien- *(Crioceris lilii);* Spargel- *(Crioceris asparagi);* Wein- *(Oecanthus pellucens).*

Horn, Horn-, -horn: Zunächst Kopfschmuck vieler wiederkäuender Paarzeher (von „Geweih" unterschieden!), dann allgemein ein herausragender, meist leicht gekrümmter Zapfen.

Mitunter wird hierunter auch der Baustoff des tierischen Horns verstanden, also eine mäßigharte, zähelastische Masse.

Hornbaum (Hainbuche) *Carpinus betulus,* nach dem Holz; -blatt *Ceratophyllum;* -klee *Lotus corniculatus;* -köpfchen, -kraut *Cerastium,* die Fruchtkapseln sind bei einigen Arten hornähnlich gekrümmt; -ling *Calocera viscosa,* Basidienpilz (geweihartig!); -mohn *Glaucium corniculatum,* schotenförmige Kapsel; -moos *Anthocerotales,* Kapsel wie ein schlankes Horn (*Mnium hornum* wird oft fälschlich als „Hornmoos" bezeichnet!); -strauch (Hartriegel) *Cornus sanguinea,* nach dem Holz; -tang *Ceramium rubrum,* Alge mit hornähnlich verzweigten Fadenenden; -veilchen *Viola cornuta,* Blüte mit langem Sporn; -zahnmoos *Ceratodon purpureus,* Lehnübersetzung, nach dem Peristom.

Hörnchen *Sciuroidea* (wo ist das Horn ?); Hornfasan *Tragopan* (z. B. *Tragopan temmincki* mit 2 Hörnchen auf dem Kopf); -fliegen, Fam. *Sciomycidae;* -frosch *Ceratophrys,* Frosch mit zipfelförmigen Oberlidern; -hecht, Fam. *Scomberesocidae;* „Horn"hecht *Belone acus,* mit grünen Knochen; -koralle *Gorgonia,* hornige Achse mit weicherer Rinde; -tiere, z. B. Rinder *Bovidae,* Hohlhörner, Hörner in beiden Geschlechtern; -otter *Vipera ammodytes,* Sandotter, Horn an der Schnauzenspitze; -viper *Aspis cerastes,* Otter mit 2 Hörnchen über den Augen; -vogel, -rabe *Bucerotidae,* Schnabel mit hornförmigem Aufsatz.

Wellhorn *Buccinium undatum,* Meeresschnecke; Nas- *Rhinozerotidae;* Ammons-, Gerad-, Krumm-, Knoten-, Schnecken-, Widder- usw. (Lehnübersetzungen von Namen ausgestorbener Kopffüßler, wie *Orthoceras* usw.).

Huhn, -huhn: Die Verwandten des Haushuhns, die große Ordnung der Hühnervögel. Jedoch Abgrenzung nicht scharf. Auch unter den Rallen *(Rallidae)* sind

Hühner, z. B. das Teichhuhn *(Gallinula chloropus)*. Beispiele sind Auer-, Bankiva-, Feld-, Hasel-, Hauben-, Moor-, Perl-, Reb-, Rohr-, Schnee-, Stein-, Steppen-, Sumpf-, Teich-, Trut-, Wald-, Wasserhuhn usw. — Hühnerhabicht *(Accipiter gentilis)*.

Pflanzennamen mit „Hühner-" stehen zum Haushuhn in Beziehung, z. B. Hühnerdarm *(Stellaria media)* u. a.

Kopf, -kopf: Von der Bezeichnung des vorderen, meist abgesetzten Körperendes eines Wirbeltiers hergeleitet. In Pflanzen- und Tiernamen als Bestandteil eines Kompositums vielseitig verwendet.

Butz- (Schwertfisch, *Orca gladiator*); Dick- (Tagfalter, *Hesperiidae*); Eulen- (*Stringocephalus*, Armfüßer aus dem Devon); Gruben- (Bandwurm, *Dibothriocephalus latus*); Kaul- (*Cottus gobio*, Fisch mit großem Kopf); Toten- (*Acherontia atropos*, Schwärmer mit besonderer Rückenzeichnung); Trotz- (Klopfkäfer, *Anobium striatum*, wegen des ausgeprägten Totstellreflexes).

Kopffüßler (Klasse der Weichtiere, *Cephalopoda*); -käfer (*Broscus*, breiter Kopf); -laus (*Pediculus capitis*, im Kopfhaar lebend).

Drachen- (*Dracocephalum*, Lippenblütler); Dick- (Weizenform *Triticum vulgare*, kopfähnlich angeschwollene Ähren); Natter- (*Echium vulgare*, Blüte schlangenkopfähnlich); Schnaps- *Echinocactus*, als Berauschungsmittel benutzt.

Kopfgras (*Sesleria*-Arten, kopfähnliche Büsche bildend); -kohl (Weißkohl, lat. *caput*, *Brassica oleracea*); -klee (*Trifolium*-Arten, kopfähnlich gedrängte Blütenstände); -simse *(Schoenus)*; -salat (*Lactuca sativa*, Blätter zum Kopf zusammenschließend); Köpfchenschimmel (*Mucor mucedo*, kugelige Sporenbehälter auf Stielen); -weide (*Salix viminalis*, nach der Wuchsform).

Mutter, -mutter: „Mutter" im Kennwort eines Kompositums bezieht sich auf auf die menschliche Mutter, z. B. viele Pflanzennamen, die Volksmittel gegen Frauenleiden sind oder bei der Geburtshilfe gebraucht werden. „Mutter" im Grundwort eines Kompositums hat vielfältige Bedeutungen, meist an die Fruchtbarkeit erinnernd.

Aal- (*Zoarces viviparus*, wegen des Reichtums an lebend geborenen Jungen; vielleicht aber auch volksetymologisch aus „Modder"); Haus- *(Agrotis pronuba)*; Essig- (Essigbakterien auf Buchenholzspänen); Öl- (Maiwurm, *Meloë proscarabaeus*, öliges, gelbes Blut).

Mutterkorn *Claviceps purpurea;* -kraut, vielerlei Pflanzen, z. B. *Salvia*, *Tanacetum* usw.; -wurz *Ligusticum mutellina.*

Quappe, -quappe: Fische oder fischähnliche Tiere mit schleimiger oder schlüpfriger Oberfläche („quabbelig"). Ursprünglich nur für die Aalraupe gebraucht. Mit mehreren Vertretern bei den Schellfischverwandten *(Gadidae)*. Daneben Bezeichnung für die Larven der Lurche.

Aalquappe *Lota lota;* Frosch- *Raniceps raninus*, Fisch (hat nichts mit Kaulquappe zu tun!); Kaul- (Larven für alle Lurche, mitunter eingeengt nur Larven der Frösche); Molch-, Kröten- (mitunter neben „Kaulquappen" verwendet); See- *Brasmius brosme;* Quappe *Echiurus echiurus*, Borstenwurm!

Raub-: Ein in Komposita gern benutztes Bestimmungswort. Für fleischfressende Tiere verwendet, die ihre lebenden Opfer überfallen. Beliebt auch bei höheren systematischen Einheiten.

Raubameise *Formica sanguinea;* -beutler, Fam. *Dasyuridae;* -fisch (ohne Systembestimmung, Gegensatz Friedfische); -fliegen, Fam. *Asilidae;* -käfer (ohne Systembestimmung, z. B. Laufkäfer, viele Kurzflügler); -krähe *Corvus cornix;* -möwen, Fam. *Stercorariidae;* -schnecken, Fam. *Testacellidae;* -spinnen, Fam. *Pisauridae;* -seeschwalbe *Hydroprogne tschegrava;* -tier (Fleischfresser allgemein; Ordn. *Carnivora*); -vogel (volkstümlich, faßt Tagraubvögel, *Accipitres*, und Nachtraubvögel, *Striges*, zusammen); -wanzen, Fam. *Reduviidae*; -wild (wildlebende Raubtiere unserer Heimat, „Raubzeug"); -würger *Lanius excubitor.*

Schwanz, -schwanz, -schwänzchen: Echte und falsche „Schwänze" in vielen Verwandtschaftsgruppen, morphologisch recht verschieden, nur zum Teil Anhängsel am Körperende (bei Schmetterlingen verlängerte Hinterflügel).

Breit-, sehr junge Karakulschafe; Doppelschwänzchen *Campodea staphylinus;* Leierschwanz *Menura alberti*, Singvogel; Pfeil-, Schwert- *Limulus, Xiphosuren;* Pfriemen- (Madenwurm) *Enterobius vermicularis;* Rot- *Phoenicurus*, Singvogel; Seiden- *Bombycilla garrula*, Singvogel; Schwalben- *Papilio machaon*, Falter; Spring- *Collembola, Apterygota;* Taubenschwänzchen *Macroglossa stellatarum*, Schwärmer.

Schwanzlurche, Ordn. *Caudata;* -meise *Aegithalos caudatus.*

Tier, -tier, -tierchen: Das Wort wird für alle freibeweglichen Tiere (im Gegensatz zur „Pflanze") gebraucht. Eine besondere Bedeutung hat das Wort bei den jagdbaren Geweihträgern.

Sessile Tiere, wie Schwämme und Hohltiere, werden mitunter nicht als „Tiere" empfunden, sondern als Pflanzen. Komposita mit -tier und -tierchen sind recht häufig. Beliebtes Mittel zur Namenbildung höherer systematischer Einheiten. Das angehängte -tierchen bezeichnet kleinste Lebewesen und dient oft zur Erläuterung einer Lehnübersetzung.

Beuteltiere, Ordn. *Marsupialia;* Elen- *Alces alces;* Faul-, Ordn. *Bradypodidae;* Gürtel-, Fam. *Dasypodidae;* Hohl-, Stamm *Coelenterata;* Kerb-, Kerfe, Klasse *Hexapoda, Insecta;* Krusten- (Krebstiere), Klasse *Crustacea;* Maul- (Kreuzung vom Pferd ♀ und Esel ♂); Moschus-, Unterfam. der Hirsche, *Moschinae;* Murmel- *Marmota;* Muschel-, Ordn. der Weichtiere, *Lamellibranchiata;* Nage- *Rodentia;* Räder- *Rotatoria;* Raub-, Ordn. *Carnivora;* Ren- *Rangifer tarandus;* Säuge-, Klasse *Mammalia;* Schnabel-, Fam. *Ornithothynchidae;* Stink-, Skunke, *Mephitinae;* Trampel- *Camelus bactrianus;* Ur- *Protozoa;* Weich-, Stamm *Mollusca;* Wirbel-, Unterstamm *Vertebrata.*

Aufgußtierchen (Infusions-, nach der Art der Gewinnung); Augen- *Euglena;* Geißel-, Klasse *Flagellata;* Glocken-, Unterklasse *Ciliata;* Kreide- (Mikrofossilien, z. B. Foraminiferen); Meeresleucht- *Noctiluca miliaris;* Pantoffel- *Paramaecium;* Sporen-, Klasse *Sporozoa;* Trompeten- *Stentor roeseli;* Wechsel-, Klasse *Rhizopoda;* Wimper-, Klasse *Ciliata.*

Vieh, -vieh: Die mit dem Menschen als Haustiere lebenden Säugetiere und Vögel. Auch gelegentlich, meist scherzhaft, auf wild lebende Vertreter derselben Verwandtschaftskreise angewendet („Rabenvieh"). In den Komposita „-vieh" auch in der Bedeutung gleich „Tier".

Borsten- (Schwein, *Sus scrofa domesticus*); Feder- (einengend gebraucht für Haushuhn, *Gallus domesticus*); Milch- (weibliches Hausrind, *Bos taurus*); Herden-, Klauen-, Weide- (wiederkäuende Paarzeher); Mast-, Nutz-, Schlacht- (ohne nähere Bestimmung).

Vogel, -vogel: Tiere, die Flügel besitzen, d. h. vor allem Vögel, jedoch auch einige Schmetterlinge. Flugvermögen ist nicht erforderlich (z. B. Pinguine). In Komposita als Grundwort zur Kennzeichnung höherer und ökologischer Einheiten; für Artbenennung vom Fachmann gemieden.

Brach- *Numenius arquata;* Eis- *Alcedo atthis* (Vogel) und *Limenitis* (Schmetterling); Feuer- *Chrysophanus virgaureae*, Schmetterling; Flüh- *Prunella collaris;* Hühner-, Ordn. *Galliformes;* Krammets- (Wachholderdrossel) *Turdus pilaris;* Laub- (Laubsänger) *Phylloscopus;* Pfingst- (Pirol) *Oriolus oriolus;* Raub- *Raptatores*, historische Bezeichnung für Tagraubvögel und Eulen; Sing-, Ordn. *Oscines;* Schwimm- (ohne Systembeziehung); Strand- (am Strande lebend); Renn- *Cursorius cursor;* Schwirr- (Waldlaubsänger) *Phylloscopus sibilatrix;* Sturm- *Fulmarus glacialis;* Zahn- (ausgestorbener zahntragender Vogel).

Vogelbeere *Sorbus aucuparia;* -blume (wird von Vögeln bestäubt); -fuß *Ornithopus*, nach der Form der Hülsen; -kirsche *Prunus avium;* -miere *Stellaria media;* -wicke *Vicia cracca*.

Vogelmilbe *Dermanyssus avium;* -muscheln, Fam. *Aviculidae;* -spinnen, Fam. *Theraphosidae*.

Widder: Ursprünglich für männliches gehörntragendes Schaf gebraucht. Dann auf Tiere mit auffälliger Zierde des Kopfes erweitert (gewaltige Hängeohren bei Kaninchen, besondere Fühlerhaltung bei Schmetterlingen).

Widder (Männchen vom Haus- und Wildschaf, *Ovis aries*); Englische W., Deutsche W. (Kaninchenrassen, *Lepus cuniculus*); Widderchen (Fam. *Zygaenidae* der Schmetterlinge); Widderbär (Fam. *Syntomidae* der Schmetterlinge); Widderbock (*Clytus arietis*, ein Bockkäfer).

Wild, -wild: Im Gegensatz zu den Haustieren die wilden Tiere der Heimat, freilich nur Wirbeltiere und Vögel.

Wild- als Bestimmungswort eines Kompositums bezeichnet den Gegensatz (z. B. Wild- und Hausschwein); als Grundwort -wild eines Kompositums dagegen das jagdbare Wild. Der Jäger faßt dabei sein „Wild" nach mancherlei Gesichtspunkten zusammen.

Wildesel *Equus asinus;* -ente *Anas spec.;* -fisch (Süßwasserfische ohne menschliche Betreuung); -gans (Graugans) *Anser anser*; -hund *Canidae;* -kaninchen *Lepus cuniculus;* -katze *Felis silvestris;* -pferd *Equus ferus;* -schaf *Ovis;* -schwein *Sus scrofa;* -taube, Ringel-, *Columba palumbus*.

Wildgemüse (Sammelbegriff, als Gemüse genutzte, wildwachsende Pflanzen); -kohl *Brassica oleracea;* -ling („Unterlage" bei einer Veredelung, Gegensatz „Edelreis").

Edel-, Rot- (Rothirsch, *Cervus elaphus*); Feder-, Flug- (jagdlich nutzbare Vögel); Haar- (alle jagdbaren Säugetiere); Hoch- (alle Paarhufer); Kahl- (weibliches, geweihloses Rotwild); Nieder- (alle jagdbaren Tiere, die nicht Hochwild sind); Nutz- (jagdbare Tiere mit verwertbarem Fleisch oder Fell); Raub- („Haarraubwild“ wie Fuchs, Marder, Iltis, Wiesel, Wildkatze, Dachs und Fischotter und — ungenau — „Raubvögel“, zu denen auch Rabenvögel gehören); Schalen- (alle Hufträger); Schwarz- (Wildschwein, *Sus scrofa*); Wechsel-, Stand- (Tiere, die den Standort beibehalten oder wechseln); Stein- (Alpensteinbock, *Capra ibex ibex*).

Zur Bezeichnung der einzelnen Art: Auer-, Dam-, Birk-, Gams-, Rotwild u. a.

14. Wirbeltierklassen als Namengeber

Wenn sich zwei Fachbiologen über biologische Fragen unterhalten, bedienen sie sich ihrer Fachsprache. Sie umfaßt ein einheitliches Sprachgebäude, bestimmt, die wissenschaftlichen Erkenntnisse der Biologie eindeutig und einwandfrei zu benennen, so daß sie auch im internationalen Verkehr der Fachleute verstanden werden können. Sie benutzt dabei Ausdrücke und Vokabeln, die für den Laien unverständlich sind. Denn sie hat zwei fremde Bestandteile aufgenommen, die biologische Terminologie und die lateinische Nomenklatur.

Aber auch der Nichtfachmann kann sich in biologischen Fragen ausdrücken. Denn in seinem Sprachschatz befinden sich ebenfalls Bestandteile der biologischen Fachsprache, es sind die deutschen Pflanzen- und Tiernamen und die Wörter der deutschen Umgangssprache, die biologische Sachverhalte schildern. Das Wortgut der Biologen hat also drei Quellen:

	Wörter der 1. Quelle Pflanzen- und Tiernamen	**Wörter der 2. Quelle** Terminologie (Termini technici)	**Wörter der 3. Quelle** allgemeinverständliche Wörter aus der Biologie
Fachsprache	deutsch und lateinisch vorhanden, z. B. Hund = *Canis familiaris*	vorhanden, z. B. Chromosom, Mitose, Nastien	gemeinsam vorhanden, z. B. Beere, Kieme, Rüssel, Baum usw.
Umgangssprache	nur deutsch vorhanden, z. B. Birke, Wal	fehlen	

Diese Erkenntnis hat wichtige Folgen. Man kann z. B. fragen, wie sich der Fachmann der biologischen Wörter aus der Umgangssprache bedient und welche besonderen Probleme dabei auftauchen. Man kann aber auch prüfen, wie von den biologischen Wörtern der Umgangssprache die deutschen Pflanzen- und Tiernamen beeinflußt werden und welche Zusammenhänge zwischen beiden bestehen. Dafür soll ein Beispiel gegeben werden.

Der Wortbereich „Wirbeltier“ ist zu untersuchen. Die Zoologen rechnen zu den Wirbeltieren bekanntlich fünf Klassen: Säugetiere, Vögel, Kriechtiere, Lurche und Fische als die fünf grundsätzlichen Bautypen. Drei von ihnen werden auch von der Umgangssprache genauer definiert (Säugetiere, Vögel und Fische), während Kriechtiere und Lurche bei Laien weniger gut bekannt sind. Jede der drei

Klassen hat ihren eigenen spezifischen Wortschatz. Denn die Bauform jeder Klasse gilt als typisch für viele Lebewesen ihrer Verwandtschaft und ihres Lebensraumes, für die Säugetiere das Land, für die Vögel der Luftraum, für die Fische das Wasser. Hinzu treten noch drei verschiedene Arten der Fortpflanzung, die ebenfalls ihren eigenen Wortschatz erfordern. So können wir geradezu von einer Säugetier-, Vogel- und Fisch„sprache"* reden.

Diese Glieder der drei verschiedenen Wortgruppen, auf den Typ Säugetier, Vogel und Fisch gemünzt, sind später häufig ausgewandert und in neue Zusammenhänge und Abhängigkeiten geraten. So bedient sich etwa die Anatomie der wirbellosen Tiere häufig der Wörter, die den drei genannten Wirbeltierklassen entstammen, z. B. „Kiemen" der Krebse, „Mund" der Schnecke usw.

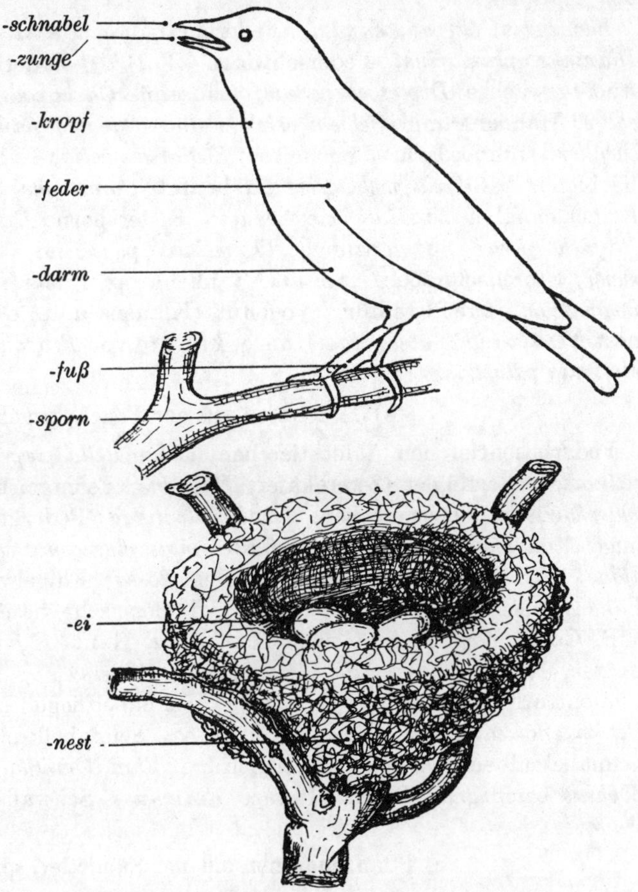

Abb. 43. Pflanzennamen aus der Vogel„sprache". Nur die Grundwörter der Komposita werden angegeben

a) Pflanzennamen aus der Vogel„sprache" (Abb. 43)

Die Vogel„sprache" enthält folgende Bestandteile:

1. alle deutschen einfachen Vogelnamen, z.B. Pfau, Uhu, Ente, Lerche;
2. den Wortbereich („Sachgruppe") Vogel. Hierher gehören an Hauptwörtern unter anderem: Ei, Eizahn, Feder, Fittich, Flaum, Flügel, Gewölle, Kropf, Nestflüchter, Nesthocker, Nickhaut, Schnabel, Sporn;
3. alle Komposita von Pflanzen- und Tiernamen, die wenigstens für einen Wortbestandteil Wörter von 1. und 2. benötigen. Hierher gehören: Taubenschwanz, Hahnenfuß, Schnabeltier usw.

* Wir können hier nicht von einer „Nomenklatur" sprechen, da die definierten Tier„sprachen" auch biologische Termini einschließen.

Die Komposita liefern Namen für Pflanzen und Tiere, die nicht zu den Vögeln gehören. Beliebte Vergleichsobjekte aus der Vogelanatomie sind Federn und Schnabel. Von den Vögeln werden gern Haustiere (Hühner, Gänse, Tauben) zum Vergleich herangezogen oder solche Formen, die hervorstechende Merkmale auszeichnen, wie der Schnabel den Storch, der Sporn die Lerche, der Federfächer den Pfau usw.

Federgras *Stipa pennata;* Federharzbaum *Hevea brasiliensis;* Federnelke *Dianthus plumarius;* Federschwingel *Vulpia;* Federtang *Plumaria;* Flügelfruchtgewächse *Dipterocarpaceae;* Gänsefuß *Chenopodium;* Hahnenfuß *Ranunculus;* Hahnenkamm *Celosia cristata* und *Clavaria flava;* Hühnerbiß *Cucubalus baccifer;* Hühnerdarm (Vogelmiere) *Stellaria media;* Kälberkropf *Chaerophyllum;* Kiebitzei *Fritillaria meleagris;* Krähenfuß *Coronopus;* Lerchensporn *Corydalis;* Reiherschnabel *Erodium cicutarium;* Rittersporn *Delphinium;* Schnabelsimse *Rhynchospora;* Spatzenzunge *Thymelaea passerina;* Spornblume *Centranthus ruber;* Storchschnabel *Geranium;* Taubenkropf *Silene inflata;* Teufelsei *Phallus impudicus*, Jugendstadium; Vogelfuß (Klauenschote) *Ornithopus sativus;* Vogelnest *Neottia nidus avis;* Vogelzunge, Früchte von *Fraxinus excelsior;* Wasserfeder *Hottonia palustris.*

b) Tiernamen aus der Vogel„sprache“

Federbuschtierchen (Moostierchen) *Plumatella repens;* Federfliegen *Volucellinae;* Federflügler (Zwergkäfer) *Ptiliidae;* Federgeistchen *Aciptilia pentadactyla;* Federkiemenschnecken, Fam. *Valvatidae;* Federkoralle *Pennatula;* Federlinge *Mallophaga;* Federmücke *Chironomus plumosus;* Federmotte, Fam. *Orneodidae;* Federzüngler (Schnecken) *Ptenoglossa;* Flügelrochen *Dicerobatis kuhli;* Flügelschnecken, Fam. *Strombidae;* -flügler, sehr häufig unter den Insekten, z. B. Gerad- *Orthoptera*, Gleich- *Homoptera*, Haut- *Hymenoptera*, Kurz- *Staphylinidae*, Netz- *Planipennia;* Pfauenauge *Vanessa io;* Pfauenfisch *Julis pavo;* Pfauentruthuhn *Agriocharis ocellata;* Schnabelfliegen *Mecoptera;* Schnabeligel *Echidna aculeata;* Schnabelkerfe *Rhynchota;* Schnabelkrokodil *Gavialis gangeticus;* Schnabelmilben *Bdellidae;* Schnabeltiere, Fam. *Ornithorhynchidae;* Schnabelwal *Ziphius cavirostris;* Schnabelwanze *Reduvius;* Schwalbenschwanz *Papilio machaon.*

c) Pflanzennamen aus der Säugetier„sprache“

Die „Säugetier“sprache umfaßt neben den einfachen und zusammengesetzten Pflanzen- und Tiernamen etwa folgenden Wortbereich („Sachgruppe“), wobei wir nur Hauptwörter berücksichtigen: Brustwarze, Euter, Fell, Finger, Haar, Huf, Klaue, Lippe, Maul, Mund, Milch, Nabel, Nagel, Nase, Ohr, Rachen, Rüssel, Schnauze, Vließ, Zahn, Zitze.

Es fällt auf, daß wir bei den Säugetieren neben Mund und Maul noch drei weitere Bezeichnungen für denselben Körperteil wahlweise benutzen, nämlich Schnauze, Rüssel und Rachen. Alle anderen Tiere, die keine Säugetiere sind, leihen sich diese Namen aus. Dabei ist der Geltungsbereich in unserer Umgangssprache genau bekannt. Ein Maul ist ein vergröberter und vergrößerter Mund. Ein Insekt als ein kleines Lebewesen hat demnach Mundteile oder

-gliedmaßen; auch Wurm, Schnecke und Seestern haben einen Mund. — Das Maul ist allen Wirbeltieren eigen, den Kriechtieren (Ausnahme Schildkröten), Lurchen und Fischen. Hier fehlen nur die Vögel, die stets den Schnabel haben, also weder Maul noch Mund.

Der Wortinhalt und Gebrauch der Schnauze ist bescheiden. Dafür ist das Wort unter allen seinen sinnverwandten auch das jüngste (noch nicht im Mittelalter). Die Bezeichnung gehört nämlich nur zu den hundeartigen Raubtieren, also zu Hund, Wolf und Fuchs. Schon die Katzen und Marder besitzen ein Maul. — Der Geltungsbereich des Rachens ist viel größer als Schnauze und Rüssel. Rachen ist an kein Säugetier gebunden, sondern gilt für alle Wirbeltiere, jedoch nicht für die Wirbellosen. Zum Rachen gehören stets scharfe und spitze Zähne. Einen zahnlosen Rachen gibt es nicht. Der geöffnete Rachen ist weit häufiger als der geschlossene, der dann eher wieder zum Maul wird.

Die Komposita unter den Pflanzennamen, die aus der Säugetier„sprache" kommen, enthalten meist Bezeichnungen der äußeren Säugetieranatomie; weniger ergiebig sind die Namen der Eingeweide. Hier lassen sich menschliche und tierische anatomische Begriffe nicht trennen.

Das äußere Tier: Augentrost *Euphrasia;* Bärenklau *Heracleum;* Bocksbart *Tragopogon;* Frauenhaar *Polytrichum;* Fuchsschwanz *Alopecurus;* Geißbart *Aruncus silvester;* Geißfuß *Aegopodium;* Goldhaar *Aster linosyrus;* Hasenohr *Bupleurum;* Hirschzunge *Scolopendrium vulgare;* Hundeschwanz *Cynosurus cristatus;* Hundszahn *Cynodon dactylon;* Hundszunge *Cynoglossum;* Katzenpfötchen *Antennaria dioica;* Katzen-, Löwenschwanz *Leonurus cardiaca;* Keller-, Krummhals *Daphne mezereum;* Lämmerschwanz *Eupatorium cannabinum;* Lippenblütler *Labiatae;* Löwenmaul *Antirrhinum;* Löwenzahn *Taraxacum officinale, Leontodon;* Nabelkraut *Cotyledon;* Nabelmiere *Omphalodes verna;* Ochsenzunge *Anchusa officinalis;* „Pferdeschwanz" *Equisetum, Hippuris;* Rindsauge *Buphthalmum salicifolium;* Schafeuter *Polyporus ovinus;* Schafzunge *Polygonum bistorta;* Warzenkaktus *Mamillaria;* Wassernabel *Hydrocotyle vulgaris;* Wolfsmilch *Euphorbia;* Wolfspfote *Lycopus europaeus;* Zahntrost *Odontites;* Ziegenbart *Clavaria;* Ziegenlippe *Boletus subtomentosus.*

Das innere Tier: Blasenfarn *Cystopteris fragilis;* Blasenstrauch *Colutea arborescens;* Blasentang *Fucus vesiculosus;* Darmtang *Enteromorpha;* Gallenröhrling *Boletus felleus;* Herzblatt *Parnassia palustre;* Herzgespann *Leonurus cardiaca;* Leberblümchen *Anemone hepatica;* Lungenenzian *Gentiana pneumonanthe;* Lungenflechte *Sticta pulmonaria;* Lungenkraut *Pulmonaria officinalis;* Milzkraut *Chrysosplenium;* Rachenblume *Tozzia alpina;* Rachenblütler *Scrophulariaceae;* Rippenfarn *Blechnum spicant;* Wasserdarm *Malachium aquaticum.*

d) Tiernamen aus der Fisch„sprache"

Zum Wortbereich („Sachgruppe") Fisch gehören unter anderem: Barteln, Flossen (Schwanz-, After-, Brust-, Rücken-, Bauch-), Kiemen, Schuppen, Schwimmblase, Seitenlinie, Rogen.

Fischchen *Lepisma saccharina;* Fischegel *Piscicola geometra;* Fischadler *Pandion haliaetus;* Fischmolch *Amphiumidae;* Fischotter *Lutra lutra;* Fischreiher

Ardea cinerea; Flossenfüßler *Pinnipedia* und *Pteropoda;* Heringsfische *Clupeidae;* Heringskönig *Zeus faber;* Heringsmöwe *Larus fuscus;* Karpfenfische *Cyprinidae;* Karpfenlaus *Argulus foliaceus;* Kiemenschwänze *Branchiura;* Kiemenwels *Stegophilus insidiosus;* Schuppenflosser *Squamipinnes;* Schuppenfüßer *Pygopodidae;* Schuppenmolch *Lepidosiren paradoxa;* Schuppentiere *Pholidota.*

15. Andere Sinne als das Auge

Unser Auge ist das Hilfsmittel, das uns alle Lebewesen zu erkennen und zu ordnen erlaubt. Bei der Bestimmung helfen aber hin und wieder auch die anderen Sinne mit: der Tastsinn, der Geschmack, der Geruch und (vor allem im Tierreich) auch das Gehör.

a) Man kann es hören

Himmelsziege *Capella gallinago;* Klapperschlange *Crotalus, Sistrurus;* Klappertopf *Alectorolophus;* Klopfkäfer (Totenuhr) *Anobium striatum;* Kuckuck *Cuculus canorus;* Knurrhahn *Trigla hirundo;* Lachmöwe *Larus ridibundus;* Müllerchen *Sylvia curruca;* Ochsenfrosch *Calyptocephala, Ceratophrys;* Pirol *Oriolus oriolus;* Pfeifente *Anas penelope;* Schreiadler *Aquila pomarina;* Zilpzalp *Phylloscopus collybita.*

Der Laut, den ein Tier erzeugt, spielt bei der Verleihung mancher Tiernamen eine Rolle. Solche „Lauttiere" gehören fast ohne Ausnahme zu den Säugetieren und Vögeln. Es folgen nur noch wenige wechselwarme Wirbeltiere (bei den Reptilien z. B. die Klapperschlange und bei den Fischen der Knurrhahn) und wenige Vertreter aus dem Riesenreich der Insekten. Dabei ist es hier von untergeordneter Bedeutung, wie der Laut erzeugt wird. In der Mehrzahl der Namen nämlich entsteht ein wahrnehmbarer Ton oder eine Tonfolge mit Hilfe der Atemwerkzeuge der Tiere (Ruf der Säuger, Gesang der Vögel). In manchen anderen Fällen jedoch werden Geräusche durch Reibung erzeugt, und zwar auf recht mannigfache Weise.

Viele Lautäußerungen erscheinen uns so kennzeichnend für das erzeugende Tier, daß die deutsche Sprache längst eine große Reihe solcher spezifischen Laute mit eigenen Verben verbindet. Manche dieser Verben sind nur in der Umgangssprache zuhause (z. B. quieken, jaulen usw.), andere wurden sogar Vorbilder für Tiere verschiedener Verwandtschaftskreise. Einige bekannte Geräuschverben sind:

Säugetiere: bellen (Hund, Fuchs, auf Rehbock und Seehund erweitert); blöken (Schaf); brummen (Bär); fiepen (Ricke); grunzen (Schwein); jaulen (Hund); knurren (Hund); meckern (Ziege); piepsen (junge Mäuse); quieken (Schwein); schmatzen (Schwein); schnurren (Katze); röhren (Hirsch); wiehern (Pferd).

Vögel: flöten (Amsel); gackern (Huhn); gurren (Taube); krähen (Hahn); krächzen (z. B. Krähe); klappern (Storch); kreischen (Bussard); piepsen (junge Vögel); pfeifen (Regenpfeifer); schlagen (Nachtigall); zwitschern (Schwalbe).

Insekten: brummen (Fliege); summen (Hautflügler); tühten (Bienenkönigin); zirpen (Zikade, Grille).

Nur wenige dieser „Lautverben" werden aber für tierbezeichnende Komposita benutzt (Pfeifente, Schreiadler usw.). Dafür wird in einigen Fällen die spezifische

Lautäußerung an andere, völlig fremde Tiere weitergegeben, so daß hierbei sonderbare Wörter entstehen; ihr Inhalt verlangt erst eine besondere Erklärung. Folgende Beispiele seien angeführt:

Verbum	erste Verwendung	wurde erweitert auf
grunzen	Schwein	Grunzochse (Yak, *Bos grunniensis*)
knurren	Hund	Knurrhahn (*Trigla hirundo*)
meckern	Ziege	Himmelsziege (*Capella gallinago*)
krähen	Krähe	Haushuhn (*Gallus domesticus*)
lachen	Mensch	Lachtaube (*Streptopelia nisoria*)

Eine Anzahl weiterer einfacher (nicht zusammengesetzter) Laut-Tiernamen sind aus Verben entstanden, ohne daß wir heute noch die Abstammung empfinden. Es heißen:

Drohne nach „summen“ („Summerin“),
Häher nach „heiser schreien“,
Nachtigall nach „zur Nachtzeit singen“ („Nachtsängerin“),
Eule nach „heulen“ („Heulerin“),
Möwe nach „wimmernd schreien“,
Bremse nach „brummen“ („Brummerin“).

Wieder andere „Lauttiere“ beschreiben mit ihrem Namen noch deutlicher den Ruf, an dem man sie erkennt. Allen voran die lautmalenden Bezeichnungen mancher einheimischen Vögel. Es mag aber erwähnt sein, daß die weitverbreiteten Kuckuck und Pirol auch manche andere Namen trugen und tragen. Der Kuckuck ist z. B. der althochdeutsche „Gauch“; der Pirol hingegen gibt in einer 2—4 Takte langen, lautähnlich klingenden Silbenfolge in vielen Namen bekannt, daß die Töne seiner kurzen Flötenmelodie abwärts sinken. Seine Namen sind Vogel Bülow, Bierholer, Biereule, Bierhahn, Herr von Bülau, Schulz von Tarau, Koch von Kulau (Kluge-Götze); man hat übrigens für den merkwürdigen Vogel 68 verschiedene deutsche Bezeichnungen gezählt. — Namen wie Müllerchen oder Zilpzalp vermochten ihre Synonyme Zaungrasmücke und Weidenlaubsänger nicht zu verdrängen.

Etwa zwei Dutzend unserer Vogelnamen fassen wir als onomatopoetische Bezeichnungen auf (vgl. Kleinschmidt, Niethammer). Nur die Hälfte dieser Vögel gehört zu den Singvögeln. Lautmalende Säugetiernamen fehlen völlig. Nur die Kindersprache ahmt die Laute einiger Säugetiere nach, ohne daß diese Lall- oder Verdopplungswörter (Wauwau, Muhkuh) zu allgemein verwendeten Tiernamen führten. Auch verlängerte lautmalende Namen, wie Gockelhahn, Gickelhahn, Klapperstorch, Miezekatze, verblieben in der Umgangssprache (Ausnahme Kuckuck).

Nach dem Gesang oder Ruf (meist Lockruf) eines Vogels sind gebildet: Eule, Fink, Fitis, Girlitz, Kauz, Kiebitz, Krähe, Krickente, Kuckuck, *Lullula* (= Heidelerche), Möwe, Pirol, Pute, Schwirl, Stieglitz, Star, Triel, Truthahn, Turteltaube, Uhu, Wachtel, Zilpzalp. Viele dieser Namen geben tatsächlich die Lautsprache des Vogels wieder. Ob man aber alle zum Teil merkwürdigen und unbequemen Namen so erklären darf, auch die aus anderen Sprachen übernommenen (z. B. die Gruppe der -itz-Wörter)? Wir können einer Vogelstimme nur einen deutschen

Text unterlegen (komm mit, didelit, turtelu usf.), der in keine andere Sprache „übersetzt“ werden kann. Denn nicht die Auffassung des Gehörten ist bei verschiedenen Menschen verschieden, sondern auch die Bewegungen unserer Sprechwerkzeuge, die das Gehörte wiedergeben, sind jeder Sprachgemeinschaft in spezifischer Weise eigentümlich (PORZIG).

Die Stimme eines Ochsen ist auch anderen Tieren angedichtet worden. Die Rohrdommel, ein Moorvogel, der so ähnlich und fast so laut wie ein Ochse „brüllt“, muß sich Namen wie Moorochse, Moosochse, Erdbull, Moosrind, Mooskuh und Bull (FLOERICKE) gefallen lassen. Wenn hingegen verschiedene südamerikanische Kröten Ochsenfrösche genannt werden, so verstecken sich hinter dem Namen nicht nur stimmgewaltige Gernegroße, sondern auch Formen, die viel besser „Hornfrösche“ hießen, weil sie nämlich über den Augen zipfelartige Auswüchse tragen und gar nicht nach „Ochsenart“ brüllen können. — Ob man die Schellente *(Bucephala clangula)* auch hierher stellen darf (lateinisch *clangere* bedeutet klingen, schellen)? Das Fluggeräusch wird mit dem Schellengeklingel verglichen. Aber die Vorsilbe „Schell-“ mahnt zur Vorsicht (s. Schellkraut, Schellfisch).

Noch einige weitere Tiere, bei denen der Laut auf besondere Weise erzeugt wird (ohne Zuhilfenahme der Atemluft), sollen folgen:

Die unter den „Lauttieren“ so reich vertretenen Vögel steuern die Himmelsziege bei, wie die gemeine Sumpfschnepfe oft auch genannt wird. Der sonderbare Name rührt daher, daß das Tier beim Balzsturzflug ein Geräusch erzeugt, vergleichbar dem Meckern einer Ziege. Durch den Widerstand der Luft geraten nämlich die Federn des ausgebreiteten Schwanzes (manche Autoren sprechen von den Flügelspitzen) in Vibration. Dadurch entsteht das „Wummern“. — Die auch sonst so seltsamen Knurrhähne — Fische, die auf den drei freien Strahlen der Brustflossen wie auf fingerartigen Gehwerkzeugen dahinkriechen — erzeugen knurrende Töne als eine seltene Ausnahme der „stummen Fische“. Sie entstehen dadurch, daß die Muskeln in der Wand der Schwimmblase kontrahiert werden.

Ein Vertreter der sonst nur „zischenden“ Schlangen vermag zu klappern und zu rasseln. Das Geräusch dieser nordamerikanischen Giftschlange tritt auf, wenn das Tier sein Schwanzende schüttelt. Dort haben sich nämlich als Reste ihrer Häutungen lose ineinandersteckende Hornringe angehäuft, die aneinanderschlagen. Warum die Klapperschlange diese Rassellaute erzeugt (Liebesspiel? Schreckmittel?), braucht hier nicht untersucht zu werden. — Vom „Klopfkäfer“ und der „Totenuhr“ ist an anderer Stelle die Rede (s. S. 115).

Endlich wird sogar eine sonst nur den Menschen zukommende Tonäußerung von Tiernamen übernommen. Nur Menschen lachen wirklich. Das „Lachen“ eines Grünspechtes wird auch mit dem periodischen Geräusch einer Klingel oder dem Wiehern eines Pferdes („Wiehervogel“) verglichen. Der Ruf der Lachtaube und der Lachmöwe verlangt kaum weniger Phantasie, wenn man aus ihm ein menschliches Lachen hören will.

Lauterzeugende Pflanzen gibt es natürlich nicht. Nur der Klappertopf steht einsam auf weiter Flur. Die aufgeblasenen trockenhäutigen Kelche des Rachenblütlers umhüllen bei der Reife die losgelösten Samen, die klappernd an die Wandung schlagen, wenn der Wind die Pflanze schüttelt.

b) Die Nase zeigt es an

Bisamhyazinthe *Muscari botryoides;* -kraut (auch Moschuskraut) *Adoxa moschatellina;* -ratte *Ondatra zibethica;* -spitzmaus *Desmaninae;* Moschusbock *Aromia moschata;* -ente *Cairina moschata;* -ochse *Ovibos moschatus;* -tier *Moschus moschiferus;* Stinkasant *Asa foetida;* -holz *Olax ceylanica;* -morchel *Phallus impudicus;* -rochen *Dasyatis pastinaca;* -tier *Mephitinae;* stinkende Nieswurz *Helleborus foeditus;* stinkender Storchschnabel *Geranium robertianum;* wohlriechende Reseda *Reseda odorata;* wohlriechendes Veilchen *Viola odorata;* wohlriechende Wicke *Vicia odorata.*

Manche Pflanzen, die unsere Nase wahrnimmt, haben nach dem Geruch ihren Namen. Vor allem stehen dafür zwei, freilich sehr allgemeine, gegensätzliche Geruchsempfindungen zur Verfügung: wohlriechend und stinkend. Beide werden als bestimmende Adjektiva vor den Gattungsnamen gesetzt und sind zumeist Lehnübersetzungen. Ein wohlriechendes Veilchen stellt den Gegensatz zu vielen anderen Veilchen dar, die diesen spezifischen Duft nicht haben. Neben einer wohlriechenden Wicke — die den Vorteil hat, große Blüten zu entwickeln — gibt es noch viele andere Wickenarten ohne oder mit geringem Duft; sie interessieren aber den Ziergärtner nicht. Bei der Reseda kennen wir gleich zwei wohlriechende Arten (R. *alba* und *odorata*).

Bei den unangenehmen Gerüchen schlägt sicher die Stinkmorchel alle Rekorde: ihr unangenehmer, an faules Fleisch erinnernder Geruch ist weithin im Walde wahrzunehmen. Er soll bekanntlich die sporenverbreitenden Aasinsekten anlocken. Denn die Tiere ernähren sich von der schleimähnlichen Masse, die die grünlichen Hüte bedeckt, und schleppen reichlich Sporen davon. — Die stinkende Nieswurz enthält ein Heilmittel gegen Herzerkrankungen (Helleborin); der stinkende Storchschnabel, der auch noch nach dem heiligen Ruprecht (Ruprechtskraut) genannt wird, war früher ebenso offizinell. Freilich riechen beide Pflanzen widerlich. — Der unangenehme Geruch eines Gänsefußes *(Chenopodium vulvaria)* erinnert an Heringslake.

Auch manche Tiere haben einen widerlichen Duftstoff: sie stinken. Allen voran sind sicher die den Mardern ähnlichen Stinktiere zu nennen, die die durchdringend riechenden Absonderungen ihrer Stinkdrüsen gegen die Angreifer verspritzen. — Die Stinklachse *(Osmerus)*, auch Stinte genannt, haben ein Fleisch, das nach verdorbenen Gurken riecht. — Der Gestank eines Vogels ist sprichwörtlich geworden. Man sagt, der Wiedehopf stinke abscheulich. Warum aber? Die einen meinen, weil er einen so langen, gekrümmten Schnabel trüge, so daß er nicht den Kot seiner Jungen aus dem Nest befördern könnte, wie es andere Vögel tun. Richtig aber ist wohl, daß das brütende Weibchen vorübergehend in der Bürzeldrüse ein stark riechendes Sekret abscheidet, das vielleicht zur Verteidigung dient. So stinkt der Vogel, solange er Junge aufzieht, also nur kurze Zeit im Jahr.

Von einem altindischen Wort, das auch ins Persische übernommen wurde und „Hode" bedeutet, leitet man das Wort „Moschus" ab. Der Bezeichnung liegt freilich eine falsch gedeutete Beobachtung zugrunde, denn der Moschusbeutel des Moschustieres, eines kleinen, geweihlosen männlichen Hirsches Innerasiens, liegt nur in der Nähe der Geschlechtsorgane und wird nur zur Paarungszeit gebildet. Die Absonderung dieses Beutels riecht aufdringlich und wird daher von alters her zur Parfümerzeugung verwandt. Moschus heißt auf hebräisch „Bisam". Beide Wörter geben einer größeren Zahl von ähnlich duftenden Pflanzen und Tieren den Namen.

Zu einer traurigen Berühmtheit sind die Bisamratten gelangt, die sich von geschätzten Pelztieren dank ihrer Fruchtbarkeit zu recht unbeliebten Importen Mitteleuropas entwickelten. Sie werden nämlich durch ihre Wühlfreudigkeit den Kunstbauten an unseren Flüssen gefährlich. — Eine Bisamspitzmaus trägt ihre Moschusdrüse unter der Schwanzwurzel. — Sogar ein bescheidenes Pflänzchen unserer Flora ahmt den Moschusgeruch nach, jedoch nur in zarter Andeutung, und heißt danach Bisamkraut.

Einem wilden Rind der Arktis, dem Moschusochsen, einem Tier zwischen Ochse und Schaf, haftet ein durchdringender Geruch an. Aber die zwei Pelzjäger, die diese Tiere an der Hudson Bay entdeckten, täuschten sich, als sie den Brunftgeruch für moschusähnlich hielten. Er kommt nämlich dem eines Ziegen- oder Schafbocks nahe. So trägt das Tier mit seinem Namen eine falsche Etikette durch seine nördliche Welt.

c) Der Tastsinn entscheidet

Die Oberfläche gewisser Tiere und Pflanzen fühlt sich anders an, als wir es von anderen verwandten Formen kennen. Besondere Namen geben diese Ausnahmen wieder. Das Auge bestimmt dabei nur unvollkommen. Es hält z. B. die Brennessel wohl für rauh, während sie doch auch brennt, und die Ringe an der Pechnelke nur für schwarz, während sie doch gleichzeitig kleben. Jeder erschrickt, wenn er zum ersten Mal fühlt, daß die Schnecke nicht nur feucht (was er sieht), sondern auch weich ist (sie ist ein „Weichtier"). Sieben verschiedene Eigenschaften, die der Tastsinn wahrnimmt, werden in Namen angetroffen.

Klebrig: bei Pflanzen häufiger festzustellen. Erscheint meist in der Lehnübersetzung als vorgesetztes „klebrig". Beispiele: Klebriger Gänsefuß *Chenopodium botrys;* K. Hornkraut *Cerastium anomalum;* K. Kreuzkraut *Senecio viscosus;* K. Lein *Linum viscosum;* K. Lichtnelke *Melandryum viscosum;* K. Meirich *Alsine viscosa;* Klebkraut *Galium aparine;* K. Salbei *Salvia glutinosa;* Pechnelke *Viscaria vulgaris.*

Brennend: verwendet bei Pflanzen, die bei Berührung auf der Haut oder beim Kauen auf der Zunge einen brennenden Schmerz hervorrufen. Der „Brenner" (Rüsselkäfer) gehört nicht hierher, er zeigt „Brand"spuren. Beispiele: Brennessel *Urtica;* Brennsaat *Cnidium;* Brennpalme *Caryota urens;* Brennwurz (Seidelbast) *Daphne.*

Stechend: bei Tieren oder Pflanzen; Pflanzen tragen Dornen und Stacheln, Tiere Stacheln oder stechende Mundgliedmaßen. Beispiele: Stechapfel *Datura stramonium;* -ginster *Ulex europaeus;* -palme *Ilex aquifolium;* -winde *Smilax;* -fliegen *Stomaxinae;* -mücken *Culicidae;* -rochen *Dasyatis pastinaca.*

Hart: bei Pflanzen und Tieren. Beispiele: Hartheu *Hypericum;* -riegel *Cornus;* -läufer (Warzenschweine) *Phacochoerus aethiopicus;* -häuter (Korallenfische) *Sclerodermi;* -weizen *Triticum durum.*

Weich: eine Eigenschaft mancher Tiere, für Pflanzen kaum verwendet. Beispiele: Weichflosser *Malacopteroïdea;* -käfer *Cantharidae;* -schildkröten *Trionychoïdae;* -tiere *Mollusca;* -wanzen *Capsidae;* -wurz *Malaxis paludosa.*

Glatt: wird dann gebraucht, wenn nächste Verwandte rauhhäutig sind. Beispiele: Glattdick (Störe) *Acipenser glaber;* -hafer *Arrenatherum elatius;* -hai *Galeus;* -nasen (Fledermäuse) *Vespertilionidae;* -natter *Coronella austriaca;* -wale *Balaenidae.*

Rauh: bei Tieren und Pflanzen. Beispiele: Rauhblättrige *Borraginaceen;* -hai *Rhinodon typicus;* -schlange *Dasypeltis scabra;* -weizen *Triticum turgidum.*

d) Der Geschmack muß prüfen

Wir unterscheiden bekanntlich vier allgemeine reine Geschmacksqualitäten: süß, sauer, salzig und bitter. Natürlich kehren sie auch in vielen botanischen und einigen zoologischen Namen wieder.

Bitter: -ling, 1. *Blackstonia serotina,* Enziangewächs, und 2. *Rhodeus amarus,* Karpfenfisch; -klee *Menyanthes trifoliata;* -rich *Picris hieracioides;* -süß *Solanum dulcamare.*

Pfeffrig: Pfefferfresser *Ramphastidae;* -kraut *Satureja hortensis;* Pfifferling *Cantharellus cibarius;* -minze *Mentha;* -muschel *Scrobicularia piperata;* Mauerpfeffer *Sedum acre;* Wasserpfeffer *Polygonum hydropiper.*

Salzig: Salzfliege *Ephydra riparia;* -kraut *Salsola kali;* -krebschen *Artemia salina;* -miere *Honckenya peploides;* -spärkling *Spergularia salina;* -zikade *Liburnia salina.*

Sauer: -ampfer *Rumex acetosa;* -dorn *Berberis vulgaris;* -gras *Cyperaceen;* -kirsche *Prunus cerasus;* -klee *Oxalis acetosella;* -wurm *Conchylis, Polychrosis;* Säuerling *Oxyria digyna.*

Süß: -dolde *Myrrhis odorata;* -holz *Glycyrrhiza glabra;* -kirsche *Prunus avium;* -klee *Hedysarum obscurum;* -lupine *Lupinus luteus.*

Als „süß“ werden Pflanzen bezeichnet, wenn der Geschmack unserer Zunge angenehm erscheint. Es ist ungewöhnlich, daß Holz süß schmeckt. Wenn also ein Strauch Süßholz heißt, so wird eine Ausnahme festgestellt, wobei freilich noch der Irrtum unterläuft, daß man von „Süßholz“ anstatt von Süß„wurzel“ *(Glycyrrhiza)* spricht. Denn nur die unterirdischen holzähnlichen Teile liefern die Droge und den Lakritzensaft. — Gefrorene Kartoffeln verändern ihren Geschmack. Sie schmecken süßlich, da ihre Stärke teilweise (wie bei der Keimung auch) zu Zucker wird. Wenn also eine eßbare kartoffelartige Wurzelknolle, ein Windengewächs der Tropen, ähnlich schmeckt, nennt man sie Süßkartoffel (auch Batate). — Die Lupine ist als Stickstoffsammlerin eine beliebte Kulturpflanze. Aber sie schmeckt leider bitter und wird von den Haustieren abgelehnt. Wenn es nun dem Züchter gelang, eine als Viehnahrung geeignete Lupine ohne Bitterstoffe zu gewinnen, so kann sie nur Süßlupine heißen.

Eine Reihe von weiteren „süßen“ Pflanzen — eine von ihnen, die Süßdolde hat sich in ihren Kreis eingeschlichen, weil sie nur süßlich riecht — erinnern mit dieser Bezeichnung daran, daß sie noch einen Partner von anderer Geschmacksrichtung haben, wobei der Verwandtschaftsgrad sehr verschieden sein kann, eng (z. B. Kirsche) oder weit (z. B. Klee).

süß	sauer	bitter	Verwandschaftsgrad
Klee *(Hedysarum)*	Klee *(Oxalis)*	Klee *(Menyanthes)*	verschiedene Gattungen
Kirsche *(P. avium)*	Kirsche *(P. cerasus)*	—	dieselbe Gattung
Gras *(Gramineen)*	Gras *(Cyperaceen)*	—	verschiedene Familien

Der saure Geschmack einer Pflanze rührt zumeist von organischen Säuren her. So hat auch die chemische Fachsprache ihre Apfelsäure, Zitronensäure und Weinsäure aus der Biologie entlehnt. Mit der „Kleesäure“ hat es eine besondere Bewandtnis: sie ist die Oxalsäure des Chemikers und kommt, wie der Name angibt, unter anderem im Sauerklee vor; nach ihr wird ebenso das „Kleesalz“ (ein Kaliumtetraoxalat) genannt.

Alle „Salzpflanzen“ (Halophyten) zeigen an, daß sie zwar nicht Salz liefern, jedoch Salz vertragen. Ihnen werden die „Halobionten“ — übrigens sprachlich den Halophyten nicht koordiniert — gleichgestellt, die „Salztiere“. Solchen Lebewesen können wir auf salzhaltigen Böden, am Meeresstrand, aber auch auf salzführenden Stellen im Binnenland (z. B. an Salzseen, an Solquellen) begegnen. Der Namengeber setzt in solchen Fällen das „Salz“ vor den systematischen Sammelbegriff. So entstehen etwa Salzkraut, -miere und -spärkling, entsprechend auch Salzfliege, -krebschen und -zikade.

Sehr allgemein werden einige bitter schmeckende Pflanzen bezeichnet, wie Bitterpilz, -rich und -ling (gleichsam „das bittere Ding da!“). Einige Bezeichnungen verknüpfen mehrere Geschmacksqualitäten. Die roten, giftigen Beeren des Bittersüß und seine Blätter schmecken bitter, bei längerem Kauen jedoch süßlich. Das ist deshalb physiologisch merkwürdig, weil gewöhnlich der bittere Geschmackseindruck später wahrgenommen wird als der süße, wegen der Lage der diesen Reiz aufnehmenden umwallten Papillen (auf dem Zungengrund). Auch ein freilich getarnter „Sauerbitter“ ist bekannt. Er heißt bei uns Sauerampfer. Denn von diesem „Ampfer“ gehen wohl sprachliche Beziehungen zum lateinischen *amarus*, das nur bitter (aber nicht sauer) bedeutet.

III. Gliederung nach sprachgeschichtlichen Gesichtspunkten

1. Geschichtsepochen im Spiegel der Namen

a) Älteste Quellen

Unter den heutigen Pflanzen- und Tiernamen befinden sich eine ganze Anzahl von denen wir die indogermanischen Wurzeln kennen, denen sie zugehören. Dabei sind für Pflanzen in geringerer Zahl Beispiele zu finden als für Tiere, eine Beobachtung, die auch für das Gotische und Althochdeutsche gilt.

Von den indogermanischen Wurzeln seien folgende Beispiele genannt:

Wurzel	bedeutet	kehrt wieder in
*plek-	flechten	Flachs, *Linum usitatissimum*
		Flechte, Klasse *Lichenes*
*glei-	klebrig sein	Klette, *Lappa*
		Kleiber, *Sitta europaea*
*wi-	biegsam	Weide, *Salix*
		Weiderich, *Lythrum*
*dhel-	blühen	Dill, *Anethum graveolens*
		Doldengewächse, *Umbelliferae*
*ak-	spitz, scharf	Akazie, *Acacia*
		Akanthus, *Acanthus*
		Ähren(gräser), *Gramineae*
		Akelei, *Aquilegia*
*mus	(Tiername)	Maus, *Mus*
		Muschel, *Lamellibranchiata*
		Muskat, *Myristica fragrans*
		Moschus(bock), *Aromia moschata*
*ulquos	(Tiername)	Wolf, *Lupus*
		Lupine, *Lupinus*
*teks-	zimmern	Dachs, *Meles meles*
		Dackel, Teckel, um 1800
*kreikr-	heiser schreien	Häher, *Garrulus glandarius*
		Reiher, *Ardea cinerea*
*seq-	schneiden	Insekten, *Insecta*
		Säger, *Mergus*
		Sichler, *Plegadis falcinellus*
		Segge, *Carex*
*luh-	leuchten	Luchs, *Lynx lynx*
*bher-	braun	Bär, *Ursus arctos*
		Biber, *Castor fiber*
*dhren-	dröhnen	Drohne, *Apis mellifica*
*egh-	stechen	Egel, *Hirudo*
		Igel, *Erinaceus europaeus*
*plugh-, *pleu-	fließen, schnell	Fliege, *Musca domestica*
	bewegen	Vogel, *Avis*
		Flügel(schnecken), *Strombidae*
*skel-	spalten	Scholle, *Pleuronectes platessa*
		Schell(fisch), *Gadus aeglefinus*

Manche Wortgruppen fallen auf wegen ihres Umfangs, wobei hier nur die biologischen Glieder berücksichtigt werden. Natürlich wird die Grenze von Pflanze und Tier oft überschritten. Von *seq- leiten sich Insekt und Segge her, von *glei- Klette und Kleiber.

Die in vielen Sprachen wiederkehrende „Maus" (mus, μῦς, mouse usw.) hat über die lateinische Verkleinerung zu Muschel und Muskel geführt.

Die Listen der aus dem Gotischen bekannten Pflanzen- und Tiernamen (etwa nach HOLTHAUSEN) vermögen noch mehr auszusagen. Die Zahl der Tiere übertrifft die der Pflanzen um mehr als das Doppelte. Die Eigenarten unseres heutigen Wortschatzes sind bereits zu erkennen.

1. Fremdwörter: Als Beispiele seien sinap-s = Senf (von lat.-griech. *sinapis*) oder asilu-s = Esel (von lat. *asinus*) genannt.

2. Bedeutungswandel: Das lat.-griech. *elephantus* = Elefant führt zum ulbandu-s = Kamel.

3. Lehnwörter: Der Einfluß des Lateinischen und Griechischen ist sehr stark zu spüren. Der Lein heißt (wie heute noch) lein (vom lat. *linum*). Der Falke ist von dem lat. *falco* = Sichel über gotisch falka und ahd. falcho zu verfolgen, usw.

Pflanzen im Gotischen: *aliza Erle; *ask-s Esche; *aspa Espe; bairabagm-s Maulbeerbaum; *bairka Birke; *bilisa Bilsenkraut; hwaitei-s Weizen, kaúrn Korn; lein Lein; *linda Linde; raus Rohr; sinap-s Senf; smwrn Myrrhe; tain-s Rebe, Zweig; *walda Wau; winja Weide.

Tiere im Gotischen: ara Aar, Adler; asilu-s Esel; *barsik-s Barsch; dūbō Taube; *ēmaitja Ameise; *falka Falke; faúhō Füchsin; fisk-s Fisch; gait-s Geiß, Ziege; *gans Gans; *ganta Wildgans; *harrig-s Hering; *hrabn-s Rabe; hund-s Hund; *karpa Karpfen; *marthu-s Marder; *matha Made, Wurm; *mulu-s Maulwurf; *snippa Schnepfe; sparwa Sperling; *sparwārei-s Sperber; *swan-s Schwan; swein Schwein; thramstei Heuschrecke; ulbandu-s Kamel; *ūr-s Auerochse; waúrms Wurm; *wisand-s Wisent; wulf-s Wolf.

Unter den Tiernamen der gotischen Sprache überwiegen natürlich die der Säugetiere, wie Esel, Rind, Fuchs, Wolf, Marder, Schwein, Auerochse und Wisent. Auch die geschlechtsgebundenen hana = Hahn, aúhsa = Ochse, gait-s = Geiß werden bereits gebraucht. Bei den Vögeln sind es Taube, Adler, Falke, Gans, Huhn, Rabe, Krähe, Schnepfe, Sperber, Sperling und Schwan. Reptilien und Amphibien fehlen (wenigstens in der Überlieferung), dagegen sind die Fische mit Barsch, Hering und Karpfen vertreten. Von den Wirbellosen werden nur wenige Insekten (Ameise, Heuschrecke) und Würmer genannt. — Bei den Pflanzen herrschen die Namen für die Bäume vor (Erle, Linde, Esche, Espe, Birke und Weide) gegenüber einigen Gräsern (Korn, Weizen) und Nutzkräutern (Senf, Wau).

Die Liste zeigt, daß der uns bekannte Wortschatz tierische Namen umfaßt, die auf Jagd und Viehzucht schließen lassen. Unter den pflanzlichen Namen sind uralte Kulturpflanzen zu finden. — Das germanische Wortgut enthält mitunter auch Namen, die in keiner anderen indogermanischen Sprache auftauchen. MOSER nennt in seiner „Deutschen Sprachgeschichte" unter anderem Reiher, Storch, Kalb, Rind und Lamm.

Das gut bekannte althochdeutsche Vokabularium an Pflanzen- und Tiernamen schwillt gegenüber dem gotischen stark an.

---

* Die stimmlose Spirans ist mit „th" umschrieben.

b) Vom Mittelalter zur Neuzeit

Eine Geschichte der Pflanzen- und Tiernamen ist noch nicht geschrieben worden. Vorher müßten die Namen nach ihrem Alter geordnet werden. Das stößt indessen auf Schwierigkeiten. Es wäre nämlich quellenmäßig festzulegen, wann ein Name das erste Mal in unserer Sprache erscheint. Dabei wäre aber noch nicht festgestellt, daß er damit auch allgemeiner Sprachbesitz war. Oft ist das Lebewesen länger im Volk bekannt als der Name, den es heute trägt. Zum Beispiel hat sich der über Persien eingewanderte Pfirsich *(„persica")* vor der deutschen Lautverschiebung eingebürgert, wenngleich das belegte mhd. pfersich erst aus dem 12. Jahrhundert stammt. — Wenn etwa LUDLOFF im Jahre 1696 das Wort Mammut erfand (in Anlehnung an ein jakutisches Wort), so hat sich die Bezeichnung für den ausgestorbenen Elefanten erst viel später allgemein durchgesetzt, usw. Eine zeitliche Bestimmung verlangt also oft nähere Erklärungen.

Trotz dieser Einschränkungen versuchen wir eine zeitliche Ordnung einiger Pflanzen- und Tiernamen, wobei wir in der Hauptsache die durch Quellen belegten Angaben von KLUGE-GÖTZE zugrunde legen (alphabetische Ordnung).

12. Jahrhundert: Baumwolle, Gerfalke, Giersch, Kabeljau, Koralle, Pfirsich.

13. Jahrhundert: Chamäleon, Dromedar, Giraffe, Günsel, Krokodil, Papagei, Sago, Saurach (Sauerdorn).

14. Jahrhundert: Arnika, Bärlapp, Boretsch, Felchen, Johannisbrot, Makrele, Stichling, Stint.

15. Jahrhundert: Anis, Beitzker, Buchweizen, Eberesche, Ehrenpreis, Hyäne, Kalmus, Kaper, Kauz, Klappertopf, Kornblume, Melone, Pavian, Plötze, Rosmarin, Schmetterling, Spargel.

16. Jahrhundert: Alpaka, Amarant, Ammer, Ananas, Artischocke, Arve, Bache, Bambus, Banane, Batate, Betel, Bickbeere, Blackfisch, Blumenkohl, Boa, Bussard, Butt, Dogge, Dorsch, Edelweiß, Ellritze, Flieder, Fliegenpilz, Frauenmantel, Frett, Garneele, Gazelle, Guanako, Gurke, Hahnenkamm, Harder, Helm, Hirtentäschel, Hummer, Hyazinthe, Ibis, Insekt, Jasmin, Jelängerjelieber, Johannisbeere, Kakao, Kakerlak, Kerbel, Kanarienvogel, Karausche, Karotte, Kartoffel, Kolkrabe, Krickente, Mais, Malve, Maikäfer, Maräne, Mosquito, Nashorn, Oleander, Päonie, Polyp, Rapunzel, Rhabarber, Roßkastanie, Saibling, Schellfisch, Tabak, Weißtanne, Zitrone.

17. Jahrhundert: Alligator, Anchovis, Aprikose, Bovist, Champignon, Faultier, Gazelle, Hai, Hirschkäfer, Kaffee, Kasuar, Kondor, Lurch, Mammut, Moschus, Marone, Opossum, Orang-Utan, Robbe, Schakal, Sellerie, Tee, Zebra.

18. Jahrhundert: Agave, Akazie, Apfelsine, Aronstab, Aster, Eiderente, Eintagsfliege, Gnu, Goldlack, Infusorien, Kakadu, Känguruh, Knurrhahn, Kautschuk, Luzerne, Mahagoni, Mandrill, Matjeshering, Merino, Miesmuschel, Mimose, Platane, Pottwal, Primel, Puma, Reseda, Ringelnatter, Tapir, Vanille, Vampir, Yute.

19. Jahrhundert: Alge, Antilope, Delphin, Erika, Gecko, Hallimasch, Kukuruz, Mandarine, Marabu, Mirabelle, Paprika, Pisang, Rotang, Tomate, Trichine, Yak.

Bei einer kritischen Würdigung solcher Namenslisten, die noch ein genaues Quellenstudium verlangen, kann man bemerkenswerte Ergebnisse ablesen, die die Geschichte unseres Landes und Kulturraums widerspiegeln. So haben verschiedene Faktoren an dem mittelalterlichen Wortschatz unserer Pflanzen und Tiere geformt. Das althochdeutsche Wortgut, soweit wir es auch heute noch benutzen (manches ging verloren), umfaßt etwa 200 einfache Pflanzen- und 200 einfache Tiernamen (vgl. S. 192). Der Hauptzuwachs an biologischen Namen erfolgte wohl durch den **Einfluß des Christentums.**

Mit dem Christentum tritt das Latein unmittelbar den germanischen Stämmen entgegen. Über die Klöster kamen Pflanzen der westlichen Kultur in unseren Sprachraum. Von der Völkerwanderung an bis tief ins Mittelalter hinein gerieten viele Pflanzen aus Italien und Südfrankreich in unsere Gärten; durch sie wurde die heimische Pflanzenwelt bereichert. So kamen neue Namen in unsere Sprache, auch zu manchen Pflanzen, die bereits in Deutschland angebaut wurden. Diese Neuerwerbungen unseres biologischen Wortschatzes gehören verschiedenen Bereichen an: etwa Gemüse (Kohl, Erbse, Wicke, Rettich, Linse, Meerrettich, Spargel) und Drogen nebst Gewürzen (Anis, Fenchel, Kerbel, Koriander, Kümmel, Petersilie, Zwiebel). Der Artenschatz an Haustieren dagegen nahm etwa 1000 Jahre lang, d. h. über das ganze Mittelalter bis zur Entdeckung Amerikas, nicht zu.

Einen zweiten Namenszuwachs brachten die Kreuzzüge und das Rittertum. Das Morgenland wurde erschlossen, und die Berührung mit der Kultur des Islams hatte nachhaltigen Einfluß. Denn es wurden auch zahlreiche Pflanzen und Tiere für das Abendland entdeckt. Morgenländische Entlehnungen treten zum Wortgut hinzu, wie z. B.: Dromedar, Giraffe, Gummi, Granatapfel, Kamel, Muskat, Papagei und Zypresse. Weitere Namen kamen aus den Mittelmeerländern.

Eine dritte Quelle für Pflanzen- und Tiernamen ergoß sich aus der Bibel in die Sprache. Über die griechische Bibel drang wohl manches Wort in die Vulgata und von da ins Deutsche, z. B. Ysop (2. Moses 12, 22), Pelikan (Psalm 102,7), Skorpion (1. Kön. 12, 11). Weitere Namen strömten uns aus der Bibelübersetzung zu. Über die Pflanzen der Bibel sind wir gut unterrichtet (Löw, MOLDENKE u. a.).

Einen neuen Zuwachs erhielten endlich die Namen durch das Zeitalter der Entdeckungen, das uns an die Schwelle der Neuzeit führt. Der Reise von Magalhães 1522 verdanken wir z. B. den Paradiesvogel. Durch die Entdeckung Westindiens kamen Namen wie Mahagoni, Mais, Tabak, Batate, Leguan u. a.

Der biologische Namensschatz wuchs im Mittelalter unter den angedeuteten Einflüssen unaufhörlich. Aber erst in der Neuzeit erfolgte durch zwei entscheidende Ereignisse eine fast unbegrenzte Zunahme der Namen, die jedoch nicht volksmäßig gebunden sind: durch die Erfindung des Mikroskops, durch die der Mensch in den Bereich des Unsichtbaren vorstieß, und durch das Lebenswerk von LINNÉ. Damit wurde die Lehnübersetzung in der Namengebung beherrschend.

c) Neuzeitliche Einflüsse

Erfindung des Mikroskops

Die Erfindung des Mikroskops schreibt man dem Holländer ZACHARIUS JANSEN (1590) zu. Die Welt der mit bloßem Auge sichtbaren Lebewesen wurde um viele andere kleine und kleinste Pflanzen und Tiere wesentlich erweitert. Damit tauchte ein Problem für die Namengeber auf, denn eine Unzahl neu entdeckter Lebewesen mußte benannt werden. Noch ANTONI VAN LEEUWENHOEK (1632 bis 1723) nennt seine neu entdeckten „Infusorien" einfach Tierchen. Eine gelehrte und zugleich brauchbare Benennung konnte zweifelsfrei nur der lateinische Name bringen. Von ihm aus drangen auch ins Volk die Lehnübersetzungen dieser gelehrten willkürlichen Namen, soweit überhaupt Verdeutschungen möglich und notwendig sind. Nur sehr wenige von ihnen sind als Fremdwörter übernommen worden oder wurden gar in den kaum 200 Jahren ihres Bestehens zu Lehnwörtern.

So sind, durch die Erkenntnisse der Medizin unterstützt, die aus dem Lateinischen übersetzten Bakterien und Bazillen tatsächlich Allgemeingut geworden. Wenngleich beide Namen nur die Gestalt dieser einzelligen Pflanzen beschreiben (griech. bacterion = Stäbchen, lat. bacillum = Stöckchen), so wird doch das Wort Bazillus bereits übertragen gebraucht. Das Bild des Eitererregers schwebt vor, wenn man z. B. von einem Bazillus im Sinne von „verderblichem Einfluß" spricht.

Soweit mikroskopische Lebewesen in großer Anhäufung mit bloßem Auge sichtbar werden, besteht natürlich überhaupt kein Bedürfnis nach einer genaueren Namengebung. Es fällt z. B. niemandem ein, statt Eiter genauer Eitererreger (oder gar Staphylokokken) zu sagen oder die „Milch" des Herings durch „Sperma" zu ersetzen. Daß die Bierhefe aus den Einzelzellen eines Pilzes besteht, interessiert den Laien nicht. Hefepilz müßte schon eine besondere Hefe kennzeichnen und wird irrtümlich z. B. für Joghurt gebraucht, das durch *Bacillus bulgaricus* u. a. aus der Milch entsteht. Genauso wenig braucht Schimmel oder Kahm näher erklärt zu werden, obwohl der Wortinhalt nicht viel aussagt. Hefe ist das Mittel, das „hebt" (nämlich den Teig), Schimmel gibt den fremden weißen „Schimmer" wieder (an *Mucor* ist gedacht), und Kahm ist die „graue" Schicht, mit der sich gärende Stoffe überziehen (das Wort mag zu dem lat. *canus* = grau Verwandtschaft haben).

Obwohl wir durch das Mikroskop erkannt haben, welche Erreger weitverbreitete Krankheiten erzeugen, und obwohl diese Erreger Fachnamen tragen, bürgern sich diese Namen weder lateinisch noch als Lehnübersetzungen ein. So steht der Name der Krankheit oft für den des auslösenden Lebewesens. Jemand hat z. B. die Schwindsucht, vielleicht auch die Tuberkulose (aber nicht „Knötchensucht"), die man mit „Tb" abkürzt; der „Tuberkulosebazillus" macht sich viel rarer.

Es bestehen also zwischen der subvisiblen Welt und der Namenschöpfung ihrer Gegenstände eine klare Abhängigkeit: die Objekte des Mikroskops sind nur lateinische Termini, die nach Bedarf lehnübersetzt werden. Daß nach der

Erfindung des Mikroskops LINNÉ seine wissenschaftliche Nomenklatur schuf, war ein besonderer Glücksumstand. Denn ohne ihn wären die kleinsten Vertreter der Lebewesen unserer Sprache überhaupt nicht eindeutig zugänglich.

LINNÉ und das Systema naturae

Im Jahre 1735 erschien das „Systema naturae“ von KARL VON LINNÉ, in dem 8500 Pflanzen- und mehr als 4000 Tierarten benannt und beschrieben werden. Durch seine binäre Nomenklatur wurde jedes Lebewesen mit zwei lateinischen (besser latinisierten) Namen bezeichnet, seinem Gattungs- und seinem Artnamen. Diese entscheidende Änderung in der Bezeichnung der Lebewesen hatte aber nicht nur für die Fachsprache allein Bedeutung. Auch für die deutsche Namengebung war es ein neuer Impuls. Der Wortschatz an Pflanzen- und Tiernamen vergrößerte sich laufend in dem Maße, wie nach und nach die gesamte belebte Welt von zahllosen Systematikern und Taxonomen nach dem Vorbild von LINNÉ registriert und lateinisch benannt wurde. Diese Entwicklung dauert bis heute an.

Freilich äußert sich der Einfluß der wissenschaftlichen lateinischen Namengebung in doppelter Weise. Zum ersten ruft er eine Flut von **Lehnübersetzungen** ins Leben. Es werden viel, viel mehr Lebewesen beschrieben, als die deutsche Sprache kennt und zu kennen braucht. Es besteht aber gelegentlich auch für den Nichtfachmann das Bedürfnis nach einem deutschen Namen. Für diesen Zweck wird die vom Fachmann bereitgestellte (oft unschöne) Behelfsübersetzung angenommen. Wir können auf solche Art wenigstens grundsätzlich jedes Lebewesen deutsch bezeichnen, wenn sich auch diese Namen oft nur kurz behaupten und geringe Verbreitung finden.

Ferner hat uns die Tat LINNÉs eine große Zahl von **Fremd- und Lehnwörtern** in unsere Sprache gebracht. LINNÉ (und mancher Nachfolger) hat zunächst (wenn irgend möglich) lateinische und altgriechische Pflanzen- und Tiernamen übernommen, zum Teil neu ausgegraben und so der Vergessenheit entrissen, ehe er eigene Namen „erfand“. Diese historischen Namen wurden so — natürlich oft mit Bedeutungswandel und -einengung — zu wissenschaftlich definierten Fachnamen. Der Nachweis gelingt nicht immer, ob sie über mittellateinische Übergangsformen (also vor LINNÉ) in die deutsche Sprache gerieten oder dadurch, daß sie tatsächlich 1500 Jahre und mehr einfach „übersprangen“. Namen dieser Art sind S. 209 angeführt worden.

Zeitalter der Maschine

Durch die modernen Verkehrsmittel sind die Kontinente und die Meere „kleiner“ geworden. Entfernungen, die Segelschiffe in Wochen zurücklegten, überbrücken Motorschiffe in der gleichen Zahl von Tagen, überwinden Flugzeuge in der gleichen Zahl von Stunden. Die Maschine hat die Welt erobert. — Damit sind aber auch für die Verbreitung unserer Namen die letzten Grenzen gefallen. Weltumsegler und Entdecker von Inseln und fernen Küsten konnten nur solche

Tiere und Pflanzen nach Hause bringen, die eine lange Seereise vertrugen oder präpariert wurden. Denn durch Erzählungen und Berichte allein führen sich keine neuen Namen ein. Heute befördern wir lebende Tiere mit dem Flugzeug aus dem Innern Afrikas bis an die Umzäunung des zoologischen Gartens und nie geahnte tropische Früchte bis auf den Tisch des europäischen Feinschmeckers. Empfindliche lebende Pflanzen überstehen eine wochenlange Fahrt über das Meer in dem Warmhaus der Ozeanriesen und Spezialschiffe und gelangen unversehrt in das Gewächshaus des Gärtners oder in das Labor des Forschers.

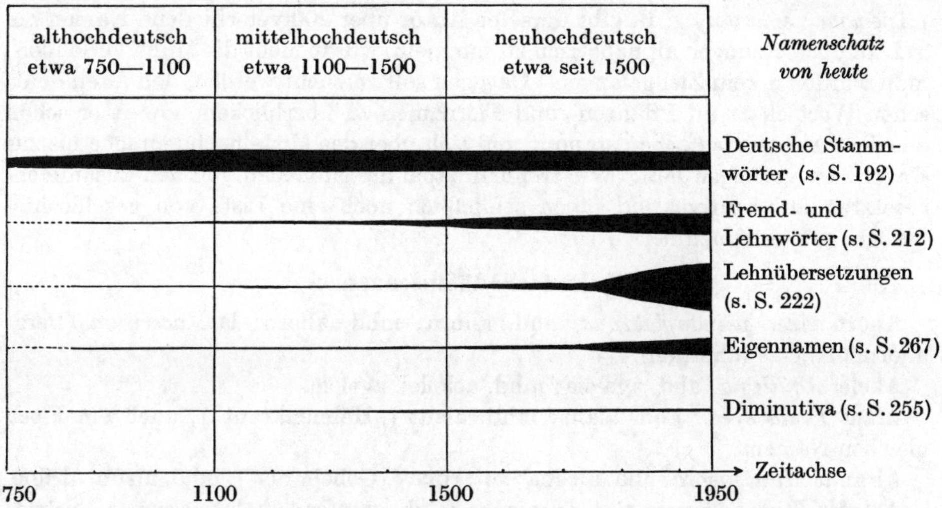

Abb. 44. Die geschichtliche Entwicklung der Pflanzen- und Tiernamen. Die Zahl der nach Herkunft getrennten Namen läßt sich nur angenähert ermitteln; daher lassen sich die Verhältnisse nur andeuten

Ein durch Entfernungen und Umweltbedingungen ungehemmter Transport von Pflanzen und Tieren (und damit auch ihrer Namen) ist möglich geworden. Endlich haben Züchter und Liebhaber das ihrige zur Verbreitung der von ihnen gehegten Lebewesen getan.

Aber auch unerwünschte Gäste wanderten bei uns ein und mit ihnen ihre Namen, oft durch unsere Verkehrsmittel vermittelt. 1850 kam die Reblaus, 1860 die Wasserpest, 1877 der Kartoffelkäfer, 1905 die Bisamratte, 1920 die Wollhandkrabbe nach Europa oder unmittelbar zu uns. Es ist bezeichnend, daß diese Lebewesen keine eigenen Namen mitbringen; sie wurden durch das Kompositum benannt, um das Namengeber nie verlegen sind.

Das Ergebnis dieser geschichtlichen Entwicklung unserer Pflanzen- und Tiernamen mag durch die Abb. 44 angedeutet sein. Wir verfolgen darin 5 Quellen unseres Wortschatzes (s. S. 11) über viele Jahrhunderte. Der Einfluß des 17. und 18. Jahrhunderts kommt dabei gebührend zum Ausdruck.

2. Der deutsche Wortschatz aus althochdeutscher Zeit*

Es liegt nicht in der Absicht des Buches, alle deutschen Pflanzen- und Tiernamen zu sammeln. Es wäre auch nicht möglich. Von den mehr als eine Million beschriebenen Pflanzen- und Tierarten tragen vergleichsweise nur wenige einen deutschen Namen. Noch nicht einmal ein Zehntel der bekannten Lebewesen gehört dem mitteleuropäischen Raum an, zu dem wir unseren deutschen Sprachraum rechnen. Wenn MARZELL angibt, daß er gegen 80000 deutsche Pflanzennamen sammele, so ist die Mehrzahl nur mundartlich belegt. Die wahre Artenzahl an Pflanzen macht davon nur einen Bruchteil aus. Für das Buschwindröschen *(Anemone nemorosa)* z. B. gibt derselbe Autor über 200 verschiedene Namen an.

Lehnübersetzungen alphabetisch zu sammeln, würde nicht die Mühe verlohnen; man würde an kein Ziel gelangen. Dagegen soll versucht werden, den alten deutschen Wortschatz an Pflanzen- und Tiernamen zu überblicken, soweit er schon aus dem Althochdeutschen stammt und sich über das Mittelhochdeutsche bis zur Gegenwart verfolgen läßt. Wir trennen dabei die einfachen von den zusammengesetzten Substantiva und fügen schließlich noch eine Liste von geschlechtsbezogenen Tiernamen bei.

a) Einfache Pflanzennamen

Ahorn *Acer pseudoplatanus:* ahd. ahorn; mhd. ahorn; lat. *acernum* (Bergahornholz), *-us* (ahornen).

Akelei *Aquilegia:* ahd. agaleia; mhd. ackelei, ageleie.

Alant *Inula spec.:* ahd. alant; mhd. alant („Helmenkraut"); auch ein Fisch gleichen Namens.

Alraune *Mandragora:* ahd. alruna; got. runa („Geheimnis"); mhd. alrūn, alrūne.

Ampfer *Rumex spec.:* ahd. ampfaro; mhd. ampfer; zu lat. *amarus* (bitter); Sauerampfer ist tautologisch!

Andorn *Marrubium vulgare:* ahd. antorn, andorn; mhd. andorn.

Apfel *Malus:* ahd. apful; mhd. apfel, epfel; engl. apple; Apfelbaum ist ahd. apfal-ter, affalter, affolter.

Attich *Sambucus ebulus:* ahd. attah; mhd. attech.

Beifuß *Artemisia vulgaris:* ahd. bīpōʒ; mhd. bīpōʒ.

Bertram *Anacyclus officinarum:* ahd. ber(ch)tram, berethram; mhd. ber(h)tram; ahd. Berhtram ist Männername.

Bete *Beta vulgaris:* ahd. bieʒa; mhd. bieʒe; lat. *beta;* franz. bette.

Bibernelle *Pimpinella spec.:* ahd. bibinella; mhd. pimpenelle.

Bilse, Bilsenkraut *Hyoscyamus niger:* ahd. bilisa; mhd. bilse, biller.

Bingel, Bingelkraut *Mercurialis:* ahd. bungil; bungo („Knolle"); mhd. büngel.

Binse *Juncus spec.:* ahd. binuʒ; mhd. bineʒ, binʒ.

* Im folgenden werden die Abkürzungen verwendet: ahd. althochdeutsch; engl. englisch; franz. französisch; got. gotisch; griech. griechisch; ital. italienisch; ma. mundartlich; mhd. mittelhochdeutsch; mlat. mittellateinisch; span. spanisch.

Für die Erklärung der Fremdwörter werden später (S. 212ff.) noch gebraucht: arab. arabisch; mnl. mittelniederländisch; pers. persisch; poln. polnisch; serb. serbisch; slav. slawisch; tschech. tschechisch; türk. türkisch.

Birke *Betula:* ahd. bircha; mhd. birke, birche; engl. birch; Grundbedeutung „Glänzende“.

Birne *Pirus communis:* ahd. bira, pira; mhd. bir, bire; lat. *pira,* von *pirum;* Mehrzahlform!

Bohne *Phaseolus vulgaris:* ahd. bona; mhd. bōne; engl. bean.

Buche *Fagus silvatica:* ahd. buohha; mhd. buoche; engl. beech.

Buchs, Buchsbaum *Buxus sempervirens:* ahd. buhsboum; mhd. buhsboum; lat. *buxus.*

Bunge, u. a. *Samolus Valerandi:* ahd. bungo; mhd. bunge („Knolle“).

Burzel *Portulaca oleracea:* ahd. purcela, burzila; mhd. burzel; lat. *portula;* später als „Portulak“ neu entlehnt.

Dattel *Phoenix dactylifera:* ahd. dahtil-boum; mhd. tahtel; span. datil.

Dill *Anethum graveolens:* ahd. tilli; mhd. tille; engl. dill.

Dinkel *Triticum spelta:* ahd. thinkil, dinkil; mhd. dinkel, spelt.

Distel *Carduus, Cirsium:* ahd. distil(a); mhd. distel; engl. thistle.

Dost *Origanum vulgare:* ahd. dost(o), tosta; mhd. doste, toste („wilder Thymian“).

Efeu *Hedera helix:* ahd. ebahewi, ebah; mhd. ephöu, ebe-höu; engl. ivy.

Eibe *Taxus baccata:* ahd. îwa; mhd. îwe, îbe.

Eibisch *Althaea rosea:* ahd. ībisca; mhd. ibeche, ībische; lat. *(h)ibiscum,* griech. ἴβισκος.

Eiche *Quercus:* ahd. eih; mhd. eich, eiche; dazu die Verkleinerung Eichel: ahd. eihhila; mhd. eichel.

Emmer, Ammer *Triticum dicoccum:* ahd. amar(o), amari; mhd. amer.

Enzian *Gentiana:* ahd. entiān; mhd. entiān, enziān; entlehnt aus dem Lat.

Eppich *Hedera; Sium, Berula:* ahd. epfih; mhd. epfich, ephich; lat. *apium* („Sellerie“); Bedeutungserweiterung!

Erbse *Pisum sativum:* ahd. araweiȥ; mhd. areweiȥ, arwis, erbeiȥ; auch mhd. bise, pise; mlat. *pisa.*

Erle, Eller, Else *Alnus:* ahd. erila, elira; mhd. erlach („Erlengebüsch“); lat. *alnus;* span. aliso; Metathese!

Esche *Fraxinus excelsior:* ahd. asc; mhd. asch, (daraus Asch = Gefäß), esche.

Espe *Populus tremula:* ahd. aspa; mhd. aspe („Zitterpappel“).

Farn* *Pteridophyta:* ahd. varn, faram; mhd. varn, varm; engl. fern.

Feige *Ficus carica:* ahd. fīga; mhd. vīge; lat. *ficus.*

Felber *Salix:* ahd. felha; mhd. velber, velwe; Felberich (*Lysimachia*) hat weidenähnliche Blätter.

Fenchel *Foeniculum vulgare:* ahd. fenich; mhd. venichel, venchel; lat. *foeniculum*

Fichte *Picea excelsa:* ahd. fiohta; mhd. viehte; lat. *pinus;* griech. πιτύς.

Flachs *Linum usitatissimum:* ahd. flahs; mhd. vlahs.

Flechte *Lichenes:* ahd. zu flehtan; mhd. vlehte; nach der Wuchsform.

Föhre, Kiefer *Pinus silvestris:* ahd. forha; mhd. vorhe („Eiche“); Bedeutungswandel!

---

* Für die deutschen Namen wird immer der Singular gewählt.

Galgant, Verwandter des Ingwers: ahd. galangan; mhd. galgan(t); mlat. *galanga.*

Gamander *Teucrium:* ahd. gaman (?); mhd. gamandrē; mlat. *chamandros.*

Garbe *Achillea:* ahd. garba; mhd. garbe, garwe; mlat. *garba.*

Gerste *Hordeum vulgare:* ahd. gersta; mhd. gerste; lat. *hordeum;* Grundbedeutung: stachlig.

Ginster *Genista:* ahd. geniste; mhd. gynst; lat. *genista;* franz. genêt.

Gleiße *Aethusa cynapium:* ahd. glīȝȝan („glänzen"); mhd. glīȝe.

Gras *Gramineen:* ahd. gras; mhd. gras (auch „Kraut").

Hafer *Avena:* ahd. habaro; mhd. habere, haber.

Hanf *Cannabis sativa:* ahd. hanaf; mhd. hanef, hanif, hanf; engl. hemp; lat. *cannabis.*

Hasel *Corylus avellana:* ahd. hasala; mhd. hasel-boum; verwandt mit lat. *corulus.*

Hederich *Raphanus raphanistrum:* ahd. hēderīh; mhd. hēderich.

Hefe *Saccharomyces:* ahd. hevo; mhd. hebe, heve; zu „heben" (Gärvorgang).

Heide *Calluna vulgaris:* ahd. heida; mhd. heide.

Herlitze *Cornus mas:* ahd. erliz; weliȝboum; mhd. erlizbaum.

Hirse *Panicum miliaceum:* ahd. hirsi, hirso; mhd. hirse, hirs; mit lat. *Ceres* verwandt?

Holunder *Sambucus:* ahd. holuntar; mhd. holunter, holder, holer.

Hopfen *Humulus lupulus:* ahd. hopfo; mhd. hopfe; engl. hop.

Ingwer *Rhizoma Zingiberis:* ahd. gingiber; mhd. imber, ingewer; engl. ginger; lat. *zinziber.*

Hulst *Ilex aquifolium:* ahd. hul(i)s; mhd. huls; franz. houx.

Kastanie *Castanea sativa:* ahd. chestin(n)a; mhd. kestene, kastane; lat. *castanea;* griech. *κάστανον.*

Karde *Dipsacus silvester:* ahd. carta; mhd. karte; franz. carde; ital. carda; lat. *carduus* (Bedeutungswechsel!).

Kerbel *Anthriscus:* ahd. kervolla; mhd. kervele, kerbel, kernel; lat. *caerefolium;* griech. *χαιρέφυλλον.*

Kicher(erbse) *Lathyrus sativus:* ahd. chichera; mhd. ziser, kicher; lat. *cicer.*

Kien (noch in Kienspan) *Pinus:* ahd. chien, kēn; mhd. kien; mit „vorhe" zu ahd. kienforha verbunden.

Kirsche *Prunus:* ahd. kirsa; mhd. kerse, kirse; lat. *cerasum.*

Klee *Trifolium:* ahd. klēo; mhd. klē.

Klette *Arctium, Lappa:* ahd. kleddo, cletto; mhd. klette.

Knäuel *Scleranthus:* ahd. kliuwa; mhd. kliuwel (?), kniu(we)l.

Kohl *Brassica oleracea:* ahd. kōl; mhd. kōl, koele; lat. *caulis* und **Kappus;** ahd. kabu; mhd. kappa; lat. *caput.*

Koriander *Coriandrum sativum:* ahd. kullantar; mhd. kullander, koliander; mlat. *coliandrum.*

Korn *Secale cereale:* ahd. corn; mhd. korn; schwed. korn („Gerste"); engl. corn („Mais").

Kraut (Sammelwort): ahd. chrūt; mhd. krūt.

Kresse *Roripa officinalis:* ahd. chresse; mhd. kresse; engl. cress.

Krokus *Crocus:* ahd. cruogo, kruago; hierzu mhd. saffrān; lat. *crocus.*

Kümmel *Carum carvi:* ahd. chumil, chumī; mhd. kūmīn; lat. *cuminum.*

Kürbis *Cucurbita pepo:* ahd. kurbiʒ; mhd. kürbiʒ; lat. *cucurbita.*

Lärche *Larix decidua:* ahd. larihha, lericha; mhd. larche, lerche.

Lattich *Lactuca:* ahd. lattūh; mhd. latech, lateche; lat. *lactuca,* wohl zu *lac* (Milch), d. h. milchsaftführend.

Lauch *Allium:* ahd. louh; mhd. louch, louche; engl. leek.

Lavendel *Lavandula spica:* ahd. (unsicher); mhd. lavendele, lavendel; lat. *lavendula,* wohl zu *lavare* (waschen).

Lein *Linum:* ahd. lin; mhd. līn; franz. līn; lat. *linum.*

Liesch *Carex:* ahd. lesc(a); mhd. liesche; Herkunft unsicher.

Lilie *Lilium:* ahd. lilja; mhd. lilje; lat. *lilia* (pl. von *lilium*).

Linde *Tilia:* ahd. linta; mhd. linde, linte.

Linse *Lens esculenta:* ahd. linsi; mhd. linse, lins; lat. *lens.*

Lolch *Lolium:* ahd. lolli; mhd. lullich, lulche; lat. *lolium.*

Majoran *Origanum maiorana:* ahd. maiolan; mhd. meigramme; mlat. *majorana.*

Mandel *Prunus communis:* ahd. mandala; mhd. mandel; ital. mandola; mlat. *amandula.*

Mangold *Beta vulgaris var. cicla:* ahd. Managold (Männername); mhd. mangolt.

Maßholder *Acer campestre:* ahd. maʒʒoltra; mhd. maʒʒolter.

Meier *Asperula:* ahd. meior; mhd. meier; lat. *maior* (größer).

Melde *Obione, Atriplex:* ahd. melta, malta; mhd. melde; zu „Mehl“, d. h. mit Mehl bestäubt.

Me(h)ltau *Erisyphe:* ahd. mili-tou; mhd. miltou; engl. mildew; wohl verwandt mit Mehl, Melde.

Merk *Sium, Berula:* ahd. merch, merk; mhd. merk; engl. march, merch.

Minze *Mentha:* ahd. minza; mhd. minze, minz; mlat. *menta.*

Mispel *Mespilus germanica:* ahd. mespila; mhd. mispel; lat. *mespilum.*

Mistel *Viscum album:* ahd. mistil; mhd. mistel; engl. mistle; verwandt mit lat. *viscum.*

Mohn *Papaver:* ahd. mago; mhd. mage, man; franz. mahon.

Möhre *Daucus carota:* ahd. mor(a)ha; mhd. morhe, morche, morch.

Moos *Musci:* ahd. mios; mhd. mies, mos; engl. moss; lat. *muscus.*

Morchel *Morchella:* ahd. morhila; mhd. morhel, morchel.

Narde, z. B. *Valeriana, Nardostachys:* ahd. narda; mhd. narde, nardi; griech., lat. *nardus.*

Nelke *Tunica, Dianthus:* ahd. negellī; mhd. negelkīn, neilkin.

Nessel *Urtica:* ahd. neʒʒila; mhd. neʒʒel; engl. nettle.

Nuß (mehrdeutig): ahd. hnuʒ; mhd. nüʒ (Schalenfrucht: Nuß, Mandel usw.); engl. nut; lat. *nux.*

Odermennig *Agrimonia eupatoria:* ahd. avermonia; mhd. odermenie; lat. *agrimonia.*

Osterluzei *Aristolochia clematitis:* ahd. ostirlucie; mhd. osterlutzye; mlat. *aristolocia.*

Olive *Olea europaea:* ahd. oliberi; mhd. ölber; lat. *oliva.*

Palme *Palmae:* ahd. palma; mhd. palm(e); lat. *palma* („flache Hand"), Bedeutungswandel!

Pappel *Populus:* ahd. popel; mhd. papele, papel; lat. *populus.*

Pastinak *Pastinaca sativa:* ahd. (unsicher); mhd. pasternac.

Petersilie *Petroselinum sativum:* ahd. petersilia; mhd. peterlīn, pētersil, pētersilje.

Pfebe (ungebr.) *Cucumis melo:* ahd. pepanno; mhd. pfedem(e), pfeben.

Pfeffer *Piper nigrum:* ahd. pfeffar; mhd. pheffer; engl. pepper; lat. *piper.*

Pfenich (Hirse) *Panicum:* ahd. pfenīh; mhd. pfenich.

Pfifferling *Cantharellus cibarius:* ahd. pfefera; mhd. phifferling.

Pflaume *Prunus domestica:* ahd. pfrūma, pflūme; mhd. phlūme; lat. *pruna* (zu *prunum*).

Pilz *Fungi:* ahd. buliȥ; mhd. büleȥ, bülz; lat. *boletus* („Champignon").

Pippau *Crepis:* ahd. pypawe; mhd. pipawe; poln. pepava („Taraxacum").

Polei *Mentha pulegium:* ahd. polaia, pulei; mhd. polei; lat. *pulegium,* d. h. Flohkraut.

Porree *Allium porrum:* ahd. phorro; mhd. phorre; lat. *porrum*; frz. porrée.

Quendel *Calamintha:* ahd. quenala; mhd. quenel, quendel; lat. *cunila, conila.*

Quitte *Cydonia vulgaris:* ahd. qitina; mhd. quiten, küten; griech. *κυδώνιον.*

Rade (Korn-) *Agrostemma githago*: ahd. rato; mhd. rate, raten, auch für andere Ackerunkräuter.

Raute *Ruta graveolens:* ahd. rūta; mhd. rūte; lat. *ruta.*

Rebe *Vitis vinifera:* ahd. reba; mhd. rebe; zu lat. *repere* (kriechen).

Rettich *Raphanus sativus:* ahd. ratih; mhd. retich; lat. *radix.*

Ried (Schilf) *Phragmites communis:* ahd. riod; mhd. riet; engl. reed.

Roggen *Secale cereale:* ahd. rocko; mhd. rocke, rogge; engl. rye; dän. rug.

Rohr (Schilf-) *Phragmites:* ahd. rōr; mhd. rōr; verwandt mit lat. *ruscus* (Binse)?

Rose *Rosa:* ahd. rōsa; mhd. rōse; ital. rosa; lat. *rosa.*

Rübe *Beta vulgaris:* ahd.ruoba, raba; mhd. ruobe, rüebe, rabe; lat. *rapa* (?); hierher wohl auch Rübsen (*Brassica rapa*).

Rüster *Ulmus:* ahd. ruȥbaum; mhd. rūst.

Salbei *Salvia:* ahd. salbeia; mhd. salveie, salbei; lat. *salvia.*

Sanikel *Sanicula europaea:* ahd. sanikel; mhd. sanikel; lat. *sanicula.*

Schierling *Conium maculatum:* ahd. scerning; mhd. scherlinc, schirlinc.

Schilf *Phragmites communis:* ahd. skiluf; mhd. schilf; zu lat. *scirpus* (Binse).

Schimmel, meist *Mucor:* ahd. scimbal; mhd. schimel; zu schimmern?

Schlehe *Prunus spinosa:* ahd. slēha; mhd. slēhe, slēdorn; engl. sloe.

Schmiele *Deschampsia:* ahd. smelha; mhd. smilehe, smelehe (smelhe = schmal).

Schwamm (= Pilz) *Fungi:* ahd. swam, swamb; mhd. swam, swamp.

Schwertel (ungebr.) *Iris:* ahd. swertala; mhd. swertel(e); schwertförmige Blätter.

Segge *Carex:* ahd. sahar; mhd. saher; engl. sedge.

Seide *Cuscuta:* ahd. sīda; mhd. sīde; ital. seda; lat. *seta* (Borste, Haar); Bedeutungswandel!

Senf *Sinapis:* ahd. senaf; mhd. senef, senf; griech.-lat. sinape, -is.

Spelz, Spelt *Triticum spelta:* ahd. spelta, spelza; mhd. spelte, spelze; lat. *spelta.*

Spilling *Prunus insititia:* ahd. spenilinch; mhd. spillinc.

Spinat *Spinacia oleracea:* ahd. (unsicher); mhd. spinât; lat. *spinacia*; ital. spinace; lat. *spina* (Dorn).

Tanne *Abies alba:* ahd. tanna; mhd. tanne; hierher wohl auch Tännel (*Elatine*).

Thymian *Thymus vulgaris:* ahd. thimiān; mhd. thimean, tymian.

Trespe *Bromus:* ahd. drepso; mhd. trefs, trefse; Metathese!

Ulme *Ulmus:* ahd. elmo, elmboum; mhd. elm, elme; lat. *ulmus.*

Veil, Viole *Viola:* ahd. viola; mhd. vīol, vīole; lat. *viola;* Diminutivform Veilchen.

Wachholder *Juniperus:* ahd. wahhaltar; mhd. queckolter, wecholter; (früher Queckholder).

Waid *Isatis tinctoria:* ahd. weit; mhd. weit; engl. woad.

Wegerich *Plantago:* ahd. wegarih; mhd. wegerich.

Weichsel *Prunus mahaleb:* ahd. wīhsela („Sauerkirsche"); mhd. wīhsel; wissel zu lat. *viscum* (Mistel) ? — Metathese.

Weide *Salix:* ahd. wīda; mhd. wīde; zu lat. *vitis* („Ranke") ?

Wein *Vitis vinifera:* ahd. wīn; mhd. wīn.

Weizen *Triticum:* ahd. hweizi; mhd. weiȝe, weize; engl. wheat; zu weiß ?

Wermut *Artemisia absinthium:* ahd. wermota; mhd. wermout; häufig umgedeutet (Wurm, warm usw.).

Wicke *Vicia:* ahd. wicka; mhd. wicke; zu lat. *vicia.*

Winde *Convolvulus:* ahd. winta; mhd. winde.

Ysop *Hyssopus officinalis:* ahd. isipo; mhd. isōpe ♂, ispe ♀.

Zeder *Cedrus:* ahd. cēdarboum; mhd. zēder, cēder; ital. cedro; lat. *cedrus.*

Zeiland *Daphne mezereum:* ahd. ziulinta; mhd. zīlant.

Zimt *Cinnamomum:* ahd. sinamīn; mhd. zinemīn; lat. *cinnamum.*

Zitwer *Artemisia cinae:* ahd. zitewar; mhd. zitwar, zitwan.

Zwiebel *Allium cepa:* ahd. zwibollo; mhd. zwibolle, zibolle, zwifel; lat. *caepula;* Geschlechtsänderung!

b) Einfache Tiernamen

Aal *Anguilla vulgaris:* ahd. āl; mhd. āl; lat. *anguis, anguilla* = kleine Schlange; franz. anguille = Aal.

Aar, Adler *Aquila, Pandion, Haliaetus:* ahd. aro und adal (edel) + aro (Adler); mhd. ar(e) und adelar, adlar, adler.

Affe, Ordn. *Primates:* ahd. affo; mhd. affe.

Aland (= Nerfling) *Idus melanotus;* (= Döbel) *Squalius cephalus:* ahd. alund; mhd. alant (Fisch) zu lat. *alere.*

Alse (= Maifisch) *Clupea alosa:* ahd. alosa; mhd. alse; lat. *alausa;* franz. alose.

Ameise *Formicidae:* ahd. āmeiȝa; mhd. âmeiȝe, emesselin („Nagerin").

Ammer *Emberiza:* ahd. amero; mhd. amer (Ammer, Ohreule); von lat. *amarus,* mlat. *amarellus.*

Amsel *Turdus merula:* ahd. amsala; mhd. amsel; engl. ouzel; ahd. merla; mhd. merl, merle; franz. merle; mit lat. *merula* verwandt.

Angerling (= Engerling, Käferlarve): ahd. angar; mhd. anger, enger („Kornmade") und verkleinert ahd. engirinc; mhd. engerinc.

Äsche, Asche *Thymallus vulgaris:* ahd. asca; mhd. asche. Ein Fisch nach der Farbe genannt.

Auster *Ostrea edulis:* ahd. aostor-scala; mhd. oster; entlehnt von lat. *ostreum.*

Barbe *Barbus:* ahd. barbo; mhd. barbe; lat. *barbus* (*barba* = Bart); also Bartfisch.

Bär *Ursidae:* ahd. bero; mhd. ber; engl. bear.

Barsch *Percidae:* ahd. bersih; mhd. bersich, bars; nach der stachligen Rückenflosse genannt.

Belche *Fulica atra:* ahd. belihha; mhd. belche.

Biene *Apidae:* ahd. bini, bia; mhd. bîe, bîn; engl. bee.

Biber *Castor fiber:* ahd. bibar; mhd. biber; ital. bevero; span. bibaro; („Fischotter!"); „Braunbrauner".

Bilch (= Schläfer) *Muscardinidae:* ahd. bilih; mhd. bilch („Haselmaus").

Brachse *Abramis brama* und **Brasse** *Sparidae:* ahd. brahsa, mhd. brahsem; mlat. *brasmus;* „glänzende Fische".

Bracke (= Spürhund) *Canis familiaris:* ahd. braccho; mhd. bracke, ital. bracco; engl. brach.

Braunelle *Prunella:* ahd. brūn; mhd. brūn; Verkleinerung. Oder zu *Prunus*?

Bremse, Breme *Tabanidae:* ahd. bremo (zu „breman"); mhd. breme (zu brimmen, brummen).

Bussard *Buteo, Pernis:* ahd. mūsāri; mhd. mūsaere; afranz. buson, franz. busart. Aus ahd. mūsaro (= Mäuseaar)?

Dachs *Meles meles:* ahd. dahs; mhd. dahs; franz. taisson; ital. tasso.

Dohle *Coloeus monedula:* ahd. tāha; mhd. tāhele, tāhe; ma. dahlen (= schwatzen); engl. talk.

Dorsch *Gadus callarias:* ahd. (unsicher); mhd. dorsch; zu dürr, d. h. gedörrter Fisch*.

Dommel, Rohrdommel *Botaurus, Ixobrychus:* ahd. horotumil, rōredumbil; mhd. rordummer.

Drossel *Turdus:* ahd. drōsca; mhd. drōschel, trostel.

Egel *Hirudinea:* ahd. egala (Wurzel egh = stechen); mhd. egel; also „Stechender".

Eidechse, Echse *Lacertilia:* ahd. egidehsa; mhd. egedehse, eidehse; Echse von Oken 1836 gebildet.

Elch, Elen *Alces alces:* ahd. elaho; mhd. elch, elhe; Elentier ist tautologisch.

Elefant *Elephas:* ahd. helfant, elafant; mhd. olifant, elfant, elfent; lat. *elephantus.*

Elster *Pica pica:* ahd. agalstra; mhd. agelster, elster.

Ente *Anatidae:* ahd. anut; mhd. ant, ente; lat. *anas.*

* Nach Auskunft des „Althochdeutschen Wörterbuches" (Prof. Frings, Leipzig) ist von den Namen Dorsch, Flunder, Glucke, Hänfling, Kiebitz, Motte und Wels in ahd. Glossen nur Kiebitz (Giwitz) belegt. Jedoch spricht manches dafür, diese hier angeführten, später belegten Namen vorzudatieren.

Esel *Equus asinus:* ahd. esil; mhd. esel; lat. *asinus;* davon auch Assel (= Eselchen).

Eule *Strigidae:* ahd. ūwila („Schreierin"); mhd. iuwel, iule; engl. howl, owl; lautmalend?

Falke *Falco:* ahd. falcho; mhd. falke, falche; engl. falcon; lat. *falco.*

Falter *Rhopalocera:* ahd. fīfaltra; mhd. vīvalter; lat. *papilio.*

Fasan *Phasianus colchicus:* ahd. fasiān (?); mhd. fasân, fasant; engl. pheasant; franz. faisan.

Feh *Sciurus:* ahd. fēh („bunt"); mhd. fēch.

Fink *Fringillidae:* ahd. fincho; mhd. vinke; engl. finch; nach dem Ruf.

Fisch *Pisces* (Klasse): ahd. fisc; mhd. visc, visch; lat. *piscis;* engl. fish.

Fliege *Muscaria:* ahd. flioga; mhd. fliuga, fleug, vliege.

Floh *Aphaniptera:* ahd. flōh; mhd. vlōch, vlō; engl. flea; zu fliehen?

Flunder *Pleuronectes flesus:* ahd. (unsicher); mhd. vluoder, flander; engl. flounder; schwed. flundra.

Forelle *Trutta:* ahd. forhana; farawa („Farbe"); mhd. forhel, görhel; Fisch mit roten Farbtupfen.

Frosch *Hyla, Rana;* ahd. frosk; mhd. vrosch; engl. frog; Grundbedeutung „Hüpfer".

Fuchs *Vulpes vulpes:* ahd. vuhs; mhd. vuhs; ndd. Voß; engl. fox.

Gans *Anser:* ahd. gans; mhd. gans; ndd. Gaus; engl. goose. — Ahd. ganaȝȝo; mhd. ganze = Gänserich.

Geier *Aegypiidae:* ahd. gīr; mhd. gīr; zu ahd. gerōn („begehren"); verwandt mit Gier, gierig.

Geiß *Capra hircus:* ahd. geiȝ; mhd. geiȝ; verwandt ist lat. *haedus.*

Gemse *Rupicapra rupicapra:* ahd. gamiȝa; mhd. gemeȝe, gamȝ; lat. *camox.*

Glucke *Gallus domesticus, Lasiocampidae:* mhd. klucke („Bruthenne"), lautmalend.

Grille *Gryllidae:* ahd. grillo; mhd. grille; lat., griech. *gryllus.*

Grundel, Gründling *Gobio:* ahd. grunt; mhd. grundel, grundelinc; engl. ground.

Habicht *Accipiter gentilis:* ahd. habuh; mhd. habich, habeche; „Heber", d. h. Vogel, der zupackt.

Häher *Garrulus, Nucifraga:* ahd. hehara (igd. *kreikr = heiser schreien); mhd. heher. Gehört zu Reiher.

Hamster *Cricetus cricetus:* ahd. hamastro („Kornwurm"); mhd. hamster.

Hänfling *Carduelis cannabina:* ahd. (unsicher); mhd. henfeling („Hanfsamenfresser").

Hase *Leporidae:* ahd. haso; mhd. hase, has; engl. hare; entlehnt franz. hase (Häsin!), Hase ♂ heißt lièvre!

Hasel *Leuciscus leuciscus:* ahd. hasala; mhd. hasel („Weißfisch").

Hausen *Acipenser huso:* ahd. hūso; mhd. hūse(n).

Hecht *Esox lucius:* ahd. hahhit; mhd. hechet; zu ahd. hecchen („stechen"); mit spitzen Zähnen.

Heimchen *Gryllus domesticus:* zu ahd. heimo; mhd. heime; Kosename: kleiner Hausbewohner.

Hering *Clupea harengus:* ahd. heri, hari; mhd. here („Heer"); „geselliger Fisch". Oder ahd. haring; mhd. haerinc; engl. hering; zu lat. *procerus* (— schlank)?

Hermelin *Mustela erminea:* ahd. harmo; harmilī; mhd. harme („Wiesel"), hermelīn; Verkleinerungsform.

Hirsch *Cervus elaphus:* ahd. hiruȝ; mhd. hirȝ; franz. cerf; lat. *cervus;* Grundbedeutung: „Gehörnter".

Hörnchen *Sciuridae:* ahd. eihhurno; mhd. eichorn.

Hornisse *Vespa crabro:* ahd. hornaȝ; mhd. hornuȝ, horniȝ; engl. hornet.

Huhn *Galliformes:* ahd. huon; mhd. huon; bedeutet urspr. Huhn und Hahn zugleich.

Hummel *Bombus:* ahd. humbal; mhd. humbel; lautmalend „Summerin".

Hund *Canis familiaris:* ahd. hunt; mhd. hunt; engl. hound.

Igel *Erinaceus europaeus:* ahd. igil; mhd. igel.

Iltis *Putorius putorius:* ahd. illitiso („fremdes", „gelbes" Wiesel?); mhd. eltes, ltiis.

Imme *Apis mellifica:* ahd. imbi, immi; mhd. imbe, imme; zunächst „Bienenschwarm", später das Einzeltier.

Käfer *Coleopteren:* ahd. kevar; mhd. kever; verwandt mit Kiefer, „Nagender".

Kamel *Camelus:* ahd. olbenta; verdrängt durch mhd. kembel, kemel zu lat. *camelus.*

Kanker *Opiliones*, **Krebs**krankheit: ahd. chanchar, cancur; mhd. kanker; lat. *cancer* (= Krebs); Bedeutungswandel!

Karpfen *Cyprinidae:* ahd. karpfo; mhd. karpfe, karpe; mlat. *carpa, carpo.*

Katze, Kater *Felis domestica:* ahd. kazza; kataro; mhd. katze, kater.

Kiebitz *Vanellus vanellus:* ahd. (unsicher); mhd. gībitze, gīwiz; lautmalend, Vogel ruft ki-wit.

Krähe *Corvus:* ahd. krāen („krähen"); hruoh; mhd. krâe, krâwe, kreie („Krähe, Kranich, Star"); Begriffseinengung.

Kranich *Grus grus:* ahd. cranuh; mhd. kraneche, krenich; lat. *grus*; auch in *„Geranium"* (Storchschnabelgewächs).

Kratzer, Krätze *Anthocephala, Acarus siro:* ahd. chrazzōn („kratzen"); mhd. kretze; engl. scratch.

Krebs *Astacus fluviatilis:* ahd. chrepaȝo; mhd. krebeȝ, krebȝ; verwandt mit Krabbe.

Kröte *Bufo:* ahd. chrota; mhd. krot, krotte; ouke, ouche (auch „Frosch").

Kuckuck *Cuculus canorus:* ahd. gauch; mhd. gouch, kukuk, gug-gouch; engl. cucko; franz. coucou; lautmalend.

Lachs *Trutta salar:* ahd. lahs; mhd. lahs; lahs-vörhen („Lachsforelle").

Lamprete *Petromyzon marinus:* ahd. lambrēta; mhd. lamprêde; mlat. *lampreta*; enthält wohl *lambere* (belecken) und *petra* (Stein).

Laus *Anoplura:* ahd. lūs; mhd. lûs; engl. louse; mhd. niȝ, niȝȝe (Lausei, Nisse).

Leopard *Panthera pardus:* ahd. lēbarto; mhd. lēbart(e); lat. *leo, pardus.*

Lerche *Alaudidae:* ahd. lērahha; mhd. lerche, lerke; engl. lark.

Löwe *Panthera leo:* ahd. lewo; mhd. lewe, leu; lat. *leo*; franz. lion.

Luchs *Lynx lynx:* ahd. luhs; mhd. luhs; vielleicht zu „leuchten" (Augen).

Made, fußlose Larve, meist *Dipteren:* ahd. mado; mhd. made („Made, Wurm"); Bedeutungseinengung!

Marder *Martes:* ahd. mardo, mardar; mhd. marder, merder; span., port. marta.

Maul (Pferd-Esel-Kreuzung) veraltet: ahd. mūl; mhd. mūl, mūle; lat. *mulus.*

Maus *Muridae:* ahd. mūs; mhd. mūs; lat. *mus.*

Meise *Parus:* ahd. meisa; mhd. meise; verwandt mit lat. *merula*?

Merle, Merlin *Falco columbarius:* ahd. merla; mhd. merl, merle (= Amsel); Bedeutungswandel! lat. *merula.*

Milbe *Acarina:* ahd. milwa; mhd. milwe, milve; zu ahd. *melo* („Mehl").

Molch *Triturus:* ahd. mol(m); mhd. mol, molle („Molch" **und** „Eidechse"); Bedeutungseinengung! Noch in „Mollmaus". Ob mit „Olm" verwandt?

Mönch *Sylvia atricapilla* u.a.: ahd. munih; mhd. munch; griech. *μοναχῆ*; auf alleinlebende Tiere angewendet.

Motte *Tinea pellionella:* ahd. (unsicher); mhd. motte; engl. moth; vielleicht zu „Made"?

Mücke *Nematocera:* ahd. mucka; mhd. mucke (noch kein Unterschied zwischen Mücke und Fliege!); lat. *musca;* franz. mouche.

Münne *Cyprinide* (Fisch): ahd. muniwa; mhd. münwe.

Muschel *Bivalva:* ahd. muscula; mhd. muschel; lat. *muscula,* Verkleinerung zu *mus* (Maus).

Natter *Colubridae:* ahd. nātara; mhd. nāter, nātere; lat. *natrix* („Wasserschlange").

Nonne *Lymantria monacha* u. a.: ahd. nunna; mhd. nunne, nonne; mlat. *nonna;* Raupe verpuppt sich in Rindenspalten, „Nonnenzelle".

Otter *Viperidae:* ahd. ottar; mhd. oter, otter; engl. otter; und daneben mhd. luter, lat. *lutra;* Fischotter. — Später auch für Schlange verwendet.

Panther *Panthera pardus:* ahd. pantēra; mhd. pantēr; griech. *πάνθηρ.*

Pardel, Parder *Leopardus pardalis:* ahd. pardo; mhd. parde, part; lat. *pardus.*

Pfau *Pavo cristatus:* ahd. pfāwo; mhd. phāwe, phā; lat. *pavo.*

Pferd *Equus caballus:* ahd. pfarifrit; mhd. pharvrit, phert, pfärt; mlat. *paraveredus, parifredus* (aus griech. *παρά* und kelt.-lat. *veredus*).

Quappe *Lota vulgaris:* ahd. quappa; mhd. quappe („Aalraupe"); kape, kobe; Bedeutungserweiterung!

Rabe *Corvus corax:* ahd. rabo; mhd. rabe, rappe, ram; Rappe = Pferd von Rabenfarbe?

Ratte *Epimys:* ahd. ratta, rato; mhd. rate, rat, ratte (zwei verschiedene Artikel); engl. rat. Zu lat. *radere*?

Raupe (Schmetterlingslarve): ahd. rūpa; mhd. rūpe, rūppe („Aalraupe"); Bedeutungswechsel!

Reh, Ricke *Capreolus capreolus:* ahd. rēh(o); mhd. rēch, rē; engl. roe.

Reiher *Ardea cinerea;* ahd. heigaro, regera; mhd. reiger, reigel; franz. héron; zu Häher!

Renke (= Blaufelchen) *Coregonus wartmanni:* ahd. rīnanko; mhd. rīnanke.

Rind *Bos taurus:* ahd. rind, hrind; mhd. rint.

Roß *Equus caballus:* ahd. (h)ros; mhd. ros, ors; engl. horse.

Salm (= Lachs) *Salmo salar:* ahd. salmo; mhd. salme, salm; lat. *salmo;* zu lat. *salio* (springe), also „springender Fisch".

Sau *Sus scrofa:* ahd. sū; mhd. sū („Schwein"); lat. *sus;* engl. sow; heute nur noch für das weibl. Tier.

Schabe *Blattidae:* ahd. scaba; mhd. schabe („Schabe, Motte"); lat. *scabere* (= schaben).

Schaf *Ovis aries:* ahd. scāf; mhd. schāf, ouwe; engl. sheep.

Scharbe (= Kormoran) *Phalacrocorax carbo:* ahd. scarba; mhd. scharbe („Schwimmtaucher").

Schlange *Ophidia:* ahd. slango; mhd. slange; zu „schlingen".

Schlei(e) *Tinca vulgaris:* ahd. slīo; mhd. slīe, slīhe, slīge.

Schleiche *Anguis fragilis:* ahd. slīhho, blintslīhho; mhd. slīche.

Schmerle, Schmerling *Cobitis barbatula:* ahd. smirl; mhd. smerl, smerle.

Schmerl (= Lerchenfalk) *Falco subbuteo?:* ahd. smerlo; mhd. smirel.

Schnake *Tipulidae:* ahd. snāko; mhd. snāke („Mückenart").

Schnecke *Gastropoda:* ahd. snecko; mhd. snecke, snegge (auch „Schildkröte"); Bedeutungseinengung!

Schnepfe *Scolopacidae:* ahd. snepfo; mhd. snepfe; engl. snipe.

Scholle *Pleuronectes platessa:* ahd. scolla; mhd. schol, scholle; (gespaltener Fisch ?).

Schwalbe *Hirundinidae:* ahd. swalawa; mhd. swalwe; engl. swallow.

Schwamm *Spongiae,* zunächst für Pflanzen: ahd. swam, swamb; mhd. swam, swamp.

Schwan *Cygnus cygnus:* ahd. swan; mhd. swan, swane; zu lat. *sonare* (?), d. h. „singender Vogel".

Schwein *Sus:* ahd. swīn; mhd. swīn; lat. *suinus;* mit „Sau" verwandt.

Sittich *Psittacinae:* ahd. sitich; mhd. sitich; lat. *psittacus.*

Skorpion *Scorpionida:* ahd. scorpiōn; mhd. sc(h)orpiōn; lat. *scorpio.*

Specht *Picidae:* ahd. speht; mhd. speht; engl. speight; lat. *picus.*

Sperling, Spatz *Passer:* ahd. sparo; mhd. sperc, sperke, sperlinc; spar (Koseform heißt spaz).

Spinne *Araneina:* ahd. spinna; mhd. spinne; engl. spin; Wort heute auf Spinner (*Bombycidae*) ausgedehnt.

Star *Sturnus vulgaris:* ahd. stara; mhd. star; lat. *sturnus.*

Stelze *Motacilla alba:* ahd. stelza; mhd. stelze, pachstelz.

Stör, Stür *Acipenser sturio:* ahd. sturio; mhd. ster; zu ahd. stiuri („stark") ?

Storch *Ciconia ciconia:* ahd. storah; mhd. storch, storche, storc.

Strauß *Struthio camelus:* ahd. strūʒ; mhd. strūʒ; span. avestruz (mit lat. *avis* zusammengesetzt).

Taube *Columba:* ahd. tūba; mhd. tūbe; engl. dove.

Taucher *Podiceps cristatus:* ahd. tuhhari, tuhhil; mhd. tuchaere.

Tiger *Panthera tigris:* ahd. tigirtior; mhd. tiger-tier; lat. *tigris.*

Uhu *Bubo bubo:* ahd. huwo; mhd. huwe; lat. *bubo.*

Unke *Bombina:* ahd. unc; mhd. unc, unke („Schlange"); Bedeutungswandel!

Ur, Auer(ochse) *Bos primigenius:* ahd. ūr; mhd. ūr, ūre; ins Latein als *urus* übernommen.

Vogel (Sammelbegriff) *Aves:* ahd. fogal, fugal; mhd. vogel.

Wachtel *Coturnix coturnix:* ahd. wahtala; mhd. wachtele.

Wal *Cetacea:* ahd. wal, walfisc; mhd. wal; walram = Walrat.

Wanze *Heteroptera:* ahd. wantlūs („in Ritzen der Wand lebend"); mhd. wanze.

Weihe *Circus:* ahd. wīo; mhd. wīe; zu germ. *wi- („auf Fang gehen")?

Wels *Siluridae:* ahd. hwalis (?); mhd. wels; verwandt mit Wal?

Wespe *Vespidae:* ahd. wefsa; mhd. wefse, webze, vespe; lat. *vespa;* verwandt mit „weben", „Wabe"; also Wabenbauerin; Metathese!

Wiebel (= Käfer) veraltet; ahd. wibil; mhd. wibel („Kornwurm"); verwandt mit Wespe?

Wiesel *Mustela herminea:* ahd. wisula; mhd. wisele, wisel; engl. weasel.

Wisent *Bison bonasus:* ahd. wisunt; mhd. wisent, wisant; lat. *bison.*

Wolf *Canis lupus:* ahd. wolf; mhd. wolf; engl. wolf.

Wurm *Vermes:* ahd. wurm; mhd. wurm („Wurm, Insekt, Schlange"); lat. *vermis;* Bedeutungseinengung!

Zecke *Ixodidae:* ahd. zecho; mhd. zeche, zecke; ital. zecca.

Ziege *Capra hircus:* ahd. ziga; mhd. zige.

Ziesel *Spermophilus citillus:* ahd. sisi-mūs; mhd. zise-mūs, zisel; mlat. cisimus, i. e. *mus citellus.*

Die deutsche Sprache enthält noch etwa 50 Tiernamen, die zum größten Teil auch schon seit Jahrhunderten verwendet werden, von denen wohl auch einige bis ins Althochdeutsche zurückreichen. Die Herkunft mancher Namen ist unsicher.

Alk *Alcae;* Blei *Abramis brama;* Döbel *Squalius;* Felchen *Coregonus;* Finte *Alosa finta;* Girlitz *Serinus serinus;* Gimpel *Pyrrhula pyrrhula;* Groppe *Cottus gobio;* Güster *Blicca björkna;* Hai *Selachier;* Huchen *Salmo hucho;* Kaninchen *Lepus cuniculus;* Kauz *Athene, Strix* etc.; Kerfe *Insekten;* Kilch *Coregonus hiemalis;* Knutt *Calidris;* Koralle *Anthozoa;* Krake *Octopus vulgaris;* Leng *Molva vulgaris;* Lurch *Amphibia;* Merlan *Gadus merlangus;* Möwe *Larus;* Nerz *Putorius;* Olm *Proteus;* Peitzker, Beißker *Misgurus;* Pier *Arenicola piscatorum;* Plötze *Leuciscus rutilus;* Pricke *Petromyzon fluviatilis;* Rake, Racke *Coraciidae;* Ralle *Rallus aquaticus;* Rapfen *Aspius rapax;* Robbe *Pinnipedia;* Rochen *Raja;* Schill *Lucioperca sandra;* Schmetterling *Lepidoptera;* Schnäpel *Coregonus oxyrrhynchus;* Schwirl *Locustella;* Sterlet *Acipenser ruthenus;* Stint *Osmerus eperlanus;* Tölpel *Sula bassana;* Trappe *Otis tarda;* Triel *Burhinus oedicnemus;* Werre *Gryllotalpa vulgaris;* Zährte *Abramis vimba;* Zander *Lucioperca;* Zeisig *Carduelis spinus;* Zirpe *Homoptera;* Zope *Abramis ballerus.*

c) Zusammengesetzte Pflanzennamen

Beinwell *Symphytum officinale:* ahd. beinwalla; mhd. beinwelle.

Brombeere *Rubus fruticosus:* ahd. brāmberi; mhd. brāmber.

Einbeere *Paris quadrifolia:* ahd. einber(e); mhd. ein-, embere.

Einkorn *Triticum monococcum:* ahd. einkorn; mhd. einkorn.

Erdbeere *Fragaria vesca:* ahd. erdberi; mhd. ertber.

Erdrauch *Fumaria officinalis;* ahd. erderouch; mhd. ertrouche; mlat. *fumus terrae.*

Feigwurzel *Ranunculus ficaria;* ahd. vīgwurz; mhd. vīcwurz.

Gerstenkorn, Frucht von *Hordeum:* ahd. gerstunkorn; mhd. gerstenkorn.

Gundelrebe *Glechoma hederacea:* ahd. *grundreba, gundereba; mhd. gunderebe.

Hagebuche (= Hainbuche) *Carpinus betulus:* ahd. haganbuohha; mhd. hagenbuoche.

Hartriegel *Cornus sanguinea:* ahd. hartrugil; mhd. hartrügele.

Heidelbeere *Vaccinium myrtillus:* ahd. heitperi; mhd. heitber, heidelber.

Himbeere *Rubus idaeus:* ahd. hintberi; mhd. hintber.

Knoblauch *Allium sativum:* ahd. chlovolouh; mhd. knobelouch.

Kornelbaum, -kirsche *Cornus mas:* ahd. churniboum, cornulboum; mhd. erlizbaum.

Liebstöckel *Levisticum officinale:* ahd. lubistekil; mhd. liebstuckel.

Lorbeer(baum) *Laurus nobilis:* ahd. lōrboum, lōrberi; mhd. lōrber.

Maulbeerbaum *Morus:* ahd. mūrberi; mhd. mūlber; lat. *morum.*

Meerrettich *Cochlearia armoracia:* ahd. merratih; mhd. merretich.

Nachtschatten *Solanaceen:* ahd. nahtscato; mhd. nahtschate.

Odermennig *Agrimonia eupatoria:* ahd. avermonia; mhd. odermenie; lat. *agrimonia.* Vielfach entstellt.

Osterluzei *Aristolochia clematitis:* ahd. astrinza; mhd. ostirlucie; griech. *ἀριστολοχεία.* Vielfach entstellt.

Petersilie *Petroselinum sativum:* ahd. petersilie, peterlīn; mhd. pētersilje.

Rainfarn *Tanacetum vulgare:* ahd. rein(e)fane; mhd. reine vane; „Grenzfahne".

Sade-, Sebenbaum *Juniperus sabina:* ahd. sevinboum; mhd. sevenboum.

Salweide *Salix caprea:* ahd. salewīda; mhd. salewīde.

Schellkraut *Chelidonium maius:* ahd. scellawurz; mhd. schelwurz, -krūt.

Schnittlauch *Allium schoenoprasum:* ahd. snitilouh; mhd. snitelouch.

Seidelbast *Daphne mezereum:* ahd. ziulinberi; mhd. zitzelbast.

Singrün *Vinca minor:* ahd. singruoni; mhd. singrüene.

Spillbaum *Evonymus europaeus:* ahd. spinnilboum, spilboum; mhd. spinddelboum.

Springwurz *Euphorbia lathyris ?:* ahd. sprincwurz; mhd. sprincwurz.

Storchschnabel *Geranium:* ahd. storkessnabul; mhd. storkensnabel.

Speierling *Sorbus domestica:* ahd. sperbom, spīreboum; mhd. sper-, spīrboum; Spierstrauch ist heute Spiraea.

Wegbreite (= Wegerich) *Plantago:* ahd. wegabreita; mhd. wegebreite.

Wolfsmilch *Euphorbia:* ahd. wolfuismilch; mhd. wolf(s)milch.

Zeitlose *Colchicum autumnale:* ahd. zītilōsa; mhd. zītlōse.

d) Zusammengesetzte Tiernamen

Adler *Aquila:* ahd. adal + aro („edler Aar"); mhd. adelar, adlar.

Auerhahn *Tetrao urogallus:* ahd. ūrhano; mhd. ūrhan, orhan.

Bachstelze *Motacilla alba:* ahd. wagistarz (?); mhd. waʒʒerstelze.

Birkhuhn *Lyrurus tetrix:* ahd. birrihhuon; mhd. birkhuon.

Blindschleiche *Anguis fragilis:* ahd. blintslīhho; mhd. blintslīche.

Distelfink *Carduelis carduelis:* ahd. distilfinko; mhd. distel-zwanc.

Dorndreher *Lanius collurio:* ahd. dorndragil; mhd. dorndraehel.

Eichhorn *Sciurus vulgaris:* ahd. eihhurno; mhd. eichorn, eichurne.

Einhorn *Rhinozeros unicornis:* ahd. einhurno („Nashorn"); mhd. einhorn; engl. unicorn; Bedeutungswandel!

Eisvogel *Alcedo atthis:* ahd. īsarno-vogal; mhd. eisvogel

Fledermaus *Chiroptera:* ahd. fledarmūs (auch „Motte", „Nachfalter"); mhd. vledermūs.

Grasmücke *Sylvia:* ahd. grasemucca; mhd. grasemucke.

Halbfisch (nicht vollwertiger Nutzfisch): ahd. halpfisc; mhd. halpfisch.

Haselhuhn *Tetrastes bonasia:* ahd. hasalhuon; mhd. haselhuon.

Heuschrecke *Tettigonia:* u. a. ahd. hewi-stapho; mhd. höustaffel.

Kohlmeise *Parus maior:* ags. colmāse; mhd. kolemeise.

Maultier, Maul (Eselhengst—Pferdestute): ahd. mūl; mhd. mūltier.

Maulwurf *Talpa europaea:* ahd. mūwurf, moltwerf; mhd. multworf; lat. *mulus*; „Erdwerfer".

Meerkatze *Cercopithecus:* ahd. merikazza; mhd. mer(e)katze.

Murmeltier *Arctomys marmota:* ahd. murmunto; mhd. mürmendīn; lat. *murem montis.*

Nachtigall *Luscinia megarhynchos:* ahd. nahtagala, mhd. nachtegal(e).

Rebhuhn *Perdix perdix:* ahd. reb(a)huon; mhd. rephuon.

Regenwurm *Lumbricus:* ahd. reganwurm; mhd. regenwurm.

Rohrdommel *Botaurus stellaris:* ahd. horotūbil, rōredumbil; mhd. rordummer, hortubel.

Rotkehlchen *Erithacus rubecula:* ahd. rōtil(o); mhd. roetel; Bedeutungswandel!

Schermaus (Wasserratte) *Arvicola amphibius:* ahd. skero; mhd. scher(e).

Sperber *Accipiter nisus:* ahd. sparwāri; mhd. sparw-aro; sparwaere, sperbaere, d. h. von Sperlingen lebender Falke.

Spitzmaus *Soricidae:* ahd. spizzimūs; mhd. spitzmūs.

Steinbock *Capra ibex ibex:* ahd. steinboc; mhd. steinboc.

Turteltaube *Streptopelia turtur:* ahd. turtulatūba; mhd. tūrteltūbe.

Vielfraß *Gulo gulo:* ahd. vilifrāʒ; mhd. vilfrāʒ („Hyäne"); Bedeutungswandel!

Walfisch *Cetacea:* ahd. walfisc; mhd. walvisch.

Wanneweher (Turmfalk) *Falco tinnunculus:* ahd. wannoweho; mhd. wannewehe.

Wiedehopf *Upupa epops:* ahd. wituhoffa, wituhopfo; mhd. witehopfe.

Zieselmaus *Spermophilus citillus:* ahd. zisimūs; mhd. zisemūs.

Iltis, Wanze und Pferd (s. oben) sind getarnte Komposita.

e) Geschlechtsgebundene Tiernamen

Männliche Tiere

Bock (Schaf, Ziege): ahd. boc; mhd. boc.

Drohne (Biene): ahd. treno; mhd. trene; engl. drone; „Summerin".

Eber (Schwein): ahd. ebur; mhd. eber, ber; ndl. ever; lat. *aper*.

Enterich (Ente): ahd. antrehho; mhd. antrech; engl. drake; „Entendrachen".

Farre (Rind): ahd. far, farres; mhd. far, farre, farren.

Gansert, Gänserich (Gans): ahd. ganaȝȝo; mhd. ganze, ganzer, gānsert.

Hahn (Haushuhn): ahd. hano, mhd. han, hane.

Hammel (verschnitt. Schaf): ahd. hamal; mhd. hamel, auch kastrun; mlat. *castrunus.*

Hengst (Pferd): ahd. hengist; mhd. hengest, hengst (auch Wallach).

Hirsch (Rotwild): ahd. hiruȝ; mhd. hirȝ; zu lat. *cervus;* „Geweihter".

Kapaun (verschnitt. Hahn): ahd. kappo; mhd. kappe, kappūn; lat. *capus.*

Kater (Haus-, Wild-, Eichkatze): ahd. kataro; mhd. katere, kater; von lat. *catus* (*catulus* hieß jedes Tierjunge aus dem Katzen- und Hundegeschlecht).

Männchen (vor allem Säugetiere): ahd. man; mhd. man; Verkleinerungsform; Bedeutungswandel!

Ochse (Hausrind): ahd. ohso; mhd. ohse; engl. ox; auch für verschnitt. Männchen.

Rüde (hundeartige Raubtiere): ahd. rud(i)o; mhd. rü(e)de.

Stier (Hausrind): ahd. stior (zu stiuri = „stark"); mhd. stier; engl. steer.

Widder (Schaf): ahd. widar; mhd. wider, widder; zu lat. *vitulus* ?

Weibliche Tiere

Fähe (Fuchs, Hund, Marder): ahd. foha („Füchsin"); mhd. vohe.

Geiß (Ziege) ahd. geiȝ; mhd. geiȝ; got. gaitein („Zicklein").

Gelze (verschnitt. Schwein): ahd. galza; mhd. galze, gelze.

Henne (Haushuhn): ahd. henna, hanin, henin; mhd. henne; engl. hen.

Hindin (Rotwild): ahd. hinta; mhd. hinde, hinte; engl. hind; Hindin ist also tautologisch.

Huhn (Haushuhn): ahd. huon; mhd. huon; für weibliches Geschlecht bevorzugt.

Hündin (Hund): ahd. hundinna; mhd. hundinne.

Mähre (Pferd): ahd. mar(i)ha; mhd. märhe („Stute"); Geschlechtsbezeichnung ging verloren.

Kuh (Hausrind): ahd. chuo; mhd. kuo; engl cow.

Reh (Rehwild): ahd. rēh(o); mhd. rēch, rē; engl. ree; für weibliches Tier bevorzugt.

Sau (Schwein): ahd. sū; mhd. sū; engl. sow.

Stute (Pferd): ahd. stuote; mhd. stuote, stuot („Herde von Pferden"); Bedeutungseinengung!

Tier (Rotwild): ahd. tior; mhd. tier („Damwild, Hindin"); zu lat. *ferus.*

Weibchen (vor allem Säugetiere): ahd. wīp; mhd. wīp; verkleinert zu wibelin, wibel; Bedeutungswandel!

Weisel (Biene): ahd. wīso; mhd. wīse.

Ziege (Ziege): ahd. ziga; zikkīn („Zicke"); mhd. zige; zickelīn; für weibliches Tier bevorzugt.

Zohe (Hund): ahd. zōha; mhd. zōhe.

Die Namen der Jungtiere wurden in die Liste nicht aufgenommen. Eine Anzahl weiterer Namen bilden wir durch Anhängen der Endung -in (wie Äffin, Bärin,

Häsin, Störchin usf.). Einige Namen gehen nur bis in das Mittelhochdeutsche zurück. Hierzu gehören: Bache (♀ Schwein, zu ahd. bakko = Speckseite); Bacher (♂ Schwein, von Bache abgeleitet); Basse (♂ Schwein, niederdeutsch); Bulle (♂ Rind, junges Wort); Erpel (♂ Ente, zu ahd. ërpf = dunkel ?); Rammler (♂ Hase); Ricke (♀ Reh); Schöps (Hammel, verschnitt., slavischer Einfluß); Tauber (♂ Taube, mhd. tūber); Wallach (verschnitt. Hengst, aus der Wallachei).

3. Griechisch und Latein

a) Allgemeine Betrachtungen

Die biologische Fachsprache braucht Griechisch und Lateinisch, um damit zwei Aufgaben zu erfüllen. Erstens bildet sie mit Hilfe der Wortstämme dieser zwei klassischen Sprachen ihre Termini technici (Terminologie), zum andern nimmt sie aus diesem Wortschatz die wissenschaftlichen „lateinischen" Namen ihrer Pflanzen und Tiere (Nomenklatur). Die Bedeutungen aller ihrer auf Griechisch oder Latein zurückführenden Namen werden vorher genau definiert. Durch das Wortgut der antiken Sprachen werden aber auch umgekehrt die in unserer Sprache verbreiteten Pflanzen- und Tiernamen beeinflußt. Wir unterscheiden bei den deutschen Namen im einzelnen:

1. Fremdwörter: Wörter, meist Substantiva, sind unverändert ins Deutsche übernommen worden. Die Namen haben ihre Fremdnatur selbst durch Jahrtausende bewahrt (manche wurden auch später erst wiederentdeckt) und werden als **Fremdlinge** empfunden.

Griechisch: Chamäleon, Akanthus, Bison, Azalee.

Lateinisch: Buxus, Cornus, Palme, Malve, Zikade.

2. Lehnwörter: Fremdwörter, die in unserer Sprache eingedeutscht wurden. Sie haben sich also umgebildet, ihre Laute sind durch Lautgesetze verändert worden, die Grammatik hat sie beeinflußt, beliebte Vor- oder Endsilben sind hinzugetreten, analoge Bildungen nach stammdeutschen Vorbildern sind erfolgt. Sie sind so zu deutschen Namen geworden.

Griechisch: Levkoje, Auster, Petersilie, Affodil.

Lateinisch: Veilchen, Viper, Radieschen, Spargel.

3. Kunstwörter: Wörter, die willkürlich gebildet wurden. Dazu dienten lateinische und griechische Wortelemente, d. h. Wortstämme, Vorsilben (Präfixe), Nachsilben (Suffixe) und Flexionsendungen. Kompositabildungen sind besonders beliebt.

Griechisch: Lycopodium (*λύκος, πούς*), Rhododendron (*ῥόδον, δένδρον*).

Lateinisch: Primel (*primus*), Centifolie (*centum, folium*), Cruciferen (*crux, ferre*).

Man könnte fragen, warum denn ausgerechnet zwei antike Sprachen ausersehen sind, die vor 2000 Jahren lebten und gesprochen wurden ? Man hätte aus vielen Gründen keine bessere Wahl treffen können:

Die Aussprache beider Sprachen gibt keine großen Probleme auf. Die Wörter sind vokalreich und frei von schwierigen Konsonanten.

Die Sprachen sind starr und unveränderlich, im Gegensatz zu unseren lebenden Sprachen, die sich vor unseren Augen laufend wandeln. Die Bedeutung eines Wortes kann daher definiert werden und bleibt stets dieselbe.

Die Substantiva dieser Sprachen erlauben bequeme Ableitungen, Erweiterungen, Diminutivbildungen usw. Die Neubildungen folgen wenigen, leicht erlernbaren, vereinbarten Formvorschriften (s. das Buch von WERNER).

Die Ausdrücke und Neubildungen werden international anerkannt und von allen Kulturnationen eindeutig verstanden, vor allem den Völkern, die der indogermanischen Sprachenfamilie angehören.

Auch der Vokabelschatz der historischen Gelehrtensprache unseres Kulturkreises kann zum Teil mit einbezogen werden. Dadurch verwischt sich freilich die Grenze zwischen dem klassischen, nachklassischen und mittelalterlichen Latein.

Viele Botaniker und Zoologen der ganzen Welt haben in den letzten 200 Jahren eine Million Pflanzen und Tiere mit dem LINNÉschen Doppelnamen registriert. Aber nur ein verschwindender Teil der Gattungsnamen — höchstens einige hundert — sind zu Fremd- und Lehnwörtern der Umgangssprache geworden. Auch die lateinisch-griechischen Termini technici (weit mehr Substantiva als Verben und Adjektiva), die außerdem gebildet wurden, verblieben in der Fachsprache, nur sehr wenige wanderten in die Umgangssprache ein.

Für Nomenklatur und Terminologie sind Latein und Griechisch einfach unentbehrlich.

Es ist aber erstaunlich, daß die beiden klassischen Sprachen noch weit mehr zustande bringen. Denn neben den Biologen bilden auch Geologen, Mediziner, Pharmazeuten, Astronomen, Geographen und manche andere ihre Fachsprachen mit den gleichen sprachlichen Mitteln. Die Biologie ist und bleibt jedoch der „Hauptabnehmer".

Einige Nachteile müssen jedoch auch in Kauf genommen werden. Durch das griechische Alphabet kommen zusätzliche Schwierigkeiten in unsere Rechtschreibung: ϑ wird mit „th", φ mit „ph" und χ mit „ch" wiedergegeben; das anlautende $\acute{\varrho}$ ist mit „rh" zu schreiben. (Gegenstand von Reformvorschlägen!)

Durch die gleichberechtigte Verwendung zweier Sprachen sind Worthybride (Verschmelzung von lateinischen mit griechischen Wortelementen) häufig.

Die Suffixe der lateinischen Sprache überwiegen und beenden oft griechische Wortstämme.

Die Grenze zwischen Kunst-, Fremd- und Lehnwort verschwimmt. Die Wortarten lassen sich oft erst bei näherer Analyse trennen, mitunter nur, wenn man ihr Alter kennt.

Für Sprachungewandte treten gelegentlich Schwierigkeiten in der Betonung der Wörter auf, da Akzente im allgemeinen nicht geschrieben werden.

Die zwei Vokabularien sind zwar groß, jedoch nicht unerschöpflich. Daher müssen Homonyma unbedingt vermieden werden. Besonders die artenreichen Gattungen verlangen eine sorgfältige Namenwahl.

Außerdem sind zoologische und botanische Namen sauber zu trennen.

b) Wörter aus dem Lateinischen

Das Wortgut an deutschen Pflanzen- und Tiernamen, das aus dem Lateinischen stammt, ist sehr groß. Neben den deutschen Wortstämmen, die wohl den Hauptanteil liefern, ist die lateinische Sprache der zweitgrößte Wortlieferant. Das ist aus mehreren Gründen verständlich. Latein ist viele Jahrhunderte unsere Gelehrtensprache gewesen, und viele Einflüsse dieser Sprache strahlten in die Naturlehre (Heilkräuter, Medizin, Alchimie usw.) aus. Von da drang sie auch ins Volk. So sind manche Namen bis heute bewahrt worden, mitunter sogar in den kaum veränderten Formen, wie sie PLINIUS und DIOSCURIDES auch schon benutzten. Andere Namen wurden stärker umgeschmolzen; von manchen ist die Herkunft nur noch zu ahnen. Es gibt alle Übergänge. Die meisten lateinischen Namen wurden außerdem wieder in die wissenschaftliche Nomenklatur nach dem Vorschlag von LINNÉ übernommen.

In den folgenden Beispielen sollen zunächst deutsche Pflanzen- und Tiernamen angeführt werden, die auf das klassische Latein zurückgehen.

Pflanzen: *Apium* → Eppich; *asparagus* → Spargel; *bacillum* → Bazillen; *beta* → Bete; *boletus* → Pilz; *buxus* → Buxus; *caput* → Kappus; *caulis* → Kohl; *carex* → Riedgras; *cedrus* → Zeder; *cepulla* → Zwiebel; *cerasus* → Kirsche; *citrus* → Zitrone; *cuminum* → Kümmel; *feniculum* → Fenchel; *dictamnus* → Diptam; *ficus* → Feige; *genista* → Ginster; *gentiana* → Enzian; *intibus* → Endivie; *lactuca* → Lattich; *larix* → Lärche; *laurus* → Lorbeer; *lavare* → Lavendel; *lens* → Linse; *lilium* → Lilie; *malva* → Malve; *menta* → Minze; *nux* → Nuß; *olea, oliva* → Öl-, Olivenbaum; *palma* → Palme; *pinus* → Pinie; *piper* → Pfeffer, Pfifferling; *pirus* → Birne; *populus* → Pappel; *prunus* → Pflaume; *pulegium* → Polei; *radix* → Rettich, Radieschen; *rapa* → Rübe(?); *rosa* → Rose; *ruta* → Raute; *salvia* → Salbei; *sarcina* → Sarcine; *sinapi* → Senf; *tamarix* → Tamariske; *ulmus* → Ulme; *vicia* → Wicke; *viscum* → Mistel, Weichsel; *viola* → Veilchen; *viridia* → Wirsing.

Tiere: *albus* → Albel; *amarus* → Ammer; *asellus* → Assel; *asinus* → Esel; *barba* → Barbe; *bestia* → Bestie; *camelus* → Kamel; *cancer* → Kanker, Krebs; *camox* → Gemse; *capo* → Kapaun; *cicada* → Zikade; *corallium* → Koralle; *cuniculus* → Kaninchen; *draco* → Drache; *falco* → Falke; *flamma* → Flamingo; *gryllus* → Grille; *gryps* → Greif(?); *insecare* → Insekt; *larva* → Larve; *leo* → Löwe; *macula* → Makrele(?); *merula* → Merle, Merlin; *molitor* → Müllerchen; *mulus* → Maul(tier); *mus* → Maus; *muscula* → Muschel; *natrix* → Natter; *orphus* → Orfe; *pardus* → Pardel; *pavo* → Pfau; *pinguis* → Pinguin; *psittacus* → Sittich; *reptilis* → Reptil; *salmo* → Salm; *scabere* → Schabe; *scorpio* → Skorpion; *torpedo* → Torpedo (Fisch); *vivipara* → Viper.

Viele Namen gehen auch auf das späte, nachklassische und mittelalterliche Latein zurück. Eine Trennung dieser Wörter von den Vokabeln der lateinischen Kunstsprache, wie sie auch heute noch dauernd neu gebildet werden, ist nicht möglich. Denn nach LINNÉS Vorbild haben zahllose Sprachschöpfer gewirkt, nicht immer glücklich. Zum Beispiel faßten sie manchen Namen zu eng, so daß er für neu hinzu entdeckte verwandte Lebewesen nicht mehr galt oder geradezu falsch wurde. WERNER versucht eine Analyse der lateinisch-griechischen Fachausdrücke.

Für das nachklassische Latein könnte man folgende Beispiele nennen: *auricula* → Aurikel; *chamomilla* → Kamille; *cichorium* → Zichorie; *levisticum* → Liebstöckel; *pimpinella* → Bibernelle, Pimpernelle; *praecocium* → Aprikose; *primula* → Primel; *spergula* → Sperk; *valeriana* → Baldrian.

Sicher werden auch umgekehrt deutsche Namen latinisiert. Denn das moderne Kunstlatein hat Wortstämme mancher anderer Sprachen in sich aufgenommen. Beispiele:

Alk → *Alca;* Bachbunge → *Beccabunga;* Braunelle → *Brunella;* Bovist → *Bovista;* Huchen → *Salmo hucho;* Molch → *Molge;* Ralle → *Rallus;* Trollblume → *Trollius;* Zander → *Sandra.*

c) Wörter aus dem Griechischen

Für die Namenfindung der wissenschaftlichen Namen ist das Italienische und Neugriechische ohne Bedeutung. Wenn von griechischen Wortbestandteilen gesprochen wird, ist immer das klassische Griechisch gemeint. Ein Systematiker, der Namen neu zu prägen hat, sollte nicht nur Kenntnis des griechischen Alphabets, sondern auch der Sprache besitzen, damit er ihren Vokabelschatz für seine Zwecke richtig verwenden kann.

Natürlich haben sich auch Lateinisch und Griechisch gegenseitig beeinflußt. Es ist aber mitunter nicht zu entscheiden, ob Namen, die in beiden Sprachen wiederkehren, urverwandt sind oder ob der eine vom andern abgeleitet wurde.

Pflanzen

Altgriechisch	bedeutete	heute in	Wortgeschichte und -inhalt
ἀγαυός	edel, trefflich	Agave, *Agave*	Pflanzenname ist Kunstwort. Verwandte der Lilien.
ἀζαλέος	trocken	Azalee, *Azalea*	Kunstwort: Gattung der Heidekrautgewächse.
ἀκόνιτον	Eisenhut	Sturmhut, *Aconitum*	Gattung der Hahnenfußgewächse.
ἄκανθος	Bärenklau	Akanthus, *Acanthus*	wortverwandt mit Akazie, Gattung der Rachenblütler.
ἀλωή	fruchtbares Land	Aloe, *Aloë*	Bedeutungswandel! Liliengewächse.
ἄμμι	Kümmel	Ammei, *Ammi*	Gattung der Doldengewächse.
ἀμυγδάλη	Mandel	Mandel, *Amygdalus*	spätlat. amandula; Rosengewächs.
ἀνεμώνη	Windrose	Anemone, *Anemone*	Bedeutungswandel! Gattung der Hahnenfußgewächse.
ἄνηθον, ἄνησον	Anis, Dill	Anis, *P. anisum* Dill, *Anethum*	Gattungen der Doldengewächse.
ἀσφοδελός	lilienartige Pflanze	Affodil, *Asphodelus*	Gattung der Liliengewächse.
ἀστήρ	Stern	Aster, *Aster*	Bedeutungswandel! Gattung der Korbblütler.

Altgriechisch	bedeutete	heute in	Wortgeschichte und -inhalt
βακτηρία	Stab, Stock	Bakterie, *Bacterium*	Bedeutungswandel, Klasse der Spaltpilze.
βασιλεύς	König	Basilienkraut, *Ocimum basilicum*	Bedeutungswandel! Art unter den Lippenblütlern.
ἑλλέβορος	Nieswurz	Nieswurz, *Helleborus*	Gattung der Hahnenfußgewächse.
ζειαί	Dinkel, Spelt	Mais, *Zea*	Bedeutungswandel! Gattung der Süßgräser.
θύμος	Thymian, Quendel	Thymian, *Thymus*	Gattung der Lippenblütler.
ὕσσωπος	Ysop	Ysop, *Hyssopus*	hebräisch êzôb, Gattung der Lippenblütler.
κάκτος	stachlige Pflanze	Kaktus, *Cactaceae*	Familie der Kaktusgewächse.
κέδρος	Zedernbaum	Zeder, *Cedrus*	Gattung der Kieferngewächse.
κίνναμον	Zimt	Zimt, *Cinnamomum*	hebräisch qinnāmôn; Gattung der Lorbeergewächse.
κύανος	Kornblume	Kornblume, Zyane *Centaurea cyanus*	Art unter den Flockenblumen.
κυδώνιον	Quittenapfel	Quitte, *Cydonia*	Gattung der Rosengewächse.
κύτισος	eine Kleeart	Goldregen, *Cytisus*	Familie der Schmetterlingsblütler.
λάθυρος	Erbse, Wicke	Platterbse, *Lathyrus*	Begriffseinengung! Gattung der Schmetterlingsblütler.
λευκόιον	Levkoje	Levkoje, *Matthiola*	„weißes Veilchen"; Art unter den Kreuzblütlern.
μαργαρίτης	Perle	Marguerite, *Chrysanthemum*	Bedeutungswandel! Art unter den Korbblütlern.
μεσπίλη	Mispel	Mispel, *Mespilus*	Gattung der Rosengewächse.
μῆλον	Apfel	Apfel, *Malus*	Wort auch in Melone (großer Apfel); Gattung der Rosengewächse.
νάρδος	Baldrianart	Narde (Gras), *Nardus*	Begriffswandel! Gattung der Süßgräser.
νάρκισσος	duftende Blume	Narzisse, *Narcissus*	Begriffseinengung! Gattung der Narzissengewächse.
πλάτανος	Platane	Platane, *Platanus*	eigene Pflanzenfamilie.
σέλινον	Eppich	(Peter)silie, *(Petro)selinum*	Gattung der Doldengewächse.
σινᾶπι	Senf	Senf, *Sinapis*	Gattung der Kreuzblütler.

Tiere

Altgriechisch	bedeutete	heute in	Wortgeschichte und -inhalt
βίσων	Wildrind	Bison, *Bos bison*	ursprüngl. „thrakisches Wildrind".
βούβαλος	Büffel	Büffel, *Bubalus*	über ital. bufalo und franz. buffle.
γρύλλος	Grille	Grille, *Gryllus*	*γρυλλίζω* heißt grunzen.
δελφίς	Delphin	Delphin, *Delphinus*	heute auch in Dauphiné und Dauphin.

Altgriechisch	bedeutete	heute in	Wortgeschichte und -inhalt
ἐλέφας	Elefant	Elefant, *Elephas*	wohl aus dem Altägyptischen?
θρίξ	Haar	in Trichine, *Trichina*	Bedeutungswandel! Verkleinerung
ἱδρόχαρις	„Wasserfroh" Froschbeiname	Froschbiß, *Hydrocharis*	Bedeutungswandel! Vom Tier zur Pflanze!
ἰχνεύμων	ägyptische Wieselart	Ichneumon, *Herpestes ichneumon*	von *ἰχνεύω* aufspüren.
κάμηλος	Kamel	Kamel, *Camelus*	altsemitisch gamal.
κορυδαλλίς	Haubenlerche	Lerchensporn, *Corydalis*	Bedeutungswandel! Vom Tier zur Pflanze.
κροκόδιλος	Eidechse, Krokodil	Krokodil, *Crocodilus*	
μύραινα	Muräne (Meeraal)	Muräne, *Muraena*	gehört in die Verwandtschaft der Aale (Apodes).
ὄστρεον	Auster	Auster, *Ostrea*	urverwandt mit lat. *os* (Knochen).
πάνθηρ	Panther	Panther, *Panthera*	aus dem alten Indischen.
πορφύρα	Purpurschnecke	Purpurschnecke, *Purpura lapillus*	daraus auch „Porphyr".
στρουθός	Strauß	Strauß, *Struthio camelus*	in den roman. Sprachen aus „*avis struthio*" weiterentwickelt.
τίγρις	Tiger	Tiger, *Panthera tigris*	aus dem alten Persien.
ὕαινα	Hyäne	Hyäne, *Hyaena*	verwandt mit *ὗς* (Schwein).
χαμαιλέων	Chamäleon	Chamäleon, *Chamaeleo*	wörtlich „Erdlöwe"; *χαμαί* und *λέων* (ARISTOTELES).
χίμαιρα	Chimäre, Ungeheuer	Seedrachen, *Chimaera*	heute merkwürdige Knochenfische

4. Die sprachliche Herkunft

Von vielen Sprachen der Erde, wohl aus allen bedeutenden, wurde Wortgut für Pflanzen und Tiere ins Deutsche aufgenommen. Aus mancherlei Ländern suchte sich die Menschheit ihre Kultur- und Zierpflanzen zusammen, Pflanzen, denen sie Nahrung und Kleidung, Heilmittel und Gewürze, Werkstoffe, Farben und manches mehr verdankt. Länder-, Staats- und Völkergrenzen sind für die Verbreitung dieser Pflanzen unwichtig, nur klimatische Bedingungen (für den eigenen Anbau) und wirtschaftliche Erwägungen (für die Einfuhr) bestimmen die Auswahl. So wanderten auch zahlreiche Pflanzennamen mit den pflanzlichen Produkten durch die Völker. Die Zahl der Haus- und Nutztiere ist wesentlich kleiner, und trotzdem verbreiteten sich auch zahlreiche Tiernamen durch die Völker der Erde. Manche tierischen Produkte (Felle, Duftstoffe usw.) werden vielerorts genutzt. Zirkus und Zoo, Schaustellungen, Sammlungen, Museen, Reiseberichte und anderes sorgen für die Verbreitung der Tiernamen.

Wie werden nun im Deutschen diese Pflanzen und Tiere benannt? Wie kommt es zur Bildung von Fremd- und Lehnwörtern? Wir unterscheiden zwei Fälle:

1. Das Lebewesen bringt den Namen aus seinem Ursprungsland mit. Das ist der häufigste Fall. Der Grad der Wortanpassung an unsere Sprache ist recht verschieden. Es gibt alle Übergänge. Das mexikanische „axolotl" ist z. B. der Name für einen eigenartigen Lurch, der im Larvenstadium geschlechtsreif wird. Im Deutschen bleibt er unverändert Axolotl, also ein echtes Fremdwort. Eine mexikanische Wildkatze ist der Ozelot, der auf ein mexikanisches „ocelotl" zurückgeht. Im deutschen Wort ist also hier ein auslautendes l abgefallen. Aus dem mexikanischen „tomatl" entstand wohl die deutsche Tomate, in der das abgeworfene l durch eine neue Endung ersetzt wurde. Wir sind jetzt geneigt, Tomate als ein Lehnwort aufzufassen. Es gibt also zwischen Fremd- und Lehnwort keine scharfe Trennung.

Meistens gelangt das Ursprungswort nicht unmittelbar in die deutsche Sprache, sondern erst auf dem Umweg über andere. Indianische Wörter Amerikas sind uns erst durch Spanier, Portugiesen, Holländer, Engländer und Franzosen vermittelt worden. In der Hauptsache haben dabei die Spanier das Wortgut aus Westindien und Mexiko, die Portugiesen aus Südamerika, die Engländer solches aus Nordamerika weitergegeben. Das bringt Schwierigkeiten für das Verständnis der Namen, da ein Wort beim „Durchschleusen" oft sekundär verändert wird. Ein westindisches „iguana" (große Kammeidechse) wird zum Leguan, da es mit dem spanischen Artikel verschmilzt. In Mangrove vereinigt sich ein malaiisches Wort mit dem englischen grove (Hain) usf.

2. Das Lebewesen erhält von uns den Namen. Sein Name kann drei verschiedenen Quellen entstammen:

a) Es erhält seinen Namen über die wissenschaftliche lateinische Bezeichnung, die der Fachmann willkürlich, jedoch planmäßig nach seinem Ermessen prägt. Das Fachwort tritt dann als Fremdwort auch in den Sprachschatz der deutschen Sprache ein. Zum Beispiel wurde ein altgriechisches Wort für „stachlige Pflanzen" gewählt (*κάκτος*), um gewisse aus Amerika stammende Pflanzen Kaktus zu benennen. Oder ein griechisches Adjektiv für „vortrefflich, prächtig" (*ἀγανός*) ergab für andere das Wort Agave.

b) Es erhält einen Namen, der an die Bezeichnung von anderen ähnlichen, schon bekannten Lebewesen angeknüpft wird. Eine neue eßbare Erdknolle aus Amerika muß ähnlich wie der Trüffelpilz aus der Erde gegraben werden. Sie heißt also „Trüffel". Unser Name Kartoffel kommt von dem italienischen Namen (tartufolo) für Trüffel.

c) Es erhält einen Namen, der von einem Eigennamen herrührt. Die Hirsche z. B., die ein Jesuitenpater mit Namen David 1865 im Garten des Pekinger Kaiserpalastes beobachtete und beschrieb, sind eben „Davids Hirsche". Der Hofgärtner Jean Robin brachte 1600 einen Baum aus Virginia nach Paris und pflanzte ihn im „Jardin des plantes" ein. Es ist „Robins Baum", den wir heute Robinie nennen. So sind bei näherem Zusehen manche fremd klingende Pflanzen- und Tiernamen auf diese Art gebildet.

Man wird die Zahl der in der Umgangssprache (nicht in der des Fachmanns, Biologen, Pharmazeuten usw.) verstandenen und verwendeten ausländischen Tier- und Pflanzennamen mit 300 als nicht zu gering angeben. Ein beträchtlicher Teil dieser Namen folgt unten. Sie werden nach ihrer Herkunft gegliedert, wobei um so sicherer das Herkunftsland angegeben werden kann, je später die Namen in unsere Sprache einwanderten. Bei sehr alten Namen macht die Herleitung mitunter Schwierigkeiten oder wird dann überhaupt unmöglich.

Die Verwandtschaft der Namen zeigt zum Teil recht wichtige Zusammenhänge, die der vergleichende Sprachwissenschaftler mit Gewinn erforscht. Manche Namen schließen auch wertvolle kulturgeschichtliche Hinweise ein. Diese Betrachtungen würden aber den Rahmen des Buches sprengen. Damit sich solche Namenslisten erfolgreich verwenden lassen, ist jedem fremden Namen der deutsche und das lateinische Kunstwort einwandfrei zuzuordnen, wie es unten versucht wird. Es ist selbstverständlich, daß die indogermanische Sprachenfamilie den Hauptanteil liefert. Das Latein und Altgriechisch erfährt eine gesonderte Darstellung (s. S. 209.).

a) Europäische Sprachen

Die **romanische Sprachenfamilie** ist hier mit Französisch, Italienisch und Spanisch (von dem wir bei manchen Formen Portugiesisch schwer trennen können) vertreten. Für sie können wir leicht Beispiele finden. Geringer fließt die Quelle für die **germanische Sprachenfamilie.** Lediglich der Einfluß der niederländischen Sprache ist wieder stärker, wie etwa folgende Beispiele zeigen:

Apfelsine, niederl. sinaasappel, „Chinaapfel", um 1700 von den Holländern nach Norddeutschland gebracht; **Garnele,** mniederl. gheernaert, wortverwandt mit Granne und Granat; **Makrele,** mniederl. makreel, mlat. macarellus, altfranz. maquerel; **Pavian,** mniederl. baviaan aus altfranz. babouin, von baboue (Maul). Auch Kakerlak, Kabeljau, Hai, Pottwal, Schellfisch sind wohl aus dem Niederländischen zu uns gelangt. Die nordgermanische Gruppe in Skandinavien beschränkt sich in der Hauptsache auf einige Seevögel (z. B. Alk, Lumme). Auch der Vielfraß wird auf ein norwegisches Wort (fjeldfross) zurückgeführt, und der Tang stammt aus dem Dänischen.

Endlich ist auch die **slawische Sprachenfamilie** vertreten, die über Europa hinausgreift. — Es ist möglich, daß manche der angeführten Namen sich wiederum von anderen Sprachen herleiten. Aber man wird oft schwer entscheiden können, ob es sich dann um eine direkte oder vermittelte Entlehnung handelt.

Wörter aus dem Französischen

deutsch	„lateinisch"	französisch	zur Wortgeschichte
Bekassine	*Capella gallinago*	bécassin	bécasse 12. Jahrh., „Schnepfe"; bécassin 16. Jahrh.
Büffel	*Bubalus*	buffle	15. Jahrh.; ital. bufalo.
Bussard	*Buteo buteo*	busard	„Weihe"; 12. Jahrh., altfranz. buson; lat. *buteo.*
Champignon	*Psalliota campestris*	champignon	14. Jahrh., gallorom. campania (flaches Land).
Chicoree	*Cichorium intybus foliosum*	chicorée	„Cichorie", 16. Jahrh., aus mlat. *cichorea.*

deutsch	„lateinisch"	französisch	zur Wortgeschichte
Estragon	*Artemisia dracunculus*	estragon	„Dragun"; targon 16. Jahrh.; arab. at-tarhūn, zu lat. *draco.*
Esparsette	*Onobrychis viciaefolia*	éparcet, esparcette	13. Jahrh., wohl von épars (zerstreut), lat. *sparsus.*
Languste (Krebs)	*Palinurus vulgaris*	locuste (langouste)	„Heuschrecke", 12. Jahrh., zu lat. *locusta.*
Liane (Kletterpflanze)	—	liane	17. Jahrh., lat. *viburnum* und franz. lier (verbinden).
Lupine	*Lupinus*	lupin	„Lupine", 13. Jahrh., aus lat. *lupinus.*
Luzerne	*Medicago sativa*	luzerne	16. Jahrh., verwandt mit „Licht, leuchten".
Milan	*Milvus milvus*	milan	„Gabelweihe", 16. Jahrh., aus prov. milan, lat. *miluus.*
Porree	*Allium porrum*	poirée	„Mangold", 12. Jahrh., lat. *porrum* (Lauch).
Schalotte	*Allium ascalonicum*	échalotte	16. Jahrh., lat. *ascalonia.*
Sellerie	*Apium graveolens*	céleri	17. Jahrh., aus lat. *selinum.*
Serradelle	*Ornithopus sativus*	serradelle	
Tripmadam	*Sedum rupestre*	tripe-madame, trique	„dickes Fräulein"
Zitrone	*Citrus medica*	citron	14. Jahrh., lat. *citrus,* an limon angelehnt?

Wörter aus dem Italienischen

deutsch	„lateinisch"	italienisch	zur Wortgeschichte
Agrumen	*Citrus*-Früchte	agrumi	„säuerliche Früchte", Sammelname für Apfelsine, Zitrone.
Frettchen	*Mustela furo*	furetto	„kleiner Dieb", von lat. *fur* (Dieb) hergeleitet.
Kohlrabi	*Brassica oleracea*	cavoli rape	„Kohlrübe"; lat. *caulis* (Kohl) u. *rapa* (Rübe); franz. chou-rave.
Malaria	*Plasmodium malariae*	mala aria	„schlechte Luft"; vor der Entdeckung des Erregers geprägt.
Sardelle	*Engraulis encrasicholus*	sardella	sarda (Sardinierin); kleiner Fisch des Mittelmeers.
Sardine	*Clupea pilchardus*	sardina	aus dem Lateinischen entlehnt?
Tarantel	*Lycosa tarentola*	tarantola	von mlat. *tarantula* oder von der Stadt Tarent (Vorkommen).
Tollkirsche	*Atropa belladonna*	bella donna	„schöne Frau", Saft der Beere zu Schönheitsmitteln verwendet.
Trüffel	*Tuber*	tartufoli	bei uns über „tartuffel" (18. Jahrh.) zu Kartoffel.
Wirsing	*Brassica oleracea*	verzotto	mlat. *versa* (Kohl); zu lat. *viridia* („Grünzeug").

Wörter aus dem Spanischen (Portugiesischen)

deutsch	„lateinisch“	spanisch (portugiesisch)	zur Wortgeschichte
Alligator	*Alligator mississippinensis*	el lagarto, al lagarto	also „die Eidechse“, lat. *lacerta*, oder arab. Artikel?
Anchovis	*Engraulis encrasicholus*	anchova	franz. anchois; Anchovis (marinierte Sardellen).
Banane	*Musa*	banana	wohl afrikan. Ursprungs! „musa“ von arabisch mauz.
Flamingo	*Phoenicopterus*	(flamingo)	von lat. *flamma* (?) abzuleiten.
Kaneel(baum)	*Canella alba*	canela	„Zimt“.
Kobra	*Naja naja*	(cobra)	„Schlange“.
Kokos(nuß)	*Cocos nucifera*	coco	„Popanz, Schreckbild“ am unteren Ende der Kokosnuß.
Leguan	*Iguana iguana*	iguano, leguana	westindisches Wort mit dem span. Artikel verbunden.
Makak	*Pithecus*	(macaco)	aus dem Afrikanischen vermittelt.
Moskiten	*Culicidae*	mosquito	Verkleinerung aus mosa (kleine Fliege); lat. *musca*.
Merino	*Ovis* (Schafrasse)	merino	nach dem Berberstamm „Beni merin“ (LITTMANN)?
Piment(baum)	*Pimenta officinalis*	pimenta	„Nelkenpfeffer“.
Quebracho-Holz	*Schinopsis Lorentzii*	quebrar hacho	wörtlich „Axtzerbrecher“, wegen der enormen Härte.
Sargasso-Meer	*Sargassum*	(sargasso)	„Seegras“ (falsche Beobachtung), richtig Braunalge.
Vanille	*Vanilla planifolia*	vainilla (baunilha)	Verkleinerung von vainea (span. Schote); zu lat. *vagina*.

Wörter aus dem Slawischen

deutsch	„lateinisch“	Herkunft, Bedeutung
Gurke	*Cucumis sativus*	poln.: ogórek; tschech.: okurka; russ.: ogurez.
Karausche	*Carassius carassius*	litau.: karossas; poln.: karás.
Mammut	*Elephas primigenius*	ostsibir.: mamont (Jakuten); russ.: mamont.
Nerz	*Martes lutreola*	russ.: norka; slav.: norez; poln.: nurek.
Plötze	*Leuciscus ritulus*	poln.-kassub.: płotka; russ.: plotwa.
Preißelbeere	*Vaccinium vitis idaea*	tschech.: bruślina; russ.: brussnika.
Reizker	*Lactarius deliciosus*	tschech.: ryžec; poln.: rydz; russ.: ryžik.
Schmetterling	*Hymenoptera*	tschech.: smietana („Milchrahm“), also „Sahnelecker“.
Schöps	*Ovis aries*	tschech.: skopiec („verschnitt. Schafbock“).
Stieglitz	*Carduelis carduelis*	tschech.: stechlic, stechlec („Distelfink“).
Uckelei	*Alburnus lucidus*	russ.: uklejka.
Vampir	*Desmodontidae*	serb.: vampir („blutsaugendes Gespenst“); russ.: wampir.

deutsch	„lateinisch“	Herkunft, Bedeutung
Zeisig	*Carduelis*	tschech.: tschisek, čížek; russ. čížik.
Ziesel	*Citellus citellus*	tschech.: sysel; ahd. sisi-mūs „Zieselmaus“.
Ziest	*Stachys*	russ.: tschistez (čistec).
Zobel	*Martes zibellina*	sibir.: soboli; russ.: ssobolj („Stänker“); poln.: sobol.
Zander	*Lucioperca sandra*	poln.: sandacz; russ.: ssudak.

b) Außereuropäische Sprachräume

Die deutsche Sprache hat von den außereuropäischen Erdteilen in recht verschiedener Zahl biologische Namen bezogen. Am schwächsten ist der jüngste **Erdteil Australien** vertreten, der uns nach seiner Entdeckung durch JAMES COOK 1770 mit seinen endemischen Tieren Känguruh, Wombat, Emu und Kiwi bekannt machte. Vielleicht ließen sich sprachliche Verbindungen mit den polynesischen Inseln oder über sie sogar bis ins alte Indien nachweisen.

Einen bedeutenden Anteil dagegen hat der **amerikanische Kontinent**, der nach seiner Wiederentdeckung durch KOLUMBUS 1492 viele Pflanzen und Tiere mit ihren einheimischen Namen zu den Völkern der alten Welt schickt. Man könnte mehrere Sprachzentren unterscheiden, die nebeneinander biologische Namenslieferanten wurden: zunächst die westindischen Inseln, besonders Haiti (Leguan, Batate, Mahagoni), dann Peru mit der Kechua-Sprache (Kondor, Lama, Puma), das Gebiet des heutigen Brasiliens mit den Tupiwörtern (Ananas, Tapir, Jaguar), Mexiko (Axolotl, Kakao, Ozelot) und Nordamerika (Opossum, Skunk).

Wörter aus dem Erdteil Amerika

deutsch	„lateinisch“	Herkunft	zur Wortgeschichte
Alpaka	*Lama pacos*	peruanisch: alpaco	pako = gelblich-rötlich, kam durch Spanier nach Europa.
Ananas	*Ananas sativa*	brasilianisch	durch das Portugiesische verbreitet; engl. dagegen pineapple (Pinienzapfen).
Axolotl	*Ambystoma mexicanum, A. tigrinum*	mexikanisch: axolotl	
Batate	*Ipomoea batatas*	Haiti: batata	kam durch Spanier nach Europa; engl. potato.
China(rinde)	*Cinchona*	peruanisch, ekuadorens.: kina, kinakina	daraus span. quinina, franz. quinine.
Jaguar	*Panthera onca*	Tupi: jagwár(a)	brasilianischer Tiger.
Kakao	*Theobroma cacao*	altmexik.: kakauatl	kam über das Spanische zu uns.
Kautschuk	Produkt von *Hevea brasiliensis*	ekuador.: kahutschu	„Baumsaft“; Tupi: kauutschu „weinender Baum“; franz. caoutchouc.

deutsch	„lateinisch“	Herkunft	zur Wortgeschichte
Kolibri	*Trochilidae*	karaibisch: colibri	vielleicht auch südamerikan.?
Kondor	*Vultur gryphus*	peruanisch: cuntur	„großer Geier“.
Koka	*Erythroxylon coca*	peruanisch: coca	
Lama	*Lama glama*	ketchua: lama	„Vieh, Herde“; durch Spanier nach Europa gelangt.
Leguan	*Iguana iguana*	Haiti, westind.: iguana	span. *la* iguana; große Kammeidechse.
Mais	*Zea mays*	westindisch: mahis	span. maiz; engl. maize.
Mahagoni	*Swietenia mahagoni*	Jamaika: mohogeney, brasil.: mahogany	Name durch Linné bei uns 1762 eingeführt.
Maniok	*Manihot utilissima*	indianisch	stärkehaltige Nutzpflanze.
Opossum	*Didelphys virginiana*	indianisch	amerikanische Beutelratte.
Ozelot	*Leopardus pardalis*	mexikanisch: ocelotl	mexikanische Wildkatze.
Puma	*Felis concolor*	peruanisch: puma	amerikanischer Löwe.
Skunk	*Mephitis*	Algonkin-Dialekt	amerikanische Stinkkatze.
Tabak	*Nicotiana tabacum*	Haiti: tabago	Wort für „Rauchrohr“; oder nach einer Provinz „Tabaco“ auf Haiti? Über das Spanische zu uns.
Tomate	*Solanum lycopersicum*	mexikanisch: tomatl	tomana = wachsen; oder aus Südamerika?
Tapir	*Tapiridae*	indianisch	durch Portugiesen zu uns.
Yucca	*Yucca*	indianisch	„Palmlilie“.

Bei weitem am stärksten hat natürlich der **asiatische Kontinent,** nicht zu trennen von dem kulturell alten Norden Afrikas, unsere biologischen Namen beeinflußt. Als Beispiel mag das **Ägyptische** dienen, dem wir unter anderen verdanken:

Ebenholz, ägyptisch vokallos hbnj geschrieben; von afrikanischen Sprachen entlehnt? — Ein sehr alter Importartikel.

Ibis, ägyptisch hbj; der Nilreiher war ein heiliges Tier.

Lilie, ägyptisch hrr.t, das im Koptischen hlêli gesprochen wurde.

Den Hauptanteil hat die wichtigste semitische Sprache, das **Arabische.** Aber Littmann zeigte die Schwierigkeit einer Etymologie auf, indem er allein für die arabischen Namen fünf verschiedene Entwicklungsreihen als möglich hinstellte. Nur ein kleiner Teil der Wörter ist nämlich echt arabisch (z. B. Alkanna); andere Wörter sind gewandert, z. B. wurden die Vorbilder für Limone und Kampfer unserer Sprache aus dem Indischen über das Persische erst ins Arabische übernommen.

Wörter aus dem Arabischen

deutsch	„lateinisch"	arabisch	zur Wortgeschichte
Albatros	*Diomedea exulans*	al-qādūs	„Krug, Brunnenrohr", nach der Schnabelgestalt des Sturmvogels.
Ambra	Produkt des Pottwals (*Physeter*)	anbar	„Ambra"; aus Ostafrika entlehnt? Franz. ambre gris.
Artischocke	*Cynara scolymus*	al-charschūf	Gemüsepflanze; span. alcarchofa; ital. articiocco.
Borretsch	*Borrago officinalis*	abū rādsch?	„Vater des Schweißes"; durch die arab. Medizin verbreitet.
Galgant	Verwandte des Ingwers	chalandschān	wohl über Persien aus China?
Gazelle	*Antilope dorcas*	ghazal	„Gazelle"; span. gacela; franz. gazelle.
Giraffe	*Giraffa camelopardalis*	zarāfa	„Giraffe"; Wort wohl ursprüngl. aus Zentralafrika.
Goldlack	*Cheiranthus cheiri*	chīrī	„wohlriechende Pflanze" (welche?); lat. Name tautologisch.
Haschisch	aus *Cannabis sativa var. indica* bereitet	haschīsch	„Haschisch", Rauschmittel; zunächst „Kraut", Bedeutungseinengung!
Kaffee	*Coffea arabica*	kahwa	ursprüngl. „Wein", dann „Kaffeetrank"; türk. qahvé; armen. kaifé; engl. coffee.
Kamel	*Camelus dromedarius*	dschamal	„Kamel"; altsemitisches Wort.
Kümmel	*Carum carvi*	kammūn	„Mäusekraut"; lat. *cuminum.*
Luffa	*Luffa cylindrica*	luffāh	„Schwammkürbis"; über das Portugiesische (luffa) zu uns.
Majoran	*Origanum maiorana*	maryamīya	„Salbei"
Marabu	*Leptoptilus crumeniferus*	marbūt	„gebunden", Vogel wird mit „Einsiedler" verglichen; span. marabu; franz. marabout.
Myrrhe	*Boswellia carteri*	marra	„bitter sein"; Balsamharze als Heil- und Räuchermittel.
Papagei	*Psitaccus*	babbaghā	westafrikan. „pampakei"; arabisch gibt nur weiter?
Safran	*Crocus sativus*	za'frān	franz. safran; Saflor ist sprachl. nicht verwandt.
Salep	Produkt aus *Orchis*-Knollen	sahlab	
Sennes(blatt)	*Cassia*-Arten	sanā	span. senes.
Sumach	*Rhus coriaria*	summāq	„schön gewachsener Strauch" (samaka); aus dem Aramäischen.

deutsch	„lateinisch"	arabisch	zur Wortgeschichte
Tamarinde	*Tamarindus indica*	tamr	„Dattel" mit hindi („indisch") ergibt „indische Dattel".
Waran	*Varanus*	waran	Eidechse der arab. Wüste? „Warneidechse" ist wohl Volksetymologie.
Zibeth(katze)	*Viverra*	zabād	„Schaum", nach der schaumartigen Absonderung; mlat. zibethum; aus Ostafrika entlehnt?
Zucker	*Saccharum officinarum*	sukkar	qand = „Rohrzucker", in „Kandiszucker" enthalten.

Wörter aus dem Persisch-Türkischen

deutsch	„lateinisch"	persisch-türkisch	zur Wortgeschichte
Bergamotte	*Pirus communis* (Kultursorte)	bēg-armūdī, türk.	„Fürstenbirne".
Bezoar(ziege)	*Capra aegagrus*	pādzahr, pers. (bâzahr, arab.)	„Gegengift"; Bedeutungswandel, „Ziegenstein".
Jasmin	*Jasminum*	jāsāmin, pers.	arab. jāsamūn.
Kampfer	*Cinnamomum camphora*	kāfūr, pers.	mhd. gaffer; neugriech.
Kaper	*Capparis spinosa*	käbär, neupers.	griech. κάππαρις; ital. cappero.
Karakul	*Ovis*	karakul, türk.	„kleine Lammfelle".
Kukurutz	*Zea mays*	kukuruz, türk.	
Orange	*Citrus aurantium*	narandsch, pers.	mit dem lat. *aureum* verschmolzen? Portug. laranja.
Saiga-(antilope)	*Antilope saiga*	saiga, türk.	russisches Wort? oder franz. saiga.
Salamander	*Salamandra*	salamandar, pers.	samand = „Falbe".
Schakal	*Canis aureus* u. a.	schaghāl, pers., tschaqāl, türk.	aus dem Indischen entlehnt? Franz. chacal.
Spinat	*Spinacia*	ispānādsch, pers.	arab. isfānach; an lat. *spina* (Dorn) angelehnt?
Tulpe	*Tulipa gesneriana*	dulband, pers., tulbend, türk.	„Turban, Brautschleier"; die Tulpe heißt dagegen „lāle".
Zitrone, Limone	*Citrus limonum*	līmūn, pers.	ital. limone; aus deutsch „Limone" wurde „Limonade".
Zitwer(blüte)	*Artemisia cinae*	zadwār, pers.	arabisch dschadwār.
Zucker(rohr)	*Saccharum officinarum*	schakar, pers.	vom arab. sukkar im Mittelalter entlehnt.

Wörter aus dem Indischen

deutsch	„lateinisch"	indisch	zur Wortgeschichte
Bambus	*Bambus*	Sanskrit: bansa, Drawida: banbu	
Beri-beri	—	Hindustani: beri	„Schaf".
Betel	*Areca Catechu*	Hindustani: kathā	„Baum".
Curry	Gewürzgemisch	südindisch: kari	„Sauce".
Gavial	*Gavialis gangeticus*	Hindustani: ghavial	
Ingwer	*Zingiber*	Sanskrit: srngavêra	„hornartig"; auf Umwegen vermittelt (LOKOTSCH).
Jute	*Corchorus*	Hindustani: jūt, Sanskrit: ǧat	„kraus", d. h. mit gewellten Wurzeln.
Kampfer	*Cinnamomum camphora*	Sanskrit: karpūra	wird über das Persische zum arabischen „kāfūr".
Kardamon	*Elettaria*	Hindustani: elaich	
Kauri	*Cypraea moneta*	Hindustani: kauri	als „Muschel" bezeichnet bei den Chinesen lange vor der Zeitenwende.
Kopra	*Cocos nucifera* (Fruchtfleisch)	Hindustani: khoprā	khapnā = „trocknen"; durch Portugiesen nach Europa.
Krebs	*Cancer*	Sanskrit: karkat	
Safran	*Crocus*	Hindustani: jaffran	
Meerkatze	*Cercopithecus*	Sanskrit: markata	„Affe"; im Deutschen mehrfach umgedeutet und mißverstanden.
Mungo(s)	*Herpestes*	dialektisch: mangūs, Tamil: manegos	Ichneumon Indiens; engl. mangoose.
Orange	*Citrus aurantium*	Hindustani: nārañgi	pers. naranj.
Panther	*Panthera pardus*	Sanskrit: pundarīkas	
Sandel(holz)	*Santalum album*	Sanskrit: chandan, čandana	candras = „glänzend".
Schakal	*Canis aureus*	Sanskrit: schrigāl	
Stechapfel	*Datura*	Sanskrit: dhutra	pers.-arab. tātūra
Teak(holz)	*Tectona*	Bengali: teek-shegun Hindi: teek	malabar.: tekka.
Zimt	*Cinnamomum ceylanicum*	Sanskrit und Hindi: dar-chini	„Baum-Zucker" mal.; kayumanis.

Wörter aus dem Malaiischen

deutsch	„lateinisch“	malaiisch	zur Wortgeschichte; Bedeutung
Agar-agar	z. B. *Sphaerococcus lichenoides*	agar-agar	Seetangarten.
Dugong	*Halicore dugong*	dūgong	Seekuh im indischen Ozean.
Gecko	*Geckonidae*	gēkok	Eidechse; vielleicht lautmalerisch.
Kakadu	*Kakatoeinae*	kakatūwa	kakak („Bruder“) und tuā („alt“): „alter Bruder“.
Kalong	*Pteropus vampyrus*	kālong	Fledermaus.
Kapok	*Ceiba pentandra*	kāpok	eine Art Pflanzenwolle.
Karett	*Eretmochelys*	kāra (kārēt)	Schildkröte mit Schildpatt.
Kasuar	*Casuarius galeatus*	kasuwārī	ein straußartiger Vogel.
Lori	*Loriinae*	nūri oder lūri	verschiedene Papageien.
Mangrove	*Rhizophora*	manggi-manggi	„Wurzelbaum“, mit engl. „grove“ zusammengesetzt.
Orang-Utan	*Pongo pygmaeus*	ōrang-hūtan	„Waldmensch“ aus ōrang („Mensch“) u. hūtan („Wald“).
Pandane	*Pandanus*	pandan	Schraubenpalme mit Stelzwurzeln; Wort über Holländer oder Franzosen?
Pisang	*Musa paradisiaca*	pīsang	Bananenfrucht
Rotang	*Calamus*	rotan	Rotangpalme.
Sago	*Metroxylon*	sagu	Graupen aus Palmenmark.
Salangan	*Collocalia esculenta*	sārang	„Nest“; Seglervogel.
Siamang	*Hylobates syndactyles*	sijāmang	Langarmaffe.
Trepang	*Holothuria edulis*	trīpang	eßbare Seegurke.

Eine größere Zahl von Pflanzen- und Tiernamen ist also aus dem Arabischen, Persisch-türkischen, Indischen und Malaiischen bei uns heimisch geworden. Alle anderen asiatischen Sprachen treten diesen Sprachen gegenüber sehr zurück, sie bereicherten unsere Sprache nur wenig. Aus dem Tibetanischen stammt der Yak, der Name für den „Grunzochsen“, aus dem Japanischen (aus Indien oder China entlehnt?) die Sojabohne, aus dem Chinesischen, das doch fast eine halbe Milliarde Menschen spricht, kam nur der Tee (hochchinesisch tschhâ, dialektisch tê).

Am widerspruchvollsten ist schließlich die kleine Namensliste, die Namen von Lebewesen **Zentralafrikas** sammelt. (Wir bringen sie mit allem Vorbehalt.) Hier gibt es für den Sprachforscher noch viele lohnende Ziele.

Giraffe (über das Arabische nach Europa); Gnu hottentottisch; Okapi mittelafrikanisch; Quagga hottentottisch; Schimpanse aus Westafrika, Golf von Guinea; Tse-tse abessinisch; Zebra südafrikanisch?; Gorilla aus dem alten Afrika, schon vom punischen „Weltumsegler“ Hanno erwähnt.

5. Lehnübersetzungen

Leider können wir nur einen verschwindend kleinen Teil der uns umgebenden Lebewesen mit deutschen Namen bezeichnen. Wir haben zwar einwandfreie deutsche Namen für die gut bekannten Pflanzen und Tiere, also für die häufigen Säugetiere und Vögel, und für viele wechselwarme Wirbeltiere, wir benennen auch eindeutig viele Vertreter der Blütenpflanzen, aber bei den Einzellern, den Algen, den meisten wirbellosen Tieren kommen wir bei der Namensuche vor eine unüberwindliche Schranke. Es sind seltenere, unauffällige, kleine und kleinste Formen unter den Lebewesen. Welcher Namenwirrwarr herrscht vor allem bei den Wirbellosen oder bei den Sporen- und Lagerpflanzen! Für die außerdeutschen Arten (bei weitem die meisten) schweigt sich unsere Sprache überhaupt aus. Gibt es aber tatsächlich Bezeichnungen für solche Formen, so sind sie mundartlich gefärbt, geographisch bedingt, durch Aberglaube, Überlieferung und unbekannte Einflüsse bestimmt, jedenfalls kaum eindeutig, mitunter sogar falsch.

In dieser Notlage gibt es nur ein Hilfsmittel (zu dem auch der Fachmann greifen muß): die Lehnübersetzung aus dem lateinischen Fachwort, das fast einwandfrei jedem Lebewesen zugeordnet werden kann und daher zuverlässig zur Verfügung steht. Man übersetzt also, wobei bei Autoren und Sprachschöpfern eine entsprechende Sprachkenntnis vorauszusetzen ist. Hierbei herrscht jedoch, man könnte es so nennen, völlige Autorenwillkür. Denn über die Güte der zwangsverdeutschten Namen einigt sich keine Kommission, wie das bei den lateinischen Fachnamen möglich wäre. So werden die Namen eben ad hoc fabrizierte Notetiketten ohne ernsten Anspruch auf Lebensfähigkeit und oft mit winzigem Geltungsbereich. Manche von ihnen bewegen sich nicht einmal aus dem Umschlag eines einzigen Buches heraus, in dem sie geboren wurden.

Dabei kommen seltsame Übersetzungen zustande. Das Lebermoos *Trematodon ambiguus* ließe sich z. B. mit „zweideutiger Lochzahn“ und das Knabenkraut *Aceras anthropophora* mit „menschentragendes Ohnhorn“ übersetzen. Das stellt natürlich die Berechtigung und den Wert solcher Lehnübersetzungen überhaupt in Frage. Diese Schwierigkeit sollten aber vor allem die Reformer nicht übersehen, die heute das Latein völlig in den Bereich des Fachgelehrten zurückdrängen wollen, die für Schul- und Lehrzwecke und für jedwede Verwendung in der Praxis ein äquivalentes deutsches Ersatzwort brauchen und — sei es auch gewaltsam — finden.

a) Der Gattungs- und Artname

Pflanzen: Bartmoos *Barbula;* Königs-, Basilienkraut *Ocimum basilicum;* Korallenwurz *Coralliorhiza;* Kreuz- (Greis-)kraut *Senecio;* Kurzschopf *Brachycome;* Lammkraut *Arnoseris;* Meereiche *Halidrys;* Runzelbruder *Rhytidiadelphus;* Schraubenalge *Spirogyra;* Schöngesicht *Calliopsis;* Seefeder *Plumaria;* Storchschnabel *Geranium;* Tausendgüldenkraut *Erythraea centaurium;* Zweizahn *Bidens;* Zwölfgötterblume *Dodekatheon.*

Bärtiger Fünffaden *Pentastemon barbatus;* baumförmiges Leitermoos *Climacium dendroides;* griechischer Flügelkopf *Pterocephalus parnassii;* herzblättrige Papstkrone *Tiarella cordifolia;* Sellows Baumfreund *Philodendron Selloum;*

Streuzucker-Lungenkraut *Pulmonaria saccharina;* vierschnittiger Sonnensame *Heliosperma quadrifida.*

Tiere: Ameisenbär *Myrmecophaga;* Augentierchen *Euglena;* Eintagsfliege *Ephemera;* Flugdrache *Draco volans;* Geradhorn *Orthoceras;* Herzigel *Echinocardium;* Knotenhorn *Ceratitis nodosus;* Kugeltierchen *Volvox;* Nashorn *Rhinoceros;* Tausendfüße *Myriapoda;* Tölpel *Sula bassana;* Wandelndes Blatt *Phyllium;* Wechseltierchen *Amoeba proteus;* Wendeltreppe *Scalaria;* Zypressenmoos *Sertularia cupressina.*

Gewächshausröhrenschildlaus *Orthezia insignis;* Hainbuchensplintkäfer *Scolytes carpini;* Haselkätzchengallmücke *Contarinia corylina;* Heckenkirschenblattlaus *Rhopalomazus lonicerae;* Obstbaumlöffelschildlaus *Parlatoria oleae.*

Beispiele für lehnübersetzte Artnamen sind leicht zu finden. Man kann mit dieser Zwangsverdeutschung einen großen Teil unserer Pflanzen und Tiere (bei weitem nicht alle!) wenigstens ansprechen. Aber jeder, der sich schon mit diesen Lebewesen abgeben muß oder will, wird genauso gern die lateinischen Fachnamen lernen und benutzen. Denn echte Interessenten gibt es nicht sehr viele (Gärtnereien für Zierpflanzen, Pflanzen- und Tierschutzämter für Schädlinge, usw.). Wenn man bedenkt, daß für etwa 40000 verschiedene Tiere auf deutscher Erde nur einige Hundert einfache Substantive unseres Sprachschatzes als Artnamen zur Verfügung stehen (die freilich durch eine sehr vielseitige Kompositabildung um ein Vielfaches vermehrt werden), wird klar, wie verschwindend wenig Tiere für die Allgemeinheit tatsächlich von größerem Wert sind. Auch für die ausländischen Lebewesen — wenn sie nicht gerade Nutztiere und -pflanzen sind — besteht erst recht ein nur sehr geringes Interesse, wenn man vielleicht von den Wirbeltieren der zoologischen Gärten und einigen bemerkenswerten Pflanzentypen unserer Gewächshäuser absieht.

Zunächst ein paar Beispiele aus dem Reich der Einzeller! Zu den Lochschalentierchen *(Foraminiferen)* gehört als ein häufiger meerbewohnender Vertreter das Kugeltierchen *(Globigerina).* Wie ungeschickt ist dieses Wort, wenn man genauso willkürlich andere kugelige Organismen (z. B. *Volvox*) gleich nennt! Denn bei dem ersten Lebewesen sind mehrere Kugeln zu einem Tierchen vereinigt, beim Wälzling (welch schönes -ling-Wort!) ist es nur eine Kugel, aber kein „Tierchen", sondern mit größerer Berechtigung der Vertreter einer Pflanze. — Wir kennen ein Wechseltierchen, das nicht mit dem „Wechselfiebertierchen" verwechselt werden darf, obwohl beide die Gestalt ändern, das eine dauernd, das andere generationsweise. Der Malariaerreger hat eben keinen deutschen Namen. Würden wir das italienische „mala aria" mit „schlechte Luft" übersetzen, beschwörten wir wieder eine Zeit herauf, in der man noch nicht einmal ahnte, daß eine Mücke diese Krankheit verbreitet. — Beim Augentierchen handelt es sich um ein geißelbewehrtes einzelliges Lebewesen, das weder mehrere (das „n" ist nur eingefügt) noch ein Auge besitzt, sondern einen lichtempfindlichen gefärbten Fleck, der nur ähnlich wie ein Auge reagiert. — Die „Erklärung" des Maiblumentierchens *(Carchesium)* verlangt schon dichterische Phantasie, und die deutschen „Namen" der prächtigen Strahlentierchen sind nur farblose Vorstellungshilfen (Gitter-, Stachel-, Netzkugel usw.). Da bringt es schon größere Vorteile, nicht an bekannte Begriffe anzuknüpfen, die uns oft nur irreführen, sondern ein fremdes lateinisches Kunstwort schlicht nachzusprechen.

Auch bei den Vielzellern ist das nicht anders. Das Lammkraut setzt sich aus den griechischen Bezeichnungen für „Lamm" und „Salat" zusammen. — Ein Tausendfuß ist ein übersetzter „Myriopod", wobei aber das *μυρίος* nur schlecht übersetzt wurde und auch „mannigfach, nicht zählbar" heißt. — Der Storchschnabel heißt ausgerechnet nach dem griechischen *γέρανος* = Kranich, ist also nur ungenau übersetzt.

Die seltensten „Blüten" haben entschieden die Namen der Insekten getrieben. Der verdeutschende Dolmetsch tobt sich in einer fröhlichen Kompositabildung aus, wobei er sich nicht scheut, selbst fünf Wörter zu einer Einheit zu verschmelzen. Wirklich erstaunlich, daß unser Sprachsinn hier noch Abhängigkeiten zu empfinden vermag. Ein Erdbeerblattrippenstecher *(Coenorrhinus)* ist demnach ein Insekt, das „die Rippen der Blätter einer an der Erde wachsenden, beerentragenden Pflanze ansticht", und ein Buchennutzholzborkenkäfer *(Trypodendron)* „ein Käfer, der auch die Borke der nutzwürdigen Buchen sucht". Am schönsten endlich sind die dreifachen Tiernamen zur Bezeichnung eines Tieres. Bei der Hirschziegenantilope bestimmt man (indem der Artname *Antilope cervicapra* übersetzt wird) der Sicherheit halber das Tier in der Weise, daß man hinter die Gestaltspartner das Resultat setzt. Die Rauchschwalbenlausfliege ist „eine lausähnliche Fliege, die auf der Rauchschwalbe schmarotzt" *(Ornithomyia biloba)*.

b) Höhere systematische Einheiten

Pflanzen: Bedecktsamige (-samer) *Angiospermae;* Blütenpflanzen *Anthophyta;* Doldengewächse *Umbelliferae;* Einkeimblättrige *Monocotyledones;* Korbblütler *Compositae;* Kreuzblütler *Cruciferae;* Lagerpflanzen *Thallophyta;* Lebermoose *Hepaticae;* Lippenblütler *Labiatae;* Nacktsamige (-samer) *Gymnospermae;* Samenpflanzen *Phanerogamae;* Schlauchpilze *Ascomycetes;* Schmetterlingsblütler *Papilionaceae;* Spaltpilze *Schizomycetes;* Sporenpflanzen *Sporophyta;* Sproßpflanzen *Cormophyta;* Zweikeimblättrige *Dicotyledones.*

Tiere: Blattfußkrebse *Phyllopoda;* Borstenwürmer *Chaetopoda;* Flossenfüßler *Pinnipedia;* Hautflügler *Hymenoptera;* Insektenfresser *Insectivora;* Kerbtiere *Hexapoda;* Kopffüßler *Cephalopoda;* Kriechtiere *Reptilia;* Langflügler *Longipennes;* Lochschalentierchen *Foraminiferae;* Moostierchen *Bryozoa;* Rädertiere *Rotatoria;* Raubtiere *Carnivora;* Rundmäuler *Cyclostomata;* Schmelzschupper *Ganoidei;* Stachelhäuter *Echinodermata;* Strahlentierchen *Radiolarien;* Unpaarzeher *Perissodactyla;* Weichtiere *Mollusca;* Wimpertierchen *Ciliata;* Wirbeltiere *Vertebrata;* Wurzelfüßler *Rhizopoda;* Zahnarme *Edentata.*

Wenn schon Lehnübersetzungen von Artnamen zu mancherlei Schwierigkeiten und Mißverständnissen führen, so wird die Übersetzung höherer systematischer Begriffe (Familie, Klasse, Ordnung usw.) nachgerade zum Problem. Das erklärt sich zum Teil damit, daß die Muttersprache für solche Übersetzungen gar kein Bedürfnis hat; denn der einfache Mann braucht keine Lebewesen zu summieren nach systematischen Gesichtspunkten. Ihm reichen bereits die allgemeinen zusammenfassenden Begriffe, wie Kraut, Frucht, Obst, Vieh, Strauch, Wild usw., die zum System keine Beziehung haben.

Aber der Fachmann (auch der Schulmann) kann diese Ausdrücke nicht völlig entbehren, der „angewandte" Biologe braucht sie allenthalben, denn die lateinischen Termini müssen mitunter sogar vermieden werden. Es verdient Erwähnung, daß bei dieser Zwangsübersetzung das Deutsche viel weiter geht als viele andere Sprachen, in die lateinische Ausdrücke als Lehn- und Fremdwörter aufgenommen wurden. Wir gebrauchen z. B. für Muscheln, Schnecken und Kopffüßler das vereinigende, ungeschickte Wort Weichtiere *(Mollusken, mollis)*, obwohl die Engländer viel vernünftiger „mollusk" und die Franzosen „mollusques" für dieselbe Tiergruppe sagen.

Es ist auch schwer, einem unvoreingenommenen Menschen klar zu machen, daß eine Qualle kein Weichtier ist, sondern ein Hohltier (was ist hier hohl?). Immerhin, ihr fehlt die harte Kalkschale, mit der sich die Muschel, also ein Weichtier, umgibt! Wir unterscheiden nämlich sehr fein „weiches Tier" von „Weichtier", „kriechendes Tier" von „Kriechtier". Dabei zweifelt doch kein Mensch, daß auch der Regenwurm kriecht, obwohl er kein Reptil ist, und daß die meisten Kriechtiere sogar Beine haben. Denn nur die Schlangen sind wirkliche, auf dem Bauche kriechende „Kriechtiere".

Natürlich sollte man einen Igel nicht als Stachelhäuter bezeichnen, obwohl er in seiner Haut zu Stacheln umgewandelte Haarbildungen trägt, denn Stachelhäuter sind wirbellose Meeresbewohner, wie Seestern und Seeigel. Man tut dem Igel aber auch keinen Gefallen, wenn man ihn Insektenfresser nennt. Denn wieviel Tiere fressen Insekten und sind doch keine Insektenfresser! Selbst für den Igel sind doch Insekten nur beigemischte Kost. — Am meisten stolpern die Laien wohl über die Raubtiere. Die Zoologen brauchen das Wort für eine ganz genau definierte Ordnung der Säugetiere, der Hunde, Katzen, Marder, Bären und Hyänen angehören. Warum aber sind Haie und Adler, die zu den Fischen, bzw. Vögeln gehören, auch Raubtiere, ohne daß man sie so nennen darf? Die Schwierigkeit liegt natürlich darin, daß man zwar *Carnivoren* (Raubtiere, wörtlich Fleischfresser) als systematischen Begriff der Zoologie klar bestimmen kann, aber daß jedweder deutschen Übersetzung dieses Wortes eben schon von vornherein eine Eigenbedeutung anhaftet. Das deutsche Wort ist eben oft nur ein Notbehelf, ein schlecht übersetzter LINNÉ oder CUVIER.

Vielleicht ist es gar kein Zufall, daß die Kerbtiere im Deutschen nicht heimisch wurden, trotz der verkürzenden Nebenform Kerf. Man sagt nämlich dafür allenthalben Insekten. Wenn es auch dasselbe bedeutet (nämlich eingekerbt, eingeschnitten), so werden doch die meisten mit dem lateinischen „Insekt" die richtige Vorstellung verbinden und wohl wissen, daß Spinne und Krebs keine Insekten sind, obwohl ihr Körper sehr deutlich eingekerbt ist.

Die gleichen Betrachtungen lassen sich auch für pflanzliche Namen durchführen. Gewiß, die Lehnübersetzungen bürgern sich langsam ein, so schlecht sie oft auch sind. Die Nadelhölzer hießen besser — aber auch noch nicht völlig einwandfrei — Zapfenträger, aus dem „Coniferae" übersetzt. Die Laubhölzer sind dazu kein Gegensatz, und nicht einmal eine systematische Scheidung gelingt. Denn verholzte Pflanzen, die Laub (oder zu „Nadeln" umgewandelte Blätter) tragen, sind auch manche kriechenden, oft winzigen Stauden unserer Steingärten. — Wir benutzen auch gern die wertvolle und praktische Zweiteilung in Sproß- und Lagerpflanzen. Aber der Trennungsschnitt durch diese zwei pflanzlichen Bautypen geht mitten durch eine systematische Einheit hindurch, die niemals getrennt werden darf. Die Lebermoose stehen zwischen beiden. Manche ihrer Formen erinnern im Habitus an Flechten (die zu den Lagerpflanzen gehören, andere an Laubmoose (die Sproßpflanzen sind) so täuschend, daß man sie mitunter fast verwechselt.

Manche Fachleute wollen gewaltsam verdeutschen, auch Begriffe, die sich dazu kaum eignen. Das „überflüssige" Latein soll verschwinden! Die *Sympetalae* sind keine „Verwachsenblättrige", aber auch keine „Verwachsenblumenblättrige", erst recht aber keine „Verwachsenblumenkronblättrige", wobei man noch das merkwürdige Adjektiv substantiviert. Hier hilft nur eine erklärender Umschreibung: Blütenpflanzen mit verwachsenen Blumenblättern!

Wir wollen aber auch gern anerkennen, daß es manche brauchbare Übersetzungen gibt. Wir benutzen die Namen Zweiflügler, Froschlurche, Schmetterlingsblütler, Kiemenschnecken, Tausendfüßler und viele andere. Ohne Zweifel haben manche von ihnen in unserer Gemeinsprache bereits Heimatrecht erworben. Es ist unbestritten in der Hauptsache das Verdienst unserer Schulen, von Lehrern und Schülern. Durch sie wurden ziemlich wahllos gute und schlechte, glückliche und ungeschickte Namen volkstümlich und verständlich. Selbst solche viel gebrauchten Ausdrücke wie Einkeimblättrige und Zweikeimblättrige sind, wenn auch keine vorbildlichen, so doch annehmbare Sprachschöpfungen.

IV. Gliederung nach der sprachlichen Form

1. Das zusammengesetzte Substantiv

Eine Ordnung der Komposita nach der sprachlichen Form bietet sich an, wenn man die Wortarten überprüft, die in ihnen zusammengesetzt werden. An der Spitze steht dabei die Kombination von Substantiv und Substantiv. Ihnen folgt die große Zahl der Wörter, in denen wenigstens ein Bestandteil — und dann das Grundwort — ein Substantiv ist. Zu ihm können treten: Eigennamen, Adjektiva, bestimmte und unbestimmte Zahlwörter, Verben, ja sogar in einigen Fällen Umstandswörter.

a) Substantiv und Substantiv

In diese Gruppe gehören bei weitem die meisten Pflanzen- und Tiernamen überhaupt. Die Ergebnisse einer Inhaltsanalyse dieser Komposita bilden im wesentlichen einen Hauptabschnitt dieses Buches (Einteilung nach dem Wortinhalt). Um ein Tier mit einem Kompositum zu bezeichnen, bedient sich die Sprache sechs verschiedener Wege. Wir kombinieren Namen von Tieren, Pflanzen und Gegenständen, die sachfremd sind.

Bestimmungswort		Grundwort	Anzahl	Beispiel
1	Tier	Tier	häufig	Karpfenlaus *(Argulus)*
2	Tier	Pflanze	selten	Pferderose *(Actinia equina)*
3	Pflanze	Pflanze	selten	Zypressenmoos *(Sertularia cupressina)*
4	Pflanze	Tier	häufig	Distelfink *(Carduelis carduelis)*
5	sachfremd	Tier	sehr häufig	Sumpfmeise *(Parus palustris)*
6	sachfremd	sachfremd	häufig	Schiffsboot *(Nautilus)*

Für die Pflanzen würde entsprechendes gelten. — Merkwürdig ist, daß wir häufig durch Verkettung zweier Namen von sachfremden, meist leblosen Dingen ein Tier (entsprechend eine Pflanze) bezeichnen können. Solche Wörter erhalten durch die Art ihrer Verknüpfung einen neuen Sinn. Wir wissen die ursprüngliche Bedeutung (z. B. Schneeball = Ball aus Schnee; Totenkopf = Kopf eines Toten) und übertragen sie auf das Lebewesen (z. B. ballförmiger, weißer Blütenstand; schädelähnliche Rückenzeichnung auf einem Schmetterling).

An einigen Beispielen soll lediglich diese Möglichkeit einer Wortbildung gezeigt werden:

Pflanzen

Augentrost *Euphrasia;* Fingerhut *Digitalis purpurea;* Frauenspiegel *Legousia speculum;* Goldstern *Gagea;* Hemdenknöpfle *Galinsoga parviflora;* Hirtentäschel *Capsella bursa pastoris;* Maiglöckchen *Convallaria maialis;* Milchstern *Ornithogalum;* Nachtkerze *Oenothera;* Schneeball *Viburnum opulus;* Schotendotter *Erysimum;* Sonnentau *Drosera rotundifolia;* Zahntrost *Odontites.*

Tiere

Blutströpfchen *Zygaena;* Dompfaff *Pyrrhula pyrrhula;* Strahlenkegel *Diploconus;* Goldafter *Euproctis chrysorrhoea;* Haarstern *Crinoidea;* Kaisermantel *Argynnis paphia;* Klappmütze *Cystophora cristata;* Mondfleck *Elkneria selenitica;* Ordensband *Catocala;* Pfannenstiel *Aegithalos caudatus;* Posthörnchen *Planorbis;* Schiffsboot *Nautilus;* Totenkopf *Acherontia atropos;* Totenuhr *Anobium striatum;* Trauermantel *Vanessa antiopa;* Uhrgläschen *Arcella;* Venusgürtel *Cestus veneris;* Wendeltreppe *Scalidae;* Zaunkönig *Troglodytes troglodytes;* Zuckergast *Lepisma saccharinum.*

b) Eigenname und Substantiv

Als Eigennamen dienen recht verschiedene Namensquellen. Einmal sind es germanische oder griechische Götter, dann Namen von biblischen Personen oder Heiligen, endlich die große Schar der Forscher, Reisenden, Geographen, Zoologen und Botaniker.

In diese Gruppe gehören viele Lehnübersetzungen. Zur Bildung von Appellativen ist nur noch ein Schritt.

Pflanzen

Aronstab *Arum maculatum:* nach dem Hohenpriester Aron, Bruder des Moses.

Babingtons Melde *Atriplex Babingtonii:* nach Ch. C. Babington, englischer Botaniker, 1808—1895.

Barbarakraut *Barbaraea:* nach der Märtyrerin; wird noch am Barbaratag (4. Dezember) gesammelt.

Christophskraut *Actaea spicata:* nach dem heiligen Christophorus.

Douglasfichte *Pseudotsuga Douglasii:* nach dem englischen Botaniker David Douglas, 1799—1834.

Fuchs' Kreuzkraut *Senecio Fuchsii:* nach dem deutschen Botaniker Leonhard Fuchs, 1501—1565.

Jakobsleiter *Polemonium caeruleum:* nach Jakob, dem zweiten Sohn Isaaks.

Jupiternelke *Lychnis flos Jovis:* nach dem Göttervater.

Kerners Augentrost *Euphrasia Kerneri:* nach dem deutschen Botaniker Joh. Simon von Kerner, 1755—1830.

Sauters Felsenblümchen *Draba Sauteri:* nach Anton Sauter, österreichischer Botaniker, 1800—1881.

Scheuchzers Glockenblume *Campanula Scheuchzeri:* nach dem Schweizer Joh. Jak. Scheuchzer, 1672—1733.

Veitsbohne *Phaseolus vulgaris:* beginnt am Veitstage (15. Juni) zu blühen.

Weymouthskiefer *Pinus strobus:* Lord Weymouth brachte den Baum im 18. Jahrhundert nach England.

Tiere

Aktäonkäfer *Megasoma actaeon:* nach Aktäon, einer griechischen Sagengestalt, der in einen Hirsch verwandelt wurde.

Apollofalter *Parnassius apollo:* nach der griechischen Gottheit.

Argusfasan *Argusianus argus:* nach Argus, dem vieläugigen Riesen der griechischen Sage.

Bechsteins Fledermaus *Selysius bechsteini:* nach dem deutschen Zoologen Johann M. Bechstein, 1757—1822.

Bewicks Schwan *Cygnus bewickii:* nach dem englischen Naturforscher Thomas Bewick, 1753—1828.

Bonellis Laubsänger *Phylloscopus bonellii:* nach dem Turiner Ornithologen Bonelli, 1784—1830.

Davidshirsch *Elaphurus davidianus:* vom Jesuitenpater David 1865 in Peking entdeckt.

Forbes' Kalmar *Loligo forbesi:* nach dem englischen Naturforscher James David Forbes, 1809—1868.

Naumanns Drossel *Turdus Naumanni:* nach dem deutschen Ornithologen Joh. Friedr. Naumann, 1780—1857.

Odinshühnchen *Phalaropus lobatus* nach dem germanischen Gott.

Przewalski-Pferd *Equus przewalskii:* entdeckt von dem russischen General und Forscher Nikolai M. Przewalski, 1839—1888.

Stellersche Seekuh *Hydrodamalis Stelleri:* nach dem Naturforscher Georg Wilh. Steller, dem Entdecker, 1709—1746.

Tobiasfisch *Ammodytes:* nach dem alttestamentarischen Buch Tobias.

c) Adjektiv und Substantiv

Die meisten Namen dieser Gruppe enthalten das Eigenschaftswort als Bestimmungswort des Kompositums; das Substantiv ist Grundwort. Jedoch kommt auch das Umgekehrte vor (z. B. Winterlieb, Engelsüß, Männertreu usw.).

Bei den Adjektiva werden einsilbige bevorzugt gebraucht, zweisilbige sind seltener (sauer, purpur usw.). Von den Farbnamen abgesehen, die S. 138ff. ausführlich untersucht wurden, trifft man folgende Eigenschaftswörter an: bitter, faul, hohl, sauer, süß, schön, weich, voll, hart, breit, spitz, glatt, rauh, taub, blind und andere.

Pflanzen

Bitterklee *Menyanthes trifoliata;* Bitterblatt *Microcala filiformis;* Blaustern *Scilla bifolia;* Breitwegerich *Plantago maior;* Engelsüß *Polypodium vulgare;* Faulbaum *Frangula alnus;* Grauerle *Alnus incana;* Hartheu *Hypericum;* Hartriegel *Cornaceen;* Hohldotter *Myagrum perfoliatum;* Hohlzahn *Galeopsis;* Rotbuche *Fagus silvatica;* Sauerampfer *Rumex;* Sauerdorn *Berberis vulgaris;* Sauerkirsche *Prunus cerasus;* Sauerklee *Oxalis acetosella;* Schwarznessel *Ballota nigra;* Schöngesicht *Calliopsis;* Singrün *Vinca minor;* Spitzahorn *Acer platanoides;* Spitzklette *Xanthium;* Süßlupine *Lupinus luteus, L. angustifolius;* Taubnessel *Lamium;* Weißbuche *Carpinus betulus;* Wintergrün *Pirola;* Winterlieb *Chimaphila.*

Tiere

Blaumeise *Parus caeruleus;* Braunbär *Ursus arctos;* Faultier *Bradypus tridactylus;* Gelbrand *Dytiscus marginalis;* Glattnatter *Coronella austriaca;* Grauammer *Emberiza calandra;* Grizzlybär *Ursus horribilis;* Grünfink *Chloris chloris;* Hartläufer (Warzenschwein) *Phacochoerus aethiopicus;* Hohltier, Kreis *Coelenterata;* Purpurrose *Actinia equina;* Rauhfliege *Lasiopa;* Rotkehlchen *Erithacus rubecula;* Sauerwurm *Polychrosis botrana;* Schwarzdrossel *Turdus merula;* Vollfliege *Muscidae;* Weichtier, Kreis *Mollusca.*

d) Zahlwort und Substantiv

Bestimmte oder (seltener) unbestimmte Zahlwörter bilden einige Dutzend von Pflanzen- und Tiernamen (näheres s. S. 131).

Einige Namen dieser Art wurden weiter reduziert. Das Grundwort des Kompositums fiel aus. Dafür trat die biologische Standardendung -ling ein, die so den „Vierling“ *(Moenchia)* bildete („Zwilling“ und „Drilling“ dagegen erhielten andere spezielle Bedeutungen). Ja, es gibt sogar einen Tiernamen, der nur noch das Zahlwort selbst ist, die „Acht“ *(Colias hyale)*, ein Schmetterling.

Pflanzen

Dreizack *Triglochin;* Dreizahn *Sieglingia decumbens;* Einbeere *Paris quadrifolia;* Einblatt *Microstylis;* Einkorn *Triticum monococcum;* Siebenstern *Trientalis europaeus;* Tausendgüldenkraut *Erythraea centaurium;* Tausendblatt *Myriophyllum;* Zweiblatt *Listera;* Zweizahn *Bidens.*

Tiere

Doppelschwänzchen *Campodea;* Dreibart *Triarthra;* Gleichflügler (Schnabelkerfe) *Homoptera;* Neunauge *Petromyzon;* Neuntöter *Lanius collurio;* Paarhufer, Ordn. *Artiodactyla;* Siebenpunkt *Coccinella;* Siebenschläfer *Glis glis;* Tausendfuß *Myriopoda;* Unpaarhufer, Ordn. *Perissodactyla;* Ungleichflügler (Wanzen) *Heteroptera;* Vielfraß *Gulo gulo;* Wenigfüßler *Pauropoden.*

e) Verbum und Substantiv

Einen besonders reizvollen Bestandteil der Tiernamen bilden die Komposita von Verben und Substantiva. Wir haben hier zwei Fälle zu unterscheiden.

Der Verbalstamm im Grundwort

In dem Namen wird ein ganzer Sachverhalt geschildert, er ist ein ,,Satzwort". Er ist meist das Ergebnis einer biologischen Erkenntnis. Manche dieser Namen projizieren menschliche Verhältnisse in tierische Gepflogenheiten; einige menschliche Berufe wurden dabei zu Tiernamen (s. auch S. 70).

Dabei sind die beiden Wörter voneinander recht verschieden abhängig. In den meisten Fällen ist das Substantiv ein Akkusativobjekt. Ein Käfer ,,dreht Pillen", ein Schmetterling ,,spinnt Seide", ein Finkenvogel ,,beißt Kerne". Mitunter aber dient auch das Hauptwort einer Orts- oder Zeitbestimmung. Eine Wanze ,,schwimmt auf dem Rücken" oder ,,läuft auf dem Wasser", ein Singvogel ,,stelzt am Bach" und ,,wippt mit dem Schwanz". Eine ganze Namensreihe gibt an, was ein Tier frißt; wir kennen etwa Aas-, Alles-, Fleisch-, Insekten-, Kokosnuß-, Nuß-, Mulm-, Obst-, Pelz-, Pfeffer-, Pflanzen-, Vielerleifresser und noch andere mehr.

Nicht alle Beobachtungen sind dabei richtig. Der Ziegenmelker, wie die Nachtschwalbe gern genannt wird, melkt natürlich keine Ziegen, sondern liest auch am Euter der Ziege, wie von anderen Stellen ihres Körpers, die Fliegen ab. (Vielleicht entstand auch das zuerst von PLINIUS gebrauchte Wort, weil dieses Märchen unredlichen Hirten als willkommene Ausrede dienen mochte.) Ein gewisser Wattvogel *(Haematopus)* kann natürlich keine ,,Austern fischen". Denn die Austern sind festgewachsen und keine freibeweglichen Muscheln; die Kost des Regenpfeiferverwandten besteht vor allem aus Sandwurm und Krabben. Die Ornithologen aber streiten sich, ob der Regenpfeifer tatsächlich pfeift, kurz bevor ein Regen einsetzt oder ob er ,,pfeift, wenn er sich regt".

Solche ,,nomina agentis" sind natürlich unter den Pflanzennamen viel seltener. Aber sie kommen vor.

Pflanzen

Bienensaug *Lamium:* an der Blüte saugen die Bienen.

Sonnenwende *Heliotropium:* blüht, wenn sich der Sommer wendet.

Steinbrech *Saxifraga:* nimmt mit kargem, steinigem Boden vorlieb.

Wegwarte *Cichorium intybus:* steht gern an Wegrändern.

Tiere

Austernfischer *Haematopus ostralegus:* frißt Sandwürmer, Krabben, Muscheln und Schnecken.

Bachstelze *Motacilla alba:* Singvogel, der am Bach entlangstelzt.

Baumläufer *Certhia familiaris:* läuft geschwind um die Baumstämme (,,Mausspecht").

Buchdrucker *Ips typographus:* Borkenkäfer, dessen Larvengänge an Druckbuchstaben erinnern.

Bürstenbinder *Orgyia:* Trägspinner, deren Raupen Chitinbürstchen tragen.

Dorndreher *Lanius collurio:* Singvogel, der seine Beute auf Dornen aufspießt.

Fliegenschnäpper, -fänger *Muscicapidae:* Singvogel, der die Insekten im Flug fängt.

Geburtshelfer *Alytes obstetricans:* Unken mit weitgehender Brutpflege.

Gottesanbeterin *Mantis religiosa:* Fangheuschrecke mit erhobenem erstem Fangbeinpaar.

Halswender *Pleurodira:* langhalsige Schildkröte, die den Kopf wendet.

Insektenfresser *Insektivoren:* kleine Säuger, die vornehmlich Insekten fressen.

Kernbeißer *Coccothraustes coccothraustes:* Singvogel, dessen Schnabel zum Kernbeißen geeignet ist.

Kokosräuber *Birgus latro:* Zehnfußkrebs, der sich von Kokosnüssen ernährt.

Pillendreher *Ateuchus sacer:* Blatthornkäfer, dreht Kotkugeln für seine Larven.

Puppenräuber *Calosoma:* Laufkäfer, der die Puppen der Waldschmetterlinge raubt.

Regenpfeifer *Charadriidae:* Vögel, die den Regen anzeigen sollen.

Rückenschwimmer *Notonectidae:* Wasserwanze, die auf dem Rücken schwimmt.

Sackträger *Psychidae:* Schmetterling mit Raupen in schneckenartig gewundenen Säcken.

Schiffshalter *Echeneïdae:* Knochenfische, die sich an Schiffen festsaugen.

Seidenspinner *Bombyx mori:* Raupe spinnt den Seidenfaden.

Steinwälzer *Arenaria interpres:* Vogel, der unter Steinen nach Nahrung sucht.

Strandläufer *Calidris:* Schnepfenvögel, die den Meeresstrand lieben.

Taubenstößer *Accipiter gentilis:* Habicht, der selbst nach Tauben stößt.

Totengräber *Necrophorus:* Aaskäfer, der tierische Leichen vergräbt.

Wasserläufer *Gerris etc.:* Schnabelkerf, der auf der Wasseroberfläche läuft.

Wassertreter *Phalaropodidae* (Schnepfenvögel) oder *Haliplidae* (Käfer): leben im und am Wasser.

Wüstenrenner *Eremias:* flinke Eidechsen, die in den Wüsten Afrikas leben.

Der Verbalstamm im Bestimmungswort

Auch das Bestimmungswort eines Kompositums ist häufig ein Verbum. Tiernamen sind in dieser Gruppe wiederum stärker vertreten als Pflanzennamen. Das ist leicht verständlich. Das Verbum beschreibt nämlich die Lebewesen, die sich immer wieder anders vor dem Beobachter bewegen und mit einer Stimme äußern. Dabei drängt sich ein Name förmlich auf. Die Pflanze dagegen ist meist in Ruhe und stumm. Aber auch hier ergeben sich gelegentlich Namen gleichsam von selbst, wenn etwas Besonderes eintritt, z. B. wenn ein Same (was durchaus nicht üblich ist) auf eigenartige Weise fortgeschleudert wird (Springkraut, Spritzgurke) oder wenn Pflanzenteile stechen (Stechpalme), kleben (Klebkraut) oder gar stinken (Stinkmorchel).

Nur Beispiele können aus der großen Zahl dieser Wörter folgen; jeweils nur eine Anwendung wird in Klammern beigefügt:

Brüllen (-affe); drehen (-käfer); flimmern (-kugel); grunzen (-ochse); klaffen (-muschel); klammern (-affe); klappern (-schlange); klettern (-natter); klopfen (-käfer); knurren (-hahn); lachen (-taube); rauben (-würger); ringeln (-natter); scharren (-vogel); schillern (-falter); schleichen (-katze); schlingen (-natter); schlüpfen (-wespe); schreien (-adler); singen (-vogel); schnarren (-schrecke); springen (-schwanz); stelzen (-vogel); stinken (-tier); tanzen (-fliege); waschen (-bär); waten (-vogel); weben (-vogel); zittern (-aal); zucken (-mücke).

Klappern (-topf); kleben (-kraut); niesen (-wurz); schneiden (Schnittlauch); schwingen (-alge); springen (-kraut); spritzen (-gurke); stechen (-palme); wuchern (-blume); zittern (-gras).

f) Sonderfälle unter den Komposita

Unter den Komposita gibt es schließlich noch Sonderfälle, die nur wieder zeigen, daß sich die Sprache in kein starres Schema pressen läßt. — Zunächst verbindet eine kleine Wortgruppe ein Adverb mit Substantiv oder Adjektiv. Wir kennen z. B. als Pflanzen:

Immergrün, Singrün *Vinca minor;* Ohnhorn *Aceras anthropophora;* Sinau *Alchemilla;* Widerbart *Epipogon aphyllus;* Widerton *Polytrichum.* Einige von ihnen sind natürlich nur unschöne Lehnübersetzungen, die das griechische *α*-privativum wiedergeben sollen.

Im „Bittersüß“ vereinigen sich zwei Eigenschaftswörter; im „Tausendschönchen“ sind es Zahlwort und Eigenschaftswort.

In „Kuckuck“ und „Zilpzalp“ haben wir zwei lautmalende „Wiederholungswörter“ vor uns. — Endlich gibt es auch hin und wieder vermeidbare Worthybride, in denen zwei verschiedene Sprachen verschmelzen. Als Beispiel sei der „Grizzlybär“ angeführt, der das für den Laien unverständliche grizzly (= brauner Bär) tautologisch erklärt.

g) Zur geschichtlichen Entwicklung der Komposita

Gleich den einfachen Tier- und Pflanzennamen haben auch die zusammengesetzten ihre Vergangenheit. Viele Komposita erwarben schon vor 1000 Jahren in unserer Sprache Heimatrecht. Sie bewahren dabei sehr zäh altes Sprachgut, so daß wir unter ihnen manches althochdeutsche und mittelhochdeutsche Wort entdecken, das als Simplex längst nicht mehr dem Wortschatz von heute angehört. Wir kennen es nur noch aus einem Kompositum, aber Inhalt und Sinn gingen uns verloren. Für diese Behauptung mag folgende Tabelle stehen:

Das Kompositum bewahrt		in der Bedeutung	und sagt aus
Adebar	asächs. ōd; beran	Gut; bringen	bringt Glück
Bachbunge	ahd. bungo	Knolle	mit knotigem Stengel
Brombeere	ahd. brāmo	Dornstrauch	Beeren am Dornstrauch
Flühbirne	mhd. vluo	Felsabhang	auf felsigem Standort
Gauchheil	mhd. gouch	Tor; Kuckuck	heilt Geisteskrankheiten
Hagebuche	ahd. hac, hagen	Gebüsch, Einfriedung	als Einfriedung geeignet
Kaulbarsch	mhd. küle	Kugel	besitzt großen Kopf
Knoblauch	mhd. kloben	spalten	gespaltener Lauch
Maulwurf	mhd. molte	Erde, Staub	wirft Erde auf
Miesmuschel	mhd. mies	Moos	mit Algen bewachsen ?
Schellfisch	mhd. schal	Schale	mit plattig gespaltenem Fleisch
Singrün	ahd. sin	immer, groß	auch im Winter grün
Wiedehopf	ahd. witu	Holz	hüpft auf dem Holze

Einige der angeführten Beispiele fügen sich durch ihre Bestimmungswörter zu Gruppen zusammen.

Wortgruppe „sin-"

Zum Singrün gehört wohl auch Sinau *(Alchemilla)*. Mit dem alten Partikel sin (= beständig) ist hier das ahd. tou (= Tau) verbunden. Sin-tau ist also eine Pflanze, die immer Tautropfen trägt.

Wortgruppe „Hage-"

Zum Hag (= Hecke, Umfriedung) gehört der Hagen (mit demselben Wortinhalt). Als Komposita entstehen auf diese Weise: Hage- (Hain)-buche, Hagedorn (Weißdorn) und Hagebutte. Noch im mhd. war hage gleich Hagebutte. Das später beigefügte -butte, von Bütte = Faß stammend, sollte die Form der Rosenfrucht näher angeben. Wir nennen heute die ähnlichen Früchte des Weißdorns „Mehlfäßchen".

Wortgruppe „Kaul-"

Das Wort „Kaul-" als Bestimmungswort soll den dicken rundlichen Körper oder Kopf eines Tieres andeuten. Wir kennen einen Kaulbarsch *(Acerina cerua)*, d. h. einen dicken Barsch. Das Kaulhuhn (auch Klumphuhn genannt) zeichnet sich durch eine geringe Schwanzausbildung aus. Ein Kaulkopf ist ein Fisch *(Cotus gobio)* mit dickem Kopf. Die Kaulquappe, besonders die Larve der Kröte, trägt ein angeschwollenes Kopfende. Endlich ist auch ein Kaulbrand bekannt. — Nebenbei: in diese Familie müssen wir auch die „Kuhle" rechnen (Bodenvertiefung). Eine „Kaule" ist nämlich eine kugelähnliche Krümmung, die positiv (= Kugel) und negativ (= Vertiefung) gesehen werden kann.

Wortgruppe „Eber-"

Nicht von Eber (= männliches Schwein), sondern wohl volksetymologisch entstanden. Es wird gebraucht wie in Aberglaube (= Mißglaube, bei Luther) und heißt: verkehrt, vom Richtigen entfernt. Die Eberesche *(Sorbus aucuparia)* hat Blätter, die denen der Esche ähnlich sind, also After-, Aber-, Scheinesche. Eine Eberraute *(Artemisia abrotanum)* ist eine Aberraute, die der Edelraute *(Artemisia laxa)* ähnelt. Die Eberwurz *(Carlina acaulis)* ließe sich entsprechend auf eine Aberwurzel zurückführen.

Bei den Komposita fällt auf, daß mitunter ein überliefertes Wort an ein modernes von ganz anderer Herkunft und Bedeutung angeglichen wird. Das Wort Maulwurf hat nichts mit Maul und Eberesche nichts mit Eber zu tun. Solche volksetymologische Bildungen häufen sich bei den Komposita, da nicht allein die beiden Wortbestandteile, sondern auch ihre wechselseitigen Beziehungen mannigfach variiert werden können. So wird z. B. Odermennig *(Agrimonia)* abgewandelt in Odermännchen und Ottermännchen, und für Bachbunge *(Veronica)* treten Bachbohne und Bachbummel ein. Das „Kuh" in der Kuhschelle *(Anemone)* mußte sich, da eine Verbindung zur Kuh unwahrscheinlich war, Veränderungen und Umdeutungen in Küche, Kühchen, Kuckuck und Kücke gefallen lassen (Marzell), wobei das Wort Kücke soviel wie hohle halbe Eierschale bedeutet.

Volksetymologische und andere Umbildungen haben oft Wörter bis zur Unkenntlichkeit entstellt, so daß sie vielfach in ganz fremde Sinnzusammenhänge geraten. Dafür sollen einige weitverbreitete Tier- und Pflanzennamen sprechen:

Grasmücke *Sylvia:* Vielfach mißverstanden. Das „-smücke" gehört zu schmiegen, also „Grasschlüpferin" (WASSERZIEHER), nicht schmücken. Also „graugeschmückter Mönch" ist abzulehnen.

Kiefer *Pinus:* ist aus „Kien" und „Föhre" verschmolzen, Kienföhre ist also eine tautologische Bildung.

Krammetsvogel *Turdus pilaris:* Der erste Wortbestandteil bewahrt, wenn auch verstümmelt, das ahd. kranawitu (= Kranichholz, Wachholder). Daher heißt der Vogel heute auch Wachholderdrossel.

Liebstöckel *Levisticum officinale:* wird von lateinisch *ligusticum* und *levisticum* hergeleitet und mannigfach abgeändert.

Maulbeere *Morus:* hat zu Maul keine Beziehung. Das lateinische *morus*, Maulbeerbaum, das noch im ahd. mūrberi bildet, wird im mhd. zu mūlber.

Nachtigall *Luscinia megarhynchos:* bewahrt bis heute das germanische galan (= singen), dem auch „gellen" zugehört.

Rosmarin *Rosmarinus officinalis:* hat mit Rose und Maria nichts zu tun. Wohl aus *ros* (= Tau) und *marinus* zusammengesetzt. Kam als Lehnwort („Meertau") im 16. Jahrhundert vom Mittelmeer zu uns.

Ruchgras *Anthoxanthum odoratum:* ein Gras, das getrocknet duftet. Also „Riechgras"; es wird auch „Lavendelgras" genannt.

Scharbockskraut *Ranunculus ficaria:* Das mlat. *scorbutus* wurde verändert, das „Scharbock" als Krankheitsname blieb nur in der Pflanze erhalten.

Seehund *Phoca vitulina:* hat nichts mit der See zu tun! Er heißt ahd. sëlah, mhd. säleh, seh; engl. seal. Sein bellender Laut verschaffte ihm den „Hund".

Walnuß *Juglans regia:* eine „Welschnuß", die im 18. Jahrhundert aus Frankreich oder Italien zu uns kam.

Warneidechse (Warane) *Varanidae:* das nicht verstandene arabische Fremdwort wurde umgedeutet (die Eidechse „warnt" ihre Kinder vor dem Krokodil!)

Wohlverleih *Arnica montana:* wird sehr verschieden erklärt. Vielleicht Wolferlei, also Wolfsblume?

Es ist auch verständlich, daß häufiger tautologische Wortschöpfungen vorkommen, weil der eine, da ältere Wortbestandteil falsch oder überhaupt nicht mehr verstanden wird.

Biber *Castor fiber:* idg. Wurzel *bhero (= braun); ahd., mhd. bër (= Brauner); also wohl „Braunbrauner" (Reduplikation).

Damhirsch *Dama dama:* ahd. tamo; mhd. tame (= Hirsch, Reh); franz. daim; also „Hirschhirsch".

Kichererbse *Lathyrus sativus:* mhd. kicher, ziser; lat. *cicer;* also „Erbse von Erbsenart".

Lindwurm: ahd. lind (= Schlange, Wurm); mhd. lintwurm, ein schlangenartiges Ungeheuer des Volksglaubens. Also „Wurmwurm".

Salweide *Salix caprea:* ahd. salaha; mhd. salhe (= Weide); lat. *salix;* also „Weidenweide".

Turteltaube *Streptopelia turtur:* ahd. turtulatuba; mhd. turteltaūbe; lat. *turtur;* also „Taube von Turteltaubenart".

2. Aus Verben entstandene Namen

Pflanzen und Tiere werden in den meisten Fällen durch ein Substantiv benannt. Viele dieser Hauptwörter sind schon seit Jahrhunderten fast unverändert im Sprachgebrauch. Sie wurden daher — wie es die Sprache auch bei Substantiven anderer Inhalte tut — mannigfach weiterentwickelt. Neue Adjektiva entstanden aus ihnen, häufig mit dem Suffix -ig, z. B. Kröte → krötig. Viele neue Verben (Denominativa) benutzten denselben Wortstamm und nahmen dabei sogar gelegentlich Bedeutungen an, die sich von dem ursprünglichen Sinngehalt des Wortes weit entfernen, z. B. Kiebitz → kiebitzen. Besonders gehen die Adjektiva dann ihre eigenen Wege, wenn sie zusammengesetzt werden. Dabei gibt es drei verschiedene Bildungsmöglichkeiten. Während immer unverändert als erster Wortbestandteil (Bestimmungswort) das Tier oder die Pflanze dient, wird für den zweiten teils eine Universalendung (z. B. mandelförmig), teils ein Farbadjektiv (z. B. krebsrot), teils eine Vergleichseigenschaft anderer Art (z. B. lammfromm) gewählt.

Wenn wir dieselben Tier- oder Pflanzennamen in einem Substantiv und Verbum zugleich antreffen, so ist immer zu entscheiden, welches Wort das ursprüngliche ist. Wir kennen nämlich beide Fälle. Die Namen von sehr lange und allgemein bekannten Tieren haben häufig einem Verbum das Leben geschenkt (Ochse → ochsen), weniger bekannte Tiernamen leiten sich umgekehrt oft von dem Verbum her, das zum „nomen agentis" wurde, indem meist das Suffix -er verwendet wurde (spinnen → Spinner). So entstehen neue Tier- und Pflanzennamen.

Wirbeltiere

angeln → **Angler** (Seeteufel, *Lophius piscatorius*), Fisch mit fadenförmigen Auswüchsen, „Angelruten".

fesseln → **Feßler** (Geburtshelferkröte, *Alytes obstetricans*), Männchen „fesselt" seine Hinterbeine mit den Laichfäden.

fressen → **Fresser** (durch ein Bestimmungswort unterscheidet man unter anderen Alles-, Aas-, Fleisch-, Insekten-, Mulm-, Kokosnuß-, Pfeffer-, Pelzfresser usw.).

heben → **Habicht** (Tagraubvogel, *Accipiter gentilis*), Vogel, der zupackt.

hüpfen → **Wiedehopf** (Sitzfüßler, *Insessores*), wörtlich „Holzhüpfer".

kleben → **Kleiber** (Spechtmeise, *Sitta europaea*), verengt den Eingang seiner Nisthöhle, indem er Lehm anklebt.

pudeln → **Pudel** (Rasse des Haushundes, 18. Jahrh.), pudeln = im Wasser plantschen; Vorliebe des Pudels?

nagen → **Nager** (Nagetier, *Rodentia*), mit Nagezähnen versehen.

rasseln → **Ralle** („Kranichartige", *Rallus*), wegen des eigentümlichen Geschreies der Tiere. Hierher auch Wiesen„knarre".

sägen → **Säger** (Zahnschnäbler, *Lamellirostres*), Schnabel wird mit Säge verglichen.

säugen → **Säuger** (Säugetiere, *Mammalia*), Wirbeltiere, die Junge säugen.

schlafen → **Schläfer** (Bilche, *Muscardinidae*), mit ausgedehntem Winterschlaf.

schleichen → **Schleiche** (Eidechsen, *Anguidae*), Tiere mit dem „schleichenden" Gang der Schlange.

schmatzen → **Schmätzer** (Singvogel, *Oenanthe*), Vogel, der schmatzende Laute („tack") erzeugt.

schwirren → **Schwirl** (Singvogel, *Locustella*), nach dem „schwirrenden", eintönigen Gesang des Vogels?

segeln → **Segler** (Familie *Apodidae*), Vogel, der gewandt dahinsegelt.

singen → **Sänger** (Singvögel, *Oscines*), mit Stimmapparat.

spotten → **Spötter** (Singvogel, *Hippolais*), Gesang nachahmend, „verspottend"

stelzen → **Stelze** (Singvogel, *Motacilla*), mit zierlichen Bewegungen.

stoßen → **Stößer** (Tagraubvogel, wie Sperber und Habicht), Vogel, der auf sein Opfer „stößt".

tauchen → **Taucher** (Wasservögel, *Pygopodes*), tauchen nach ihrer Nahrung.

tümmeln → **Tümmler** (Zahnwal, *Phocaena phocaena*), mit recht lebhaften Bewegungen.

Wirbellose Tiere

bohren → **Bohrer** (Klopfkäfer, *Anobiidae*), Larven„ bohren" in Holz, Brot und anderen Stoffen.

brummen → **Brummer,** volkstümliche Bezeichnung für große „brummende" Fliegen.

brennen → **Brenner** (Apfelblütenstecher, *Anthonomus pomorum*), die von der Larve befallenen Blüten sehen wie verbrannt aus.

fliegen → **Fliege** (Zweiflügler, *Dipteren*), das Insekt allein ist das „fliegende" Tier!

fliehen → **Floh** (flügelloses Insekt, *Pulex irritans*), das Tier „flieht".

haften → **Hafte, Uferhafte** (Netzflügler, *Neuropteren*), an den Uferpflanzen „haften" die Chitinhüllen von der letzten Häutung (gilt für Ephemeriden).

kratzen → **Kratzer** (Kratzwürmer, *Acanthocephala*), im Darm lebender Schmarotzer.
Krätze, Hautkrankheit, die juckt und zum Kratzen verleitet.

laufen → **Läufer,** in vielen Komposita, z. B. **Baum-** *Certhia*, **Teich-** *Hydrometra*; **Stein-** *Lithobius*, **Strand-** *Calidris* usw.

schaben → **Schabe** (Schadinsekten, *Blattidae*) „schaben" mit beißenden Mundgliedmaßen.

schrecken → **Schrecke** (Heuschrecke, Geradflügler), bewegen sich hüpfend fort; Wort bewahrt das mhd. schrecken (= springen, hüpfen, tanzen).

spannen → **Spanner** (Schmetterlinge, *Geometridae*), Raupen bewegen sich „spannend“ fort, Vergleich mit der messenden Hand.

spinnen → **Spinner** (Schmetterlinge, *Bombycidae*) und **Spinne** (Webespinnen, *Araneae*), Tiere, die einen Spinnfaden erzeugen.

wickeln → **Wickler** (Schmetterlinge, *Tortricidae*), Raupen verpuppen sich häufig in zusammengerollten Blättern.

Pflanzen

gleißen → **Gleiße** (Hundspetersilie, *Aethusa cynapium*), hat im Gegensatz zur echten Petersilie glänzende Blätter.

kleben → **Klette** (Korbblütler, *Arctium*), die Fruchtstände bleiben im Fell von Säugetieren „kleben“.

quellen → **Queller** (Gänsefußgewächs, *Salicornia herbacea*), Salzpflanze mit saftreichen „aufgequollenen“ Sprossen.

schneiden → **Schneide** (Riedgras, *Cladium mariscus*), besitzt „schneidende“ Blätter, d. h. mit scharfgesägtem Blattrand.

schwingen → **Schwingel** (Rispengras, *Festuca*), trägt die Ährchen an dünnen, beweglichen Stielen.

winden → **Winde** (Windengewächs, *Convolvulus*), klettert windend an anderen Pflanzen empor.

3. Attributive Verbindungen

a) Adjektivische Attribute

Vielen Namen ist ein erklärendes Adjektiv gesondert vorangestellt, so daß diese Lebewesen zwei Namen tragen. Weitaus die meisten von ihnen sind Lehnübersetzungen. Das Adjektiv übersetzt dann den Artnamen, während das Substantiv dem Gattungsnamen entspricht. „*Brassica nigra*“ heißt „schwarzer Senf“ und „*Vespa germanica*“ bedeutet „deutsche Wespe“. Nach ihrem Inhalt geordnet, geben die meisten dieser Adjektiva eine Farbe oder Herkunft an.

Durch andere Beifügungen werden weitere Eigenschaften der Pflanzen und Tiere bestimmt. Dabei werden neben echten Adjektiva (glatt, dick, dünn usw.) auch Partizipialformen gleich gern benutzt. Es gibt eine ganze Anzahl derartiger beliebter Partizipien, bei den Pflanzen etwa die „wohlriechenden, kriechenden, klebrigen, gefleckten“. Im Sprachgebrauch werden die Namen teils als zusammengesetzt empfunden (z. B. kriechender Hahnenfuß, denn es gibt auch einen „flutenden“, einen „schleichenden“, einen „brennenden“ und manche andere). Andere Namen hingegen sind eine Einheit, wie das „Wandelnde Blatt“ und das „Fleißige Lieschen“*. Wir dürfen wohl auch annehmen, daß manche Namen des Gleichklangs wegen aus Gründen der Lautmalerei verbunden wurden. Denn wenn man schon die „Glatte Natter“ gelten lassen kann, so läßt sich eine „Dumme Lumme“ nicht anders erklären.

Eine größere Zahl von Namen benutzt sogar statt eines Substantives menschliche Vornamen, die ein schmückendes und differenzierendes Adjektiv erhalten.

* Eine einheitliche Rechtschreibereglung der Adjektiva stößt also auf Schwierigkeiten.

Hierher gehören nicht nur die „Heinriche“ (alter Name für Kobolde), sondern auch Grete, Luise, Hans und Lieschen, um die häufigsten Beispiele zu nennen. Auch Volksetymologien werden unter diesen Namen zu finden sein.

Adjektiva für die Farbe

Gelb: G. Anemone *Anemone ranunculoides;* G. Fingerhut *Digitalis lutea;* G. Goldstern *Gagea lutea;* G. Lupine *Lupinus luteus;* G. Narzisse *Narcissus pseudonarcissus;* G. Segge *Carex flava;* G. Teichrose *Nuphar luteum.*

Golden: G. Frauenhaar *Polytrichum commune.*

Grau: G. Gans (Klapperschwamm) *Polyporus frondosus.*

Rot: R. Fingerhut *Digitalis purpurea;* R. Hartriegel *Cornus sanguinea*; R. Heinrich *Albersia blitum;* R. Johannisbeere *Ribes rubrum;* R. Ordensband *Catocala nupta;* R. Rübe *Beta vulgaris;* R. Taubnessel *Lamium purpureum;* R. Waldameise *Formica rufa.*

Schwarz: S. Fliege *Heliothrips haemorrhoidalis;* S. Johannisbeere *Ribes nigrum;* S. Pfeffer *Piper nigrum;* S. Senf *Brassica nigra;* S. Wegameise *Lasius niger.*

Weiß: W. Pfeffer *Piper nigrum*!; W. Seerose *Nymphaea alba;* W. Senf *Sinapis alba;* W. Taubnessel *Lamium album.*

Manche Gattungen liefern ganze „Farbfamilien“, z. B. sind von der Segge *(Carex)* bekannt: grüne *(divulsa)*, blaugrüne *(glauca)*, rotbraune *(fulva)*, schwarze *(atrata)*, weißgraue *(canescens)* und weiße *(alba)* Segge.

Adjektiva für die Herkunft

Pflanzen: Deutsche Schwertlilie *Iris germanica;* englischer Knöterich *Polygonum Raji;* französisches Leinkraut *Silene gallica;* oesterreichische Rauke *Sisymbrium austriacum;* schwedischer Hartriegel *Cornus suecica;* Schweizer Mannsschild *Androsace helvetica;* spanische Fetthenne *Sedum hispanicum;* sibirische Meerzwiebel *Scilla sibirica;* tartarischer Buchweizen *Fagopyrum tartaricum;* ungarische Rauke *Sisymbrium sinapistrum.*

Tiere: Afrikanischer Elefant *Laxodonta africana;* afrikanischer Strauß *Struthio camelus;* deutsche Schabe *Blattella germanica;* deutsche Wespe *Vespa germanica;* griechische Landschildkröte *Testudo graeca;* indisches Nashorn *Rhinozeros unicornis;* indische Seekuh *Halicore;* indischer Elefant *Elephas maximus;* kanadischer Biber *Castor canadensis;* spanische Fliege *Lytta vesicatoria;* türkischer Affe *Simia inuus.*

Adjektiva für andere Merkmale

Dicke Bohne, große Bohne *Vicia faba;* dumme Lumme *Uria aalge;* gefleckte Taubnessel *Lamium maculatum;* geflecktes Knabenkraut *Orchis maculatus;* gefleckter Schierling *Conium maculatum;* glatte Natter *Coronella austriaca;* klebriges Hornkraut *Cerastium anomalum;* klebriger Lein *Linum viscosum;* klebriger Salbei *Salvia glutinosa;* rauharmige Fledermaus *Nyctalus leisleri;* rauhhäutige Fledermaus *Pipistrellus nathusii.*

Partizipien

Aufrechtgehender Affenmensch *Pithecanthropus erectus;* brennende Liebe (Lichtnelke) *Lychnis caledonica;* flammendes, fliegendes, tränendes, hängendes Herz *Dicentra spectabilis;* fliegender Fisch, z. B. *Exocoetus volitans;* fliegender Hund *Pteropodidae;* frühfliegende Fledermaus *Nyctalus natula;* kriechender Günsel *Ajuga reptans;* kriechender Hahnenfuß *Ranunculus repens;* spätfliegende Fledermaus *Eptesius serotinus;* stinkender Storchschnabel *Geranium robertianum;* stinkende Nieswurz *Helleborus foetidus;* stinkende Hundskamille *Anthemis cotula;* wohlriechendes Veilchen *Viola odorata;* wohlriechende Wicke *Vicia odorata;* wohlriechende Reseda *Reseda odorata.*

Menschliche Vornamen

Feine Grete (Bockshornklee) *Trigonella foenum graecum,* Volksetymologie des lateinischen Artnamens.

Klingender Hans (Klappertopf) *Alectorolophus,* wegen der klappernden Samen, die im Kelch verbleiben.

Böser Heinrich (Bingelkraut) *Mercurialis,* giftige Pflanze.

Eiserner Heinrich (Vogelknöterich) *Polygonum aviculare.*

Guter Heinrich (Gänsefuß) *Chenopodium bonus Henricus,* als Gemüse geschätzt. Roter Heinrich (Sauerampfer) *Rumex acetosa,* stark mit Anthozyan gefärbt. Stolzer Heinrich (Natternkopf) *Echium vulgare,* stattlicher Wuchs. Fleißiges Lieschen (Balsamine) *Impatiens Sultani,* blüht fleißig. Gute Luise (Birnensorte) *Pirus communis,* gute Speisebirne.

b) Substantivische Attribute

Eine reizvolle Namensgesellschaft, den ,,Satzwörtern" der Imperative ähnlich, wird aus zwei aneinander geketteten Hauptwörtern gebildet. Das zweite von ihnen gibt eine Ergänzung und nähere Erklärung zum ersten. Der Namengeber verläßt sein altes Rezept der Wortneuprägung und hält sich nicht mehr an die gewohnten ,,Spielregeln". Diese Sondernamen zeigen seinen Humor und seine Vorliebe zum gleichnishaften Bild.

Formal lassen sich zwei Fälle unterscheiden, je nachdem die Wortverbindung mit einem Genitiv oder einer Präposition erfolgt. Inhaltlich ließe sich eine Trennung durchführen je nach der Art der Vergleichsobjekte. Sie stehen nämlich zum Menschen in verschiedenen Beziehungen.

Verknüpfung mit Genitiv

Baum des Reisenden *Ravenala guayanensis:* eine Verwandte der Banane; in den hohlen Blattscheiden sammelt sich Regenwasser an, das manchem durstigen Reisenden das Leben rettete.

Fußstapfen des weißen Mannes *Plantago maior:* Der Wegerich ist mit den Einwanderern nach Amerika gekommen; er wurde von den Indianern gleichsam als ein Sinnbild für das Vordringen der Europäer gewertet. — Vielleicht besteht auch eine Verbindung zu dem lat. Namen, der zu *planta* (Fußsohle) gehört.

Hai des Aristoteles *Mustelus laevis:* gehört zu den Marderhaien.

König der Tiere *Panthera leo:* In der Tiersage wird der Löwe wegen seiner Stärke, aber auch königlichen Haltung so genannt.

Königin der Nacht *Cereus grandiflorus:* Die Pflanze ist die schönste unter den Nachtblühern.

Laterne des Aristoteles, Kiefergerüst des Seeigels: Fünf Kalkspangen formen ein laternenähnliches Gebilde; zu Ehren des großen Naturforschers.

Schiff der Wüste *Camelus dromedarius:* arabische Bezeichnung.

Lilie der Täler *Convallaria maialis:* Der Vergleich des Maiglöckchens mit der Lilie ist häufiger; lat. *convallis* = Talabhang.

Hierher gehören wohl auch Sprachbildungen wie: Heil aller Wunden *Sedum*-Arten; Heil allen Schaden *Veronica*-Arten; Heil aller Welt, Trost aller Welt *Veronica*-Arten. Wegen des Gleichklangs des Wortes „Heil" (Substantiv oder Imperativ von heilen) ist eine Scheidung von den Namensimperativen nicht immer möglich.

Ferner wollen wir noch anschließen: Vogel Bülow *Oriolus oriolus* ist als Lautmalerei zu deuten; Vogel Schnarch *Aramidopsis plateni* heißt nach seiner Stimme; Vogel Strauß *Struthio camelus* ist eine Übersetzung des lat. „*avis struthio*", das im Französischen zu „autruche" verschmilzt; Vogel Greif, Fabeltier des Altertums, ahd. grīfo, gehört nicht zu „greifen", sondern zu lat. *gryphus*.

Endlich können wir auch Komposita mit Autorennamen hierher rechnen, bei denen oft ein vorangestellter Genitiv verwendet wird. Wir sagen z. B. Stellers Seekuh, aber auch Stellersche Seekuh *Hydrodamalis stelleri*, und Böhms Lieschgras *Phleum Boehmeri* usw.

Verknüpfung mit Präpositionen

Braut in Haaren *Nigella damascena:* Blüte wird von einer grünen, haarförmigfein zerschlitzten Blatthülle eingerahmt.

Dame in Trauer *Iris susiana:* eine Schwertlilie mit großen grauen, schwarzadrigen Blüten, also recht ungewöhnlich.

Frau in der Badewanne *Dicentra spectabilis:* Die zweifarbige, herzförmige Blüte wird gern gedeutet.

Fräulein im Faltenröckchen *Aquilegia vulgaris:* treffender Vergleich mit den tütenähnlich gerollten Blumenblättern, die bei der Akelei mit den fünf blauen Kelchblättern abwechseln.

Gretel im Busch, Jungfer im Grünen *Nigella damascena:* s. oben.

Hansl am Weg *Polygonum aviculare:* Pflanze liebt Wegränder.

Hansl beim Weg *Cichorium intybus:* Pflanze gern an Wegrändern.

Kräutchen durch den Zaun *Glechoma hederacea:* unter Zaun und Hecken gemein.

Täubchen im Nest *Aconitum napellus:* Die Blüte des Sturmhuts wird gern gedeutet; „Täubchen" sind die zwei Kronblätter, die zu Nektarien wurden.

Vogel mit dem langen Gesicht (Waldschnepfe) *Scolopax rusticola:* wegen der Stellung der Augen.

4. Substantivierte Adjektiva

Bei manchen Namen wird ein Adjektiv mit dem Wert eines Substantivs versehen, es wird „substantiviert". Dabei sind mannigfache Übergänge und Zwischenformen vom Haupt- zum Eigenschaftswort festzustellen. Mitunter ist das Eigenschaftswort kaum noch zu erkennen (Bär, Hammel), in anderen Fällen bildete es Komposita, bei denen Adjektiva, Adverbien oder Substantiva im Bestimmungswort stehen.. In vielen Fällen prägt es durch Anhängen von Suffixen, vor allem -ling, neue Namen. Viele substantivierte Adjektiva befinden sich schließlich unter den Lehnübersetzungen.

a) Echte Adjektiva

Ampfer *Rumex:* ahd. ampharo; urverwandt mit lat. *amarus* („bitter"), eigentlich Adjektiv („sauer", „bitter").

Bär *Ursus:* ahd. bero bedeutet „der Braune". Der Name des Tieres wird umschrieben (Sprachtabu).

Engelsüß *Polypodium vulgare:* Der Farn hat ein süßschmeckendes Rhizom, das nach der Sage von Engeln zur Erde gebracht wurde. Es wird offizinell genutzt.

Hammel, verschnitt. Schafbock: ahd. hamal („verstümmelt") ist ein Adjektiv.

Hase *Lepus:* Das ahd. haso ist ein Deckwort, das „der Graue" bedeutet (Sprachtabu). Entspricht lat. *canus* („grau").

Immergrün *Vinca minor:* bleibt immer, auch im Winter, grün.

Männertreu *Omphalodes verna u.* a.: scherzhafter Vergleich, die Blüten fallen nämlich leicht ab.

Maßliebchen *Bellis perennis:* Die Deutung des Maßliebchens als „über die Maßen lieb" oder „Liebe mit Maßen" ist umstritten. Vielleicht handelt es sich um eine „der Jungfrau Maria liebe" Pflanze.

Tausendschön(chen) *Bellis perennis:* Die Gartenblume ist „tausend Mal schön", d. h. sehr schön.

Unzertrennliche *Agapornis:* Papageien mit rührender Gattenliebe.

Winterlieb *Chimaphila umbellata:* Die Blume ist dem Winter gewogen, sie bleibt grün.

Zeitlose *Colchicum autumnale:* weil die Pflanze im Herbst blüht und im Folgejahr die Frucht entwickelt.

b) Mit Suffixen versehene Adjektiva

Pflanzen

Bitterich *Picris hieracioides:* Die Wurzel der Pflanze schmeckt bitter.
Bitterling *Blackstonia perfoliata:* Die Pflanze schmeckt bitter.
Breitling *Orlaya grandiflora:* Die Pflanze heißt auch ..Breitsame".
Gelbling (Pfifferling) *Cantharellus cibarius:* nach der Farbe des Pilzes.
Kleinling *Centunculus minimus:* niedrig wachsende, unscheinbare Pflanze.
Schärfling *Asperugo procumbens:* Pflanze ist rauh behaart.
Täubling (Ständerpilz) *Russula:* Viele Arten sind „taub", d. h. ungenießbar.
Vierling *Moenchia erecta:* In der Blüte kehrt die Vierzahl häufig wieder.

Tiere

Bitterling (Karpfenfisch) *Rhodeus amarus:* mit bitter schmeckendem Fleisch.

Bläuling *Lycaena:* kleine Falter mit meist blauen Flügeln (Männchen).

Frischling (junges Schwein) *Sus scrofa:* Tiere, die „frisch" gesetzt sind.

Gelbling *Colias palaeno:* Tagfalter mit gelber Flügelunterseite.

Grünling *Chloris chloris:* Singvogel mit gelbgrünem Gefieder (Männchen).

Weißling 1. *Pieridae:* Tagfalter mit weißer Flügel-Grundfarbe; 2. Albino: Lebewesen mit Pigmentmangel.

c) Übersetzte Systembegriffe

Bei diesen Namen sind jeweils die für den Fachmann selbstverständlichen „Pflanzen" bzw. „Tiere" zu ergänzen. Der Spezialist benutzt diese Abkürzungen bis herunter zu den Familien und Ordnungen (Käfer, Fliegen, Schnecken usw.).

Blütenlose *Cryptogamae:* ungenaue Bezeichnung für alle „niederen" Pflanzen.

Einkeimblättrige *Monocotyledones:* Pflanzen mit nur einem Keimblatt.

Flachstirnige, Fam. der *Dipteren:* „Wangen" nicht von der Stirn abgesetzt (Kopfanatomie gewisser Fliegen).

Flügellose *Apterygota:* Insekten ohne Flügel mit mehreren Unterklassen.

Getrenntblumenblättrige *Choripetalae:* Pflanzen, deren Blumenblätter nicht verwachsen sind.

Gleichwarme, auch Warmblüter, Eigenwarme, Homöotherme: Tiere mit im allgemeinen gleichbleibender Körpertemperatur (Vögel und Säugetiere).

Schädellose *Acrania:* Chordatiere ohne Wirbelsäule und Schädel und ohne paarige Gliedmaßen.

Wechselwarme, auch Wechselblüter, Poikilotherme: Die Körperwärme ist abhängig von der Umgebung (das volkstümliche „Kaltblüter" ist unrichtig).

Wirbellose *Evertebrata:* Tiere, die nicht Wirbeltiere sind (LAMARCK).

Zahnarme *Edentata:* Säugetiere, die „arm an Zähnen" sind oder sie völlig entbehren.

Zweikeimblättrige *Dicotyledones:* Pflanzen, deren Keimlinge zwei Keimblätter haben.

5. Imperative

Gedenkemein! *Omphalodes;* Gottvergeß! *Ballota nigra;* Habmichlieb! *Primula minima;* „Heile zusammen!" *Delphinium consolida;* Jelängerjelieber! *Lonicera caprifolium;* Rührmichnichtan! *Impatiens nolitangere;* Vergißmeinnicht! *Myosotis;* „Nimm mir nichts"! *Alchemilla alpina.*

Einige Pflanzen tragen als Namen einen Imperativ. Sie sind „Satzwörter". Sie reden den Beschauer oder Finder gleichsam an, sie sprechen eine Bitte aus. Vergißmeinnicht und Gedenkemein rufen zwei Blumenlieblinge aus, zufällig zwei nahe verwandte (Abb. 45). Wahrlich zwei schöne Namen, gewißlich viel ansprechender als „Mäuseohr" und „Nabelkraut", wie in der Übersetzung *Myosotis* und *Omphalodes* heißen könnten! Warum ausgerechnet diese zwei „Rauhblättrigen" zu der Ehre kommen, sich mit der freundlichen Aufforderung an den Beschauer zu wenden (denn die blauen Rädchen der zierlichen Blüte sind nicht einmal sehr dauerhaft)?

Sie sollen sicher an den Liebsten erinnern. Man soll ihre kleinen Blüten so anschauen, als ob man in ihnen die blauen Augensterne des Geliebten sähe. Die Blütenkrone ist blau; sie hat die Farbe der Treue. Oder ist die kleine Augeniris

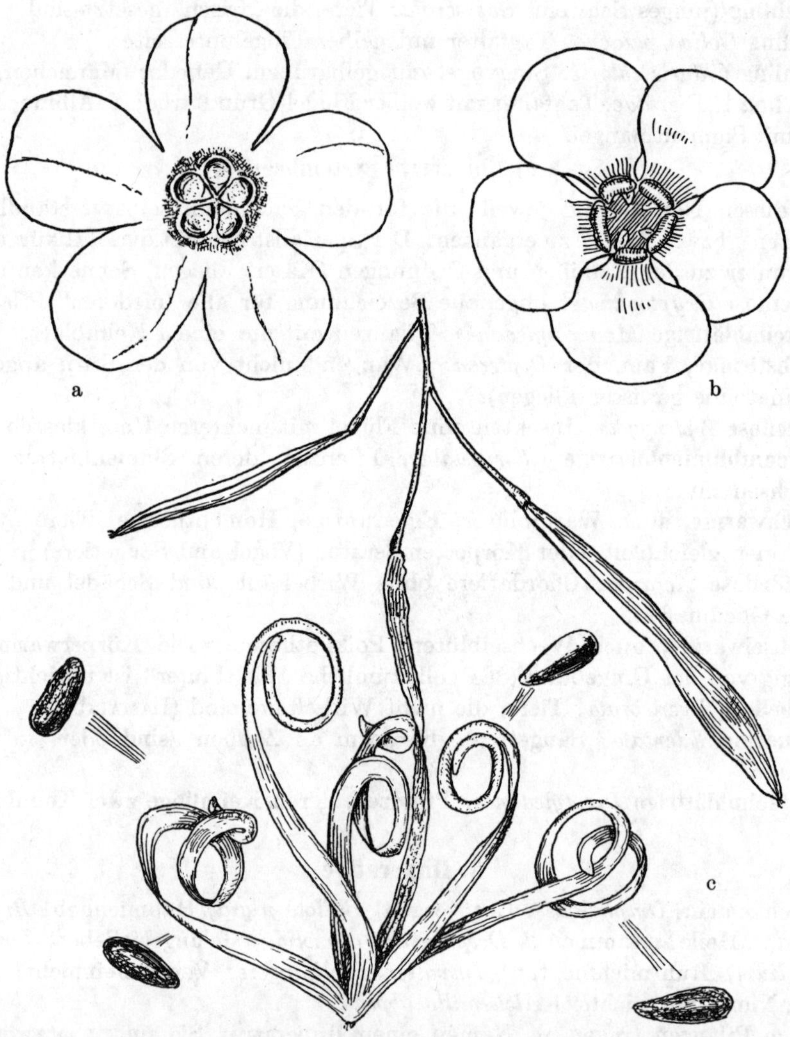

Abb. 45. Imperative in Pflanzennamen. a Gedenkemein *Omphalodes*; b Vergißmeinnicht *Myosotis*; c Rührmichnichtan *Impatiens parviflora*. Alles stark vergrößert

gemeint, die durch die fünf besonders gefärbten (gelb oder weiß) Hohlschuppen vorgetäuscht wird? — Eine andere Deutung wird noch gegeben: Wenn der junge Mann seinem Mädchen das Vergißmeinnicht schenkt, hegt er den Wunsch, mit den blauen Äuglein bei der Geliebten zu bleiben, vielleicht gar mit bewachenden Blicken Zeuge ihres lauteren Verhaltens und ihrer Treue zu sein. Umgekehrt gilt das gleiche. Der traute Name Vergißmeinnicht kehrt bei allen nordischen Völkern wieder. Man kennt dieselbe Bezeichnung auf holländisch, englisch, dänisch, schwedisch und norwegisch.

Das einzige windende Geißblatt ist (neben dem Waldgeißblatt) das Jelängerjelieber, die Pflanze, die jeder, je länger er sie ansieht, um so lieber gewinnt. „Bewundere mich!" sagt das Geißblatt mit dem kopfähnlichen Quirl von Blüten, von Blüten mit langen, hellen, zweilippigen Röhren, die von Schmetterlingen besucht werden. Warum gerade bei dieser Pflanze das „je—desto" stehen blieb, wo wir doch wissen, daß der alte Name früher anderen Pflanzen galt? Je länger man das Fruchtfleisch des Bittersüß *(Solanum dulcamare)* kaut, um so süßer schmeckt es; je länger man den Duft mancher Blume (z. B. Knabenkraut) wahrnimmt, um so süßer und unwiderstehlicher kommt er uns vor. Dergleichen Pflanzen heißen in manchen Gegenden auch Jelängerjelieber.

Ein jeder kennt das Rührmichnichtan, den „Hüpferling" der Thüringer, das „Huppemannl" aus dem Sudetengau. Es sind zwei wildwachsende Vertreter der „ungeduldigen" *(impatiens)* Pflanzengattung. Mit dieser freundlichen Warnung, die diese schattenliebenden Kräuter mit den gelben, gespornten Blüten aussprechen, handeln sie gegen ihre eigenen Interessen. Sie müßten im Gegenteil rufen: „Rührt uns an!", damit die fünf schwarzen Samen ihrer Springfrüchte möglichst sicher und weit davongeschleudert werden können. Mit welchem Erfolg das Rührmichnichtan seine Samen verspritzt, zeigt die kleinblütige Art, ein später Eindringling in unsere Flora, die in kurzer Zeit Heimatrechte erwarb. Einen empfindlichen Menschen nennt man in übertragener Bedeutung ein „Kräutchen Rührmichnichtan". Von einer anderen hochgradig berührungsempfindlichen Pflanze, der Mimose — ihre Blätter können eine „Schreckstellung" einnehmen —, hat man sogar ein eigenes Adjektiv gebildet (mimosenhaft).

Sicher zu den schönsten Alpenblumen der „Schneetälchen" in größeren Höhen gehört eine kleine Primel, die kleinste aller rotblühenden im Bunde. Auch wenn sie uns nicht das Habmichlieb zuriefe, müßten wir das zarte Blümchen mit der rosaroten Blütenkrone, die sich aus einer winzigen Rosette keilförmiger Blättchen erhebt, gernhaben. Denn es wetteifert sogar erfolgreich mit der Pracht der großen gelbblühenden Schwester, der Aurikel.

Ob aber der Schöpfer das Gottvergeß wirklich übersah? Gewiß, die Pflanze riecht fast widerlich, die Lippenblüten sind schmutzigrot, die Blätter erinnern an die so oft gehaßte Brennessel. Die Schwarznessel (wie sie auch sonst noch heißt) liebt Standorte, wo sich Schutt und Unrat häufen — aber sie deckt das gnädig zu, was unser Auge sonst viel stärker beleidigte.

Der Alpensinau *(Alchemilla alpina)* wird auch Nimm mir nichts genannt. Er wird mit einer Art Beschwörungsformel angeredet. Der Name rührt noch aus der Zeit des Hexenglaubens. Die Pflanze sollte den Weidetieren Schutz gewähren, wenn ein Zauber ihnen die Milch hätte entziehen wollen.

Imperative verstecken sich mitunter auch in lateinischen Art- und Gattungsnamen. *Delphinium consolida*, unser Feldrittersporn, müßte wörtlich übersetzt „Heile zusammen!" heißen. Denn *consolidare* bedeutet „festmachen", d. h. auch die Wunden zusammenheilen. Hinter diesem Namen verbirgt sich wohl eine alte Verwendung in der Volksheilkunde. Tatsächlich sind in der Pflanze, die auch heute noch gelegentlich genutzt wird, giftige Alkaloide vorhanden. Ihre Samen, die „Läusekörner", sollen Ungeziefer vertreiben helfen. — Ein Verbum *resedare* heißt heilen und beruhigen. Reseda wurde früher tatsächlich bei Beschwörungen von Krankheiten gebraucht. Für die wohlriechende Gartenblume hat die deutsche Sprache „Reseda", die Befehlsform des lat. Verbums, bewahrt (andere Arten derselben Gattung tragen den Namen „Wau").

6. Die Endungen des einfachen Namens

Präfixe treten bei den Namen nicht auf, von dem gruppenbildenden ge- abgesehen, nur ihre Endsilben oder Endungen erlauben, eine größere Zahl von endungsgleichen Namengruppen zu unterscheiden. Dabei sind deutsche Endungen von fremdsprachigen zu trennen. Manche sehr bekannte Suffixe fehlen völlig, z. B. Wörter mit -falt, -heit, -nis, -sal, -schaft, -tum; andere dagegen werden stark bevorzugt, wie -ling, -ich, -chen, -el. Fremdklingende Endungen lassen häufig lateinische oder griechische Wortenden erkennen und sind entlehnt. Suffixe aus den romanischen Sprachen sind häufig. Manche von ihnen sind aber auch nur einfach angepaßt an weit verbreitete und gut bekannte Beispiele, obwohl sie nicht einmal der indoeuropäischen Sprachfamilie entstammen (z. B. peruanisch „cuntur" wird zu „Kondor").

Die Endung -a

Pflanzen: Arnika (Wohlverleih, *Arnica montana*); Coca (Droge, *Erythroxylon coca*); Cola (zu Anregungsmitteln, *Cola*); Copra (Fruchtfleisch von *Cocos nucifera*); Erica (Heide, *Erica*); Paprika (Pfeffer, *Capsicum annuum*); Reseda (Zierpflanze, *Reseda*); Yucca (Faserpflanze, *Yucca*).

Tiere: Alpaka (kamelähnliches Haustier, *Lama pacos*); Ara (Papagei, *Sittace*); Atta (Ameise, *Atta*); Boa (Riesenschlange, *Boa*); Cobra (Brillenschlange, *Naja naja*); Gorilla (Menschenaffe, *Gorilla gorilla*); Lama (Haustier, *Lama glama*); Puma (Silberlöwe, *Panthera concolor*); Onza (Jaguar, *Panthera onca*); Zebra (zu den Pferden, *Equus zebra*).

Nur wenige Beispiele tragen die lateinische Endung des weiblichen Substantivs (1. Dekl.). Die meisten entstammen fremden Sprachräumen (Lama, Zebra, Ara, Onza). Das volltönende -a wird gern bei den latinisierten Gattungsnamen übernommen, öfters als Parallelbildung, z. B. Cola (afrikanisch), Lama (südamerikanisch), Copra (hindustanisch), und kommt dann unverändert ins Deutsche.

Die Endung -al

Admiral (Schmetterling, *Pyrameis atalanta*); Gavial (Krokodil, *Gavialis gangeticus*); Schakal (hundeverwandtes Raubtier, *Canis aureus*); Sisal (Faserpflanze, *Agave sisalana*).

Die für die Fachsprache bei den Adjektiva so häufige Endung -al, die hier immer auf das lateinische -alis zurückgeht, etwa in distal, proximal, hat bei den

Substantiven meist anderen Ursprung, z. B. kommt Admiral aus dem Arabischen (nicht von lat. *admirari!*), Gavial aus dem Indischen, Sisal ist ein geographischer Name, Schakal stammt aus dem Persischen.

Die Endung -an

Pflanzen: Baldrian (Heilpflanze, *Valeriana*); Enzian (Drogenpflanze, *Gentiana*); Majoran (Gewürzpflanze, *Origanum majorana*); Platane (Alleebaum; *Platanus*); Safran (Farbpflanze, *Crocus sativus*); Thymian (Gewürzpflanze, *Thymus*).

Tiere: Fasan (Hühnervogel, *Phasianus colchicus*); Kaiman (Krokodil, *Alligator mississippiensis*); Kormoran (Ruderfüßer, *Phalacrocorax carbo*); Leguan (Eidechse, *Iguana*); Merlan (Wittling, *Gadus merlangus*); Milan (Gabelweihe, *Milvus milvus*); Ortolan (Hortulan, Gartenammer, *Emberiza hortulana*); Pavian (Hundsaffe, *Papio*); Pelikan (Ruderfüßer, *Pelecanus onocratulus*); Salangan (Seglervogel, *Collocalia*); Tukan (Pfefferfresser, *Rhamphastus*); Waran (Eidechse, *Varanus*).

Das Suffix -an ist weit verbreitet, besonders unter den Tiernamen. Es geht in vielen Fällen auf die lat. oder mlat. Endung *-anus* zurück, z. B. in Enzian, Ortolan, Majoran; interessant ist die Verschmelzung von *Corvus marinus* („Seerabe") zu Kormoran. Andere -an-Namen sind nur angeglichen und entstammen recht verschiedenen Sprachräumen, z. B. Safran und Waran (arabisch); Tukan (indianisch); Salangan (malaiisch) usw.

Die Endung -ander

Gamander (Lippenblütler, *Teucrium*); Koriander (Gewürzpflanze, *Coriandrum sativum*); Leander (Garnele, *Leander squilla*); Oleander (Zierstrauch, *Nerium oleander*); Palisander (Nutzholz, *Jacaranda brasiliana*).

Das Suffix -ander ist entlehnt, aber wohl verschiedener Herkunft. Meistens wird es als eine griechisch-lateinische Endung zu deuten sein (*ἀνήρ* = Mann). Im Lateinischen steht *Leander* neben *Leandrus*. Das persische samand („feuerrot") ergab ein salamandar usw. Parallelbildungen sind wohl anzunehmen.

Die Endung -ang

Orang (Menschenaffe, *Pongo pygmaeus*); Pisang (Banane, *Musa paradisiaca*); Rotang (Palme, *Calamus*); Siamang (Langarmaffe, *Hylobates syndactyles*); Trepang (Seegurke, *Holothuria edulis*).

Eine Reihe malaiischer Fremdwörter endet auf -ang. Auch Wörter mit der Endung -ong gehen auf das Malaiische zurück, wie Dugong und Kalong.

Die Endung -ant

Aland (Weißfischart, *Idus melanotus*); Alant (Korbblütler, *Inula spec.*); Amarant (Fuchsschwanzverwandtschaft, *Amarantus*); Elefant (*Elephas maximus*). Galgant (alte Volksarznei, verwandt mit Ingwer); Traganth (Droge, *Astragalus spec.*; oft auch für Tragantgummi gebraucht).

Die Endung -ant ist oft (ob immer?) aus dem Griechischen entlehnt worden (*ἐλέφαντος, ἀμάραντος*). Für unsere Namen kommen jedenfalls die aus dem lateinischen Verbum der 1. Konj. gebildeten -ans, -antis der Partizipendungen nicht vor. Alant und Galgant lassen sich bis zum ahd. zurückverfolgen (alant, galangan).

Die Endung -ar

Dromedar (einhöckeriges Kamel, *Camelus dromedarius*); Jaguar (katzenähnliches Raubtier, *Panthera onca*); Kasuar (straußähnlicher Vogel, *Casuarius casuarius*).

Das Suffix -ar geht meist auf das lateinische *-arius* zurück, dabei sind manche Namen alt, wie *dromedarius* („Schnelläufer"), das aus *dromas camelus* = Dromedar entstand, andere dagegen jung, wie das mlat. *casuarius*, das auf einen malaiischen Namen zurückgeht. Jaguar ist ein Wort aus der Tupi-Sprache.

Die „Endung" -au

Meltau und Mehltau (*Erysiphe, Uncinula etc.;* Pilzschädling); Pippau (= Feste, Korbblütler, *Crepis*); Sinau (Frauenmantel, *Alchemilla*); Silau (Doldengewächs, *Silaus pratensis*).

Keine Endung, sondern zum Stamm des Wortes gehörend. Sinau und Meltau sind Komposita, in denen sin (= immer) und mel (zu Mehl?) mit Tau verschmolzen sind.

Die Endung -at

Granat (Nordseekrabbe, *Crangon vulgaris*); Salat *(Lactuca sativa);* Spinat *(Spinacia oleracea).*

Das Suffix -at geht auf ein lateinisches -atus zurück. In Granat und Salat werden die mlat. Adjektiva *granatus* („gekörnt") und *salatus* („gesalzen") verwendet. Die Endung ist häufig bei den Fremdwörtern der höheren systematischen Einheiten, wie Ciliat, Flagellat, Coelenterat, wo die lat. Endungen *-atum, -ata* vorliegen. Whalaat ist natürlich ein Kompositum („Walspeise").

Die Endung -bold

Schillerbold (Libelle, *Libellulidae*); Uferbold (Steinfliege, *Perla cephalotes*).

Rein deutsche Endung. Sie war früher selbständig, ahd. baldo, mhd. bolt, balt, adverbiell gebraucht, „kühn, schnell". Auch als Endung -bald in den Männernamen. Für einige Tiernamen (dem Witzbold, Raufbold usw. nachgebildet) verwendet, wenn Tiere rasch dahinfliegen. Ein Schillerbold ist ein schillerndes, schnelles Tier.

Die Endung -chen

Pflanzen: Buschwindrös- *Anemone nemorosa;* Gänseblüm- *Bellis perennis;* Heiderös- *Daphne cneorum;* Hungerblüm- *Draba;* Hornköpf- *Ceratocephalus falcatus;* Kohlrös- *Nigritella nigra;* Leberblüm- *Anemone hepatica;* Mäuseschwänz- *Myosurus minimus;* Pfaffenhüt- *Evonymus europaeus;* Radies- *Raphanus sativus;* Rapünz- *Valerianella;* Schneeglöck- *Galanthus nivalis;* Sonnenrös- *Heliantheum;* Stiefmütter- *Viola tricolor;* Veil- *Viola;* Weidenrös- *Epilobium.*

Tiere: Ackermänn- (Bachstelze) *Motacilla alba;* Eichhörn- *Sciurus vulgaris;* Essigäl- (Fadenwurm) *Anguillula aceti;* Federgeist- (Kleinschmetterling) *Orneodes;*

Frett- *Mustela furo;* Goldhähn- *Regulus;* Heim- *Gryllus domesticus;* Heermänn- (kleines Wiesel) *Mustela nivalis;* Kanin- *Lepus cuniculus;* Meerschwein- *Caviidae;* Moderlies- (Karpfenfisch) *Leucaspius delineatus;* Müller- (Zaungrasmücke) *Sylvia curruca;* Petermänn- (Knochenfisch) *Trachinus draco;* Rotkehl- *Erithacus rubecula;* Rotschwänz- *Phoenicurus;* Rübenäl- (Fadenwurm) *Heterodera Schachti;* Seepferd- *Hippocampus antiquorum;* Silberfisch- *Lepisma saccharinum;* Täub- (Schwärmer) *Macroglossa stellatarum;* Weizenäl- (Fadenwurm) *Tylenchus scandens;* Widder- (Schmetterlinge) *Anthroceridae.*

Rein deutsche Nachsilbe. Allenthalben die übliche Verkleinerungsform, auch im Schriftdeutschen. Daneben, jedoch viel seltener, wird gleichbedeutend das -lein verwendet. Das -chen läßt sich bis zum ahd. -chīn zurückverfolgen (näheres s. S. 255).

Die „Endung“ -chs

Buchs(baum) *Buxus sempervirens*, ahd. buhs; Dachs *Meles meles*, ahd. dahs; Flachs *Linum usitatissimum*, ahd. vlahs; Fuchs *Vulpes vulpes*, ahd. vuhs; Lachs *Trutta salar*, ahd. lahs.

Das -chs im Auslaut wurde unverändert aus dem ahd. und mhd. übernommen. Gern bei Einsilbern verwendet. Vielleicht sind auch Eidechse (und die von Oken vorgeschlagene Kurzform Echse) und Brachsen hierher zu nehmen. Das Wort Phlox (Flammenblume) ist griechisches Fremdwort.

Die Endung -der

Affolder (Apfelbaum) *Malus*, ahd. apholtra; Flieder *Sambucus nigra; Syringa vulgaris*, ags. fliodar; Holunder, Holder, Holler *Sambucus nigra*, ahd. holuntar; Maßholder (Feldahorn) *Acer campestre*, ahd. maȥȥoltra; Wachholder, Reckholder, Queckholder, *Juniperus communis*, ahd. wecholter.

Die Endung -der ist eine deutsche Endung, sie gilt nur für Bäume, höher wachsende verholzende Pflanzen. Sie geht auf das germanische „Baumnamensuffix“ (Kluge-Götze) -dra zurück, das im gotischen triu (Baum) und im englischen tree (Baum) wiederkehrt. — Das heute kaum gebräuchliche Heister lautete im mhd. gleich und stand für „junge Buche“; das Französische hat das Wort in hêtre (Buche) bewahrt. Auch die Rüster *(Ulmus campestris)* steht wohl in diesem Zusammenhang.

Die Endung -e

Eine bei den Namen oft erscheinende Endung, die indessen sehr verschiedene Herkunft haben kann. Wir wollen hier fünf verschiedene Endungs-e unterscheiden:

1. Feminina, in denen das -e aus den lateinischen *-us* oder *-a* gebildet wurde: Alge *alga;* Berle *berula;* Bete *Beta;* Larve *larva;* Malve *malva;* Orfe *orphus;* Palme *palma;* Raute *ruta;* Rose *rosa;* Tulpe *tulipa;* Ulme *ulmus;* Viole *viola;* Zikade *cicada.*
2. Das Endungs-e einer Pluralform: Birne aus *pira (pirum);* Lilie aus *lilia (lilium);* Pflaume aus *pruna (prunum).*

3. Das französische Endungs-ée: Porree (aus lat. *porrum*); Chicoree (aus lat. *cichorium*).
4. Feminina, die sich von Verben herleiten: Eule, das Tier schreit nach Eulenart; Fliege, das Tier fliegt; Gleiße, die Blätter der Pflanze gleißen, glänzen; Hafte, das Tier heftet die Häutungshüllen an die Pflanzen, die Hüllen haften; Klette, die Früchte der Pflanze kleben; Möwe, das Tier „möwt", von ahd. maven = wimmernd schreien; Schabe, das Tier schabt, zerschabt; Schleiche, das Tier schleicht; Schneide, das Gras hat „schneidende", d. h. scharf gesägte Blattränder; Schrecke, das Tier hüpft, von ahd. screkkan = hüpfen; Stelze, das Tier stelzt, geht auf Stelzen; Winde, die Pflanze windet sich empor; Zirpe, das Tier zirpt.
5. Feminina, in denen das -e aus dem althochdeutschen -a entstand: Birke (bircha), Buche (buohha), Eibe (iwa), Espe (aspa), Föhre (forha), Gerste (gersta), Kirsche (kirsa), Rebe (reba), Schlehe (sleha), Tanne (tanna). — Dohle (tāha), Eidechse (egidehsa), Eule (ūwila), Forelle (farawa), Katze (kazza), Kröte (chrota), Lerche (lērahha), Meise (meisa), Mücke (mucka), Ratte (ratta).

Die Endung -ei

Pflanzen: Akelei *Aquilegia;* Ammei *Ammi maius;* Osterluzei *Aristolochia clematitis;* Polei *Mentha pulegium;* Salbei *Salvia.*

Tiere: Blei *Abramis brama;* Papagei *Psittacus;* Schlei(e) *Tinca vulgaris;* Uckelei (Fisch) *Alburnus lucidus.*

Uneinheitliche Gruppe. Nur einige -ei gehen auf das lateinische *-ia* zurück, wie z. B. Salvia. Polei ist bereits im ahd. anzutreffen. Osterluzei ist volksetymologisch entstellt und oft verändert worden. Uckelei ist wohl russischer Herkunft; Papagei stammt vielleicht aus dem Arabischen und wurde mit einer spanischen Endung (papagayo) versehen.

Die Endung -el

Pflanzen: Apfel *Malus;* Aurikel *Auricula;* Dingel *Limodorum abortivum;* Dinkel *Triticum spelta;* Distel *Carduus, Cirsium;* Fenchel *Foeniculum vulgare;* Gagel *Myrica gale;* Günsel *Ajuga reptans;* Hasel *Corylus avellana;* Hechel *Ononis;* Kerbel *Anthriscus;* Knäuel *Scleranthus;* Kümmel *Carum carvi;* Mandel *Prunus communis;* Mispel *Mespilus germanicus;* Mistel *Viscum album;* Morchel *Morchella;* Nessel *Urtica;* Pappel *Populus;* Primel *Primula;* Quendel *Calamintha;* Ranunkel *Ranunculus;* Runkel *Beta vulgaris;* Schimmel *Mucor;* Schwingel *Festuca;* Sesel *Seseli libanotis;* Spargel *Asparagus;* Tännel *Elatine;* Träubel *Muscari;* Trüffel *Tuber*; Weichsel *Prunus mahaleb;* Zwiebel *Allium cepa.*

Tiere: Assel, Ordn. *Isopoda;* Amsel *Turdus;* Büffel *Bubalus;* Drossel *Turdus;* Esel *Equus asinus;* Gimpel *Pyrrhula pyrrhula;* Grundel *Gobio fluviatilis;* Hummel *Bombus;* Igel *Erinaceus europaeus;* Muschel *Lamellibranchiata;* Tarantel *Tarentula;* Tölpel *Sula bassana;* Wachtel *Coturnix coturnix;* Ziesel *Citellus citellus;* Zobel *Martes zibellina.*

Eine sehr beliebte deutsche Endung. Sie ist zwei verschiedenen Gruppen zuzuweisen. Die erste Wortgruppe (die größere) führt bis zum ahd. zurück. Hier kehrt die Endung teils als -il (z. B. in igil, dinkil, bungil, kumil) wieder; teils als -ila, ala, -ela (z. B. in mandala, wīshela, muscula, kervolla) wieder und gibt damit die lat. Verwandtschaft an. Im mhd. ist die Veränderung in -el bereits erfolgt.

Die zweite Wortgruppe dagegen umfaßt die Diminutiva, die auf -el auslauten (s. S. 260). Wir unterscheiden dabei verkleinernde Lehnwörter aus dem Lateinischen (z. B. Assel, Primel) und deutsche Verkleinerungen (z. B. Morchel aus Möhre, Ferkel aus mhd. varch).

Einige -el-Wörter gehören in andere Zusammenhänge. Büffel findet man im französischen buffle wieder; Spargel ist ein Lehnwort (lat. *asparagus*), GRIMMELSHAUSEN sagt (1673) noch Spargen, daneben galt früher Sparg(es).

Die Endung -elle

Näheres s. S. 260.

Die Endung -er

Pflanzen: Alber (Weißpappel) *Populus alba;* Ampfer *Rumex;* Dotter *Camelina sativa;* Emmer *Triticum tricoccum;* Felber (Silberweide) *Salix alba;* Germer *Veratrum;* Hafer *Avena sativa;* Kiefer *Pinus;* Pfeffer *Piper, Capsicum;* Queller *Salicornia herbacea;* Reizker *Lactarius;* Zeder *Cedrus.*

Tiere: Auster *Ostrea edulis;* Brenner *Anthonomus pomorum;* Brummer *Calliphora erythrocephala;* Hummer *Homarus vulgaris;* Käfer, Ordn. *Coleoptera;* Kanker, Ordn. *Opiliones;* Köhler *Gadus virens;* Kratzer *Acanthocephala;* Kleiber *Sitta europaea;* Pieper *Anthus trivialis;* Säger *Mergus;* Sänger *Sylviidae;* Schläfer *Muscardinidae;* Schmätzer *Oenanthe;* Schröter *Lucanidae;* Schwärmer *Sphingidae;* Segler *Apus apus;* Sichler *Plegadis falcinellus;* Spanner *Geometridae;* Spinner *Bombycidae;* Sprosser *Luscinia;* Strömer *Telestes agassizii;* Taucher *Pygopodes;* Tümmler *Phocaena phocaena;* Würger *Lanius;* Weber *Lamia textor;* Zünsler *Pyralidae.*

In vielen Namen steckt die Tätigkeit des Tieres, sie sind „nomina agentis“. Die -er-Wörter sind daher unter den Pflanzennamen viel seltener, denn eine Tätigkeit wird an der Pflanze schwerer wahrgenommen. Die hier angeführten botanischen Beispiele gehören wohl meist in andere Zusammenhänge. Der saftreiche Queller läßt das „quellen“ mit Recht erkennen; Kiefer ist die abgekürzte Kienföhre; daß bei Zeder nicht die Endung -der (Baum) vorliegt, beweist das ahd. cēdarboum. Tiger ist das lat. *tigris* mit aufgepfropfter deutscher Endung. Aber Häher und Reiher, die wohl beide auf die gleiche idg. Wurzel zurückgehen, sind nomina agentis, wenn auch das dazugehörige Verbum heute nicht mehr bekannt ist. Die „Familie der Aare“ hat nur zufällig die Endung -er; sie steht für das Wort „Aar“. Wir unterscheiden hier:

Aar-Art	ahd.	mhd.	wörtlich
Adler	adal + aro	adelar, adlar	edler Aar.
Sperber	sparwari	sparw-aro	Sperlinge fressender Aar.
Mauser (Mäusebussard)	musari	mus-ar	Mäuse fressender Aar.

Eine große Zahl weiterer -er-Wörter bildet sich der Biologe in seinen Behelfsübersetzungen zur Kennzeichnung höherer systematischer Einheiten, indem er einem Merkmal, das zur Unterscheidung dient, einfach ein -er anhängt. Dadurch erhält das Wort einen neuen Inhalt: aus dem anatomischen Begriff wird ein systematischer.

Beutel — Beutler; z. B. in Rüsselbeutler, *Tarsipedinae*.
Flügel — Flügler; z. B. in Zweiflügler, *Diptera*.
Fuß — Füßler; z. B. in Tausendfüßler, *Myriapoda*.
Kiefer — Kiefler; z. B. in Sackkiefler, *Entognatha*.
Pfote — Pfötler; z. B. in Hufpfötler, *Subungulata*.

Bezeichnend ist, daß der sprachschöpferische Biologe schwankt, ob er die Endung -ler oder -er verwenden soll. Nachdem schon lange -flügler benutzt wird, nimmt man -füßer (statt -füßler) nur zögernd an. Ein -beuter statt -beutler wäre unklar; bei -kiefer und -kiefler ist es nicht anders. Hier fehlt eine eindeutige Sprachregelung für die Lehnübersetzungen.

Die Endung -i

Kauri *Cypraea moneta;* Kolibri *Trochilidae;* Lori *Loriinae;* Mahagoni *Swietenia mahagoni*.

Wörter auf -i sind Fremdwörter. Die angeführten Beispiele stammen aus dem Indischen, Malaiischen und Indianischen.

Die Endungen -ich und -rich

Pflanzen: Äscherich (Rebenmeltau) *Uncinula necator;* Attich *Sambucus ebulus;* Bitterich *Picris hieracioides;* Eppich *Hedera*, auch *Sium*, *Berula;* Felberich, Gilbweiderich *Lysimachia;* Fennich (Borstenhirse) *Setaria etc.;* Hederich *Raphanus raphanistrum;* Knöterich *Polygonum;* Lattich *Lactuca;* Meirich (Miere) *Alsine;* Pfirsich *Prunus persica;* Rettich *Raphanus;* Scheiberich (Sellerie) *Apium;* Staudich *Kochia;* Wegerich *Plantago;* Weiderich *Lythrum;* Wendich *Calepina corvini*.

Tiere: Kranich *Grus grus;* Sittich *Psittacus;* Enterich, Gänserich usw.

Die Endung -ich, die wir mit der für Männernamen gebräuchlichen Endung -rich vereinigen, bezeichnet nur Maskulina. Sie wird vom Biologen gern benutzt: Etwas, was am Stengel Knoten hat, ist ein Knöterich, was am Wege wächst, ist ein Wegerich, was Weidenblätter besitzt, ein Weiderich usw. Tiere auf -ich sind selten, wenn man von der vermännlichenden Vogelnamenendung -ich absieht (z. B. Täuberich).

Das griechische Wort für Eppich erscheint in drei verschiedenen Komposita, wie folgender Vergleich zeigt.

griechisch	lateinisch	Mittelalter	heute
ὑδροσέλινον	Apium palustre	Wassereppich	Eppich lat. nicht eindeutig.
ἱπποσέλινον	Apium Macedonicum	Großeppich	Sellerie lat. *Apium graveolens.*
πετροσέλινον	Apium hortensis	Felseneppich, Steineppich	Petersilie lat. *Petroselinum sativum*

Die Endung -ie

Pflanzen: Akazie *Acacia;* Bakterie *Bacterium;* Cichorie *Cichorium;* Endivie *Cichorium endivia;* Fuchsie *Fuchsia;* Hortensie *Hortensia;* Kastanie *Castanea;* Lilie *Lilium;* Petersilie *Petroselinum;* Robinie *Robinia;* Zinnie *Zinnia.*

Tiere: Aktinie (Blumentier) *Actinia;* Ascidie (Seescheide) *Ascidia;* Planarie (Strudelwurm) *Planaria.*

Die Endung -ie ist besonders bei Eigennamen beliebt. Sie geht auf lat. *-ia* oder *-ium* zurück. Sellerie (franz. célerie) gehört nicht hierher.

Die Endung -in(e)

Pflanzen: Apfelsine *Citrus aurantium;* Balsamine *Impatiens balsamina;* Jasmin *Jasminum;* Lupine *Lupinus;* Mandarine *Citrus nobilis;* Rosmarin *Rosmarinus officinalis.*

Tiere: Bekassine *Capella gallinago;* Delphin *Delphinus delphis;* Gregarine *Gregarina* (Sporentierchen); Hermelin *Mustela erminea;* Pinguin *Sphenisciformes;* Sardine *Clupea pilchardus;* Trichine *Trichina.*

Die Wörter sind zumeist griech.-lat. Herkunft. — Zur Kennzeichnung des weiblichen Geschlechts bilden wir: Äffin, Löwin, Häsin, Füchsin usw.

Die Endung -ing

Hering *Clupea harengus;* Lemming *Lemmus;* Wirsing *Brassica oleracea.*

Die Erklärung der stets männlichen -ing-Wörter bereitet Schwierigkeiten. Eine Abgrenzung zu den Wörtern mit dem Suffix -ling ist nicht durchzuführen. Übergangsformen sind auch Wortstämme, die auf ein l auslaufen (z. B. Stichling, Schmerling).

Die Endung-itz(e)

Pflanzen: Berberitze *Berberis;* Ebritz (Aberraute) *Artemisia abrotanum;* Dirlitze, Herlitze *Cornus mas;* Lakritze *Glycyrrhiza.*

Tiere: Ellritze *Phoxinus laevis;* Girlitz *Serinus serinus;* Kiebitz *Vanellus vanellus;* Stieglitz *Carduelis carduelis.*

Eine schwierige, wohl auch uneinheitliche Gruppe! Vielleicht weist die Endung -itz ins Slawische. Die Lakritze ist wohl aus dem mlat. *liquiritia* entstanden.

Die Endungen -le und -lein

Näheres s. S. 259.

Die Endung -ling

Pflanzen: Bitterling *Blackstonia perfoliata;* Kleinling *Centunculus minimus;* Krümmling *Chondrilla;* Schärfling *Asperugo procumbens;* Schierling *Conium maculatum;* Schlammling *Limosella aquatica;* Spärkling *Spergularia;* Strandling *Litorella juncea;* Vierling *Moenchia erecta;* Winterling *Eranthis hiemalis.* **Pilze:** Brätling *Lactarius;* Egerling *Agaricus;* Milchling *Lactarius;* Pfifferling *Cantharellus;* Ritterling *Tricholoma;* Rübling *Collybia;* Schleierling *Cortinarius;* Schneckling *Hygrophorus;* Täubling *Russula;* Tintling *Coprinus;* Trichterling *Clitocybe;* Wulstling *Amanita.*

Tiere: Bläuling *Lycaena;* Federling *Mallophaga;* Flechtling *Copeognatha;* Gelbling *Colias;* Grünling *Chloris;* Hänfling *Carduelis cannabina;* Haarling *Trichodectidae;* Hainling *Erycinidae;* Hüpferling *Copepoda;* Schmetterling *Lepidoptera;* Sperling *Passer;* Weißling *Pieris.* **Fische:** Bitterling *Rhodeus;* Greßling *Gobio;* Gründling *Gobio;* Nerfling *Idus melanotus;* Saibling *Salmo;* Sichling *Pelecus;* Stichling *Gasterosteus;* Wittling *Gadus merlangus.*

Dem Suffix -ling wird gern der Nebensinn von etwas Geringwertigem unterlegt; das gilt für die biologischen Namen nicht. Die Sinnverknüpfung mit etwas „Kleinem" wird hingegen oft anzunehmen sein. Das -ling ist für den Biologen zu einer Verlegenheitsendung geworden. Mit ihm werden Objekte rasch benannt. Auffällig sind die vielen -ing-Wörter bei den Pilzen und Fischen. Es sind Lebewesen, die auch der Laie genau unterscheiden will, weil er sie nutzt.

Die Endung -mann

Gundermann *Glechoma hederacea;* Düttelmann (Schnäpel) *Coregonus;* Petermann (Fisch) *Trachinus draco;* Ackermännchen *Motacilla alba;* Hermännchen (kleines Wiesel) *Mustela nivalis.*

Die Endung -mann, ursprünglich selbständig für Personenbezeichnung verwendet, hat erst später Suffixcharakter angenommen. Da man eine Verbindung zu „Mensch" nicht mehr empfand, aber das -mann den Namen eines kleinen Lebewesens beschloß, wurde das Suffix nachträglich „verniedlicht" und zu -männchen abgewandelt. — Die Jägersprache braucht für den Feldhasen auch Löffelmann und Mümmelmann.

Die Endung -on(e)

Pflanzen: Anemone *Anemone;* Champignon *Psalliota campestris;* Estragon *Artemisia dracunculus;* Limone *Citrus;* Marone *Castanea sativa;* Melone *Cucurbita melo;* Mousseron *Marasmius;* Zitrone *Citrus medica.*

Tiere: Bison *Bos bison;* Chamäleon *Chamaeleo;* Gibbons *Hylobatidae;* Ichneumon *Herpestes ichneumon;* Mufflon *Ovis musimon;* Python *Python molurus.*

Alle Wörter auf -on und -one sind Fremdwörter, sie stammen jedoch aus verschiedenen Sprachen. Ein Teil von ihnen (Anemone, Bison, Chamäleon, Ichneumon) kommt aus dem Griechischen. Die meisten anderen sind durch das Französische beeinflußt worden (mufflon, citron, mousseron, champignon).

Die Endung -us

Bambus *Bambus;* Buxus *Buxus;* Crocus *Crocus;* Akanthus *Acanthus;* Eukalyptus *Eucalyptus;* Kalmus *Acorus calamus;* Rizinus *Ricinus communis.* — Mulus *Mulus;* Nautilus *Nautilus.*

Die Endung -us ist unverändertes Latein. Manche Namen stammen noch aus dem klassischen Latein *(mulus, buxus, crocus)*, andere sind erst später entstanden *(calamus)*, andere sind Kunstschöpfungen *(eucalyptus)* oder aus fremden Sprachen entlehnt und mit lat. Endung versehen worden (Bambus aus dem Indischen).

7. Verkleinerungen und Kosenamen

Bei Tier- und Pflanzennamen sind Verkleinerungen (Diminutiva) sehr beliebt. Einmal müssen auf diese Art Formen benannt werden, die zierlich und zart gebaut sind; zum anderen versieht man gern ausgesprochene Volkslieblinge mit verkleinernden Kosenamen; endlich sind auch Tierkinder zu bezeichnen (ihre Namen werden von den Erwachsenenformen abgeleitet oder völlig neu geprägt).

Zur Verkleinerung und Verniedlichung eines Gegenstandes bedient sich unsere Sprache recht verschiedener Hilfsmittel. Viele sind auch bei unseren Namen wieder anzutreffen. Am beliebtesten sind Wortschlüsse durch ein angehängtes -chen oder -lein. Wir können auf diese Weise bekanntlich Verkleinerungsnamen neu bilden. Ihnen stehen solche Formen gegenüber, die andere Sprachen, vor allem die romanische Sprachfamilie, zu Hilfe nehmen; es sind Wörter mit den Suffixen -el, elle, -ine und -ette. Den zu Rufnamen abgekürzten menschlichen Vornamen (z. B. Heinrich zu Hinz, Friedrich zu Fritz) entsprechen auch einige Abkürzungen von Pflanzen und Tieren (z. B. Ratz, Wanze). Diese Wortbildungen sollen hier auch angeschlossen werden, obgleich sie nur mitunter den Charakter des Diminutivums tragen.

a) Die Suffixe -chen und -lein

Die Verkleinerungsform, wie sie durch Anhängen von -chen an den Namen eines Tieres oder einer Pflanze entsteht (auf das ahd. -chin zurückgehend), ist verbreitet. Bildungen mit -erchen (z. B. Brüderchen) oder -elchen (z. B. Knöchelchen) kommen bei unseren Namen jedoch nicht vor. Formen mit -lein werden in feststehenden Namen nur spärlich gebraucht und meist nur im Gespräch, etwa mit dem Kind, und dann mundartlich neu geformt. Manche -chen-Wörter haben ihr Grundwort verloren. Es bleibt zu untersuchen, wie weit die Vorstellung des Verkleinerten mit verloren ging. Während noch „Veilchen" als ein „kleiner Veil" empfunden wird (weil es sich um ein kleines Lebewesen handelt), muß ein Kaninchen nicht unbedingt klein sein.

Pflanzen mit den Suffix -chen

Buschwindröschen *Anemone nemorosa;* Gänseblümchen *Bellis perennis;* Heideröschen *Daphne cneorum;* Kohlröschen *Nigritella nigra;* Leberblümchen *Anemone hepatica;* Radieschen *Raphanus sativus;* Schneeglöckchen *Galanthus nivalis;* Stiefmütterchen *Viola tricolor;* Veilchen *Viola;* Weidenröschen *Epilobium.*

Eine bemerkenswerte Geschichte verbindet sich mit unserem Veilchen, das erst spät mit Recht die Verniedlichung erfuhr. Denn der „Veil" war das eingedeutschte lateinische *viola*. Das Veilchen bezeichnete nämlich durchaus nicht nur die heute zur Familie der Violaceen (und Gattung *Viola*) gehörenden allbekannten Blumen. Der Wortumfang „Veil, Veilchen, Veigelein" ging noch viel weiter. Der Goldlack wurde früher z. B. gern Gelbveigelein bezeichnet, in der Tat hat er einen an Veilchen erinnernden Duft (echte gelbe Veilchen gibt es allerdings auch). Aber auch die Levkoje ist ein getarntes „Veilchen"; sie heißt aus dem Griechischen übersetzt „weißes Veilchen". Im Griechischen wird Veilchen mit *ἴον* wiedergegeben. Wir kennen also drei verschiedene „Veilchen" und kommen zu folgender Gegenüberstellung:

blaues „Veilchen"	*ἴον μέλαν*	*Viola odorata*	Veilchen
gelbes „Veilchen"	*ἴον κρόκεον*	*Cheiranthus cheiri*	Goldlack
weißes „Veilchen"	*ἴον λευκόν*	*Matthiola annua*	Levkoje

Kleine Rosen, Röschen genannt, gibt es häufig. Buschwindröschen, Weidenröschen, Kohlröschen und Heideröschen mögen als Beispiele dienen. — Kleine Blumen heißen Blümchen, eine Bezeichnung, die etwa das oft winzige, bedürfnislose „Hungerblümchen" wirklich verdient. Daß das „Gänseblümchen" unter seinen Hunderten von Synonymen auch diesen weit verbreiteten Namen besitzt, mag mit seiner Beliebtheit hinreichend erklärt werden. — Dem Stiefmütterchen geht es wohl ähnlich. Vielleicht will man dabei die allzu strenge „Stiefmutter" abschwächen; der Name hat ohnehin Anlaß zu mancherlei Deutungen gegeben.

Eine sprachgeschichtlich interessante verkleinerte Abart des großen Rettichs hat zu dem Radieschen (bei uns seit dem 18. Jahrhundert) geführt; denn beide Wurzelgemüse bergen in ihrem Namen das lateinische Wort für Wurzel *(radix)*, gleichsam damit auch ihre morphologische Herkunft anzeigend. Die große und die kleine Wurzel gehören derselben Art an *(Raphanus sativus)*. Die beliebte Salatpflanze Rapünzchen hat das lateinische *rapunculus* zum Vorbild, das seinerseits auf „Rübe" (*rapa* bzw. *rapum*) zurückgeht. Hier liegt also das Kuriosum der Doppel-Verkleinerung vor.

Warum Leberblümchen und Schneeglöckchen die anheimelnde Verkleinerungsform tragen, ist leicht einzusehen. Sie gehören zu den freudig begrüßten Frühlingsblumen und zu den ersten Boten nach einer langen Zeit der Kälte und des Wartens.

Zwei Hahnenfußgewächse gehören zu den zierlichsten Unkrautpflanzen des Ackers; sie erreichen oft nur wenige Zentimeter Länge. Das eine von ihnen endet in einer verlängerten, an einen kleinen Mäuseschwanz erinnernden Ähre, das andere mit einem kopfähnlichen Blütenstand, aus hornartig gekrümmten Früchtchen gebildet. Wie können diese zarten Pflanzengestalten anders heißen als Mäuseschwänzchen *(Myosurus)* und Hornköpfchen *(Ceratocephalus)*?

Das möge an Beispielen genügen. Sie ließen sich noch leicht vermehren. Manche -chen-Pflanzen werden in anderen Gegenden Deutschlands auch zu -lein-Pflanzen und umgekehrt, wie etwa Pfaffenhütchen und -lein *(Evonymus)* oder Berghähnchen und -lein *(Anemone)*.

Tiere mit dem Suffix -chen

Säugetiere: Eichhörn-, Frett-, Hermänn-, Kanin-, Meerschwein-.
Vögel: Ackermänn-, Goldhähn-, Müller-, Rotkehl-, Rotschwänz-.
Fische: Moderlies-, Petermänn-, Seepferd-.
Insekten: Federgeist-, Heim-, Silberfisch-, Täub-, Widder-.
Würmer: Essigäl-, Rübenäl-, Weizenäl-.
Einzeller: viele Beispiele, fast durchweg.

Als erstes Beispiel fällt zunächst die Geschlechtsbezeichnung beinahe aller Tiere auf; sie endet nämlich auf -chen. Wir sagen bekanntlich „Männchen" und „Weibchen" und verstehen darunter die zwei Geschlechter, etwa bei der Spinne oder bei dem Wal. Das -chen wird also hier unabhängig von der Größe des Tieres benutzt. Man kann wohl so formulieren: das -chen gehört in dieser Verwendung dem Tier allgemein; die Ausgangsform Mann und Weib dagegen dem Menschen allein. Wenn heute da und dort bei der Besprechung der Menschenaffen das menschliche (warum wohl?) Mann und Weib gebraucht wird (man liest z. B. Schimpansenweib, Gorillamann, Utankind usf.), so sieht sich mancher in seinem Sprachempfinden gestört, wenn nicht gar peinlich berührt. Auf der anderen Seite wird bei Großsäugern auch das Männchen und Weibchen gern, aber durchaus nicht immer ersetzt. Man sagt z. B. Bulle, Kuh, Tier und bei den Haustieren sind sogar eigene Bezeichnungen entstanden (Stute, Hengst usw.).

Eine kleine Gruppe von Tiernamen gehört mit -chen eng zusammen. Es sind die kleinen Säuger: Meerschweinchen, Kaninchen, Eichhörnchen (und vielleicht auch Frettchen). Sie zeichnen sich aus durch die Eigenschaften des Kleinen, Jungen, Kindlichen. Sie haben nämlich dasselbe rundliche Antlitz mit den weichen Formen, den kurzen, mit weichen Haaren bedeckten Kopf, das Puppenhafte, das Possierliche, das andere Tiere nur in der Jugend aufweisen. Hierfür könnte auch der junge Braunbär (bei allen Kindern als „Teddy" unverändert beliebt) als Beispiel dienen. Vielleicht ist die „Ursula" als Diminutivform von Ursa (gleich Bärin) nicht zufällig entstanden und die Vorliebe für diesen weiblichen Vornamen tiefgründiger.

Eine weitere -chen-Namensgruppe umfaßt die verniedlichten Vögel. Sie sind ausgesprochene Lieblinge des Menschen (nebenbei: man steigert, wenigstens mundartlich, „Liebes" in „Liebchen") und haben Schmeichelnamen erhalten. Denn warum sonst sollte man den Rotschwanz und die Rotkehle in das vertraute Rotschwänzchen und das heimelige Rotkehlchen wandeln? Es sind zwei Vögel, denen man gern begegnet, man liebt sie wegen ihres rostroten Farbschmuckes. Denn wir sagen doch z. B. Seidenschwanz zu einem nicht weniger schönen und kaum größeren Vogel, und wir kennen sogar einen „Taubenschwanz" unter den noch viel kleineren Schmetterlingen. Aber beide Tiere bekommt nur der Fachmann oder Liebhaber zu Gesicht; der Laie kennt sie kaum. — Ein Vogel hat aber zweifellos das -chen an seinen Namen gehängt, um seine zierliche Gestalt auszuweisen: das Goldhähnchen mit dem gelbroten Federkrönchen fängt die ganze Poesie des Waldes ein; wie derb wäre für den Vogelzwerg der Goldhahn. — Das Müllerchen endlich, die Zaungrasmücke, ahmt mit seinem klappernden Lied das Geräusch einer Mühle nach; es ist der „kleine Müller" in Vogelgestalt.

Ob das Ackermännchen — wie man die Bachstelze auch zu benennen pflegt — deswegen so heißt, weil es wie ein kleiner Mann dem pflügenden Bauern auf dem Acker folgt? Möglicherweise ist hier der ehemalige Personenname, der die zwei Endsilben bildet, zum Suffix entartet. Wie aber wollte man das Petermännchen erklären, den kleinen Nordseefisch *Trachinus draco*? Es gibt natürlich noch kleinere Fische des Meeres ohne das -chen. Warum ist er ausgerechnet der Liebling geworden? — Wenn ein karpfenähnlicher Süßwasserfisch auch Moderlieschen *(Leucaspius)* genannt wird, wollen wir nur daran erinnern, daß das freundliche „Lieschen" auch einer bekannten Zimmerpflanze, dem „Fleißigen Lieschen" gehört.

Den Beschluß bilden die große Zahl der -chen-Tiere, die nur deshalb ihre Verkleinerungssilbe tragen, weil sie eben verkleinerte Ausgaben eines großen Vorbildes sind. Als Beispiele mögen dienen:

Spitzmaus (Insektenfresser)	Spitzmäuschen (Käfer) *(Apion)*
Taube (Vogel)	Täubchen (Schmetterling) *(Macroglossa stellatarum)*
Fisch (Wirbeltier)	Fischchen (Urinsekt) *(Lepisma saccharinum)*
Pferd (Säugetier)	Pferdchen (Fisch) *(Hippocampus guttulatus)*
Aal (Fisch)	Älchen (Wurm) *(Tylenchus, Heterodera)*
Hahn (männlicher Vogel)	Hähnchen (Insekten) *(Crioceris, Oecanthus)*

Dabei nimmt man es also mit der Systematik nicht allzu genau! Das Silberfischchen gehört zu den Insekten, das Seepferdchen zu den Fischen, das Täubchen zu den Schwärmern, die Weizen-, Rüben- und Essigälchen zu den Fadenwürmern. Das Heimchen, der kleine gern geduldete „Bewohner des Heimes", ist eine Grille.

Die echten -chen-Tiere, eben kleine und kleinste Tiere, rechnen wir zu den Gliederfüßlern, meistens den Insekten. Hierher gehören Federgeistchen, Getreide- und Lilienhähnchen, Widderchen und andere. In großer Zahl steuern endlich die Einzeller Namen mit dem Suffix -chen bei. Fast jeder Einzeller — ein mikroskopisch kleines Lebewesen — braucht das -chen, wenn er schon deutsch bezeichnet wird. Denn zumeist sind es die verdeutschten lateinischen Fachnamen, in denen übrigens die geringe Größe nur hin und wieder zum Ausdruck kommt. Als Beispiele seien herausgegriffen: Uhrgläschen, Sandhäuschen, Pantoffel-, Sporen-, Kreide-, Trompetentierchen usw. Dabei kehrt auch das farblose -tierchen besonders oft wieder.

Das Suffix -lein

Pflanzen: Brändlein, Möhrlein *Nigritella nigra;* Berghähnlein *Anemone narcissiflora;* Mänderlein, Mänderle *Veronica bonarota;* Waldvöglein *Cephalantera.*

Tiere: Kitzlein, Küchlein, Zicklein.

Im Vergleich zu dem verkleinernden -chen ist das -lein viel seltener. Das Verhältnis 10:3 (WASSERZIEHER) verschiebt sich bei unseren Namen noch weit mehr zugunsten der -chen-Wörter. Jedenfalls ist es so im Schriftdeutschen. Mundartlich werden wohl häufiger das -le oder -li oder -l (statt des -lein der Hochsprache) an den Namen angehängt, so daß statt eines „Blümlein" ein Blümle, Blümli oder gar nur Bluml erscheinen; so ist es auch in vielen Komposita.

Das Waldvöglein wird allgemein verwendet. Wirklich ein poetischer Name für eine prächtige Orchidee des Waldes, die uns erfreut wie der Gesang eines Vogels! Aber schon das Brändlein wird als ein Name einer recht synonymenfreudigen anderen Orchidee neben vielen anderen gleichberechtigten Namen gebraucht. Es drückt übrigens die tiefrote Blütenfarbe aus, die den Anschein erweckt, als trüge die Blume einen Brandschaden.

Zu den Tiernamen mit -lein, die zum Schriftdeutsch gehören, rechnen wir nur einige Tierkindernamen. Sie gehen alle schon auf das Althochdeutsche zurück, das bereits Grundform und abgeleitete Diminutivform enthielt. Auch die „Nelke" ist gleichen Ursprungs.

Name (nhd.)	ahd. (Grundform)	ahd. (Diminutiv)	mhd. (Grundform)	mhd. (Diminutiv)
Füllen, Fohlen	folo	fulīn, fulihha	vole	vūlīn
Hermelin	harmo	harmilī	harm, harme	hermelīn
Kitz, Kitzlein	geiȥ	kizzīn	kiz, kitze	kitzelīn
Ziege, Zicklein	ziga	zikkīn	zige	zickelīn, zickel
Nelke, Nägelein	nagal	negellī	nagel	negellīn, negelkīn

Man vermißt hierbei das „Küchlein" (Küken), den Namen für das junge Hühnchen. Erst im Mittelhochdeutschen tritt ein „kūchel, kūchelīn" auf, aus dem unser Küchlein entstand. Sicher aber führt zu dem englischen cock (Hahn) und zu dem chicken (Hühnchen) eine sprachliche Verbindung.

Merkwürdig bleibt auch, daß unser Hermelin bereits ein „verkleinertes Wiesel" ist, wenngleich es für uns heute als das „große Wiesel" gilt. Denn wir kennen nur das kleine Mauswiesel. Die Erklärung ist wohl darin zu sehen, daß das ahd. harmo weiter zu fassen ist und wohl den Marder (als nahe verwandtes Raubtier) mit einschloß. — Die ahd. folo und fulīn bezeichnen beide junge Pferde, sie führten zu Fohlen und Füllen. Ursprünglich war in beiden Namen ein Geschlechtsunterschied verankert, der heute nicht mehr empfunden wird.

b) Die Suffixe -el, -elle und -ine

Viele deutsche Tier- und Pflanzennamen enden mit dem Suffix -el. Nur ein Teil von ihnen ist als Verkleinerungsform anzusprechen. Die sprachliche Herkunft dieser Diminutiva kann dann zwei verschiedene Quellen haben: Wir kennen verkleinernde -el-Wörter, die auf das Latein zurückgehen (auf -ulus, -ula, -ullus, -ulla, -ellus und -ella). Sie überwiegen gegenüber solchen Bildungen, die auf das ahd. -ila zurückzuführen sind. Einige Beispiele sollen folgen.

Verkleinernde Lehnwörter auf -el

Asellus von *asinus* (Esel) ergibt Assel („Eselchen"), graugefärbtes Tierchen. Auricula von *auris* (Ohr) ergibt Aurikel, Blätter haben „Öhrchen". Flosculus von *flos* (Blume) ergibt Floskel, das „Blümchen" in der Sprache; Bedeutungswandel! Musculus von *mus* (Maus) ergibt Muskel („kleine Maus"), Ähnlichkeit in der Form! Muscula von *mus* (Maus) ergibt Muschel, von der Größe einer kleinen Maus. Primula von *primus* (der erste) ergibt Primel, gehört zu den Frühlingsboten. Ranunculus von *rana* (Frosch) ergibt Ranunkel, oft an feuchten Standorten. Rapunculus von *rapa* (Rübe) ergibt Rapunzel, mit möhrenähnlichen Wurzeln. Sanicula von *sanare* (heilen) ergibt Sanikel, die kleine Helferin. Caepulla von *cepa* (Zwiebel) ergibt Zwiebel, „Zwiebelchen", pleonastisch!

Andere verkleinernde -el-Wörter entstanden ohne lateinischen Einfluß. Sie sind Wortbildungen aus dem Althochdeutschen.

Deutsche Verkleinerungen auf -el

Buche (ahd. buohha) ergibt Buchel, kleine „Buche", Buchenfrucht (ahd. buohhila). Eiche (ahd. eih) ergibt Eichel, kleine „Eiche", Eichenfrucht (ahd. eihhila). Farch = Schwein (ahd. farah) ergibt Ferkel, kleines Schwein (ahd. farhilī). Möhre (ahd. morha) ergibt Morchel, kleine „Möhre" (ahd. morhila); Bedeutungswandel!

Die Endungen -ine und -elle an deutschen Tier- und Pflanzennamen zeigen meistens an, daß Diminutiva vorliegen. Sie gehen auf Lehnwörter zurück. Es gibt aber auch Ausnahmen. Einige parallele Wortbildungen benutzen nämlich nur die Endung. So führt die Gazelle auf ein arabisches ghazala; die Forelle heißt schon mhd. forhel; die Rosine stammt vom französischen raisin und die Apfelsine enthält das Herkunftsland China.

Verkleinerungen auf -elle

Name	Herkunft	bedeutet demnach
Bibernelle *(Pimpinella)*	aus lat. *bipinella* (?)	doppelt gefiederte Blätter?
Braunelle *(Prunella)*	aus lat. *prunus* (Pflaumenbaum)	Vögel, auf Obstbäumen anzutreffen.
Brunelle *(Brunella)*	aus nhd. braun	Kelch und Blätter rostbraun gefärbt.
Libelle *(Libellula)*	aus lat. *libra* und lat. *libella* (Waage und Dimin.)	kleines Insekt mit waagerecht ausgespannten Flügeln.

Name	Herkunft	bedeutet demnach
Sabelle *(Sabella pavonica)*	von lat. *sabulum* (Sand)	Schlickröhrenwurm, dessen Röhrenende im Sand steckt.
Sardelle *(Engraulis)*	von ital. sarda (Sardinierin)	kleiner Fisch von Sardiniens Küste.
Serradelle *(Ornithopus)*	aus franz. serre (Klaue)	also „kleine Klaue".
Soldanelle *(Soldanella)*	aus ital. soldo (Münze)	Blätter wie kleine Münzen (?)

Wörter auf -ine

Name	Herkunft	bedeutet demnach
Balsamine *(Impatiens balsamina)*	aus lat. *balsamum* (Balsam**baum**)	Balsam**kraut**, d. h. kleiner als der **-baum.**
Bekassine *(Capella gallinago)*	aus franz. bécasse (Waldschnepfe)	kleine Waldschnepfe.
Lupine *(Lupinus)*	aus lat. *lupus* (Wolf)	kleine Wolfsbohne.
Sardine *(Clupea pilchardus)*	aus ital. sarda (Sardinierin)	kleine Sardinierin.
Trichine *(Trichina, Trichinella)*	aus griech. *ϑρίξ* (Haar)	haarförmig dünne Würmchen.

Natürlich gibt es noch weitere deutsche Namen, die Verkleinerungen darstellen ohne die bekannten, oben angeführten Endungen auf -elle und -ine. Lehnwörter aus romanischen Sprachen führen zu recht verschiedenartigen Wortbildungen, für die einige Beispiele angeführt werden sollen:

Ital. furetto (von lat. *fur* = Dieb entlehnt) ergibt **Frettchen,** kleiner Dieb.

Span. mosquito (von lat. *musca* = Fliege, verkleinernd) ergibt **Moskite,** kleine Fliege.

Span. vainella (von span. vainea = Schote, verkleinernd) ergibt **Vanille,** schmale Schote.

Ital. verzetto (mlat. *versa* = Kohl, verkleinernd) ergibt **Wirsing,** gekräuselter Kohl.

c) Abkürzungen und Tierkindernamen

Mit den Diminutiva, die man durch Anfügen der oben angeführten Suffixe erhält, bezeichnen wir unsere Lieblinge oder besonders klein geratene Geschöpfe. Es gibt aber auch Formveränderungen anderer Art, die mit jener inhaltlich nur verwandt sind. Wir bilden nämlich auch Kose- und Rufnamen durch Kurzformen und Abkürzungen. Man lehnt sich dabei an das Vorbild der menschlichen Vornamen an, die gern gekürzt werden, Ulrich in Uz, Nikolaus in Nickel usw.

Abkürzungen

Einen gleitenden Übergang zu den abkürzenden biologischen Namen bilden dabei die verkürzten Vornamen, wie sie die Tiersage etwa seit dem 15. Jahrhundert verwendet. Bekannte Beispiele sind:

Braunbär: Aus ahd. bero (Bär) und harti (stark, tapfer) wurde „Bernhard" gebildet. Bernhard aber entwickelte sich über Bätz zu „Petz". Der Name wanderte also vom Tier zum Menschen und wieder zurück.

Fuchs: Aus altsächs. ragin (Rat) und hart (stark) wurde Reinhard, daraus verkleinernd „Reinecke". Der Fuchs ist in seiner Schlauheit unübertroffen.

Hase: Aus dem ahd. lant (Land) und beraht (glänzend) entstand Lamprecht, daraus durch Reduktion „Lampe".

Star: Das hebräische Wort für „Gottesgabe" wurde als Matthias übernommen. Durch Kürzung entstand daraus „Matz" (Starmatz).

Eine weitere Anzahl von Kurzformen sind Eigentum der Umgangssprache geworden; manche von ihnen sind bereits veraltet. Einige sind besser als „Nebenformen" zu deuten. Dafür folgende Beispiele:

Aar: Zweiter Wortbestandteil in „Adler". Wort in der Umgangssprache wenig verwendet, obwohl es kürzer ist.

Echse: Tritt für „Eidechse" ein, wobei willkürlich und sprachlich unrichtig gekürzt wurde (vorgeschlagen von OKEN 1836).

Falter: Wird gewöhnlich als „Nomen agentis" von falten aufgefaßt (weil der Schmetterling in Ruhestellung die Flügel „falte", d. h. nach oben schlage), ist aber aus „Fifalter" entstanden, also durch Kürzung eines Iterativums, das im ahd. fīfaltra hieß.

Kerf: Seit dem 19. Jahrhundert, für Kerbtier vorgeschlagen, vermochte sich nicht durchzusetzen.

Leu: Eine heute veraltete Nebenform zu Löwe.

Ratz: Gehört sprachlich sicher zur Ratte. Aber mit der Formveränderung des Wortes trat auch Bedeutungswandel ein: Aus dem Nagetier wurde ein Marder (z. B. Iltis).

Spatz: Für den bekannten Finkenvogel gibt es zwei Koseformen: 1. Spatz, das ahd. sparo ergab mhd. spaz, spatz (neben spar); 2. Sperling, das verkleinernde -ling führte zu mhd. sperling.

Wanze: Hieß im ahd. wantlūs, also eine „Laus", die in den Ritzen der Wand lebt. Wandlaus wurde zu „Wanze" verstümmelt.

Weitere Kosenamen sind umstritten in ihrer Ableitung, z. B. soll der „Sterlet" *(Acipenser ruthenus)* ein verkleinerter „Stör" sein, und der verschieden gedeutete Matjeshering wird auch auf „Mädchenhering" (d. h. zart, jung) zurückgeführt.

Tierische Kindernamen

Nur ein Teil dieser Namen (durch ein * gekennzeichnet) sind wirkliche Verkleinerungsformen; etwa die Hälfte von ihnen gehört zu unseren Haustieren.

***Engerling** (Käfer, vor allem *Scarabaeidae*, während ihrer Verwandlung): ahd. engirinc, mhd. engerlinc; zu lat. *anguis* („Schlange").

Farre (junges, männliches Rind): ahd. farro, mhd. varre; verwandt mit „Färse".

***Ferkel** (junges Schwein): ahd. farah, farh; mhd. varch; entsprechende Diminutiva sind farhilī und verhelīn.

Färse, Ferse (junges weibliches Rind, vor dem Kalben): verwandt mit Farren.

Finne (entsteht aus dem Bandwurmei): mhd. phinne, vinne; lat. *pinna.*

Fohlen (junges Pferd): ahd. folo; mhd. vol.

Frischling (junges Wildschwein): ahd. friscing („Opfertier"); mhd. vrischlinc.

***Füllen** (junges Pferd): ahd. fulīn, mhd. vūlīn.

***Gössel** (junge Gans): Verkleinerung von nd. gōs.

Junges (für Säugetiere und Vögel): ahd. jung; mhd. junc.

Kalb (junges Hausrind): ahd. chalb; mhd. kalp; auch auf andere wiederkäuende Paarzeher erweitert.

Kalbin (weibliches Rind, wenigstens einjährig, vor dem Kalben): mhd. kalbe, kalbele.

***Kitz** (Junges von Ziege, Reh, Gemse): ahd. kizzīn; mhd. kiz, kitze.

***Küken, Küchlein** (jugendliches Haushuhn): westgerm. *kiuk-īna; mhd. kuchelin.

Lamm (Junges von Ziege, Schaf): ahd. lamb; mhd. lamp, lam.

Larve (Tier während der Metamorphose): mhd. larve; lat. *larua* („Gespenst"); seit 14. Jahrhundert im Sprachgebrauch.

Made (heute Insektenlarve, Typus Zweiflügler): ahd. mado; mhd. made („Made", „Wurm"); Begriffseinengung!

Nymphe (Larven von Libellen und Eintagsfliegen): griech.-lat. *nympha* („Verhüllte", „Verschleierte"); seit 17. Jahrhundert im Sprachgebrauch.

Puppe (Insekt zwischen Larve und Imago): mhd. puppa; lat. *pupa* („junges Mädchen"); Bedeutungswandel!

Quappe (Kaul-, Molch-, Lurchlarven): ahd. quappa; mhd. quappe.

Raupe (Larve der Schmetterlinge): ahd. rūpa; mhd. rūpe.

Sterke (junge Kuh, vor dem Kalben): got. stairō.

Welpe (junger Hund, auch Wolf und Fuchs): ahd. wëlf, hwëlf; mhd. wëlf, wëlfe.

***Zicklein** (junge Ziege): ahd. zikkīn, Diminutiv zu ahd. ziga („Ziege").

8. Einzelne Buchstaben-, Satz- und Zahlzeichen

Der Zufall spielt bei der Ausgestaltung unserer Lebewesen eine große Rolle. Wir sind gern geneigt, Zweckdeutungen und Erklärungen zu suchen, wenn wir dergleichen Merkwürdigkeiten begegnen. Die Natur beschert uns sogar „Buchstabentiere" und „Monogrammpflanzen". Dann prägen nämlich einzelne Buchstaben oder Zahlen den Namen eines Tieres oder einer Pflanze. Lateinische und griechische Buchstaben sind in gleicher Weise beliebt.

a) Zeichen auf Schmetterlingen (Abb. 46)

Es leuchtet ein, daß der taufende Insektenforscher bei der Unzahl seiner Täuflinge mit seiner Namengebung in Schwierigkeit gerät. Er darf daher auch beanspruchen, die originellsten Bezeichnungen entdeckt zu haben, die überhaupt ein Lebewesen tragen kann: Satzzeichen, Buchstaben und Zahlen. Der Liebhaber kennt unter den Schmetterlingen das „Komma", das „Fragezeichen", das „weiße W" und das „schwarze L" und so manchen anderen. Meistens haben auffällige Zeichnungen auf Ober- oder Unterseite der beschuppten Flügel Anlaß dazu gegeben. Ein schwarzes L leuchtet wie mit dem Stempel aufgedrückt auf einem hellen Untergrund, und ein weißes C hebt sich von seiner dunklen Umgebung deutlich ab. Kein Wunder, daß derlei Zeichen und Zahlen bei Alchimisten

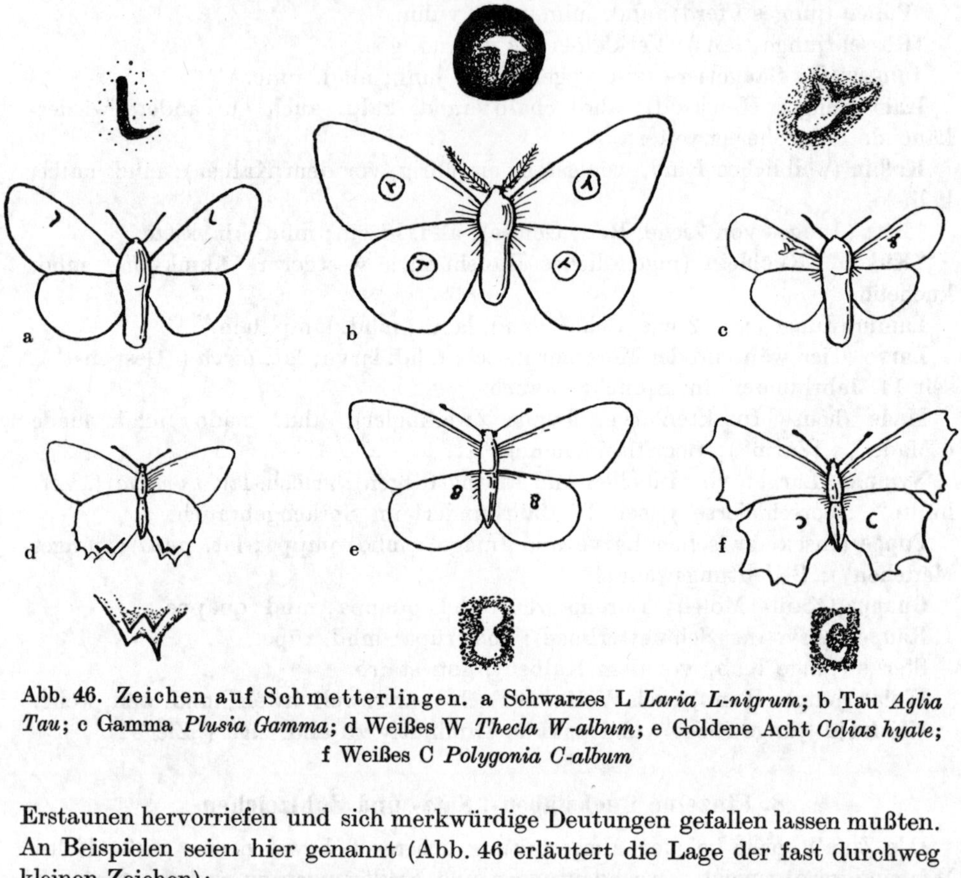

Abb. 46. Zeichen auf Schmetterlingen. a Schwarzes L *Laria L-nigrum*; b Tau *Aglia Tau*; c Gamma *Plusia Gamma*; d Weißes W *Thecla W-album*; e Goldene Acht *Colias hyale*; f Weißes C *Polygonia C-album*

Erstaunen hervorriefen und sich merkwürdige Deutungen gefallen lassen mußten. An Beispielen seien hier genannt (Abb. 46 erläutert die Lage der fast durchweg kleinen Zeichen):

Lateinischer Name	Deutscher Name	Ort des Zeichens
Thecla W-album	Weißes W	Hinterflügel, Unterseite
Laria L-nigrum	Schwarzes L	Vorderflügel, Oberseite
Polygonia C-album	Weißes C, C-Vogel	Hinterflügel, Unterseite
Polygonia L-album	Weißes L	Hinterflügel, Unterseite
Aglia Tau	Tau („τ")	Jeder Flügel, Oberseite
Plusia Gamma	Gamma („γ")	Vorderflügel, Oberseite
Plusia V-aureum	Goldenes V	Vorderflügel, Oberseite

Eine reiche Ausbeute liefern die Eulen, von denen die Gammaeule *(Plusia gamma)* weithin bekannt ist. Ihr Verwandtschaftskreis trägt goldene und silberne Tupfenmale auf den Vorderflügeln; Linien und Bänder laufen quer über die Fläche, die dazu oft noch metallisch schimmert. Neben das „Gamma" treten noch „Jota" *(P. jota)* und das „Ny" *(P. ny)* als silberne Buchstaben auf den Vorderflügeln hinzu. Sogar der hebräische Buchstabe „Ain" muß herhalten, der dem griechischen Gamma ähnlich sieht. Er war noch nötig, obwohl man sogar schon zwei weitere „Gamma" *(P. microgamma* und *P. macrogamma)* unterscheiden mußte.

Eine letzte Gruppe sind die „Zahlenschmetterlinge". Am bekanntesten unter ihnen mag wohl der gelbe Heufalter *(Colias hyale)* sein, den phantasiebegabte Beobachter auch „Goldene 8" oder besser „Goldene 0" nach der Gestalt eines orangegelben Farbfleckens auf der Oberseite der Hinterflügel nennen. Ein Wollrückenspinner schließlich trägt auf den Vorderflügeln eine deutliche „80", die im Spiegelbild der anderen Flügelzeichnung zu einer „08" wird. Wahrlich, eine seltsame Laune der Natur!

b) Monogramme auf Pflanzen (Abb. 47)

Auch das Pflanzenreich steht mit solchen „Leistungen" nicht zurück. Die Laune des Schöpfers hat einigen Pflanzen „Monogramme" aufgedrückt. Weit

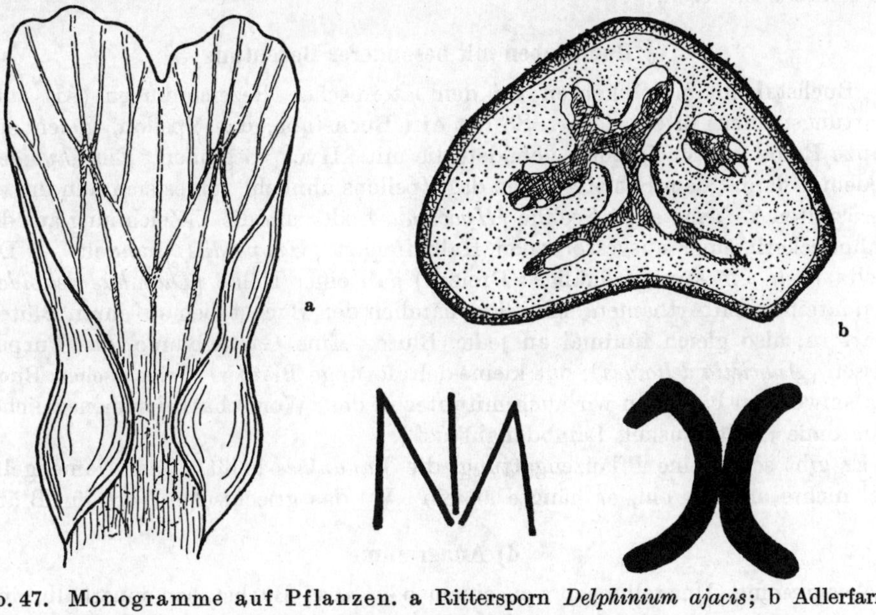

Abb. 47. Monogramme auf Pflanzen. a Rittersporn *Delphinium ajacis*; b Adlerfarn *Pteridium aquilinum*. Beide stark vergrößert

verbreitet ist der Adlerfarn *(Pteridium aquilinum)*. Er bietet uns in seinem Stengelquerschnitt eine merkwürdige Zeichnung dar: Seine braungefärbten Leitbündel, die von dem helleren Grundgewebe abgesetzt sind, bilden die Form eines

Doppeladlers. Mit einer anderen Erklärung liest man die Buchstaben JC heraus, so daß der Farn auch „Jesus Christus-Wurzel“ heißt und Anlaß zu mancherlei Legenden gab.

Auch mit der „Hyazinthe“ der alten Griechen verbindet sich eine besondere Geschichte. Wir verstehen heute unter diesem Namen zwei verschiedene Pflanzen, einmal ein Schwertliliengewächs *(Gladiolus)*, zum anderen ein Hahnenfußgewächs, den Gartenrittersporn, jedenfalls nicht die zu den Lilien gehörende echte Hyazinthe unserer Gärten. Die „Hyazinthe“ hat nämlich ihren Namen nach einem Jüngling der Sage. Er maß sich mit seinem Freund Apoll im Diskuswerfen. Der tückische Zephyr trieb die Wurfscheibe Apolls aus der Bahn, Hyazinth wurde getroffen und starb. Seine Blutstropfen aber fielen auf eine Pflanze, die seitdem die Buchstaben A I, d. h. den griechischen Klageruf (*aĩ aĩ* = wehe!) trägt. Oder Apoll hat aus Schmerz um den toten Hyazinth die Initialen des Toten auf die Blütenblätter geschrieben, man kann nämlich auch Y A aus ihnen lesen.

Nun sind aber A I und A I A auch die Anfangsbuchstaben des Namens von Ajax, des Königs von Salamis. So gibt es auch Verknüpfungen der „Hyazinthe“ zu Ajax und seinem selbst gewählten Tod (OVIDs Metamorphosen). Ein Rittersporn *(Delphinium ajacis)* heißt nach dem tapferen trojanischen Helden; denn auf der Mittellippe des Honigblattes der Blüte stehen die berühmten Anfangsbuchstaben zu lesen.

c) Buchstaben mit besonderer Bedeutung

„Buchstabennamen“ kehren bei den lateinischen Bezeichnungen (Art- und Gattungsnamen) öfter wieder. So hat ein Buchstabe, das Ypsilon, gleich eine ganze Reihe von Fachnamen gebildet, die mit „Hyo-“ beginnen. Ein „*hyoides*“ bedeutet dann „dem Schriftzeichen des Ypsilons ähnlich“, ob es sich nun um die verästelten Y-Arme einer Seelilie *(Hyocrinus)* oder um die Y-Zeichnung auf den Zahnhöckern einer ausgestorbenen Halbaffenart *(Hyopsodus)* handelt. — Das Delta (d. h. ein stumpfwinkliges Dreieck) gab einer Nelke *(Dianthus deltoides)* den lateinischen Artnamen. Man liest nämlich den Buchstaben auf ihren Blütenblättern, also gleich fünfmal an jeder Blüte. Eine Gartenblume, das Purpurkissen *(Aubrietia deltoides)*, hat kleine deltaförmige Blätter. Griechischen Buchstabenwörtern begegnen wir auch mitunter in dem Wortschatz der menschlichen Anatomie (Deltamuskel, Lambdanaht usf.).

Es gibt sogar eine Pflanzengattung, die *Vauanthes* heißt. Dem Namengeber fiel nichts anderes ein, er hängte an ein „V“ das griechische Wort für Blüte!

d) Anagramme

Anagramme, Umstellungen von einem oder zwei Buchstaben innerhalb eines Wortes, sind nur bei den lateinischen Namen üblich. Sie werden aus verschiedenen Gründen gewählt. Zunächst sollen zwei Namen aneinander gekettet werden, damit man sie mnemotechnisch besser behält. Besonders bei den Kakteen ist es beliebt, den lateinischen Gattungsnamen zum Buchstabenrätsel für das Herkunftsland zu machen. So wird z. B. aus **Lima** ein Kaktus, der **Mila** heißt.

Gelegentlich sind auch die Namengeber wirklich in Verlegenheit, weil ihnen die Zahl der möglichen griechisch-lateinischen Kunstschöpfungen zu beschränkt erscheint. Sie ist es aber de facto nicht, der Reichtum an möglichen Wortbildungen ist unerschöpflich.

Denmoza (eine Cactacee) stammt aus dem nördlichen Argentinien; sie heißt nach der Stadt Mendoza.

Docynia ist wie *Cydonia*, die Quitte, ein Rosengewächs.

Lobivia (eine Cactacee) stammt aus Bolivia.

Mila (eine Cactacee) stammt aus Lima, der Hauptstadt von Peru.

Myrcia (eine Myrtacee) ist aus *Myrica* (Gagelstrauch) entstanden.

Planotia (eine südamerikanische *Graminee*) leitet sich von der brasilianischen *Platonia (Guttiferae)* her.

Tacinga (eine Cactacee aus Brasilien) entsteht aus Catinga, dem Namen einer brasilianischen Landschaft.

Tellima und ***Mitella*** sind zwei Gattungen der Saxifragaceen und so entstanden: *Mitra* → *Mitella* (kleine Mitra) → *Tellima* (Anagramm).

Vausagesia und ***Sauvagesia*** sind Ochnaceen des tropischen Afrika.

Ptinus und ***Niptus*** sind Gattungen derselben Käferfamilie *(Ptinidae)*.

Chelidon (griech.) und ***Delichon*** heißen beide „Schwalbe".

Die meisten Anagramme wurden „konstruiert". Es gibt aber auch ähnliche Namenspaare, die zufällig entstanden. So heißt die Solanaceen-Gattung *Scopolia* nach dem Arzt G. A. Scopoli, 1723—1788, während der Gattung *Scolopia* (zu den Flacourtiaceen) ein griechisches σκόλοψ zugrunde liegt.

9. Eigennamen als Appellativa

Manche Pflanzen- und Tiernamen sind aus Eigennamen entstanden. Die meisten von ihnen verraten sofort ihre Herkunft, da sie abgesehen von der Endung (-ier, -aner, -ie usw.) meist den unveränderten Namen enthalten. Nur wenige, meist ältere, sind soweit verändert, daß sie den Eigennamen nur noch versteckt enthalten (z. B. Zwetsche, Apfelsine).

Man kann die Eigennamen nach der Systematik der bezeichneten Lebewesen ordnen. Viele geläufige Namen der Züchter und Ziergärtner gehören zu diesen zum Appellativum gewordenen Eigennamen, sie dienen dann zur Differenzierung für Rassen, Formen, Sorten u. dgl. Die Bezeichnungen für diese kleinsten systematischen Einheiten sind für unsere Betrachtung ohne besonderes Interesse. Trotzdem sollen einige Beispiele gegeben werden:

Zier- und Nutzpflanzen

Dahlien: Heinz Rühmann, Fata Morgana, Lucifer, Nausikaa, Sarotti, Maria Stuart, Essen, Märkische Heide.

Gladiolen: Pfitzers Erfolg, Jungfrau von Orleans, Oberschlesien, Kapitän Lehmann, Graf Zeppelin, Charles Dickens, Kölner Dom, Prinz von Wales.

Pfingstrosen: Chateaubriand, Gretchen, Sarah Bernhard, Königswinter, Duke of Wellington, Aßmannshausen, Lord Derby.

Tulpen: Butterfly, Louis IV., Scharlachkönigin, Chikago, Stadt Haarlem, Don Pedro, Columbus, Professor Bateson.

Äpfel: Prinz Albrecht von Preußen, James Grieve, Gravensteiner, Schöner von Nordhausen, Signe Tillisch, Geheimrat Oldenburg, Schöner von Boskoop, Geheimrat Breuhahn.

Birnen: Alexander Lukas, Köstliche von Charneux, Frühe von Trévoux, Olivier du Serres, Gräfin von Paris, Klapps Liebling, Boscs Flaschenbirne, Nordhäuser Winterforelle.

Haus- und Nutztiere:

Enten: Aylesburyente, Pekingente, Orpingtonente, Khaki-Campbell-Ente, indische Laufente, Cayugaente, Schwedenente, Rouenente.

Hühner: Minorka, Cochinchina, Orpington, Barnefelder, Andalusier, Wyandottes, Ramelsloher, Mechelner Masthuhn.

Hunde: Rottweiler, Bologneser, Münsterländer, Greyhound, Neufundländer, Airedaleterrier, Spaniel, Samojedenspitz.

Pferde: Hannoveraner, Gallowaypony, Boullonnaiser, Noriker, Haflinger, Oldenburger Shetlandpony, Trakehner.

Diese Namen entstammen also recht verschiedenen Quellen. Schauspieler und Künstler, Grafen und Geheimräte, Fürstlichkeiten und geschichtliche Personen, Städte und Dörfer, Schlösser und Gutshöfe usw. in buntem Durcheinander preisen den Erfolg von Pflanzen- und Tierzüchtern und werben bei Käufer und Kunden.

Eine bessere Ordnung bietet sich noch an, wenn man die Eigennamen nach ihrer Herkunft ordnet.

a) Menschen und Völker

Aubrietie *Aubrietia:* nach dem französischen Maler Claude Aubriet, 1668—1793.

Bergenie *Bergenia:* nach dem deutschen Botaniker Karl August von Bergen 1704—1759.

Bougainvillea *Bougainvillea:* nach einem französischen Seefahrer L. A. de Bougainville, 1729—1811.

Kamelie *Camellia:* nach dem mährischen Jesuiten Georg Joseph Kamel, 1661—1706.

Quassia (Bitterrinde) *Quassia:* nach einem westindischen Neger Quassi, der um 1750 lebte und die Heilwirkung der Pflanze erkannte.

Reineclaude („Ringlotte") *Prunus italica:* wohl nach der Gattin von Franz I. von Frankreich (es gibt auch einen französischen Obstzüchter René Claude, 18. Jahrh.).

Weigelie *Weigelia:* nach Christian Ehrenfried Weigel, Prof. der Botanik in Greifswald, 1748—1831.

Adamsie (Seerose) *A. palliata:* nach dem Conchyliologen Charles Adams, 1814—1853.

Babesia (Texasfieber der Rinder) *B. bigemina:* nach Babes, Pathologe in Bukarest, 1854—1926.

Bilharzie (parasitischer Wurm) *Schistosomum haematobium:* von dem Arzt Bilharz (1825—1862) in Ägypten entdeckt.

Dobermann, Hunderasse: nach dem Züchter Dobermann in Fulda.

Eimerie (Sporentierchen) *Eimeria stiedae:* nach Th. Eimer, Prof. der Zoologie in Tübingen, 19. Jahrh.

Linckie (Seestern) *Linckia multiformis:* nach Johann Heinrich Linck, Arzt und Professor in Leipzig, 1674—1734.

Malpighia (Schnake) *Tipulidae:* nach Marzello Malpighi, italienischer Naturforscher und Arzt, 1628—1694.

Rathkea (Hohltier) *Rathkea fasciculata:* nach M. H. Rathke, Zoologe in Königsberg, 1793—1860.

Redie, Stablarve der Saugwürmer: nach Franzesco Redi, italienischer Arzt und Schriftsteller, 1626—1697.

Besonders Art- und Gattungsnamen nach dieser Bildungsweise sind beliebt. Der Eigenname wird für gewöhnlich mit dem lateinischen Suffix -ia versehen, im Deutschen wird dann die wissenschaftliche Bezeichnung mit dem Suffix -ie wiedergegeben. Die Beispiele zeigen, welche engen Beziehungen der Namen zu den Lebewesen bestehen (s. auch S. 229).

Lebewesen werden auch durch Völkernamen bezeichnet. Hierfür einige Beispiele: Afghanen (Hunderasse); Belgier, Dänen und Isländer (Pferderassen); Italiener (Hühnerrasse); Franzosen, Russen (Schaben) usw.

b) Städte und Orte

Bernhardiner, Hunderasse: nach dem Hospiz auf dem Großen St. Bernhard.

Fasan *Phasianus colchicus*: nach der Stadt Phasis in Kolchis am schwarzen Meer.

Kirsche *Prunus cerasus:* nach Kerasus, Stadt in der kleinasiatischen Landschaft Pontos.

Leonberger, Hunderasse: gezüchtet von dem Hundehändler Essig in Leonberg.

Lippizaner, Pferderasse: nach dem Gestüt Lipizza im Karst bei Triest (nach 1918 nach Piber, Steiermark, verlegt).

Mirakosa *Prunus:* eine Kreuzung aus der Mirabelle von Nancy und der Königin-Viktoria-Pflaume, 1913 entstanden.

Schattenmorelle *Prunus:* aus Château Morelle (Loire) volkstümlich verändert.

Tarantel *Lycosa tarentola:* nach der Stadt Tarent in Unteritalien.

Trakehnen, Pferderasse: nach dem großen ostpreußischen Gestüt Trakehnen, 1231 von Ordensrittern gegründet.

Wyandottes, Hühnerrasse: nach der Stadt im USA-Staat Michigan am Detroit River.

Weitere Beispiele s. S. 129.

c) Länder, Provinzen und Landschaften

Araber, Pferderasse: das rassereine Pferd soll von 5 Pferden abstammen, die die Flucht Mohammeds von Mekka nach Medina überlebten.

Araukarie *Araucaria:* nach Arauco, einer Provinz im südlichen Chile.

Bantam, Hühnerrasse: von den Europäern zuerst in Bantam, der westlichsten Provinz in Java, beobachtet.

Iberis, lat. Name für „Schleifenblume“: nach der iberischen Halbinsel.

Leghorn, Hühnerrasse: stammt aus der italienischen Provinz Livorno und wurde in Amerika umgezüchtet.

Numidierin, lat. Name für Perlhuhn (Numida): wurde im Altertum aus Numidien eingeführt, Reste blieben in Marokko erhalten.

Pfirsich *Prunus persica:* Wort entstand aus „persischer Apfel", lat. *malum persicum.*

Pinzgauer, Pferde-, Rinderrasse: nach dem oberen Salzachtal (Tirol); „Pinscher" sind Hunde aus dem Pinzgau.

Plymouth, Hühnerrasse: stammt aus der Stadtgrafschaft der südenglischen Grafschaft Devon.

Rhodeländer, Hühnerrasse: nach Rhode Islands reds; wurde volksetymologisch entstellt zu „Rote Isländer", daraus „Rotländer".

Simmentaler, Rinderrasse: nach dem Viehzuchtgebiet Simmental, einem Seitental des Thunersees, Kanton Bern.

Bei manchen Namen reicht zur Kennzeichnung des Lebewesens der Eigenname allein nicht aus. Dann wird der Eigenname zum Bestimmungswort eines Kompositums. Eine Lambertsnuß *(Corylus maxima, C. tubulosa)* stammt aus der Lombardei, einer oberitalienischen Landschaft, andere nennen sie auch Langbartsnuß, die vielleicht gar die Langobarden verballhornt. — Eine Walnuß *(Juglans regia)* dagegen ist eine „welsche Nuß", denn sie stammt aus dem Mittelmeergebiet und dem alten Gallien (der Walfisch gehört jedoch nicht hierher). — Ein Industrieller der Nahrungsmittelindustrie, Julius Maggi (1846—1912), entdeckte in dem Liebstöckel *(Levisticum officinale)* eine brauchbare Suppenwürze. Dank der Verbreitung dieser damit hergestellten Erzeugnisse wurde sogar der alte Name verdrängt — und heute heißt die Pflanze vielerorts bereits Maggikraut.

Beliebt sind endlich dergleichen Eigennamen-Komposita auch für die Schädlinge unter den importierten und zugewanderten Lebewesen. Über Madrid und Paris kam aus Südamerika ein lästiges Unkraut, das wir Franzosenkraut *(Galinsoga parviflora)* nennen. — Ein Schädling am Kartoffelkraut hat Colorado (USA) zur Heimat; dort wurde er 1824 an wilden Nachtschattenpflanzen entdeckt. Er heißt heute Coloradokäfer *(Leptinotarsa decemlineata).*

10. Irrtümer und Merkwürdiges

Unter den Pflanzen- und Tiernamen gibt es viele Ungereimtheiten. Mit den kritischen Augen eines Fachmannes darf man nicht immer an sie heran. Denn auch offensichtliche Fehler kommen vor, Beobachtungsfehler beim Feststellen von Eigenschaften, Hörfehler beim Weitergeben von Mund zu Mund. Volksdeutungen und -etymologien sind häufig. Aber es gibt auch Fälle, in denen der Fachmann unrecht hat, wenn er den leichtfertigen Namengeber tadeln möchte. Sie sind nicht einmal selten.

a) Analyse seltsamer Namen

Manche Namen haben eine wechselvolle Geschichte hinter sich. Die Entenmuschel *(Lepas)* geht auf eine uralte Vorstellung zurück, nach der diese Lebewesen als Bildungen ihrer

Unterlage (also gleichsam Auswüchse des Pfahlholzes) aufgefaßt wurden. Diese Gewächse sollten, da sie — allerdings sehr entfernt — an ein Vogelei mit Embryo erinnern, die Eier einer Gans (der Ringel- oder Rottgans, *Branta bernicla*) sein. Immerhin, es war zwar eine schlechte biologische, aber trotzdem willkommene Deutung, durch die sich — Fastenvorschriften umgehen ließen. Denn, so schloß man, wenn diese „Baumgänse" von pflanzlichen Eiern abstammten, durfte man sie auch unbeschadet zu allen Zeiten essen! Die Entenmuschel müßte besser, aber immer noch unklar „Gänsekrebs" heißen.

Die Paradiesvögel *(Paradiseidae)* sind nicht nur wegen ihres prächtigen Gefieders paradiesisch schön. Tiere, die ihr ganzes Leben, wie man glaubte, in den Lüften verbringen und nie die Erde berühren, können nur im Paradies leben. Als nämlich (nach der Reise von Magalhães 1522) die Bälge dieser Vögel nach Europa kamen, sah man mit Erstaunen nur beinlose Exemplare (die eingeborenen Tierfänger Neuguineas hatten ihnen die Beine abgetrennt) und erfand für den Namen diese eigenartige Sage. Der Name aber ist bis heute geblieben.

Ein „Maul", das in Wahrheit gar keines ist, tragen gleich eine ganze Anzahl von „Maultieren", die durchaus nicht immer in die Verwandtschaft unseres Pferdes gehören. Das echte Maultier ist durchaus kein Tier, das sich durch ein großes oder besonders gestaltetes Maul auszeichnet. Es ist nichts weiter als das mittelhochdeutsche „multier", das daneben noch, wie im Althochdeutschen auch, „mul" hieß. Damit aber ist das Rätsel gelöst. Das Maultier ist das verdeutschte lateinische „*mulus*", das bis heute in romanischen Sprachen bewahrt blieb. Wir sagen z. B. im Spanischen und Portugiesischen „mula" und im Französischen „mule" für Mauleselin. Wir verstehen heute in der Zoologie unter Maultier einen Mischling, der als Eltern eine Pferdestute und einen Eselshengst hat, und unterscheiden von ihm den Maulesel, bei dem umgekehrte Verhältnisse vorliegen. Das lateinische „*mulus*" macht diesen Unterschied noch nicht. Wir haben uns auch daran gewöhnt, „Tiere" (bei den Huftieren) als weiblich zu empfinden, in der Waidmannssprache z. B. bei Rot- und Rehwild. Maultier und Maulesel werden also im Deutschen nach der Mutter genannt.

Heute ist das „Maul" — oder in der Mehrzahl „Mäuler" — für Maultier verlorengegangen. Noch bei Schiller ist es literarisch belegt. Jedoch ist der „Mulus" in die Studentensprache eingedrungen und bezeichnet hier bekanntlich den jungen Mann, der sein Studium beginnen will.

Auch bei einer Maulbeere sucht man ohne Erfolg nach einem Zusammenhang mit dem Maul. Dabei geht vom lateinischen Wort „*morum*" (gleich Maulbeere, Brombeere) eine geradlinige Entwicklung über das althochdeutsche „mūrberi" zum mittelhochdeutschen „mūlber". Das lateinische Stammwort aber ist heute unverändert (als Gattungsname *Morus*) in die wissenschaftliche Botanik eingezogen und wird sogar in seiner Verkleinerung „morula" für eine Entwicklungsstufe beim Werdegang des Embryos (Maulbeerkeim) verwendet. Denn beide Gebilde, der kugelige Zellhaufen des Keimes und der Fruchtstand des Maulbeerbaums (fälschlich Maul„beere" genannt) haben eine gewisse äußere Ähnlichkeit.

Endlich hat auch der Maulwurf seine Geschichte. Denn obgleich er mit seinem Rüssel die Erde aufwirft, sind dennoch an der Bildung des Wortes Maul und Kopf des Tieres unbeteiligt. Das „Maul" geht nämlich auf ein ahd. molta „Staub" zurück (ahd. muwurf u.ä.), das mit dem heutigen „mahlen" verwandt ist. Der krümelig zerkleinerte Boden aber, also Erde, Staub, erscheint wie gemahlen, der frisch aufgeworfene Maulwurfshaufen erst recht. So bedeutet „malma" im Gotischen „Sand", „mulda" aber „Staub" und „mulu-s" sogar „Maulwurf". Diese Bedeutung für „mulus" ging verloren, aber „molte" im Mittelhochdeutschen für „Erde, Staub" blieb. Ein Maulwurf ist also ein Tier, das Erde bewegt und Erdhaufen aufwirft. Die Untersuchung der drei falschen „Mäuler" führt also zu folgendem Ergebnis:

lateinisch	althochdeutsch	mittelhochdeutsch	neuhochdeutsch
mulus	mūl	mūl, mūltier	Maul, Maultier
molere	multwurf	moltwerf	Maulwurf
morum	mūrberi	mūlber	Maulbeere

Endlich gibt es noch einen mit dem „Maul" gezierten Affen. Aber der Maulaffe ist gar kein zoologisches Objekt, wie man glauben könnte. Wer Maulaffen feilhält, läßt vor Überraschung oder Bestürzung das „Maul offen" stehen. Genausowenig gehört der Grasaffe zu den nageltragenden Säugetieren; GOETHE nennt so in seinem „Faust" einen grünen, unfertigen Menschen. Ein Grünaffe *(Cercopithecus)* dagegen heißt auch „grüne Meerkatze" und ist unter den Hundsaffen tatsächlich bekannt.

Häufig wurde einer größeren systematischen Einheit ein Name verliehen, der später nicht mehr für alle Glieder der Verwandtschaft zutraf. Denn neue hinzugehörende Glieder wurden entdeckt und beschrieben, die sich dem ersten Namen nicht fügten. Wer in der lateinischen Fachsprache zu lesen vermag, erfährt eine Menge solcher Merkwürdigkeiten.

Als Zimmerpflanze ist vielleicht das „Elefantenohr" bekannt, das *Haemanthus* (Rotblüte) heißt. Die bekannteste Art ist *Haemanthus albiflos* = „weißblühende Rotblüte"! Die Blaualge heißt zwar Blaualge, aber sie ist weder blau noch (genauer) blaugrün gefärbt. Denn es gibt auch rote Blaualgen. Ja, es wird z. B. behauptet, daß das Rote Meer seinen Namen von einer Blaualge *(Trichodesmium erythraeum)* herleite. Wenn man Rotbuche sagt, meint man nicht Blutbuche, obwohl beide derselben Art zugehören. Eine Blutrotbuche stellte keine Tautologie dar, obwohl nicht das Rot des Blutes, sondern die bekannte Blutmutante damit gemeint ist.

Merkwürdig ist, daß der Hahn kräht. Sein melodischer Ruf, Kikeriki lautmalend umschrieben, ist weit entfernt von dem heiseren Schrei der Krähe. Eine Krähe „kräht" aber nicht, sondern sie krächzt höchstens (dabei kommt das Krächzen natürlich von Krachen!). Es mußte also ein Behelfsverbum geschaffen werden, da das Krähen bereits vergeben war. Das geschah nach dem Muster ächzen, seufzen usf. Krähen und krächzen haben nur eine äußere Ähnlichkeit. Der Hahn aber hat trotz seiner Beliebtheit keinem Verbum das Leben geschenkt, und ausgerechnet er „singt" nach seiner sprachlichen Herkunft *(canere, cantare)*.

Eigenartig ist es auch mit dem Sperma ceti, dem „Samen des Wales" bestellt. Gemeint ist dabei die gewaltige fettähnliche Masse, die der platten Maulgegend des Pottwalschädels *(Physeter)* aufliegt. Aus ihr wird der „Walrat" gewonnen. Der Irrtum rührt wohl daher, daß man bekanntlich den Wal fälschlich als Fisch deutete und für die männlichen Keimdrüsen, die „Milch" z. B. des Herings, eine Parallele bei den großen Säugern des Meeres suchte. Man hat auch schon geglaubt, daß „Walrat" auch „Walrahm" heißen könne, d. h. der Walrat ist fetthaltig wie der Rahm der Milch.

Wenn etwas völlig wertlos ist, so gilt es keinen Pfifferling, aber es ist auch keinen Pappenstiel wert. Manche wollen Pappelstiel lesen. Aber es ist der Schaft des Löwenzahnblütenstandes gemeint. Die Flugsamen des weit verbreiteten Korbblütlers tragen kleine Haarkronen, einen Pappus. Pappenstiel ist also Pappusstiel. Das Wort ist schon lange in unserem Sprachschatz zuhause.

Natürlich hat das Abgleichen von Gewichten, das Eichen, nichts mit der Eiche zu tun. Gleichlautende und gleichgeschriebene Wörter können nämlich durchaus verschiedene Herkunft haben. Auch eine Laube (Schutzdach!) braucht nicht ein Laubdach zu sein! Jeder wünscht sich viel „Moos"; aber er meint damit das Geld und nicht die Moospflanze, die ihn schwerlich fesselt. Das deutsche Moos ist an das hebräische „moath" (Pfennig, Kleingeld) angeglichen worden.

Wenn man endlich jemanden am Schlafittchen erwischt, meint man damit den Schlagfittich, also die Schwungfedern eines Vogelflügels. Am Schlafittchen ist von der gefiederten Herkunft wahrlich nichts mehr zu erkennen.

b) Vorgetäuschte Biologie

Oft werden biologische Namen vorgetäuscht. Sie gehören aber in andere Bereiche. Ihre Übereinstimmung ist zufällig oder als Parallelbildung, mitunter auch als Volksetymologie zu erklären.

Wenn einer Zicken macht, so sucht er keine Gemeinschaft mit Ziege oder Zicklein, sondern er weicht vom geradlinigen Weg des Rechts und der Sitte ab und bewegt sich auf einer „Zickzack"-bahn. Den Star sticht man ohne Mitwirkung eines Vogels. Denn der Starkranke hat einen „starren" Blick. Wenn durch einen spitzen Gegenstand die trübe Linse in den Glaskörper des Auges zurückgestoßen wurde (wie es früher die Scharlatane taten), war der „Star" operiert, d. h. „gestochen". — Sein Schäfchen ins Trockne bringen bedeutet schwerlich, daß man seine Schafe vor dem Regen rechtzeitig in den schützenden Stall bringt; mit größerer Berechtigung wird man wohl an das Schiffchen (Schepken) denken, das in den sicheren Hafen steuert.

Zwei Sprichwörter rücken die Spinne — so scheint es — in den Mittelpunkt der Betrachtung: „Spinne am Vormittag, Sorgen den ganzen Tag" und „Spinne am Abend, erquickend und labend". Es ist aber dabei nicht an das Spinnentier gedacht, sondern an die Tätigkeit der Spinnerin, die sorgenvoll den arbeitsreichen Tag beginnt und am Abend berechtigte Freude an der Tagesarbeit empfindet. — Vom Schwan darf man sicher nicht das Verbum „schwanen" ableiten. Wir verstehen darunter „ahnen, wähnen, vorschweben". Denn warum sollte ausgerechnet der Schwan Böses (Unheil) voraussagen? Gutes schwant uns bekanntlich nie.

Wenn man ein Nachtgeschirr gelegentlich „Ente" nennt, so ist das aus der Ähnlichkeit der Form zu verstehen. Eine Zeitungsente jedoch ist von einem Federvieh weiter entfernt. Diese „Ente" schreibt man phonetisch, sie heißt nämlich „n. t.", was soviel wie „*non testam*" bedeutet. Ein Schriftstück, das man nicht bestätigen möchte, weil die Richtigkeit nicht verbürgt ist, trägt dagegen dieses Signum n. t. mit Recht.

Vielleicht will einer auch nicht daran glauben, daß sein Kater mit einem Säugetier in Beziehung steht; er tut recht daran. Denn der Kater ist wohl nichts weiter als ein verballhornter „Katarrh". Der Katzen„jammer" ist dem Tier nur angedichtet. Ganz entsprechend wird im Volksmund das Wort „radikal" zu „ratzekahl" entstellt, ohne daß jemandem einfiele, es mit einem „kahlen Ratz" (Iltis) in Verbindung zu bringen!

Manche leiten von dem Rotbraun des Fuchsfelles ein Adjektiv fuchsig (gleich fuchsfarben) her. Sie würden aber irren, brächten sie das Verbum „fuchsen" mit demselben Tier in Verbindung. Fuchsen ist eine Iterativform zu fucken, was soviel wie „unruhig hin und her bewegen" heißt. — Wenn jemand pflaumt, so wirft er nicht mit Pflaumenkernen — er macht nämlich anzügliche Bemerkungen —, sondern er rupft Flaumfedern aus. Man kann sich auch nur auf Flaum und nicht auf Pflaumen weich betten („pflaumenweich"). — Einer, der eine wohlgesetzte, aber im Grunde überflüssige Rede hält, läßt zwar einen Salm vom Stapel, aber es ist nur ein verstümmelter „Psalm" und kein lachsähnlicher Fisch! — Schließlich hat auch der Pleitegeier fast nichts mit einem Vogel zu tun, vielleicht nur soviel, als sich auch die Geier freuen, wenn sie eine „Erbschaft" übernehmen. Ein „Pleite-Gehender" spricht sich schlechter als ein „Pleitegeier". Das Wort stammt aus der Gaunersprache.

Das Wort luchsen kommt wohl nicht von Luchs, wenngleich dieses Tier wegen seines guten Auges sicher vortrefflich lugen (d. h. spähen äugen) kann. Wird einem Gutgläubigen mit List und Tücke etwas entwendet, so wird es ihm mit den scharfen Sinnen des Diebes abgeluchst. Ein „beluchsen" kann nur in der Bedeutung „sehr genau beobachten" verwendet werden.

Das Bockbier hat nicht das geringste mit dem Ziegenbock zu tun (trotz der zoologischen Ankündigungsbilder!). Es ist aber ein Bock mit Vergangenheit. Ursprünglich war es „Einbeck-Bier", nach der Stadt, die es erfand. Mundartlich wurde ein „Oanbock" daraus, was wiederum auf Hochdeutsch zu „Ambock" wurde. Die unverständliche Vorsilbe „Am-" erschien entbehrlich, und so entstand der „Bock".

Viele meinen, die kreisförmigen Schwielen an unseren Fußzehen hätten mit dem Auge des Huhnes natürlich nichts zu tun, auch wenn sie Hühneraugen heißen. Es sollen vielmehr hürnene, d. h. Hornaugen sein. Andere aber wollen sie tatsächlich wegen ihrer Form „Augen" nennen.

Vielleicht wundert es uns, wenn jemand Kohl redet. Aber das wird verständlich, wenn man weiß, daß es zwei verschiedene „Kohlarten" gibt: den einen eßbaren, der sich vom lateinischen „*caulis*" (Stengel) herleitet und den anderen, der vom hebräischen „qol" (Gerücht) stammt. Der geredete „Kohl" ist ungereimt; „kohlen" und „verkohlen" verdanken ihm ihre Existenz, sie sind nämlich genauso wenig ernst zu nehmen.

Schwerlich leitet sich vom Flachs (wie der Lein auch genannt wird) das flachsen her, unter dem wir soviel wie spötteln, necken verstehen. Aber wo soll man es anlehnen? Vielleicht an „filaxen" (Küpper)? Das Wort Leine hingegen gehört zum Lein. (Die Leine wird aus Flachs gefertigt.) Eine Linie vollends ist natürlich zunächst nichts weiter als ein ausgespannter Leinenfaden!

Eine Straße braucht nicht Taubengasse zu heißen, weil in ihr Haustiere gleichen Namens gehalten werden. Sie wird viel häufiger eine „taube Straße", d. h. eine „blinde" Straße (Sackgasse) sein. Ein Mäuseturm und ein Mauspfad haben kaum etwas mit Mäusen zu tun. Sie sind vielmehr ein „Mautturm" und ein „Mautpfad", weil dort die Zöllner wohnten, die den Maut (Zoll) erhoben.

Die Zahl der Volksdeutungen, Verballhornungen, Entstellungen und Mißverständnisse bei den Namen ließe sich noch leicht mit weiteren Beispielen belegen. Das Volk hat das Bedürfnis, sich Unverständliches und Unverstandenes mundgerecht zu machen und mit landläufigen Vorstellungen zu erklären. Wir zerbrechen uns hinterher darüber den Kopf, was ein Kamel ausgerechnet mit „Trampeln" zu tun hat. Trampeltier konnte natürlich entstehen, weil es schon ein Dromedar gab. Die Neubildung wurde hier sogar zum Segen für die Namensgebung. Wir können durch sie das einhöckerige Kamel (immer noch „Dromedar") von dem zweihöckerigen (das veränderte „Dromedar") trennen.

Alle geschilderten Merkwürdigkeiten der Sprache betreffen die deutschen Namen. Aber es gibt auch, was wenigstens kurz angedeutet werden soll, unter den lateinischen Namen mancherlei Sonderbares. Dabei handelt es sich doch meist nicht um Namen, die sich entwickelten, sondern nach Bedarf „erfunden" wurden. Pflanzen- und Tierreich dürften sich z. B. nicht überschneiden. Wir kennen Gattungsnamen, die zweimal ihre Gültigkeit haben, zur Bezeichnung von Tier und Pflanze. Dafür zwei Beispiele:

Namenszwilling	Tier	Pflanze
Oenanthe	Steinschmätzer (Singvogel)	Pferdesaat (Doldengewächs)
Eremophila	Ohrenlerche (Singvogel)	Myoporaceen (austral. Pflanze)

Nicht minder eigenartig sind die Anagramme, Buchstabenversteckspiele, die man erfindet, um auszudrücken, daß zwei Namen zusammengehören. Eine gewisse Kaktee, die in Bolivia wächst, heißt *Lobivia*, und zwei Käfergattungen, fast zum Verwechseln ähnlich, nennt man *Ptinus* und *Niptus*.

DRITTER ABSCHNITT

Ergebnisse und Ziele bei der Namensforschung

I. Begegnung von Biologie und Sprachwissenschaft

Ein Biologe kann keine Namensforschung treiben, wenn er sprachwissenschaftlichen Gedankengängen fernbleibt, und der Sprachwissenschaftler kann sich nicht biologischen Namen zuwenden, ohne die Erkenntnisse der biologischen Wissenschaften zu beachten. Unsere Pflanzen- und Tiernamen führen uns also in ein Grenzgebiet. Die Sachgebiete und Forderungen von Biologie und Sprachwissenschaft überschneiden sich; leider werden dadurch auch Mißverständnisse möglich. Denn der Wortschatz wird mitunter doppelsinnig, und die Bedeutungen der Wörter verschieben sich. Der Biologe verbindet z. B. mit „Art, Gattung, Familie, System" ganz bestimmte Vorstellungen, die um die natürliche Verwandtschaft der Lebewesen kreisen; er hat den Wörtern Sonderaufgaben zugewiesen. Der Sprachwissenschaftler aber auch, und beider Definitionen stimmen nicht überein. Trotzdem ist eine Begegnung von beiden möglich und erfolgreich.

Die biologische Fachsprache hat zwei verschiedene Aufgaben zu erfüllen. Die erste Aufgabe ist die jeder Fachsprache überhaupt. Sie muß die Erkenntnisse der biologischen Wissenschaft eindeutig und einwandfrei ausdrücken. Sie braucht ihre Fachausdrücke (Termini technici). Aber sie ist die einzige Fachsprache, die sich dabei der geradezu unendlichen Mannigfaltigkeit aller lebenden Naturobjekte gegenübersieht. Vor ihr stehen nicht starre, unveränderliche Objekte, sondern plastische, sich wandelnde in der Einzelentwicklung (von der Eizelle bis zum vermehrungsfähigen Lebewesen) und in der Stammesentwicklung (erdgeschichtliche Veränderungen).

Die Fachsprache muß daher zweitens alle Pflanzen und Tiere benennen und diese Namen, soweit möglich und nötig, nach einem System ordnen. — Nur die Pflanzen- und Tiernamen des Wortschatzes galt es zu untersuchen. Die gestellte Aufgabe mußte von möglichst verschiedenen Seiten beleuchtet werden. Eine sprachliche Ordnung war zu finden.

1. Namensverwandtschaften

Für eine Ordnung jedweder Art müssen Gruppen von verwandten Namen gesucht werden. Eine Verwandtschaft kann in vielerlei Hinsicht bestehen. Wir suchen z. B. Komposita mit gleichen Grundwörtern (z. B. Fieberklee und Sauerklee), Namen gleicher Sprache (z. B. Mais und Tabak), Namen gleichen

Wortstamms (z. B. Kleiber und Klette). Wir können aber auch noch andere Gesichtspunkte finden, die zu verwandten Namen führen. Vier Beispiele mögen für diese Art einer ersten sprachlichen Ordnung stehen.

1. Komposita mit gleichem Grundwort (auf das biologische System bezogen):
Stock-, Schnatter-, Krick-, Knäckente *(Anas);*
Süß-, Sauer-, Trauben-, Strauchkirsche *(Prunus);*
Mauer-, Smaragd-, Zaun-, Bergeidechse *(Lacerta);*
März-, Wunder-, Hunds-, Waldveilchen *(Viola).*

Diese Ordnung nach dem System ist mehr das Anliegen des Biologen als des Germanisten. Hier kommt die natürliche Verwandtschaft der Lebewesen zum Ausdruck. Das Problem der eindeutigen Zuordnung der deutschen und lateinischen Namen ist zu lösen.

2. Komposita mit gleichem Grundwort (ohne Systembezug):
Pfahl-, Holz-, Mehl-, Ohrwurm (Muschel, Käfer und Geradflügler);
Stech-, Erd-, Rosen-, Granatapfel (Nachtschatten-, Rosen- und Myrtengewächse);
Gundel-, Wald-, Wein-, Zaunrebe (Lippenblütler, Hahnenfuß- und Weinrebengewächse;
Rauch-, Mauer-, See-, Nachtschwalbe (Singvögel, Segler-, Möwen- und Ziegenmelkerartige).

Eine Analyse dieser verwandten Namen wurde in dem Abschnitt ,,Gliederung nach dem Wortinhalt" durchgeführt. Die Komposita vermögen über die Bedeutungsbreite des Grundworts auszusagen.

3. Synonyma unter den Pflanzen- und Tiernamen:
Grünspecht, Zimmermann, Holzhacker, Regenvogel *(Picus viridis);*
Jagd-, Kupfer-, Edel-, Böhmischer Fasan *(Phasianus colchicus);*
Hauswurz, Hausampfer, Dachwurzel, Donnerkraut *(Sempervivum tectorum);*
Butter-, Dotter-, Hunde-, Kettenblume *(Taraxacum officinale).*

Diese ,,Sachgruppen" im Sinne DORNSEIFFs umfassen Synonymenlisten der bekanntesten Tier- und Pflanzenarten. Das erweiterte Ergebnis einer fleißigen Namensammlung dieser Art zeigt MARZELLs Werk (Wörterbuch der deutschen Pflanzennamen). Eine gleiche ausführliche Ordnung der Tiernamen ist noch nicht erfolgt.

4. Homonyma unter den Pflanzen- und Tiernamen:
,,Butterblume" für Sumpfdotterblume *(Caltha)*, Löwenzahn *(Taraxacum)* und Hahnenfußarten *(Ranunculus);*
,,Schwertfisch" für Zahnwal *(Orcinus)* und die Knochenfische *Xiphosurus* und *Xiphias;*
,,Donnerkraut" für Rainfarn *(Tanacetum)*, Hauswurz *(Sempervivum)* und Sauerklee *(Oxalis);*
,,Kugeltierchen" für gewisse Lochschalentierchen *(Globigerina)*, Algen *(Volvox)* und Rädertierchen *(Conochilus).*

Gleichlautende Namen für verschiedene Lebewesen wird der Biologe mit Zurückhaltung verwenden. Aber der Sprachforscher untersucht die Homonyma mit Gewinn. Zum Beispiel sind Otter (= Natter) und Otter (= Fischotter) weder biologisch noch sprachlich dasselbe usw.

2. Ergebnisse der Inhaltsanalyse

1. Über die Wortinhalte von Pflanzen- und Tiernamen wird u. a. durch die Namensverwandtschaften ausgesagt. Besonders die Untersuchung der Komposita gibt wertvolle Aufschlüsse. Eine ,,Wortfamilie", wie etwa Fleder-, Haus-, See- und Spitzmaus, kann über den Inhalt des Wortes ,,Maus" Auskunft geben usf.

2. Die Wahl der Bestimmungs- und Grundwörter dieser Komposita ist beeinflußt vom Kulturstand unseres Volkes und von unserem Weltbild, von dem Erfahrungskreis und Bildungsstand des beobachtenden Sprachschöpfers.

3. Die Wortbestandteile der Komposita entstammen sehr vielen Bereichen des menschlichen Lebens. Vor allem werden mit den Augen erfaßbare Gegenstände verwendet, aber auch Abstrakta, wie Zahl, Zeit und Farbe.

4. Die Wechselbeziehungen von Pflanzen und Tieren werden vielfach ausgedrückt. Körperteile, Tätigkeiten, funktionelle Abhängigkeiten der Lebewesen liefern Bestimmungs- und Grundwörter.

5. Die Bestandteile der Komposita sind fast nur Substantiva. Adjektiva (vor allem in Farb- und Zahlnamen) sind seltener, erst recht Verben und Umstandswörter.

6. Die **Bestimmungswörter** in den **Pflanzenkomposita** sind folgende (wenn sie wenigstens drei gebräuchliche Namen beisteuern, wobei die sehr häufigen, mehr als zehnmal verwendeten Namen gesperrt sind):

Alpen-, Acker-, Bach-, Balsam-, Bär(en)-, Bart-, Bauern-, Baum-, Berg-, Besen-, Bisam-, Bischofs-, Bitter-, Blasen-, Blau-, Blumen-, Blut-, Bocks-, Braun-, Brenn-, Brunnen-, Buch-, Butter-, Christ-, Darm-, Donner-, Dotter-, Drei-, Eber-, Eisen-, Edel-, Ein-, Eis-, Engel-, Erd-, Färber-, Faul-, Feder-, Feld-, Felsen-, Fett-, Feuer-, Fieber-, Finger-, Flatter-, Fliegen-, Frauen-, Frosch-, Frühlings-, Fuchs-, Fünf-, Futter-, Gänse-, Garten-, Geiß-, Gemüse-, Gift-, Glas-, Glocken-, Gelb-, Gold-, Gras-, Grau-, Grün-, Habichts-, Hahnen-, Haus-, Hühner-, Hain-, Hart-, Hasen-, Hasel-, Heide-, Helm-, Herbst-, Herz-, Hexen-, Himmels-, Hirsch-, Hohl-, Honig-, Horn-, Hunds-, Igel-, Jakob-, Johannis-, Judas-, Kamm-, Kartoffel-, Kaiser-, Katzen-, Klapper-, Kleb-, Klee-, Knolle-, Kohl-, Kolben-, Königs-, Kopf-, Koralle-, Korb-, Korn-, Krähen-, Kreuz-, Krusten-, Kuckucks-, Kugel-, Kuh-, Laub-, Leber-, Lein-, Lieb(es)-, Löwen-, Lungen-, Mai-, Marien-, März-, Mauer-, Maus-, Meer-, Milch-, Mond-, Moos-, Mutter-, Nabel-, Nacht-, Nattern-, Nix-, Obst-, Öl-, Ostern-, Perl-, Pfeffer-, Pfeifen-, Pferde-, Pfingst-, Quell-, Rain-, Roß-, Rot-, Salz-, Sand-, Sau-, Sauer-, Schaf-, Schatten-, Schild-, Schlauch-, Schnee-, Schwarz-, Schweine-, See-, Sichel-, Silber-, Sommer-, Sonnen-, Spalt-, Spitz-, Stachel-, Stech-, Stein-, Stern-, Stink-, Strand-, Strauch-, Strauß-, Sumpf-, Süß-, Tausend-, Tag-, Teich-, Teufels-, Toten-, Trauben-, Venus-, Vier-, Vogel-, Wald-, Wanzen-, Wasser-, Weg-, Weiden-, Weihnachts-, Wein-, Weiß-, Wiesen-, Wild-, Winter-, Wolfs-, Zahn-, Zaun-, Ziegen-, Zitter-, Zucker-, Zwei-, Zwerg.

7. Die **Grundwörter** in den **Pflanzenkomposita** sind folgende:

-alge, -apfel, -auge, -bart, -baum, -beere, -birne, -biß, -blatt, -blume, -blüte, -bohne, -brand, -buche, -darm, -distel, -dorn, -dotter, -farn, -fuß,

-gerste, -glocke, -glöckchen, -gras, -grün, -haar, -halm, -hals, -holder, -holz, -hut, -kamm, -kerze, -kirsche, -klee, -knöpfchen, -kohl, -kopf, -korn, -kraut, -kropf, -kugel, -kümmel, -leiter, -milch, -moos, -nelke, -nessel, -nuß, -obst, -pfeffer, -pflanze, -pilz, -raute, -rebe, -rohr, -rose, -röschen, -rost, -röte, -rübe, -saat, -schelle, -schnabel, -schote, -schwamm, -schwanz, -seide, -sporn, -stern, -stock, -strauch, -süß, -tanne, -tau, -teufel, -traube, -weide, -weizen, -wurz(el), -zahn, -zunge, -zwirn.

8. Die **Bestimmungswörter** in den **Tierkomposita** sind folgende:

Aal-, Aas-, Abend-, Acker-, After-, Alpen-, Amazonen-, Ameise(n)-, Apfel-, Auer-, Augen-, Bach-, Band-, Bären-, Bart-, Baum-, Berg-, Beutel-, Bienen-, Birken-, Bisam-, Bläß-, Blasen-, Blatt-, Blattlaus-, Blau-, Blind-, Blumen-, Blut-, Bohr-, Borsten-, Brach-, Brand-, Braun-, Breit-, Brillen-, Bruch-, Buchen-, Büschel-, Buckel-, Butter-, Distel-, Doppel-, Dorn-, Drei-, Dung-, Edel-, Eichel-, Eiche-, Ein-, Eis-, Enten-, Erbsen-, Erd-, Erz-, Faden-, Feder-, Feld-, Felsen-, Feuer-, Fichten-, Fisch-, Fleck-, Floh-, Flug-, Fluß-, Fuchs-, Furchen-, Gabel-, Gall-, Gänse-, Garten-, Gelb-, Gespenst-, Getreide-, Glanz-, Glas-, Glatt-, Gleich-, Glieder-, Glocken-, Gold-, Grab-, Gras-, Grau-, Groß-, Gruben-, Grün-, Gürtel-, Haar-, Halb-, Halsband-, Hart-, Hasel-, Hauben-, Haus-, Haut-, Hecken-, Helm-, Herings-, Herz-, Herz-, Heu-, Hirsch-, Hohl-, Höhlen-, Holz-, Honig-, Horn-, Huf-, Hühner-, Hunds-, Jagd-, Kaiser-, Kamm-, Kartoffel-, Käse-, Katzen-, Kaul-, Kegel-, Kern-, Keulen-, Kiefern-, Kiesel-, Klapp-, Kleider-, Klein-, Knochen-, Knorpel-, Köcher-, Kohl-, Kolben-, Königs-, Kopf-, Koralle-, Korn-, Kragen-, Kreuz-, Kugel-, Kupfer-, Kurz-, Lach-, Land-, Lang-, Laub-, Lauf-, Leder-, Leisten-, Lerchen-, Leucht-, Löffel-, Lungen-, Mai-, Mantel-, März-, Masken-, Mauer-, Maul-, Meer(es)-, Mehl-, Menschen-, Minier-, Mist-, Mittel-, Mönchs-, Mond-, Moor-, Moschus-, Muschel-, Nacht-, Nage-, Nasen-, Nessel-, Nonnen-, Ochsen-, Ohren-, Pantoffel-, Panzer-, Pappel-, Paradies-, Pelz-, Perl-, Pfeil-, Pferde-, Pinsel-, Platt-, Posthörnchen-, Pracht-, Puppen-, Purpur-, Raben-, Raub-, Rauh(fuß)-, Reb-, Regen-, Riesen-, Rinder-, Ring-, Ringel-, Rohr-, Röhren-, Rosen-, Roß-, Rot-, Rüben-, Ruder-, Rüssel-, Saat-, Sack-, Saft-, Säge-, Salz-, Sand-, Säuge-, Schaf-, Schell-, Schiffs-, Schild-, Schlamm-, Schlangen-, Schleier-, Schmal-, Schnabel-, Schnecke-, Schnee-, Schnell-, Schnur-, Schuppen-, Schwalben-, Schwanz-, Schwarz-, Schwein-, Schwert-, Schwimm-, See-, Segel-, Seiden-, Sichel-, Sieben-, Silber-, Sing-, Sonnen-, Spiegel-, Spitz-, Spring-, Stab-, Stachel-, Stachelbeer-, Stadt-, Stall-, Stech-, Stein-, Steppen-, Stern-, Stink-, Stock-, Strand-, Streifen-, Sturm-, Sumpf-, Süßwasser-, Tag-, Tannen-, Tauben-, Tauch-, Teich-, Teufel-, Tinten-, Toten-, Trauer-, Trug-, Turm-, Ufer-, Ur-, Venus-, Viel-, Vogel-, Wachs-, Wachtel-, Wal-, Wald-, Wander-, Wasser-, Weber-, Weg-, Weich-, Weiden-, Wein-, Weiß-, Widder-, Wiesen-, Wild-, Wolle-, Wurzel-, Zahn-, Zaun-, Zitronen-, Zitter-, Zwei-, Zwerg-.

9. Die **Grundwörter** in den **Tierkomposita** sind folgende:

-aal, -älchen, -atmer, -auge, -bär, -bock, -boot, -butt, -egel, -eule, -fisch(chen), -fliege, -floh, -flügler, -fresser, -fuchs, -fuß, -hahn, -hähnchen, -horn, -huhn,

-hund, -jungfer, -käfer, -kalb, -kälbchen, -katze, -könig, -kopf, -koralle, -krabbe, -kugel, -kuh, -läufer, -laus, -löwe, -männchen, -mantel, -maus, -moos, -motte, -muschel, -mutter, -nagel, -ochse, -otter, -pferd, -qualle, -quappe, -raupe, -scheide, -schlüpfer, -schnecke, -schwalbe, -schwamm, -schwanz, -schwein, -spinner, -spinne, -stecher, -stern, -tier, -tierchen, -vieh, -vogel, -walze, -wild, -wolf, -wurm.

3. Ergebnisse der Formanalyse

1. Wir unterscheiden **einfache** und **zusammengesetzte** Pflanzen- und Tiernamen. Zahlenmäßig überwiegen die Komposita bei weitem.

2. **Die einfachen Namen** (Simplicia) gehören folgenden Formkreisen an:

a) **Die echten deutschen Namen.** Sie umfassen etwa 200 Tier- und 200 Pflanzennamen aus dem Althochdeutschen (Beispiele: Hund, Maus, Wolf bzw. Apfel, Distel, Espe). Sie werden durch die Nomina agentis geringfügig weiter vermehrt (Wickler, Pieper, Spanner).

b) **Die Eigennamen als Appellativa.** Sie dürften etwa 100—200 Tier- und Pflanzennamen umfassen. Ihre Zahl ist seit LINNÉ beträchtlich gewachsen (Fasan, Tarantel, Sardine bzw. Begonie, Apfelsine, Schalotte). Die Namen der Züchter für Rassen und Abarten sind nicht berücksichtigt.

c) **Die Fremd- und Lehnwörter.** Eine Trennung ist nicht möglich. Eine wesentliche Zunahme ist nicht mehr zu erwarten. Die erste Namensquelle sind ausländische Tiere und Pflanzen; ihre Gliederung kann nach Herkunftländern erfolgen (Lama, Gorilla, Kamel bzw. Banane, Vanille, Jasmin). Die zweite Quelle sind Namen, die auf lateinische Bezeichnungen des Systems zurückgehen (Buxus, Primel, Erika bzw. Muschel, Pfau, Viper).

d) **Die Diminutiva.** Die kleine Gruppe umfaßt einige Dutzend Namen (Wörter mit dem Suffix -chen eingeschlossen), wie Zwiebel, Nelke, Veilchen bzw. Kaninchen, Hermelin, Älchen. Eine große Zahl weiterer Namen sind nur mundartlich belegt (etwa mit den Suffixen -lein, -le, -li, -erl, -l gebildet).

e) **Die substantivierten Adjektiva.** Einige Dutzend Namen, die teils versteckt (Bär, Hase), teils unverändert (Zeitlose, Unzertrennliche) oder mit dem Suffix -ling das Adjektiv verwenden (Grünling, Krümmling). Manche Adjektiva werden auch als Grundwörter von Komposita benutzt (Engelsüß, Männertreu).

3. **Die zusammengesetzten Namen** gehören folgenden Formkreisen an:

a) **Die eigentlichen Komposita.** Ihre Zahl ist nicht anzugeben; sie werden nach Bedarf ständig neu gebildet. Für neue unbekannte Lebewesen und Lehnübersetzungen wird als Name ein Kompositum bevorzugt (Wasserpest, Wollhandkrabbe und Lippenblütler, Zweiflügler).

b) **die Satzwörter.** Einige wenige Wörter tragen die Form eines Imperativs (Vergißmeinnicht, Rührmichnichtan) oder eines abgekürzten Satzes (Jelängerjelieber).

c) **Die zusammengesetzten Ausdrücke.** Wir unterscheiden adjektivische Attribute (Glatte Natter, Guter Heinrich, Wandelndes Blatt) und substantivische Attribute (Königin der Nacht, Baum des Reisenden). Die Zahl dieser Namen ist gering.

II. Forderungen der Biologie

1. Die lateinischen Namen

Die deutschen Pflanzen- und Tiernamen, die einen besonderen Schatz unserer Muttersprache darstellen, sinken für den Fachbiologen zu entbehrlichen Hilfsmitteln seiner Wissenschaft herab. Denn er bezeichnet seine Lebewesen doppelt, mit den deutschen und lateinischen Namen. Dabei ist nicht zu übersehen, daß für die einwandfreie Zuordnung dieser deutschen Namen große Schwierigkeiten erwachsen. Nur der lateinische Name wird meist eindeutig und in fast stereotyper Vereinfachung jedem Lebewesen zugewiesen. Von den mannigfachen deutschen Zuordnungsmodi seien die häufigsten in Abb. 48 schematisch dargestellt, damit die Vielgestaltigkeit unserer Sprache zeigend.

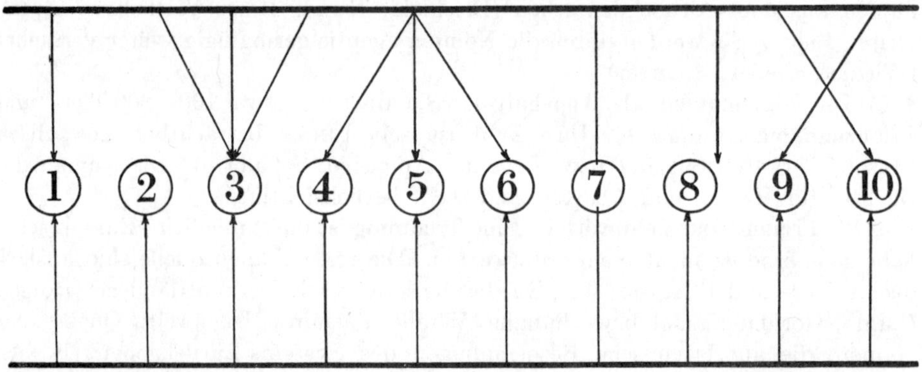

Abb. 48. Schematische Übersicht. Man erkennt das Verhältnis der deutschen Bezeichnungen (obere Linie) und der lateinischen Nomenklatur (untere Linie) zu den Arten der Lebewesen (Kreise in der Mitte). Die lateinischen Namen decken sich also mit der begrifflichen Systematik, für die deutschen Namen gibt es verschiedene Zuordnungsmodi

Fall 1: Ein Name für ein Lebewesen. Leider nur ein Ausnahmefall. Fast nur unsere Kulturpflanzen, wie Tabak, Vanille, Teestrauch, und die markanten ausländischen Tiergestalten, wie Känguruh, Giraffe, Elefant usw. Bei den Blumenfreunden ist oft der lateinische Name eingedeutscht worden, z. B. Zinnie, Gladiole, Gloxinie usw. Für Gebrauchsrassen unserer Haustiere gelten häufig Züchternamen, wie Airedaler, Orpington, Rhodeländer usw.

Fall 2. Kein deutscher Name vorhanden. Häufigster Fall. Die meisten deutschen Thallophyten oder wirbellosen Tiere werden nur lateinisch benannt, erst recht alle mikroskopisch kleinen Formen. Die von Forschern vorgeschlagenen deutschen Namen sind oft ad hoc angefertigte Etiketten mit winzigem Geltungsbereich.

Fall 3: Viele Namen für ein Lebewesen. Üblich bei allen häufigsten Säugetieren und Vögeln (auch vielen wechselwarmen Wirbeltieren) und bei weit verbreiteten Blütenpflanzen. MARZELL gibt für *Anemone nemorosa* (Buschwindröschen) mehr als 200 verschiedene deutsche Namen an, für *Bellis perennis* (Gänseblümchen) sicher mehr als 600!

Fall 4, 5 und 6: Ein Name gilt für mehrere oder viele Pflanzen oder Tiere. Es gibt Lieblings- und Standardnamen. *Taraxacum*, aber auch *Caltha palustris* heißen „Butterblume", ferner alle *Ranunculus*-Arten, soweit sie gelb blühen. Entsprechendes gilt für Kuhblume, Marienblume, Kuckucksblume und viele andere. Hierher gehören auch die deutschen „Wortfamilien", die mit den Komposita über Gattungen, Familien, Ordnungen, ja Stämme hinweggreifen, z. B. also die „Äpfel" (als Liebes-, Erd-, Gall-, Granat-, Rosen- und Kienapfel) oder die „Flöhe" (unter den Krebsen als *Daphnia*, den Käfern als *Haltica*, den Schnabelfliegen als *Boreus*) usw.

Fall 7: Der deutsche Name wird durch das lateinische Namensvorbild beeinflußt. Von der *Chamomilla* leitet sich die Kamille, von der *Salvia* die Salbei, von *Petroselinum* die Petersilie her. Manche lateinische Übersetzungen beginnen sich einzudeutschen, z. B. die Kreuzblütler, Kriechtiere. Das lateinische „Insekten" wird umgekehrt den „Kerbtieren" vorgezogen.

Fall 8: Mißverständliche oder falsche Namen gehen oft an den Lebewesen vorbei. Das Tausendgüldenkraut ist aus dem falsch übersetzten *Erythraea centaurium* entstanden, das richtig Kentaurkraut heißt. Irrtümer liegen vor bei Neunauge, Paradiesvogel, Entenmuschel, Walroß, Schweinsfisch und vielen anderen.

Fall 9 und 10: Bei einem Namenszwilling tragen zwei im System weit entfernte Lebewesen denselben Namen. Der Fuchsschwanz ist Süßgras und Zierpflanze; der Fuchs ist Raubtier und Schmetterling; eine Fliege ist Orchidee und Insekt usw.

Der deutsche Name versagt aus vielen Gründen. Fast kein Name ist uneingeschränkt brauchbar und völlig frei von Irrtümern. Die meisten Lebewesen aber sind namenlos oder nur durch allgemeine Namen höherer systematischer Einheiten („Wurm", „Moos") zu erreichen. Der wissenschaftliche Wert der deutschen Namen wird dadurch stark in Frage gestellt. Der Fachbiologe wird sich daher lieber der lateinischen Namen bedienen.

Diese Erkenntnis hat noch andere Folgen. Wenn man davon überzeugt ist, daß eine Zweisprachigkeit nötig ist, um die Lebewesen eindeutig anzusprechen, weiß man auch, daß das Latein aus den biologischen Schul- und Lehrbüchern nicht verschwinden kann. Wir dürfen auf die beigefügten lateinischen Artnamen nicht verzichten, wenngleich die den biologischen Unterrichtswerken meistens reichlich beigegebenen Abbildungen manche Unklarheit beseitigen helfen.

Die für die Namen durchgeführte Betrachtung läßt sich auch auf die lateinische Terminologie der biologischen Fachsprache ausdehnen. Eine lateinlose und von fremdsprachigen (meist lat.-griech.) Ausdrücken gereinigte Fachsprache ist unmöglich, jedenfalls für den Wissenschaftler, wenn er sich genau und widerspruchsfrei ausdrücken will. Man versuche z. B. die Wörter Tropismen, Taxien und Nastien zu verdeutschen, nicht durch Sätze, sondern durch gleichlange, d. h. genauso zeit- und raumsparende Benennungen. Es gelingt natürlich nicht. Man kann also das Latein auch hier nicht ablehnen. Aber es bleibt sehr die Frage, ob sich nicht in unserer Gelehrtensprache vermeidbare Termini und Fachwörter zu stark häufen.

Im zoologischen Wörterbuch von ZIEGLER-BRESSLAU, dessen letzte Auflage leider bereits vor einigen Jahrzehnten erschien, sind alle zoologischen Fachwörter seiner Zeit gesammelt worden. Man ist erstaunt, wieviel von ihnen schon heute nur noch recht selten oder gar nicht mehr verwendet werden. Auch die biologische Fachsprache verändert sich dauernd. Was aber in ihr unangetastet bleibt, sind die lateinischen Namen der Pflanzen und Tiere, soweit nicht noch Prioritätsansprüche hin und wieder die Änderung eines Namens verlangen.

2. Homonyma und Synonyma

Viele Lebewesen tragen Dutzende, manche sogar Hunderte von deutschen Namen. Oft wird ein allgemein gebrauchter und verstandener Name mundartlich vielfach abgewandelt, mitunter aber bestehen auch mehrere Namen mit gleicher Berechtigung nebeneinander. — Zu dem Synonymenreichtum, besonders der Unkräuter, Blumen, Heilkräuter, Vögel, treten aber noch die Homonyma. Wir kennen dabei „Standardnamen", meist Bestimmungswörter in Komposita, die Scharen von Lebewesen sammeln, wie „Marien-, Teufels-, Kuh-". Sie vereinigen sich mit allgemeinen Begriffen, wie „-tier, -pflanze, -blume, -kraut". Solche vielseitig schillernden Namen sind für Lehre und Unterricht erst recht ungeeignet. Daher wird der Fachbiologe und -lehrer jeden zweifelhaften oder mehrdeutigen deutschen Pflanzen- und Tiernamen ausmerzen oder wenigstens vermeiden. Es wäre zu erwägen, ob wir nicht, ähnlich wie es der Normungsausschuß DIN tut, eine deutsche Mononomie künstlich einführen sollten. Das ließe sich z. B. für die Blütenpflanzen und Wirbeltiere durchaus erreichen, wie es auch bereits für die Vögel des mitteleuropäischen Raumes vorgeschlagen und durchgeführt wurde.

Wir erinnern dabei an das „Glossarium Europae avium" (Kopenhagen, Munksgaard 1941), das hinter den lateinischen Namen alphabetisch geordnet aus 14 lebenden Sprachen die ornithologischen Fachnamen sammelt. Es wählt dabei jeweils das verbreitetste Synonym aus jeder Sprache aus. O. KÖHLER weist darauf hin, welch große Vorteile diese Vereinfachung vor allem dem Wissenschaftler bietet, für den es sonst fast aussichtslos ist, einem weniger bekannten Synonym einer Fremdsprache den wissenschaftlichen lateinischen Namen einwandfrei zuzuweisen.

Ein zweiter wertvoller Vorschlag stammt von LUNDBECK für die Bezeichnungen der wichtigsten Nutzfische und anderer nutzbarer Tiere des Wassers. Dafür einige Beispiele:

	Hecht *Esox lucius*	**Stör** *Acipenser sturio*	**Karpfen** *Cyprinus carpio*	**Auster** *Ostrea edulis*
Englisch (Amerikanisch)	Pike	Sturgeon	Carp	Oyster
Holländisch	Snoek	Steur	Karper	Oester

	Hecht *Esox lucius*	**Stör** *Acipenser sturio*	**Karpfen** *Cyprinus carpio*	**Auster** *Ostrea edulis*
Flämisch	Snoek	Steur	Karpel	Oester
Schwedisch	Gädda	Stör	Karp	Ostron
Dänisch	Gedde	Stör	Karpe	Östers
Norwegisch	Gjedde	Stör	Karpe	Østers
Isländisch	—	Styrja	—	Kroekling, Ostra
Französisch	Brochet	Esturgeon	Carpe	Huitre
Italienisch	Luccio	Storione	Carpa	Ostrega, Ostrica
Spanisch	Sollo	Esturion	Carpa	Ostra
Portugiesisch	Lucio	Esturjao	Carpa	Ostra
Russisch	Schtschuka	Ossjotr	Karp	Oustriza
Polnisch	Szczupak	Jesiotr	Karp	Oustryga
Finnisch	Hauki	Sampi	Karppi (Louri)	Osteri
Japanisch	—	Chozame	Koi	Gaki (Kaki)

Wir brauchen eine Mononomie nicht nur für die Pflanzen und Tiere unserer Sprache, sondern auch eine einnamige und damit eindeutige Zuordnung der entsprechenden außerdeutschen Namen.

Freilich ist uns dabei eine Grenze gesetzt. Die meisten deutschen wirbellosen Tiere, Algen, Flechten und Moose tragen keinen deutschen Namen. Auch eine Lehnübersetzung brächte keinen Gewinn. Der wissenschaftliche lateinische Name bleibt hier unübertroffen.

Während die Frage der vieldeutigen Tier- und Pflanzennamen die Allgemeinheit angeht, sind die Synonyma unter den Termini technici Sache der Fachleute allein. Sie schaffen sich die Sprache selbst, mit der sie den internationalen Fachverkehr pflegen wollen. Wir Deutsche sollten aber den Mut haben, Dinge auch in unserer Sprache auszudrücken, wenn es einwandfrei gelingt, jedenfalls nicht dem Esperanto eines überflüssigen fremdsprachigen Wortguts den Vorzug geben. Auch hier wäre mancher Erfolg beschieden, wenn die Homonyma und Synonyma kritisch durchmustert würden.

Literaturverzeichnis

ARENDS, G., Volkstümliche Namen der Arzneimittel, Drogen, Heilkräuter und Chemikalien. Berlin 1948[13]. — BACH, A., Geschichte der deutschen Sprache. Heidelberg 1956[6]. — Deutsche Namenkunde. Heidelberg 1952. — BENSELER, G.E., Griechisch-Deutsches Schulwörterbuch. Leipzig 1911. — BOERNER, F., Taschenwörterbuch der botanischen Pflanzennamen. Berlin 1951. — BROCKHAUS, Der große, Wiesbaden 1953[16]. — BROHMER, P., Fauna von Deutschland. Heidelberg 1953[7]. — DORNSEIFF, F., Der deutsche Wortschatz nach Sachgruppen. Berlin[4]. — ERICH, O., u. BEITL, R., Wörterbuch der deutschen Volkskunde. Stuttgart 1955[2]. — EWALD, E., Pflanzenkunde. München 1954. — FEIST, S., Etymologisches Wörterbuch der gotischen Sprache. Halle 1923. — FISCHER, H., Mittelalterliche Pflanzenkunde. München 1929. — FLOERICKE, C., Das jagdbare Flugwild unserer Heimat. Leipzig 1926. — FREVERT, W., Wörterbuch der Jägerei. Berlin 1954. — FRIELING, H., Was fliegt denn da? Stuttgart 1954. — v. FRISCH, K., Biologie. München 1952. — GAMILLSCHEG, E., Etymologisches Wörterbuch der französischen Sprache. Heidelberg 1928. — GARMS, H., Biologisches Unterrichtswerk. Braunschweig 1953. — GEORGES, K.E., Lateinisch-Deutsches Schulwörterbuch. Hannover 1954[10]. — GESSNER, O., Die Gift- und Arneipflanzen von Mitteleuropa. Heidelberg 1953[2]. — GRAFF, E.G., Althochdeutscher Sprachschatz. Berlin 1834. — GRUPE, H., Bauern-Naturgeschichte. Frankfurt 1952[5]. — Naturkundliches Wanderbuch. Frankfurt 1951[15]. — HAAS-v. KIENLE, Lateinisch-deutsches Wörterbuch. Heidelberg 1952. — HAVERS, W., Neuere Literatur zum Sprachtabu. Wien 1946. — HEGI, G., Illustrierte Flora von Mittel-Europa. München 1906. — HENZEN, W., Deutsche Wortbildung. Halle 1947. — HOLTHAUSEN, F., Gotisches etymologisches Wörterbuch. Heidelberg 1934. — HOPPE, A., Inhalte und Ausdrucksformen der deutschen Sprache. Frankfurt 1955. — KARSTEN, G., u. WEBER, U., Lehrbuch der Pharmakognosie für Hochschulen. Stuttgart 1955[8]. — KLEINSCHMIDT, O., Die Singvögel der Heimat. Heidelberg 1955[10]. — KLUGE, F., u. GÖTZE, A., Etymologisches Wörterbuch der deutschen Sprache. Berlin 1953[16]. — KÖHLER, A., Lebendiges Deutsch. Berlin 1949. — KOSCH, A., Was blüht denn da? Stuttgart 1953. — KOSMOS-Lexikon der Naturwissenschaften mit besonderer Berücksichtigung der Biologie. Stuttgart 1953. — KUCKUCK, P., Der Strandwanderer. München 1954[6]. — KÜHN, A., Grundriß der allgemeinen Zoologie. Stuttgart 1955[11]. — KÜPPER, H., Wörterbuch der deutschen Umgangssprache. Hamburg 1955. — LAVEN, L., Erklärung der wissenschaftlichen Pflanzennamen. Hannover 1949. — LEXER, M., Mittelhochdeutsches Handwörterbuch. Leipzig 1872. — Mittelhochdeutsches Taschenwörterbuch. Stuttgart 1954[27]. — LIEBICH, B., Die Wortfamilien der lebenden hochdeutschen Sprache. Breslau 1899. — LINDER, H., Biologie. Stuttgart 1956. — LITTMANN, E., Morgenländische Wörter im Deutschen. Tübingen 1924. — LÖW, I., Die Flora der Juden. Wien 1924. — LOKOTSCH, K., Etymologisches Wörterbuch der europäischen Wörter orientalischen Ursprungs. Heidelberg 1927. — LUNDBECK, J., Fischkunde für jedermann. Hamburg 1955. — LÜTZELER, H., Bildwörterbuch der Kunst. Bonn 1950. — MACKENSEN, L., Deutsches Wörterbuch. Laupheim/Württ. 1955[3]. — MANSFELD, R., Die Technik der wissenschaftlichen Pflanzenbenennung. Berlin 1949. — MARZELL, H., Die heimische Pflanzenwelt in Volksgebrauch und Volksaberglauben. Leipzig 1922. — MARZELL, H., u. WISSMANN, W., Wörterbuch der deutschen Pflanzennamen. Leipzig 1943. — MOLDENKE, H.N., u. A.L., Plants of the bible, Chronica botanica. Massachusetts 1952. — MOSER, H., Deutsche Sprachgeschichte. Stuttgart 1955[2]. — NIESSEN, J., Rheinische Volksbotanik. Bonn 1936. — PIANIGIANI, O., Vocabulario Etimologico della Lingua Italiana. Mailand 1938. — PORZIG, W., Das Wunder der Sprache. München 1950. — RICHARD u. WEBER, Biologisches Unterrichtswerk für Höhere Lehranstalten. München 1950. — SACHS u. VILLATE, Enzyklopädisches Wörterbuch der französischen und deutschen Sprache. Berlin 1952. — SCHMEIL, O., Lehrbuch der Zoologie. Heidelberg 1950[49]. — SCHMEIL u. FITSCHEN, Flora von Deutschland. Heidelberg 1956[66]. — SCHMEIL, O., u. SEYBOLD, A., Lehrbuch der Botanik. Heidelberg 1954[55]. — SCHMEILS Naturwissenschaftliches Unterrichswerk. Heidelberg. — SCHMIDT, G., Deutsche Namen von Schadinsekten. Berlin 1955. — SEUFERT, G., Farbnamenlexikon von A bis Z. Göttingen 1955. — SÖHNS, F., Unsere Pflanzen, ihre Namenserklärung sowie ihre Stellung in Mythologie und im Volksaberglauben. Leipzig 1920. — STEHLI, G., Welches Tier ist das? Stuttgart 1944. — STEINECKE, F., Methodik des biologischen Unterrichts an höheren Lehranstalten. Heidelberg 1951². — STENGEL u. WEISE, Lebendige Natur. Stuttgart 1952. — STRASBURGER u.a., Lehrbuch der Botanik für Hochschulen. Stuttgart 1953²⁶. — WASSERZIEHER, E., Woher, Ableitendes Wörterbuch der deutschen Sprache. Bonn 1952. — WEHRHAHN, H.R. u. STÖTZEL, P., Die botanischen Pflanzennamen. Gießen 1955. — WEHRHAHN, H.R., Was wächst und blüht in meinem Garten? Stuttgart 1954. — WEHRLE, H., Deutscher Wortschatz. Stuttgart 1954¹¹. — WEISGERBER, J.L., Von den Kräften der deutschen Sprache. Düsseldorf 1950. — Das Gesetz der Sprache. Heidelberg 1951. — WERNER C.F., Die Fachausdrücke und ,,lateinischen" Namen in der Biologie. Münster 1956. — Wortelemente lateinisch-griechischer Fachausdrücke. Leipzig 1956. — WILDE, J., Kulturgeschichte der Kräuter und Stauden. Speyer 1947. — ZANDER, R., Handwörterbuch der Pflanzennamen. Ludwigsburg 1955⁸. — ZIEGLER u. BRESSLAU, Zoologisches Wörterbuch. Jena 1927.

Ferner dienten als Quellen: CARL, H., Pflanzennamen und Pflanzensagen im Unterricht. ,,Praxis der Biologie", Aulis-Verlag, 1955, Heft 6. — CARL, H., Die Maus im Sprachgebrauch. ,,Muttersprache", Heliand-Verlag, 1955, Heft 10. — CARL, H., Kriechtier oder Reptil? ,,MNU", Dümmler-Verlag, 1955, Band 8. — CARL, H., Tiernamen im Unterricht. ,,Praxis der Biologie", Aulis-Verlag, 1955, Heft 10. — CARL, H., Siebenschläfer und Tausendschönchen, Die Zahl in Pflanzen- und Tiernamen. ,,MNU", Dümmler-Verlag, 1956, Band 8. — CARL, H., Die Farbe bei der Namengebung von Pflanzen und Tieren. ,,Muttersprache", Heliand-Verlag, 1956, Heft 7/8. — CARL, H., Echte und falsche Mäuler. ,,Muttersprache", 1956, Heft 12. — CARL, H., Deutsche Tier- und Pflanzennamen für Praxis und Volksbildung, ,,Sprachforum", Böhlan-Verlag, 1955, Heft 2.

Neuere Literatur zu deutschen Pflanzen- und Tiernamen: BANG, G., Die Kaulquappe. Phil. Diss. Marburg/Lahn, 1944 (masch). — BOERNER, F., Taschenwörterbuch der botanischen Pflanzennamen für Gärtner, Baumschuler, Garten- und Pflanzenfreunde, Land- und Forstwirte. Berlin (Parey) 3. Aufl. 1978. — ENCKE, F., BUCHHEIM, G., u. SEYBOLD, S., Zander-Handwörterbuch der Pflanzennamen. Stuttgart (Ulmer) 12. verb. Auflage 1980. — FREDERIKSEN, J.: Nagelkraut und Mausöhrlein. Zur Deutung mittelalterlicher Pflanzennamen. In: Germanistische Beiträge 1972, S. 7-13. — GENAUST, H., Etymologisches Wörterbuch der botanischen Pflanzennamen. Basel (Birkhäuser) 2. Aufl. 1983. — GESSNER, K., Deutsche Namen der Fische und Wassertiere. Hrsg. u. eingel. v. Manfred Peters (Neudruck d. Ausgabe Zürich 1556). Aalen (Scientia) 1974. — HÄSÄNOV, B., Sicheres und Unsicheres in der Etymologie deutscher Fischnamen: (zur Rolle der Turksprache als Lehnquelle). In: Zf. f. Phonetik, Sprwiss. u. Kommunikationsforsch. 34 (1981), S. 594-598. — HANSEN, R., Namen der Stauden. Stuttgart (Ulmer) 3. Aufl. 1977. — HEMPEL, F., Volkstümliche Pflanzennamen und alte Bräuche. In: Jb. d. Museums Hohenleuben-Reichenfels 23 (1975), S. 47-57. — HENTSCHEL, E., u. WAGNER, G., Tiernamen und zoologische Fachwörter. Unter Berücksichtigung allgemeinbiologischer und physiologischer Termini. Stuttgart (G. Fischer) 1976 (= Uni-Taschenbücher; 367). (Bes. S. 451-463 Dt. Namen). — KUTZELNIGG, A., Der Fischname ,,Stint". In: Muttersprache 88 (1978), S. 183 f. — KUTZELNIGG, A., Der Tiername Fuchs: durch den arteigentümlichen Geruch motiviert. In: Muttersprache 90 (1980), S. 185-188. — KUTZELNIGG, A., Tiere nach Farben oder Farben nach Tieren benannt? Muttersprache 93 (1983), S. 210-216. — MARZELL, H., Die Tiere in deutschen Pflanzennamen. Ein botanischer Beitrag zum Sprachschutz. Nachdruck der Ausgabe von 1913. Ständig Reprint. — MARZELL, H., Wörterbuch der deutzschen Pflanzennamen. Aus dem Nachlaß hrsg. v. Heinz Paul. Stuttgart (Hirzel) Wiesbaden (F. Steiner). Bde. 1-5, 1937-1980. — MARZELL, H., Hexen und Druden in deutschen Pflanzennamen. In: Bayr. Jb. f. Volkskunde 1962, S. 107-115. — SCHEIBELREITER, G., Tiernamen und Wappenwesen. Wien (Böhlau) 1976. — SCHMIDT, G., Die deutschen Namen wichtiger Arthropoden. Berlin (Parey) 1970. — SCHMIDT, G., Nachtrag zum Verzeichnis deutscher Namen wichtiger Arthropoden. Berlin (Parey) 1980. — SPIES, G., Tier- und Pflanzennamen in der allg. spr. Lexikographie. In: Wortschatzforschung heute. Aktuelle Probleme der Lexikologie und Lexikographie. Hrsg. v. E. Agricola. Leipzig (Verlag Enzyklopädie) 1982.

Verzeichnis der deutschen Pflanzennamen

Die Seitenzahlen der abgebildeten Lebewesen sind kursiv gedruckt. — Am Ende folgen die mehrfach verwendeten Grundwörter und Bestimmungswörter der Komposita. Auch die häufigen Suffixe und Endungen wurden eingereiht.

Verzeichnis der deutschen Tiernamen

Verzeichnis der erklärten lateinischen Namen

Pflanzennamen

Tiernamen